中等专业学校园林专业系列教材

园 林 树 木 学

上海市园林学校　孙余杰　主编

中国建筑工业出版社

图书在版编目（CIP）数据

园林树木学/孙余杰主编. —北京：中国建筑工业出版社，
1999（2025.3重印）
中等专业学校园林专业系列教材
ISBN 978-7-112-03647-9

Ⅰ. 园…　Ⅱ. 孙…　Ⅲ. 园林树木-树木学-专业学校-教
材　Ⅳ. S68

中国版本图书馆 CIP 数据核字（1999）第 03330 号

* * *

本书是根据建设部中等专业学校园林专业《园林树木学》课程教学
大纲编写的，全书分绪论、总论、各论三大部分，主要介绍园林树木的
分类、形态特征、分布区域、生态习性与应用等。适用于全国中等学校
的园林绿化、园林设计和园林花卉专业，同时还适用于农、林、城市建
设等相关专业及行业学生学习和职工工作参考。

中等专业学校园林专业系列教材

园 林 树 木 学

上海市园林学校　孙余杰　主编

*

中国建筑工业出版社出版、发行（北京西郊百万庄）
各地新华书店、建筑书店经销
建工社（河北）印刷有限公司印刷

*

开本：787×1092毫米　1/16　印张：20　字数：487千字
1999 年 6 月第一版　2025 年 3 月第十八次印刷
定价：**34.00** 元
ISBN 978-7-112-03647-9
（20964）

前　言

　　《园林树木学》一书主要讲述了园林树木的分类、生物学特性、生态学习性、分布区域、园林树木的配置等基本理论，并就园林中重要的、常用的以及有发展前途的树种予以分别论述。本书是全国中等学校的园林绿化、园林设计和园林花卉专业的主要专业基础课教材，同时还适用于农、林、城市建设等相关专业及行业的学生和职工作参考使用。

　　本书内容分为绪论、总论和各论三部分。绪论、总论着重于理论阐述；各论则分别介绍树种的形态、分布、习性、繁殖与栽培以及园林用途。裸子植物部分按郑万钧教授的分类系统，被子植物按恩格勒分类系统分别进行叙述。

　　本书由孙余杰主编，王希亮、何芬协助编写，罗曙辉绘制插图。林源祥教授主审了本书。王希亮先生为编写本书作了大量的工作，特在此致谢。

　　本书面向全国，适用于各地，但由于我国地域辽阔，园林树木种类繁多，故各地可根据当地的地方特点增删内容，灵活讲授。

　　由于时间仓促，编者水平有限，难免有错误及遗漏之处，诚望读者批评指正。

目　录

绪论 ……………………………………………………………………………… 1

总论 ……………………………………………………………………………… 3

第一章　园林树木的作用 …………………………………………………… 3

　第一节　在保护环境方面的作用 ………………………………………… 3

　第二节　在改善环境方面的作用 ………………………………………… 5

　第三节　在美化环境方面的作用 ………………………………………… 8

　第四节　在经济方面的作用 ……………………………………………… 18

第二章　园林树木的分类 …………………………………………………… 20

　第一节　按进化系统分类 ………………………………………………… 20

　第二节　按性状分类 ……………………………………………………… 22

　第三节　按观赏特性分类 ………………………………………………… 23

　第四节　按在园林绿化中的用途分类 …………………………………… 23

　第五节　按耐寒性分类 …………………………………………………… 24

　第六节　按园林绿化结合生产的作用分类 ……………………………… 25

第三章　园林树木与生态环境的关系 ……………………………………… 27

　第一节　光照因子 ………………………………………………………… 27

　第二节　温度因子 ………………………………………………………… 28

　第三节　水分因子 ………………………………………………………… 29

　第四节　空气因子 ………………………………………………………… 29

　第五节　土壤因子 ………………………………………………………… 30

　第六节　地形地势因子 …………………………………………………… 31

　第七节　生物因子 ………………………………………………………… 31

　第八节　城市环境概述 …………………………………………………… 32

　第九节　生态因子对园林树木的综合影响 ……………………………… 33

第四章　园林树木的分布区域 ……………………………………………… 34

　第一节　分布区的概念及其形成 ………………………………………… 34

　第二节　分布区的类型 …………………………………………………… 34

　第三节　中国植被的类型 ………………………………………………… 35

　第四节　中国城市园林绿化树种区域规划 ……………………………… 37

第五章　园林树木的物候特性 ……………………………………………… 39

　第一节　物候概况 ………………………………………………………… 39

　第二节　物候定律与物候原理 …………………………………………… 40

　第三节　物候观测的方法 ………………………………………………… 42

　第四节　园林树木物候观测的内容 ……………………………………… 43

　第五节　物候的应用 ……………………………………………………… 45

第六章　园林树木的配置 ………………………………………………… 47

　第一节　园林树木的配置方式 …………………………………………… 47

　第二节　园林树木配置的原则 …………………………………………… 50

　第三节　园林树木配置的艺术效果 ……………………………………… 54

各论 …………………………………………………………………………… 57

　裸子植物门　GYMNOSPERMAE ……………………………………… 57

　　苏铁科　Cycadaceae …………………………………………………… 57

　　银杏科　Ginkgoaceae ………………………………………………… 58

　　南洋杉科　Araucariaceae ……………………………………………… 60

　　松科　Pinaceae ………………………………………………………… 60

　　杉科　Taxodiaceae ……………………………………………………… 74

　　柏科　Cupressaceae …………………………………………………… 81

　　罗汉松科　Podocarpaceae ……………………………………………… 91

　　三尖杉科（粗榧科）　Cephalotaxaceae ……………………………… 93

　　红豆杉科　Taxaceae …………………………………………………… 94

　　麻黄科　Ephedraceae ………………………………………………… 97

　被子植物门　ANGIOSPERMAE ………………………………………… 99

　双子叶植物纲　Dicotyledoneae ………………………………………… 99

　　Ⅰ．离瓣花亚纲　Archichlamydeae …………………………………… 99

　　木麻黄科　Casuarinaceae ……………………………………………… 99

　　杨柳科　Salicaceae …………………………………………………… 100

　　杨梅科　Myricaceae …………………………………………………… 106

　　胡桃科　Juglandaceae ………………………………………………… 107

　　桦木科　Betulaceae …………………………………………………… 110

　　壳斗科（山毛榉科）　Fagaceae ……………………………………… 113

　　榆科　Ulmaceae ……………………………………………………… 117

　　桑科　Moraceae ……………………………………………………… 122

　　山龙眼科　Proteaceae ………………………………………………… 126

　　毛茛科　Ranunculaceae ……………………………………………… 127

　　小檗科　Berberidaceae ………………………………………………… 130

　　木兰科　Magnoliaceae ………………………………………………… 133

　　八角科　Illiciaceae …………………………………………………… 138

　　蜡梅科　Calycanthaceae ……………………………………………… 139

　　樟科　Lauraceae ……………………………………………………… 140

　　虎耳草科　Saxifragaceae ……………………………………………… 143

　　海桐科　Pittosporaceae ………………………………………………… 148

　　金缕梅科　Hamamelidaceae …………………………………………… 149

　　杜仲科　Eucommiaceae ……………………………………………… 151

　　悬铃木科　Platanaceae ………………………………………………… 152

　　蔷薇科　Rosaceae ……………………………………………………… 153

　　豆科　Leguminosae …………………………………………………… 178

　　芸香科　Rutaceae ……………………………………………………… 191

苦木科　Simarubaceae ··· 195

楝科　Meliaceae ··· 196

大戟科　Euphorbiaceae ·· 198

黄杨科　Buxaceae ··· 201

漆树科　Anacardiaceae ·· 203

冬青科　Aquifoliaceae ··· 206

卫矛科　Celastraceae ·· 208

槭树科　Aceraceae ·· 211

七叶树科　Hippocastanaceae ··· 214

无患子科　Sapindaceae ·· 215

鼠李科　Rhamnaceae ·· 218

葡萄科　Vitaceae ··· 220

椴树科　Tiliaceae ··· 222

锦葵科　Malvaceae ·· 224

木棉科　Bombacaceae ··· 226

梧桐科　Sterculiaceae ··· 227

猕猴桃科　Actinidiaceae ··· 228

山茶科　Theaceae ·· 229

藤黄科　Guttiferae ·· 232

柽柳科　Tamaricaceae ··· 233

瑞香科　Thymelaeaceae ··· 234

胡颓子科　Elaeagnaceae ··· 236

千屈菜科　Lythraceae ··· 238

安石榴科　Punicaceae ··· 239

珙桐科　Nyssaceae ··· 241

桃金娘科　Myrtaceae ··· 242

五加科　Araliaceae ··· 244

山茱萸科　Cornaceae ··· 247

Ⅱ. 合瓣花亚纲　Metachlamydeae ······································ 250

　杜鹃花科　Ericaceae ·· 250

　柿树科　Ebenaceae ··· 253

　木犀科　Oleaceae ·· 255

　马钱科　Loganiaceae ··· 266

　夹竹桃科　Apocynaceae ··· 266

　萝藦科　Asclepiadaceae ··· 268

　马鞭草科　Verbenaceae ··· 269

　茄科　Solanaceae ·· 271

　玄参科　Scrophulariaceae ··· 273

　紫葳科　Bignoniaceae ·· 274

　茜草科　Rubiaceae ··· 277

　忍冬科　Caprifoliaceae ·· 279

单子叶植物纲　Monocotyledoneae ······································ 285

　龙舌兰科　Agavaceae ··· 285

棕榈科　Palmaceae ……………………………………………………………………… 287

禾本科　Gramineae ……………………………………………………………………… 290

竹亚科　Bambusoideae …………………………………………………………………… 291

附：园林树木常用形态术语 …………………………………………………………… 298

绪　　论

　　园林树木是园林绿化过程中露地栽培的木本植物，凡适合于各种风景名胜区、城乡各种类型园林绿地应用的树木都属于此范畴。但园林树木有一定的地域性，如米兰，在广州属于园林树木，在上海则属于温室花卉。

　　园林树木学是研究园林树木的分类、分布、习性、繁殖与栽培应用的一门学科。本教材内容包括绪论、总论和各论三部分。总论讲授园林树木的分类、作用，与环境因子的关系，分布区域以及园林树木的物候学特性、园林树木的配置等；各论则主要介绍我国各地常见的园林树种，通过形态识别、分布、习性、繁殖与栽培以及配置应用等的介绍，使大家对各种园林树种有一个较全面透彻的了解。

　　环境问题是全世界面临的一个重要问题，翻开人类发展的文明史，卫星上天、航天飞机遨游太空，无一不显示出人类辉煌的创造力，但砍伐森林，掠夺性地开发，人类又将自己的地球家园破坏得千疮百孔。水源危机、温室效应、土壤沙漠化、森林减少、酸雨污染、土壤流失等等环境问题都已向人类发出了挑战，若不重视环境的保护必将受到大自然的惩罚。世界各地接踵而至的水灾、旱灾、成片的良田被沙漠淹没，已告诉我们保护好人类赖以生存空间的紧迫性和重要性。从斯德哥尔摩联合国人类环境会议到里约热内卢联合国环境与发展大会，全世界都在关注一个既崇高又现实的主题——保护地球，保护我们共同的家园，因为我们只有一个地球。

　　城市化的发展，人口过于集中，使人类远离自然。当人们的工作、生活条件等得以改善，生活水平得以提高之后，就会产生接近自然、回归自然的强烈愿望。因此在城市建设中，园林绿化已显得非常重要，并随着社会的发展愈加显示出其重要性。上海在大规模的城市建设中非常重视绿化建设，在市中心的人民广场改建中提出以绿为主，结束了多年来只用于集会的历史使命，使其成为上海的"绿肺"；在浦东新区拆除了 3500 户居民住房，投入 7 亿多巨资建成占地 10 万 m² 的陆家嘴中心绿地，对改善陆家嘴金融贸易区的投资环境起到了重要作用。北京市城市绿化发展迅速，至 1996 年绿化覆盖率为 34.69%，人均公共绿地为 6.96m²，改善了首都城市环境面貌。

　　造园材料可分为两大类：一类是加工材料，一类是自然材料。各种园林建筑以及雕刻、雕塑、人工喷水等属于加工材料，它们都是造园上的辅助材料，在园林绿地中只能占很小的比例。而自然材料是造园上必需的材料，植物、动物、矿物和环境等都属于自然材料。在自然材料中，植物材料用量最大，也最重要。一个造园设计的成败，很大程度上取决于植物材料的运用。在植物材料中，木本植物寿命长，体型高大，保护和改善环境能力强，管理容易，又各具典型的形态、色彩与风韵之美。因此，园林树木构成了园林的骨架和基础，并在园林绿化中起到重要的主导作用。

　　我国素有"世界园林之母"的美称，我国园林树木种质资源极为丰富，被世界园林界、植物界视为世界园林植物重要的发祥地之一。原产我国的乔、灌木就有 7500 多种，其中乔木达 2000 多种，是世界上木本植物种类最多的国家之一。世界上许多著名的园林树木和子遗树种是我国特有的，如银杏、银杉、水杉、金钱松、珙桐等。同时很多著名的观赏价值较高的科、属集中地以我国为分布中心，如杜鹃花属、丁香属、山茶属、枸子属、猬实属等。另有许多著名观赏树种的优良品种由我国劳动人民培育出来，并传至世界各地，成为人类共同的财富，如梅花在我国的栽培历史已达 3000 余年，培育出近 300 个品种，15 世纪传入日本、朝鲜，20 世纪传至美国。

要学好园林树木学，必须要有一定的基础学科和专业基础学科的知识。如识别树种，必须要具有植物学知识；又如，欲了解树种习性，掌握繁殖栽培技术，就必须有植物生理学、土壤学、栽培学等知识；再如要更好地应用园林树木，就必须有一定的设计基础。为此，在学习时要注意本课程与有关课程之间的有机联系，融会贯通，才能收到更好的效果。

总　　论

第一章　园林树木的作用

园林树木体形高大，寿命长，种类丰富，观赏价值高，管理简便，较之其他植物类型能发挥更大的作用，是城市及风景区绿化的主要材料，构成了绿化的骨架，在绿化的综合功能中起主导作用。

第一节　在保护环境方面的作用

一、净化空气

人类和其他众多的生物体每时每刻都在进行呼吸，吸进氧气，呼出二氧化碳；在燃烧石油、煤等矿物燃料的同时亦在消耗氧气，增加二氧化碳。据测定，正常情况下空气中的二氧化碳含量为 0.03%，当其含量增至 $0.4\%\sim0.6\%$ 时，人们就会出现头痛、耳鸣、呕吐等各种反应，当含量增至 8% 时，就能置人于死地。

植物是环境中氧气和二氧化碳的调节者，在光合作用时，呼出氧气，消耗二氧化碳。虽然植物亦进行呼吸作用而消耗氧气，但其光合作用产生的氧气是呼吸作用消耗氧气的 20倍。空气中 60% 以上的氧气来自陆地上的绿色植物，故人们把绿色植物比喻为"氧气制造厂"、"新鲜空气加工厂"，把城市中的绿地比作城市的"绿肺"。绿色植物对人类的生存具有重要的价值。据资料表明，每公顷阔叶林每天可吸收二氧化碳 1000kg，排出氧气 750kg；生长良好的草坪每天每公顷能吸收二氧化碳 360kg。通常木本植物较草本植物吸收二氧化碳的能力强，阔叶树较针叶树吸收二氧化碳的能力强。一棵生长 100 年的水青冈，高 25m，树冠直径 15m，它的树冠覆盖面积为 $160m^2$，其在阳光下每小时可吸收二氧化碳 2352g，相当于 $4800m^3$ 空气中含有的二氧化碳总量，同时能释放 1712g 氧气。

如果以一位体重 75kg 的成年人每日呼吸消耗氧气 750g、排出二氧化碳 900g 计算，每人需要 $10\sim15m^2$ 树林或 $25\sim50m^2$ 草坪，才能平衡人们每天消耗的氧气和排出的二氧化碳。

据世界观察研究所统计，自 1750 年工业革命以来，大气中二氧化碳的含量已增加了 30% 以上，达到有记录以来的最高水平。工业革命造成大量矿物燃料的燃烧，矿物燃料在燃烧过程中产生大量的二氧化碳，不断地释放到大气中。对这些额外产生的二氧化碳，植物和海洋吸收的能力很弱，只能滞留于大气中。滞留于大气中的这些二氧化碳如同温室的玻璃或塑料薄膜，它虽然不能阻挡阳光射向地面，却能吸收和阻挡地面的热量向空中散发，因而使地面的温度升高，形成所谓的"温室效应"。温室效应造成全球气候异常变暖。现在阿尔卑斯山积雪融化，南极冰川减少，大洋海水升温，全球春天延长，寒带植被增多，智利沙漠鲜花开放，如此等等，无一不被有关专家视作气候变暖的征兆。温室效应，空气污染等环境问题威胁着全人类。人类和植物是相互依存的，没有植物的世界对于人类来说是难以想象的。现在许多城市"氧吧"的兴起，已经给人类敲响了警钟。如果说，不节约用水，水系污染任其泛滥，人类看到的最后一滴水将是自己的眼泪。那么，植被遭破坏，绿地遭掠夺的结果，将是世界上最后一棵植物为人类墓地上的小草。

二、吸收有害气体

随着工业的发展，向大气中排放的物质种类越来越复杂，数量越来越多，对人类和其他生物产生有害影响。大气污染包括有多种有害气体，如二氧化硫、一氧化碳、二氧化氮、氯化氢、氯气、氟化氢等。

人吸入有害气体后极易引起气喘、咳嗽，进而使机体抵抗力减弱，诱发各种疾病，严重时置人于死地。1952年12月5日至8日在英国伦敦发生的"烟雾事件"，四天中死亡人数达四千多人。近年来，我国人民呼吸道疾病大增，这与空气质量的恶化不无关系。

许多有害气体遇水后又会变成为"酸雨"危害环境。我国重庆、贵阳等城市酸雨危害相当严重，这不仅对城市设施、人们生活构成危害，而且还危及森林资源，影响农业、渔业生产。1997年6月始按国家环保局的要求，北京、上海等地开设了空气质量周报。这说明了国家对环境保护的关注。

防治有害气体污染的途径很多，大体有以下几种：

（1）城市工业规划布局时注意有污染的厂矿选址应远离市区。如上海有两个特大型企业，上海石化总厂和宝山钢铁总厂。一个建在上海的南边，濒临杭州湾；另一个建在上海的东北边。由于风向的关系，上海石化总厂产生的有害气体飘离上海至杭州湾逐渐扩散、稀释；而宝山钢铁总厂的有害气体则飘至市区上空。虽然工厂设备先进，但是从环保角度而言，其选址是有缺陷的。

（2）采取工业防治措施，减少有害气体。如在烟囱、汽车排气管等装置上安设废气过滤网能起到减少污染之效果。

（3）淘汰污染严重的产品，推广环保产品。如目前在城市中普遍应用的汽油含铅较多，应改用无铅汽油。再如在城市中普遍应用的燃油助动车，其排放的有害气体污染严重，应予以限制、淘汰，或用没有污染的电力助动车来替代。

（4）植物防治。利用植物能够吸收有害气体的特点，以达到减少污染的作用，其中尤以木本植物防止有害气体污染的能力最强，效果最好。

一般落叶阔叶树吸收有害气体能力最强，常绿阔叶树次之，针叶树稍弱一些。夹竹桃、臭椿、旱柳等对有害气体的抗性都很强。

三、滞尘作用

大气中除有害气体外，还有烟尘、粉尘等的污染。它既污染环境，又容易引起人们呼吸道等疾病的发生，尘埃还使有雾地区雾情加重，使空气透明度降低，并大大降低日光中的紫外线含量。20世纪80年代起，上海有雾天气明显增加，雾浓、时间长，严重影响了城市交通，这种现象与空气质量的下降、尘埃的增加有很大的关系。

工厂烧煤，城市建设中产生的粉尘，以及没有绿色植物覆盖的裸露土壤地面是城市中产生烟尘、粉尘的主要原因。

园林树木浓密的枝叶如一个滤尘器，对烟尘及粉尘有明显的阻滞、吸附和过滤作用，可减少空气中的浮尘。当蒙尘的枝叶经雨水冲刷后又能恢复滞尘功能，使空气变得清洁。因此，绿地空气中的尘埃含量比无绿地的街道要少 1/3～2/3。据测定，一公顷松树林每年可吸滞尘埃 34t。一般情况下，树冠大而浓密、叶面多毛或粗糙以及能分泌油脂及粘液的树木有较强的滞尘能力，叶面总面积大的针叶树较阔叶树滞尘能力强。榆树、朴树、木槿、广玉兰等树种滞尘能力均较强。

四、杀菌作用

空气中散布着各种细菌，通过人们的呼吸道传播疾病。据调查，城市闹市区空气中细菌数量比绿地上空多 7 倍以上。以南京为例，城市公共场所每立方米空气中含菌量为：火车站 49700 个，无绿化的繁华街道 44050 个，绿化好的繁华街道 24480 个，公园 1372～6980 个，郊外植物园只有 1046 个，相差 2～25 倍。这是因为许多树木在生长过程中能不断分泌出大量的植物杀菌素的缘故。

据测定，一公顷圆柏树林一昼夜能分泌出 30kg 杀菌素，能杀死白喉、肺结核、伤寒等病菌。悬铃木、雪松、柳杉等树种分泌的杀菌素，在 5～10min 内就能杀死病菌。杀菌素对昆虫亦有一定影响，如在柠檬桉树林中蚊子就较少，其分泌物具较强的驱蚊作用。

五、减弱噪声

噪声是城市的一大公害，是人类一种慢性的致病因素，其危害现在越来越为人们所重视。当噪声超过 70dB 时，会对人体产生不良的影响。长期处于 90dB 以上的环境中，人们就会产生失眠、神经衰弱，严重时可使人的动脉血管收缩，引起心脏病、动脉硬化等。近年来，许多城市都禁放烟花爆竹，设立禁鸣汽车喇叭的区域，建立"安静小区"，就是要消除噪声对人体的危害。

园林树木对减弱噪声的作用是很明显的。当声波传播时，树木的枝叶就像消音板一样能反射、吸收部分声波，使其减弱并逐渐消失。据测定，40m 宽的林带可降低噪声 10～15dB，公园中成片的树林可降低噪声 26～40dB。枝叶浓密的树种、乔灌木配植较合理的树丛具有较强的隔音能力。

第二节　在改善环境方面的作用

一、改善温度条件

树冠能遮挡阳光，吸收太阳辐射热，起到降低小环境气温的作用，所以夏季人们在树荫下会感到凉爽。行道树、庭荫树的一个重要功能就是遮荫、降温。据测定，我国常用的行道树种一般能降低温度 2.3～4.9℃，其中以银杏、刺槐、悬铃木、枫杨等最为有效。

当树木成群、成丛栽植时，不仅能降低林内的温度，而且由于林内、林外的气温差而形成对流的微风，使降温作用影响到林外的环境。

目前在我国很多城市兴起草坪热，这在有些地区是较适宜的，如大连等纬度较高、夏季凉爽的城市。但在很多低纬度、夏季长而炎热的城市发展草坪则有些东施效颦了。在我国城市中绿地是极其有限的，应以木本植物为主，多层次绿化才能达到最大的绿化效果。同时高大的乔木能遮挡阳光，遮荫，降低气温，减少太阳辐射热。若一味地大面积地种植草坪，虽很有气魄，但其综合绿化效果却降低许多，尤其是夏天烈日下的降温效果并不显著。上海在1998年起实施"将森林引入城市"战略，提出多种乔木、多种大树，要求在三年内新增大树十万株，以提高上海的绿化面貌。

在冬季，由于树木受热面积较无树地区为大，且树木能阻挡寒风，造成空气流动慢，散热慢，从而使树木较多的环境中气温较无树木的空旷地为高。当然树木的降温效果要比增温效果明显得多。

二、改善空气湿度

树木像一台台巨大的抽水机，不断地把土壤中的水分吸进体内，然后再通过蒸腾作用把水分以水汽形式从叶片扩散到空气中，使空气湿度增加。如种植一公顷松树林，每年可蒸发近500t水。每公顷生长旺盛的森林每年可蒸发8000t水。因此，一般树林中空气湿度较空旷地高7%～14%，同时有林地较无林地雨量多20%以上。我国地处干旱的甘肃省，一直存在着以林区为中心的相对多雨区。

此外，在过于潮湿的地区，如半沼泽地带，大面积种植蒸腾强度大的树种，有降低地下水位的功效。

三、防风固沙

大风可以增加土壤的蒸发，降低土壤水分，造成土壤风蚀，严重时可形成沙暴埋没城镇和农田。

1984年6月5日，日内瓦世界环境日会议上，联合国环境规划署执行主任托尔巴指出：每年全球有600万公顷的土地被沙埋没，2100万ha的土壤因沙化而失收；目前世界上有1/3的土地有沙漠化的危险。

据《工人日报》1997年11月23日报道：目前我国荒漠化面积达262.2万km²，占国土面积的27.3%，而且荒漠化土地面积仍以每年2460km²的速度扩展。我国受荒漠化影响的有18个省市区，其中不仅有新疆、西藏等边疆地区，而且还包括山东、天津、北京等经济较发达地区。荒漠化的主要表现形式有草地退化、耕地退化、林地退化。砍柴、乱挖中药材、毁林、水资源的不合理使用、人工造林的不科学是导致林地退化的直接原因。我国是世界上受荒漠化危害最严重的国家之一，荒漠化已给许多地区的生态环境、经济发展和人们的生活与生存造成巨大危害，治理荒漠应引起全社会的重视。

1998年4月16日一场铺天盖地的浮尘与泥雨，袭击了北京城。同日，内蒙古西部、甘肃兰州、宁夏银川、山东济南、江苏徐州、古城南京等地也笼罩在一片昏黄之中。据专家分析，北方地区地面植被不足，1998年进入春季以来，天气转暖解冻又使地表土松动。由于西伯利亚冷空气自西向东移，将内蒙古和黄土高原上的风沙带到高空，形成浮尘天气，在华北上空与冷暖气流汇合，导致了西北地区和长江中下游广大地区的恶劣天气。有关专家指出：这次沙暴的原因，关键是我国北方的植被不足，沙化严重。

要从根本上解决沙暴问题，必须加快植树造林、防风固沙的步伐。防风固沙最有效的方法就是植树造林，建立防护林带。森林可减弱风速的35%～40%，防护林有效的防护距离约是树高的20倍。树冠窄、叶片小、根深、枝韧的树种防风能力较强。

北京现在的风沙较过去少了许多，这应归功于植树造林。植树造林使北京的四周披上了绿装。我国河西走廊的西边，有个号称"风库"的安西县，过去是个几乎每天风沙弥漫的地方，1952年开始植树造林，几十年来，在风沙最甚的40多个风沙入口处成片造林约

1450 公顷，营造了 1800km 长的防风林带，使全县林木面积达 5700 公顷，开拓出一个沙漠中的绿洲。海南省文昌县东北一带是滨海沙土，过去每年流沙向内陆侵袭 18m 左右。解放后，在沿海营造了大面积防风沙林带，控制了流沙移动，减弱了风速，形成一道强大的绿色长城，对固沙起了很大作用。

四、控制水土流失，涵养水源方面

山青才能水秀。由于过去对国土绿化重视不够，滥伐森林，不合理地开荒等，使植被破坏严重，在雨水的冲刷下山地表土流失、石头裸露。水土流失又造成河床增高，蓄水能力减弱。我国水土流失面积已达 150 万 km^2，每年损失的土壤达 50 多亿吨。

六千年前，我国陕甘一带是一个风景优美，充满生机的地方，处处山青水秀、林木参天，遍地碧草如茵、鸟语花香。但是，到了唐朝的时候，这里的青山不见了，碧水干涸了，呈现在人们眼前的只有那一望无际的荒漠。究其原因就是人类对森林过量地砍伐，对草原无限地开垦，对植被长期破坏，对自然资源不合理开发利用造成的。

1983 年 7、8 月间，四川发生历史上罕见的特大洪灾，淹没 53 个县城，使 160 万间房屋倒塌，粮食减产 30 亿斤，直接经济损失愈 20 亿元。一个重要的原因就是长江上游两岸森林遭受严重破坏，防洪能力减弱，造成水土流失严重，最终酿成灾害。东北松花江上的丰满水库，建库 27 年，淤泥仅 1%；而黄河三门峡水库仅 15 年的时间，淤泥就达 45 亿 m^3，占库容的 58.4%。如此巨大反差，其根本原因在于上游水土保持的状况。

树木具有很强的保水能力，其参差的树冠可滞留雨水，减弱雨水对地面的冲击度；树林内疏松的枯枝落叶层、良好的土壤结构、庞大的根系都有利于水分渗透及蓄积，能有效地防止水土的径流和对土层表面的冲刷。据测定，若雨水冲刷掉 17.78cm 厚的土壤，森林中需要 57.5 万年，不毛之地是 15 年，而荒山坡地只需 8、9 年。可见树木对保持水土所起的作用是多么巨大！另外，森林涵养水源的能力亦是惊人的，3333 公顷森林的保水量相当于一座 100 万 m^3 的水库容量。

此外，在有林地还可产生一种类似水平降雨的现象。即虽然没有降雨，但在空气中吹着湿润的微风时，乔灌木的枝叶上可以吸附大量水分，起到水平降雨的效果。因而不降雨时，在树林内也觉得空气湿润，使人舒适。

水资源短缺的警告早在 1972 年的联合国会议上率先提出。到 1992 年，联大会议更加强调水资源并成为发达国家及发展中国家最关心的问题之一。1997 年联大会议再一次重申，以期制定新的方法解决水源问题。1998 年 4 月，在巴黎召开的一个国际水资源综合管理问题会议上，专家警告，若不改变现行的水资源开发和消耗问题，到 2005 年全球近 2/3 的人口便可能面临严重的水荒问题。一旦水资源奇缺，不仅妨碍经济发展，更会触发社会动荡，甚至战争。事实上，目前全球约有 15 亿人缺乏清洁的饮用水，约占全球人口的 1/5，随着许多地区的出生率攀升，水资源问题会变得愈来愈严重。

我国绝大部分城市都存在着水资源问题，且有限的可用水遭污染更加剧了用水的紧张。著名的"泉城"济南，许多泉水枯竭，名不副实。1997 年黄河济南泺口段断流 142 天。据有关部门测定，1998 年与 1997 年相比，黄河水量无好转，预计 5、6 月份将断流。届时对济南市的供水将是一个更严酷的考验。从地下水资源看，由于 1997 年所遇干旱，1998 年地下水比 1997 年同期低约 2m，且目前地下水位每天下降 2.3cm。据了解，济南市年平均水资源量为 20.48 亿 m^3，其中地表水资源量为 6.78 亿 m^3，地下水资源量为 13.7 亿 m^3，全市人均水资源占有量为 $257m^3$，仅为全国人均占有量的 $1/7$，是全国 40 个严重缺水城市之一。森林能够涵养水源，保持水土。在树木配置时，我们应选择树冠浓密，郁闭度强，截留雨量能力强，能形成吸水性落叶层，根系发达的树种，如柳树、核桃、枫杨、水杉、池杉、云杉、冷杉等。

我们必须从更高的层次来看待园林树木对我们人类生存空间所起的重要作用。园林树木给我们带来的不仅仅是食物、木材、鲜花和工作，更重要的是树木王国对人类赖以生存的环境所起到的重大的生态效益，这是任何其他事物都做不到的，是任何其他事物都不能代替的。如果我们毁坏树木，那就是毁坏人类自己的家园。

第三节　在美化环境方面的作用

园林树木是构成园林的要素，是园林造景的主要材料。园林树木种类极其丰富，既有人们能直接感受到的直观美，如树冠、花、叶、果等；又有需要通过联想产生的寓意美、意境美；还有人们通过树木的绿色而感受到的抽象美。因此深入掌握不同树木的观赏特性，对更好地利用园林树木提高园林的品位与境界，是具有重要意义的。

一、园林树木的直观美

园林树木的直观美是指人们通过园林树木的形体、色彩等特征而感受到的美。雪松的挺拔庄重，白玉兰花的洁白芳香，山茶花的娇艳圆润，八角金盘叶的奇特等都会给人以美感。

（一）园林树木的树形

园林树木有其独特的自然树形，它是构成园林景观的基本因素之一。常见的树冠类型有：

（1）尖塔形：雪松、南洋杉、云杉、冷杉等。

（2）圆柱形：龙柏、铅笔柏、杜松、钻天杨、抱头毛白杨等。

（3）圆球形：海桐、黄刺梅、五角枫等。

（4）平顶形：合欢、苦楝、老年期油松等。

（5）曲枝形：龙爪桑、九曲柳、龙爪枣等。

（6）拱形：迎春、连翘等。

（7）匍匐形：铺地柏、平枝枸子等。

（8）棕榈形：棕榈、椰子、鱼尾葵等。

（9）丛枝形：如玫瑰、紫穗槐、贴梗海棠等。

（10）伞形（垂枝形）：如垂柳、龙爪槐、垂枝桃、垂枝樱等。

（二）园林树木的叶

园林树木的叶变化极大，大小、形状、颜色、质地各异，不仅极具观赏价值，更是识别树种的主要特征。

1. 叶形

（1）单叶类

1）针形叶：雪松、油松、黑松等。

2）条形叶：冷杉、金钱松、水杉等。

3）鳞形叶：龙柏、侧柏、柽柳等。

4）刺形叶：刺柏、铺地柏等。

5）锥形叶（钻形叶）：柳杉、日本柳杉等。

6）披针形叶：柳树、夹竹桃、桃树等。

7）圆形叶（心形叶）：山麻杆、紫荆、猕猴桃、南蛇藤等。

8）卵形叶（倒卵形叶）：女贞、桑、白玉兰、紫楠等。

9）三角形叶（菱形叶）：钻天杨、乌柏等。

10）奇异叶：包括各种特殊的叶形，如银杏之扇形叶，羊蹄甲之羊蹄形叶，鹅掌楸之马褂形叶，小檗之匙形叶等等。

（2）复叶类

1）羽状复叶：小叶呈羽毛状排列，按小叶数目可分为奇数羽状复叶（如刺槐）和偶数羽状复叶（如锦鸡儿）等；按结构又可分为二回羽状复叶（如合欢）及三回羽状复叶（如南天竹）等。

2）掌状复叶：小叶排列成指掌形，如七叶树等；也有呈二回掌状复叶的，如铁线莲等。

叶片除了基本形状的变化外，又由于边缘的锯齿形状以及分裂缺刻等等变化而更加丰富。

不同的叶形和大小，具有不同的观赏特性。例如棕榈、椰子等虽具有热带情调，但前者的掌状叶形，使人有朴素之感；而后者的大型羽状叶却给人以轻快、洒脱的联想。

由于叶片的质地不同，观赏效果也不同。革质的叶片，常具有较强的反光能力，加之原来的叶色常较浓暗，故有光影闪烁的效果。纸质、膜质叶片则常呈半透明状，而给人以恬静之感。至于粗糙多毛的叶片，则多富野趣。

2. 叶色

叶的颜色有更丰富多彩的观赏效果。叶色一般为绿色，虽同为绿叶，但又有嫩绿、浅绿、鲜绿、浓绿、黄绿、褐绿、蓝绿、墨绿等等的差别。将不同绿色的树木搭配在一起，能形成美丽的色感。例如在暗绿色针叶树丛之前，配置黄绿色的树冠，会形成满树黄花的效果。

若叶色不为绿色或叶色会随着季节的变化而异，则观赏价值就更高。常可分为以下几种：

（1）春色叶类：早春叶色有变化或常绿树新叶有变化者，如山麻杆、臭椿、石楠等。

（2）秋色叶类：秋季叶色有变化者，如秋叶呈红色或紫红色者，黄栌、乌柏、枫香、元宝枫、火炬树、爬山虎、小檗等；如秋叶呈黄色、金黄色者，银杏、白蜡、鹅掌楸、柳、白桦、加杨、麻栎、落叶松、金钱松等。

（3）常年异色叶类：叶色常年为异色的树种，如常年为红色的有红枫、紫叶李、红花檵木、紫叶小檗；常年为黄色、金黄色的有金叶鸡爪槭、金叶桧等。

（4）双色叶类：叶背与叶面颜色显著不同，在微风中能形成特殊的闪烁变化效果的树种，如胡颓子、银白杨、油橄榄等。

（5）斑色叶类：绿叶上具有异色的斑点或花纹，如洒金东瀛珊瑚、银边常春藤、金心大叶黄杨、金边大叶黄杨等。

另外，叶在枝上有对生、轮生、簇生及各式互生的排列；上部枝条的叶与下部枝条的叶又常呈各式的镶嵌状，从而构成各种美丽的图案。

除了叶形、色之外，叶还具有产生不同声响效果的作用。例如针形叶最易发声，故古来就有听"松涛"之说；而"雨打芭蕉"，则恰似自然界的音乐；至于响叶杨，即以易于产生音响而得名。但是这些艺术效果的形成却并不是孤立的，而须进行全面的考虑和安排，然后才可得心应手，曲尽其妙。

（三）园林树木的花

园林树木的花观赏价值极高，花型、花色、花香、花序等千变万化。

1. 花色

（1）红色花系：石榴、紫荆、山茶、蔷薇、毛刺槐等。

（2）黄色花系：迎春、黄刺玫、蜡梅、金丝桃、黄蝉、金雀花、黄花夹竹桃等。

（3）白色花系：白玉兰、白鹃梅、梨、白丁香、珍珠梅、栀子花、刺槐、绣线菊等。

（4）蓝紫色花系：紫藤、紫玉兰、醉鱼草、泡桐、紫丁香等。

鲜艳的红花如火如荼，会形成热烈欢快的气氛；白色小花能体现出悠闲淡雅的气质；雪青色繁密小花则恰似一幅恬静自然的图画。

2. 花香

（1）浓香：栀子花、白兰花等。

（2）甜香：桂花等。

（3）清香：梅花、茉莉等。

（4）幽香：丁香等。

（5）淡香：玉兰等。

（6）奇香：米兰等。

不同的花香给人们不同的感受，有的易引起兴奋，而有的则具镇静作用，还有的却易引起人们的反感。在园林实践中可充分利用植物的这一特点，上海有所谓"芳香园"，即利用各种香花植物配置而成。

另外，花序的形式亦很重要。虽然有些种类的花朵很小，但排成庞大的花序后，反而比具有大花的种类还要美观。例如小花溲疏的花虽小，但实际上比大花溲疏的效果还好。花的观赏效果，不仅由花朵或花序本身的形貌、色彩、香气而定，而且还与其在树上的分布，叶簇的陪衬关系以及着花枝条的生长习性密切有关。我们将花或花序着生在树冠上的整体表现，称为"花相"。园林树木的花相，以树木开花时有无叶簇的存在而异，可分为两种形式：一为"纯式花相"，一为"衬式花相"。前者指在开花时，叶片尚未展开，全树只见花不见叶的一类；后者则在展叶后开花，全树花由叶相衬。

（四）园林树木的果

"一年好景君须记，正是橙黄橘绿时"。许多园林树木的果实既有很高的经济价值，又有很好的观赏价值。园林中选择观果树种时，应突出色彩鲜艳、果形奇特、果大且数量多。其中尤以果实的颜色最为重要。

（1）红色果实：火棘、构骨、南天竹、老鸦柿、冬青、桃叶珊瑚等。

（2）黄色果实：银杏、梅、杏、柚子、佛手、枸橘、南蛇藤、木瓜、梨、贴梗海棠等。

（3）蓝紫色果实：紫珠、蛇葡萄、葡萄、十大功劳、桂花、李等。

（4）黑色果实：小叶女贞、小蜡、爬山虎、刺楸、五加、鼠李、君迁子等。

（5）白色果实：红瑞木、湖北花楸等。

果实不仅可赏，又有招引鸟类之作用，从而给园林带来鸟语花香、生动活泼的气氛。不同的果实可招引不同的鸟类，例如小檗易招引黄连雀、乌鸦、松鸡等，而红瑞木则易招引知更鸟等。但另一方面的问题是，在重点观果区，却须注意防止鸟类大量啄食果实。

（五）园林树木的树皮、枝条及附属物等

园林树木的树皮亦有一定的观赏价值，如北京北海公园团城上一株古老的白皮松，树皮斑驳，灰白色的内皮衬以苍翠的树冠，使金碧辉煌的承光殿景色更加壮观。又如上海衡山路的悬铃木行道树，树皮色浅洁净，绿荫森森，与两侧的欧式建筑极为协调，颇具异国情调。

此外，红瑞木之红色枝条，毛桃之古铜色枝条，榕树之气根，池杉、落雨杉之膝状根，冬季时枝条呈青翠碧绿色彩的梧桐、棣棠、绿萼梅、青榨槭等均具较高的观赏价值。树干的皮色对丰富配置手段也起着很大的作用，如紫竹的干皮呈暗紫色，马尾松、杉木、山桃的干皮呈红褐色，金竹、黄桦的干皮呈金黄色，竹、梧桐的干皮呈绿色，白桦、核桃、毛白杨等的干皮呈白色和灰色，黄金嵌碧玉竹、碧玉嵌黄金竹的干皮色呈黄绿相嵌状。通过合理的配置可丰富园林景观效果。

很多树木的刺、毛、木质翅等附属物，也有一定的观赏价值。

二、园林树木的寓意美

园林树木的寓意美是指需通过联想才能感受到的美。寓意美是一种层次、境界更高的美。它与民族的文化传统、各地的风俗习惯、文化教育水平、社会的发展等有密切的关系。我国传统园林，内涵较丰富，寓意较深刻，很大程度上是源于植物材料的寓意美。如一看到棕榈、蒲葵、椰子的大型掌状叶，很容易使人联想到具南国风情的热带雨林，而油松、樟子松的针形叶又把人的思绪带到了北国的冰雪世界。再如竹，人们能直接感受到的是：修长的姿态，青翠的枝叶。但如果通过联想，人们又能从竹上感受到更多被赋予人格化的美：刚直不阿、虚心有节、风雅清高。故文人雅士尤其钟爱竹，感叹"不可居无竹"、"无竹令人俗"，认为幽篁环绕宅旁，则"日出有清荫，月照有清影，风来有清声，雨来有清韵，露凝有清光，雪停有清趣"。松、竹、梅配置被称为"岁寒三友"。梅、兰、竹、菊被称为"四君子"。

因此，园林绿化中应善于继承和发掘园林树木的寓意美，更好地运用于园林树木配置艺术中，使园林的品位、境界更上一个层次，以陶冶人们的情操，提高人们的欣赏水平。

（一）叶

（1）坚贞：如松、柏……

（2）高尚：如松、竹、梅……

（3）团圆：如合欢……

（二）花

（1）高洁：如梅花……

（2）门生：如桃、李……

（3）深情：如含笑……

（4）富贵：如牡丹……

（5）妩媚：如桃花……

（三）果

（1）思慕（相思）：如红豆……

（2）高寿：如桃……

（3）多子多孙：如石榴……

（四）枝

（1）依恋：如柳……

（2）哀思：如盘槐……

（3）和平：如油橄榄……

（五）树形

不同的树形能产生不同的寓意效果：

（1）尖塔形：多有严肃端庄的效果。

（2）圆柱形：多有高耸静谧的效果。

（3）卵圆形（半球形）：多有雄伟浑厚的效果。

（4）垂枝形：多形成优雅和平的气氛。

（5）团簇丛生形：多有朴实之感。

（六）树的整体

（1）长寿：如香椿……

（2）潇洒：如竹……

（3）故乡：如桑梓……

（4）和睦：如紫荆……

（5）繁荣兴旺：如牡丹……

（6）光荣：如月桂……

三、园林树木的抽象美

园林树木的抽象美是指人们通过感官接触园林树木的绿色时所产生的一种心理方面的效果。过去人们往往忽视园林树木在这方面所起到的作用，而今人们离自然越来越远，尤其是生活在城市中的人们身居水泥"丛林"中，置身于充塞着霓虹灯、广告牌的空间，生存环境遭破坏，心理得不到平衡。迫切希望回归自然，希望返璞归真。现在提倡的生态园林、生态城市、山水城市、大环境绿化等，其宗旨都是以人为本，满足人们对自然的渴求，恢复自然平衡。

在我们这个世界里，绿，主宰着一切。

春天，万物复苏，最先向人们预告春天信息的，是那么一丁点儿绿色，她使人们感觉到新的生命又开始了。绿色越来越多，春天越来越浓，整个世界充满了生命力，人们用"生机勃勃"来形容春天的一切。的确，在绿色装点下的春天更充满了希望。

夏天，浓荫蔽日，为人们挡住骄阳的，是那么一大片浓浓的绿色。这绿色浓得可爱，使人们感觉到更强生命力的存在，人们用"热烈"、"旺盛"来形容夏天的一切。的确，在绿色支配下的夏天确实让人感到一种强大的力量。

秋天，秋高气爽，一切都已经成熟了。或许有人说秋天是金色的世界，但是，金色是在经过绿色的孕育之后才诞生出来的，没有绿色打下坚实的基础，怎会结出金色的生命之果？人们用"成熟"、"收获"来形容秋天，其实，金色的硕果是绿色生命的结晶。

冬天，大地沉睡，一切都那么安宁。有人说冬天是银色的世界，但是，在银色的覆盖下，绿色又在孕育着新的生命。即使在银色之上，也还有一些绿色不畏严寒，在点缀着世界，你看那冬青，是那么充满活力，为冬天添上一丝绿意。人们常用"恬静"、"沉睡"来形容冬天，其实，那是绿色的生命在孕育，在积蓄。

绿色，主宰着世界的一切。因为，绿是生命的颜色。植物的绿色象征着生命、青春、活力和希望，其对人们的生理、心理具有不可替代的功能。感受植物的绿色，能消除疲劳，能使人产生清新感，更能使人体会到旺盛的生命力。

（一）生命力

园林树木一年四季按照一定的规律生存：萌芽、展叶、孕蕾、开花、结果，始终给人一种勃勃的生机，令人感受到绿色之中孕育着的大自然旺盛的生命力。古人认为，树木是一种不可思议的超越自然的物体。树木在秋季逐渐"死亡"，冬季肃穆伫立，春季又复苏再生。这一切都使人们感到树木是那么神秘莫测。在西方，远古时代的人们以朴素的情感来认识树木王国，认为：树木的根能深达地狱，绿色树冠伸入天堂；树木，只有树木才能把天堂、人间和地狱紧紧地联系在一起；只有通过树木，上天堂的夙愿才能实现。在我国古代也有类似的传说。在不少传说中都认为，人类的生命是由于树木的萌芽生长而产生的。所以现在人们在墓地种植树木，以显示生命并未因死亡而终结。树木成了生命之树，命运之树。因为树木是"生命的象征，它代表了赋予生命的宇宙，宇宙也因它而获得新生"。在西方圣诞节，由于圣诞树而显得五彩缤纷、富有生气。圣诞树作为全世界树木的代表，象征着永不枯竭的生命源泉。

（二）清新感

水是生命的基础，没有水，生命是不存在的。绿色植物体的60％～70％是水分，所以人们把植物的绿色作为水和生命的象征。在茫茫大沙漠中，找到了绿色植物，就意味着水的存在、生命的存在。晨曦中，挂在枝叶上晶莹的露珠；阳光下，郁郁葱葱的绿色植物无不使人感受到植物绿色所产生的清新感。

（三）消除疲劳

当人们从车水马龙、人流湍动的喧哗城市环境移身于静谧的植物环境中以后，脑神经系统就从有刺激性的紧张、压抑中解脱出来而感到宁静安逸。另外，植物的绿色能吸收强光中的紫外线，并能反射47％的光，故对人的神经系统、大脑皮层和眼睛的视网膜比较适宜。日本在城市规划中提出"绿景观"，由绿量、绿视率、绿被率、绿被构造组成，要求在人的视野里有　定的绿量。绿色植物构成的空间可使人的眼睛减轻和消除疲劳。一般情况下，进入人们视线的绿视率占25％时，人们的感觉较舒适。

古希腊哲学家和科学家亚里士多德及著名医生阿尔卡托·马格诺发表的关于颜色的论著，至今仍有非常珍贵的意义。颜色疗法用于保健祛病是近年来一种重放异彩的古今结合的有效疗法。据科学家试验的结果证明：疾病在很大程度上是由于人体内色谱失衡或缺少某种颜色造成的。绿色植物在颜色疗法中占有独特的重要地位。植物中的绿色是希望的象征，给人以宁静的感觉，可以降低眼内压力、减轻视觉疲劳、安定情绪，使人呼吸变缓、心脏负担减轻、降低血压。在植物开放的花朵中，以红色偏多，红色、鲜红色象征烈火、生命和爱情，使人促进血液流动、加快呼吸并能够治疗忧郁症，对人体循环系统和神经系统也有调节作用。

四、园林树木的整体美学特性

园林树木整体的美学特性包括树木的体量、外形、色彩、质地以及与总体布局和周围环境的关系等。前面在学习了从不同部位了解并认识了树木的美学表现以后，就可以进一步研究树木整体的美学表现了。这对园林植物种植设计来说是非常重要的。因为任何一个赏景者的第一印象便是对其外貌的反映。

（一）体量

树木最重要的美学表现之一就是它的大小。因为它直接影响空间范围、结构关系以及设计的构思与布局。

1. 大中型乔木

从大小以及景观中的结构和空间来看，最重要的植物便是大中型乔木树种。大乔木的高度在成熟期可以超过 12m；中乔木最大高度可达 9～12m。因为高度和体积将成为显著的观赏因素之一。它们的功能像一幢楼房的钢木框架，能构成室外环境的基本结构和骨架，从而使布局具有立体的轮廓。在一个布局中，大中型乔木居于较小植物之中时，它将占有突出的地位，可以充当视线的焦点。作为结构重要的因素，其重要性随着室外空间的扩大而更加突出。在空旷地或广场上，大乔木首先进入眼帘。所以设计时首先确定大中乔木的位置是十分重要的，因为它对设计的整体结构和外观将产生最大的影响。由于大乔木极易超出设计范围和压制其他较小因素，因此在小的庭院设计中应慎重地使用大乔木树种。

2. 小乔木

凡最大高度为 4.5～6m 的植物为小乔木。和大中型乔木一样，在顶平面和垂直面两个方面起着封闭和限制的作用。当树冠挡住视平线时，就将在垂直面上完全封闭了空间。在顶平面上，树冠的实际高度与其创造出"天花板"感觉是有变化的。如离地面 12～15m，则空间就会显得高大；如离地面 3～4.5m，且树冠边缘有收有放变化时，这样的空间常使人感到亲切、欢快。当视线能透过树干和枝叶时，这些小乔木就像前景的漏窗一样，使人们所见到的空间有较大的深远感。小乔木也可以作为焦点和构图的中心。可配置在醒目的地方，如出入口附近，通往空间的标志以及突出的景点上，也可以配置在狭窄的空间末端，使其像一件雕塑或抽象的艺术形象等等。总之，小乔木适合于受面积限制的小空间或要求较精细的地方。

3. 大灌木

灌木的最大高度为 3～4.5m 则可称为大灌木。灌木最明显的特征是无主干、丛生。在景观中，大灌木犹如一堵堵围墙，能在垂直面上构成空间闭合。被围合的空间四面封闭而顶部开敞。由于这种空间具有积极、向上的趋向性，因而给人们以明亮、欢快感。如构成长廊型空间，可将视线和行动直接引向终端。如为落叶大灌木，则空间的性质就会随季节而变化；如为常绿，则使空间保持始终如一。在中、小灌木衬托下，大灌木形成构图焦点时，其形态越狭窄，越有明显的色彩和质地，其效果则越加突出。在对比作用方面，大灌木还能作为天然背景，以突出其前面的景点或起到障景的作用。

4. 中小灌木

高度在 1～2m 的灌木可称为中灌木；高度在 0.3～1m 的则可称为小灌木。中小灌木能在不遮挡视线的情况下限制或分割空间。可在垂直面上使用中小灌木以形成植物材料构成的"矮墙"。中小灌木，尤其是小灌木，在构图上具有从视觉上连接其他不相关因素的作用。由于体量较小，应大面积地使用才能获得较佳的观赏效果，但勿过分，以免使整个布局显得无整体感。

5. 地被植物

高度不超过 15～30cm 的草、木本植物统称为地被植物。习惯上分为木本地被和草本地被两类。它们能在地面上形成所需的图案，而不需用硬性的建筑材料，而植物材料比建筑材料更有生气，更活泼。在不宜种植草皮的地方，木本地被则可以为其提供下层植被。当木本地被与草坪或铺道材料相连时，其边缘构成的线条在视觉上极为有趣，而且能引导视线、范围空间。当地被植物与具有对比色或对比质地的材料配置在一起时，会引人入胜。地被植物还能从视觉上将其他孤立因素或多组因素联系成一个统一的整体。各组互不相关的灌木或乔木，在地被植物层的作用下，都能成为统一布局中的一部分。

（二）外形

在植物的构图和布局上，树木的外形直接影响着统一性和多样性。在作为背景材料，以及在设计中植物与其他不变设计因素相配合时，外形也是一个关键性因素。根据许多种树形可归纳为以下六种类型。

1. 立柱型

包括圆柱形、圆锥形、纺锤形等高大通直的各种树形。它能通过引导视线向上，突出了空间的垂直面。能为一个植物群和空间突出其垂直感和高度感。如果大量使用该类树木，其所在的植物群体和空间，会给人们一种超过实际高度的幻觉。当与较低矮的圆球型或展开型树木配置在一起时，其对比十分强烈。这种类型犹如一个"惊叹号"惹人注目。在设计时应该谨慎使用，如数量过多，会造成过多的视线焦点，使构图"跳跃"破碎。

2. 展开型

包括卵形、卵圆形、伞形、倒卵形、扁球形、钟形、倒钟形等较低矮而开阔的各种树形。这种类型能使设计构图产生一种宽阔感和外延感，会引导视线沿水平方向移动。因此，通常用于布局中从视线的水平方向联系其他植物形态，如能重复地灵活运用，效果更佳。它能与平坦的地形、平展的地平线和低矮水平延伸的建筑物相协调，能延伸建筑物的轮廓，使其融汇于周围环境之中。

3. 圆球型

包括丛生形、偃卧形、球形、馒头形、圆球形等较低矮而外围轮廓线呈圆环或球形的各种树形。这是各种树形中为数最多的类型，因而在设计布局中用量也最大。该类型在引导视线方面既无方向性，也无倾向性，故在设计时可随便使用都不会破坏设计的统一性。圆球形树木外形圆柔温和，可以调和其它外形较强烈的形体，也可以和其它曲线形的材料相互配合、呼应，如波浪起伏的地形，协调一致。

4. 圆锥型

包括尖塔形以及整个形体从底部逐渐向上收缩，最后在顶部形成尖头的树形。除具有易被人注意的尖头外，总体轮廓也非常分明和特殊，故可作为视觉景观的重点，特别是与较矮的圆球形树木配置在一起时，对比之下尤为醒目。也可与尖塔形的建筑物或是尖耸的山巅相呼应。

5. 垂枝型

具有明显的悬垂或下弯的枝条。它们能起到将视线引向地面的作用。因而可以在引导视线向上的树形之后，使用垂枝型树木，以增加起伏情趣。还可以配置于水岸，以配合其波动起伏的涟漪，象征着水的动势。

6. 特殊型

指有奇特自然造型的树形。由于他们具有不同凡响的外貌，最好作为孤植树，放在突出的位置上，构成独特的景观效果。这种类型不宜多植，无论在何种景内，一次只宜植一株，方能避免杂乱感。

（三）色彩

树木的色彩可以被看作是情感的象征，这是因为色彩直接影响着一个室外空间的气氛和情感。鲜艳的色彩给人以轻快、欢乐的气氛，而深暗的色彩则给人异常郁闷的气氛。由于色彩易被人所见，因而它也是构图的重要因素。树木的色彩应在设计中起到突出树木的尺度和形态的作用。如一株树木以其大小和形态作为设计中的主景时，同时也应具备夺目的色彩，以进一步引人注目。在设计时，一般应多考虑夏季和冬季的色彩，因为它们占据着一年中的大部分时间。除特殊效果需要外，一般设计时对树种的取舍和布局，不能只依据花色或秋色，因为它们留存的时间比较短暂。这些虽然丰富多彩而令人难以忘怀，但毕竟是会很快消失的。在夏季树叶色彩的处理上，最好使用一系列具有色相变化的树种，使在构图上具有丰富层次的视觉效果。将两种对比色配置在一起，其色彩的反差更能突出。例如黑与白在一起，则白会显得更白；绿色在红色或橙色的衬托下，会显得更浓绿。各种不同色调的绿色，也各有其不同的美学功能。不同色调的绿色其美学特性也不同，深绿色可给予整个构图和其所在的空间带来一种坚实凝重的感觉,成为设计中具有稳定作用的角色。此外，深绿色还能使空间显得恬静、安祥。但若用得过多，会给室外空间带来阴森沉闷感。而且深色调植物极易有移向观赏者的趋势，在一个视线的末端，深色似乎会缩短视距。同样，一个空间中的深色植物居多，会使人感到实际空间窄小。浅绿色能使一个空间产生明亮、轻快感。除在视觉上有漂离观赏者的感觉外，同时给人以欢欣、愉快和兴奋感。当我们在将各种色度的绿色植物进行组合时，一般说来深色植物常安排在底层，使构图保持稳定，同时将浅色植物安排在上层，使构图轻快、活泼。绿色的对比效果表现在具有明显区别的叶丛上。不同色度的绿色植物不宜过多、过碎地布置在总体中，否则整个布局会显得杂乱无章。对特殊颜色的处理须慎重，因为它极易引人注目，要在不破坏整个布局的前提下，处理好各种不同的色彩。植物的色彩和植物其他视觉特点一样，可以相互配合运用，以达到设计的目的。

（四）叶型

叶型就是树叶的类型。包括树叶的形状和持续性。在温带地区，基本的叶型有三种：落叶型、针叶常绿型和阔叶常绿型。每一种类型各有其特性和美学表现。

1. 落叶型

落叶型植物在秋天落叶，春天再生新叶。无论从数量上还是对周围各种环境的适应能力而言，在大陆性气候带中，多以落叶型植物占优势，它们具有各种形态、色彩、质地和大小。其最大的美学表现就是能突出地强调出季节的变化。这一具有活力的因素，直接丰富了所在景区的风景内容，使人们惊讶地发现它们在通透性、外貌、色彩和质地等方面所发生的令人着迷的交替变化。它们能在各方面限制空间作为主景，充当背景，并可与针叶常绿和阔叶常绿树相互对比。它们能满足大多数功能的需要，在设计中属于"多用途植物"。不能忽视落叶型树木的冬态美，落叶以后，由树干和各级枝条所构成的图案是千姿百态的。遗憾的是很少有人考虑到它们，总认为落叶以后似乎就不具备美学表现了，实际上正应该是设计时必须考虑的重要因素。

2. 针叶常绿型

该类树木的叶片常年不落。它和落叶型树木一样，既有低矮的灌木，也有高大的乔木，并具有各种形状、色彩和质地。所不同的是，针叶常绿型树木缺少艳丽的花朵。但色彩却比其他类型的树木要深，特别是冬季，其相对暗绿是最明显的，使这类树种显得端庄厚重，通常在布局中用以表现稳重、沉实的视觉特征。应该记住，在绝大多数场合都不应过多地种植该类树木，因为它们会使环境产生悲哀、阴森的感觉。尤其是在许多老、旧房屋周围更应避免多用。在一个正常的设计中，其所占的比例应小于落叶型树木。针叶常绿型树木相对深暗的叶色，是浅色树木和物体的良好背景。它们还能使某一布局显示出永久性，如与落叶型树木作对比，则季相变化会显得更加强烈。

3. 阔叶常绿型

该类树木的叶型与落叶型树木相似，但叶片终年不落。与针叶常绿型树木一样，其叶片几乎都成深绿色，所不同者，许多树种的叶片都具有反光功能，使其在阳光下显得光亮。虽然这类树木有一些是因其春季艳丽的花色而闻名，但稍有一点艺术修养的设计人员都会考虑其叶丛，而花朵只能作为附加效果。这在前面已经说过，因为花朵的美学表现比起叶丛来，存在的时间只能算是短暂的。特别是在我国北方常绿阔叶类树种不多，应尽量选用。当然，这并不排除在特定景观中，将艳丽的花朵作为焦点来使用。

（五）质地

树木的质地是指单株或群体直观的粗糙感和光滑感。通常可分为三种：

1. 粗壮型

通常由大叶片、粗壮的枝干（无小而细的枝条），以及疏松、松散的生长习性而形成。这类树木泼辣而有挑逗性，将其配植在中粗型及细小型树丛中，粗壮型树木会"跳跃"而出，首先进入观赏者的眼帘。因此，粗壮型树木在设计中可作为焦点，以吸引观赏者的注意力，或使设计显示出强壮感。但须慎重使用，以免在布局中喧宾夺主，或造成零乱感。尤其在比较狭小的空间内，如配植位置不好，或使用过多，这本来就不大的空间就会被"吞没"。

2. 中粗型

是指那些具有中等大小叶片、枝干的树木。较粗壮型透光性差，但轮廓较明显。中粗型树木是数量最多的一类，与中间绿色植物一样，也应成为一项设计的基本结构，充当粗壮型与细小型树木之间的过渡成分，显示出将整个布局中的各个成分连接成一个统一体的能力。

3. 细小型

细质地树木长有许多小叶片和细小脆弱的小枝，以及具有整齐密集的特性。他们在园景中往往最后为人所见；当观赏者与布局间的距离加大时，它们又首先（仅就质地而言）从视线中消失。细质地树木最适合在布局中充当更重要成分的中性背景，为布局提供优雅、细腻的外表特征，或在粗质地和中粗质地树木相互完善时，增加景观变化。与粗壮型相反，细小型在布局中具有一种"远离"观赏者的倾向。在紧凑狭小的空间特别有用，这种空间的可视轮廓受到限制，但在视觉下又需要扩展而不是收缩。

总而言之，树木的体量、外形、色彩和质地，是树木整体美学表现的各个侧面，是设计者在使用植物材料时卓有效用的因素。这些因素是综合起作用的，树木的这些特性对于一个设计的多样性和统一性，视觉上和情感上，以及室外环境的气氛和情绪，都有着直接的关系。当然，在设计中熟练地掌握树木的这些特性，必须经过长期反复实践和运用，才能逐渐做到。

第四节　在经济方面的作用

园林树木在经济方面的价值，有直接生产和结合生产两个方面。直接生产系指作为苗木、桩景、大树出售而产生的商品价值，也指作为风景区、园林绿地主要题材而产生的风景旅游价值。园林树木结合生产，则是在发挥其园林绿化多种功能与作用的前提下，因地制宜、实事求是地结合经济生产，恰当地提供一些副产品。园林树木有多种用途，这些都是结合生产的多方途径。但在具体园林实践中，应兼顾园林树木的直接生产和结合生产两个方面，尤其不可忽视园林树木在园林、风景区的风景旅游价值。从整体上看，园林树木在改善、防护方面的生态作用和美化作用是主导的，基本的。至于园林树木的生产经济作用，则是次要的、派生的，但也应尽可能的受到重视，得到发挥。

一棵树木的实际身价究竟有多大？印度加尔各答大学的一位教授曾作过科学的计算。一棵中等大小的树木，按生长50年计算，其创造的直接与间接价值为：

生产氧气的价值　　　　　　　　　　　　　31250 美元
防止空气污染的价值　　　　　　　　　　　62500 美元
保持水土的价值　　　　　　　　　　　　　37500 美元
防止水土流失而增加肥力的价值　　　　　　31250 美元
为牲畜挡雨遮风提供鸟巢的价值　　　　　　31250 美元
制造蛋白质的价值　　　　　　　　　　　　 2500 美元
总　　计　　　　　　　　　　　　　　　196250 美元

虽然，由于国情不同，计算方法不同，在我国人们或许很难真正认识园林树木的全部价值，但通过上述计算我们应该很清楚地意识到园林树木的价值有很多是无形的，其在生态和环境上的价值远远超过其木材的价值。从而足以看出，园林树木对人类的关系是多么的密切、是多么的重要。特别是在工业化发展而污染严重的现在，在人类赖以生存的环境日益恶化的今天，尤为重要。这一观点，在我国已逐渐被接受。我国北京曾对毁坏树木的人罚款9900元，并对有关部门的干部进行了处罚；在合肥和天津曾分别耗资5万、8万元为树木搬家。

复 习 题

1. 简述园林树木在保护环境方面的作用。
2. 简述园林树木在改善环境方面的作用。
3. 就你知道的请举出当地有关重视或不重视园林树木的实例。

4. 在公园识别树种时，着重认识园林树木的各种树形及叶的形态特征。
5. 请用当地实例说明园林树木的寓意美。
6. 举例说明园林树木的抽象美。
7. 结合园林造景进一步领会园林树木的整体美学特性。

第二章 园林树木的分类

地球上的植物约有 50 万种，仅高等植物就多达 35 万种以上，在这些高等植物中已经被用于园林绿化的种类仅为很少一部分。为了更好地挖掘利用园林树木，有效地为人类服务，首先必须正确识别园林树木并科学地进行分类。

植物分类学是研究不同植物类群的起源、发展和进化，并根据植物的进化系统和亲缘关系对各种植物进行描述记载、鉴定、分类和命名，以供识别和应用的一门学科。园林树木分类隶属于植物分类，它们的分类原则、分类系统是完全一致的。

在园林绿化过程中，人们还可以根据树木的性状、观赏特性、园林用途等进行分类。

第一节 按进化系统分类

一、植物的分类方法

植物界种类繁多，为了便于识别和研究，必须将不同植物加以分类，其分类的方法和所依据的理论，大致可分为两类。一类是人为分类法，一类是自然分类法。

人为分类法是根据植物在习性上、形态上和应用中的一、二个特点进行分类的方法。这种分类方法不能反映植物的系统发育和不同植物之间的亲缘关系。

自然分类法是根据植物自然进化系统和植物之间的亲缘关系进行分类，这种分类方法基本上反映了植物的自然历史发展的规律。

二、植物的分类系统

按照植物亲缘关系对植物进行分类，并建立一个分类系统，以说明植物间演化的规律是分类学家长期以来努力追求的目标，但由于许多植物类群和种群已经灭绝，已发现的化石材料和证据又残缺不全，以至到目前为止，还没有一个统一的分类系统。种子植物门中常用的被子植物分类系统有两种，一种是恩格勒（Engler）的分类系统；一种是哈钦松（Hutchnson）的分类系统。

（一）恩格勒分类系统

其特点是：

（1）认为种子植物中无花被是原始的形状，所以将无花被的木麻黄科、胡椒科、桦木科、山毛榉科、荨麻科等放在木兰科和毛茛科之前。

（2）原认为单子叶植物比较原始，排列在双子叶植物之前，1964 年已作了更正，把单子叶植物排在双子叶植物之后，与世界多数分类学者的观点相一致。

（3）目与科的范围原来比较大，1964 年修改后作了较合理的调整。

（二）哈钦松分类系统

其特点是：

（1）认为在有萼片和花瓣的植物中，如其雄蕊和雌蕊在解剖上属于原始性状时，就比无萼片与花瓣的植物较为原始。如木麻黄科、杨柳科等的无花被特征是属于废退的特化现象，是进化现象。

（2）认为单子叶植物比较进化，所以排在双子叶植物之后。

（3）目和科的范围较小。

（4）在双子叶植物中，将木本与草本分开，认为乔木性状原始，草本属进化性状。此外，还认为花各部离生，花部螺旋状排列，有多数离生雄蕊，两性花，复叶或叶对生或轮生等都是进化性状。

目前，很多人认为哈钦松分类系统较为合理。我国南方较为广泛采用哈钦松分类系统，如《广州植物志》、《海南植物志》等就是按哈钦松的分类系统编写的。

恩格勒分类系统的范围很广，包括了全世界的植物，为国内外许多植物分类工作者所采用，我国北方分类学者常采用这一系统。如《中国树木分类学》、《中国高等植物图鉴》等就是按恩格勒分类系统编写的。本教材采用恩格勒分类系统编写。

三、植物分类的单位和植物命名

（一）分类单位

自然分类法采用的分类单位有：界、门、纲、目、科、属、种等。其顺序表明了各分类等级。有时因在某一等级中不能确切而完全地包括其性状或系统关系时，可加设亚门、亚纲、亚目、亚科、亚属、亚种或变种等以资细分。

"种"是分类的最基本单位，集相近的种成属，由类似的属成科，科并为目，目集成纲，纲汇成门，最后由门合成界。这样循序定级，构成了植物界的自然分类系统。

"种"是具有相似形态特征，表现为一定生物学特性并要求有一定生存条件的多数个体的总和，在自然界中占有一定的分布区。每一个"种"都具有一定的本质形状，并以此而界限分明地有别于它"种"。如樟树、毛白杨是彼此明确不同的具体的种。

（二）植物命名

植物种类繁多，其普通名称不仅随各国语言文字的不同而异，即使在一国内，同一植物在不同地区也各有不同的名称，因此常常发生同物异名或异物同名等现象，造成混乱，不利于科学交流和生产应用，所以在植物名称上很有统一的必要。

1753 年瑞典著名的植物学家林奈正式倡用"双名法"为统一植物学名制定了准则。双名法规定每种植物的学名由两个词组成：第一个词为属名，多数是名词。第二个词为种名，多数是形容词。一个完整的学名，还要在属名、种名之后附以命名人的名字（缩写）。植物学名一律用拉丁文书写，其中属名的第一个字母要大写。如银杏的学名为 Ginkgo biloba L。属名 Ginkgo 为我国广东方言"金果"的拉丁文拼音；种名 biloba 为拉丁文形容词，意为"两裂的"，指银杏叶片先端两裂；L 为命名人林奈即 C·Linnaeus 的缩写。

野生变种和变型等的命名，则须在种名之后加 var 或 f，再列上变种名或变型名以及命名人的名字。如云南松的变种地盘松的学名是：Pinus yunnanensis Franch var pygmaea Hsiieh。栽培变种即品种的名称，用 cv 再在单引号内写上第一个字母为大写的品种名来表示，其后不附人名。如垂枝黑松是黑松的栽培变种，其学名应写为：Pinus thunbergii Parl cv 'Pendula'。

四、植物分类检索表

植物分类检索表是鉴定植物种类的重要工具之一。通常植物志、植物分类手册等都附有植物分类检索表。也可以将植物分类检索表单列为专著，以便通过检索表查出植物所属的科、属、种的名称，再与记载的性状详细核对，从而鉴定出植物名称。常用的植物分类检索表有以下两种形式：

（一）定距式（以桑科四个属分属检索表为例）

1. 托叶 2，分离，托叶痕不为环状。荑荑花序或头状花序

  2. 至少雄花为荑荑花序。枝无刺

    3. 雌、雄花均为荑荑花序。聚花果圆柱形······················**桑属**

    3. 雄花为荑荑花序，雌花为头状花序。聚花果圆球形··········**构属**

  2. 雌、雄花均为头状花序。枝常有刺·······················**柘属**

1. 托叶合生，包被顶芽，脱落后留下环状痕。花生于中空的肉质花序托内，形成隐头花序 ···**榕属**

（二）平行式（同样以桑科四个属分属检索表为例）

1. 托叶 2，分离，托叶痕不为环状。荑荑花序或头状花序·············· **2**

1. 托叶合生，包被顶芽，脱落后留下环状痕。花生于中空的肉质花序托内，形成隐头花序 ···**榕属**

2. 至少雄花为荑荑花序。枝无刺 ································· **3**

2. 雌、雄花均为头状花序。枝常有刺 ·····················**柘属**

3. 雌、雄花均为荑荑花序。聚花果圆柱形 ··················**桑属**

3. 雄花为荑荑花序，雌花为头状花序。聚花果圆球形 ··········**构属**

第二节 按性状分类

按照园林树木的性状，大致可分为以下几类：

一、乔木类

指树体高在 5m 以上，有明显主干，分枝点距地面较高的树木。可分为常绿针叶乔木，如黑松、雪松、柏木、柳杉、红豆杉等；落叶针叶乔木，如金钱松、水杉、落羽杉、水松等；常绿阔叶乔木，如樟树、榕树、青冈树、冬青、紫楠等；落叶阔叶乔木，如皂荚、槐树、臭椿、无患子、木棉、七叶树、毛白杨等。

二、灌木类

树体矮小，通常在 5m 以下，没有明显的主干，或主干低矮，常自地面不高处发生多数分枝的树木。常见的常绿灌木有海桐、十大功劳、南天竹、桃叶珊瑚、大叶黄杨、含笑等；落叶灌木有月季、珍珠梅、金钟花、榆叶梅、郁李等。

三、藤木类

指茎不能直立生长，常借助吸盘、吸附根、卷须、蔓性枝条及干茎自身的缠绕性攀附它物向上生长的树木，如爬山虎、凌霄、葡萄、木香、紫藤等落叶藤本；络石、常春藤、常绿油麻藤等常绿藤本。

第三节　按观赏特性分类

一、观叶树木类（叶木类）

凡树木的叶形、叶色具有较高观赏价值的均为观叶树木类。如七叶树、鸡爪槭、银杏、乌桕、枫香、黄杨、红枫、八角金盘、日本五针松等。

二、观花树木类（花木类）

以观花为主的都为观花树木类。如月季、白玉兰、紫薇、桃、郁李、樱花、山茶、杜鹃花等。

三、观果树木类（果木类）

凡树木的果实有观赏价值的均属之。如山楂、柿子、石榴、杨梅、枸杞、南蛇藤、紫珠、木瓜、佛手等。

四、观干树木类

树皮枝条颜色、裂纹等有观赏价值的树木均为观干树木类，如白皮松、梧桐、山桃、红瑞木、榔榆、白桦、锦松、木瓜等。

五、观姿态树木类

树形奇特，并有观赏价值的树木均为观姿态树木类。如雪松、龙爪槐、照水梅、金钟柏、油松、水杉、垂柳等。

第四节　按在园林绿化中的用途分类

一、行道树

行道树是指种植在道路两旁的乔木，通常要求成行栽植，排列整齐，规格一致，株间有一定距离。我国常用的行道树树种有悬铃木、榆树、樟树、杨树、槐树、银杏、臭椿、元宝枫、栾树等。

二、绿化林带

绿化林带指由一种或几种树种按照直线或曲线种植的带状林。根据它的功能可分为防护林带和城市绿化林带。如我国营造的大面积绿色长城"三北防护林工程"，就是一条巨型的防护林带。近年来，天津、合肥等城市结合城区建设种植的 500m 宽的城市外围环状林带就是城市绿化林带，这种城市绿化林带可以与农田、果园、桑园、茶园、农田防护林等融为一体。

三、孤植树

孤植树是指在绿地中单株栽植或 2、3 株栽植在一起形成孤植效果的树木。常用于孤植的树种有榔榆、朴树、臭椿、刺槐等。也可用有特殊观赏价值的树种，如雪松、垂柳、苏铁、樱花、梅花、广玉兰、柿树等作孤植树。

四、灌木丛类

榆叶梅、丁香、溲疏、山梅花、白鹃梅、八仙花等花灌木；海桐、黄杨、小叶女贞、火棘、枸骨、枸杞等观叶、观果的灌木树种都属灌木丛类。

五、垂直绿化植物类

垂直绿化植物类是指绿化墙面、栏杆、枯树、山石、棚架等处的藤本植物，如紫藤、爬山虎、五叶地锦、常春藤、猕猴桃等。

六、绿篱类

绿篱类是指园林中用树木的密集列植代替篱笆、栏杆、围墙等，起隔离、防护和美化作用的种植形式。绿篱类树种既可以用侧柏、桧柏、女贞、小檗、大叶黄杨等耐修剪树种，组成规则式绿篱；也可以用木槿、金丝桃、金钟花等树种组成不用修剪或很少修剪的自然式绿篱、花篱。

第五节 按耐寒性分类

不同树种由于原产在不同的自然生态环境中，所以耐寒性不同。可以根据树木不同的耐寒性，对树木进行分类。

一、热带树木类

原产我国西双版纳、海南岛、西沙群岛、台湾省南端的树木，如椰子、槟榔、油棕、菩提树、芒果、橡胶、可可、红树等。热带树木耐寒性最差。这些树木在长江流域栽培也需要在加温温室越冬。

二、南亚热带树木类

原产我国广东、福建、广西沿海丘陵平原地区的树木，如蒲葵、荔枝、橄榄、水松、黄兰、棕竹、九里香、鹅掌楸、桫椤等。南亚热带树木耐寒性也较差，这些树木在长江流域栽培也需进温室越冬。

三、北亚热带树木类

原产我国淮河以南，安徽和江苏的南部、江西北部、湖北中部东部，长江中下游平原的树木。如榔榆、青檀、枫杨、梧桐、三角枫、金钱松、雪松、水杉、悬铃木、青冈、女贞等。北亚热带树种有一定的耐寒性，如梧桐、枫杨等树种可在北京小气候条件好的背风向阳处露地越冬。

四、亚热带高原树木类

原产我国海拔1500～3000m的西南云贵高原和海拔2000～4000m的甘南、川西、滇北高山区的树木。如华山松、青杆、高山松、山玉兰、各种高山杜鹃、珙桐、山茱萸、连香树、岷江冷杉、丽江铁杉、滇杨等。当地夏季凉爽、冬无严寒，这些树木忌夏季炎日直射，若将这些树木引种到平原丘陵地区，就有一个渡夏的问题。

五、暖温带树木类

原产我国辽东半岛和华北平原的树木。如臭椿、油松、白皮松、槐树、栾树、毛白杨、刺槐、核桃、板栗、柿子树、梨树、苹果、旱柳、侧柏等，这些树种耐寒性较强。

六、寒温带树木类

原产我国东北大小兴安岭的树木。如樟子松、白桦、糠椴、臭冷杉、春榆、五角枫、东北杏、毛山楂、茶藨子等。这些树种耐寒性最强。若引入长江流域栽培则怕炎热，难以渡夏。

第六节　按园林绿化结合生产的作用分类

一、果品类

凡果实味美可口，富含营养物质的均属此类，可鲜食，亦可干制加工食用。如苹果、桃、葡萄、猕猴桃、柑橘等。

二、淀粉类

果实、种子等含有丰富的淀粉及糖类的树木。如板栗、钩栗、苦槠、麻栎、铁树等。若所含淀粉质地好、产量高的树种可称为"木本粮食"或"铁杆庄稼"，如枣、板栗、柿子等。

三、木本蔬菜类

园林树木的花、叶、果实等可作蔬菜食用的均属之。如香椿、枸杞、木槿等。

四、油脂类

凡果实、种子富含油脂的树种均属之。经提炼出的油料有的可食用，如山核桃、油茶等。有的可用作工业原料，如乌桕、油桐、油棕、油橄榄等。

五、芳香油料类

指可从树木的根、枝、叶、花、果实、种子等中提炼出香精的树种，如玫瑰、桂花、含笑等均可通过提炼得到十分珍贵的天然香料。

六、纤维类

有些树木的茎干、树皮等富含纤维，可供编制、造纸、纺织等用，如木槿、棕榈、青檀、剑麻、凤尾兰等。

七、鞣料类

在制革、纺织、印染、医药等工业方面均需要大量鞣料，很多树种含鞣料较丰富，如落叶松、苦楝、金合欢等。

八、橡胶类

园林树木中富含橡胶的种类有：橡胶树、卫矛、杜仲等。

九、药用类

很多园林树木的根、枝、叶、花、果实、种子等可以入药，如银杏、枸杞、山楂、杜仲、金银花等。

十、用材树类

绝大多数乔木树种均可提供不同的木材用材，如松、杉、泡桐等，大部分树种都属此类。

十一、其他类

除以上各类经济用途外，还有一些园林树木有特殊的用途。如可提炼砂糖的糖槭、复叶槭；可作饮料的椰子；养蚕之桑树；养柞蚕之麻栎、栓皮栎等；制杀虫剂的夹竹桃、羊踯躅、皂荚等。

复　习　题

1. 园林树木按观赏特性可以分成哪几类？

2. 可以用作垂直绿化的树种有哪些？它们有哪些共同点？

3. 什么叫绿篱？你见过的绿篱树种有哪些？

4. 行道树有哪些功能？适宜在本地作行道树的树种有哪些？

5. 选 10 种当地常见树种，写出其分种检索表。

第三章 园林树木与生态环境的关系

每一种树木都生长在一定的环境之中,如南洋杉适宜生长在空气湿润的暖热气候中,而红松则喜生长在寒冷的环境中。由此可见,树木与环境之间有着极其密切的相互关系。园林树木的环境因子,主要是指气候(温度、水分、光照、空气质量)、土壤、地形地势、生物及人类活动等生态因子。所谓园林树木的生态环境是指园林树木赖以生存的空间中所有这些生态因子的总和。在园林绿化工作中,只有充分了解环境因子与树木之间的关系,才能运用这些规律来选择和培育树木,做到适地适树,更好地为园林绿化事业服务。

第一节 光 照 因 子

光是树木生长发育的必要条件。在自然界中可以观察到一些树木只有在强光的环境中才能生长良好,而另一些树木则喜生长在弱光下,这说明各种树木需光的程度是不同的。

根据树木对光的需求程度,可将树木分为三类:

一、阳性树种

又称喜光树种。是在强光照条件下才能生长发育健壮的树种。这类树种不耐荫,在弱光条件下生长发育不良。如松、杉、柳、麻栎、桦木、银杏、桉树、银桦及许多观花树种、落叶阔叶树种等。

阳性树种一般枝叶稀疏透光,自然整枝良好,树皮较厚,枝下高较高,叶色较淡,开花结实率较强,一般生长较快,寿命较短。

二、阴性树种

是在光照较弱的背阳条件下生长发育良好,具有较高的耐荫能力的树种。如红豆杉、云杉、铁杉、金银木、八角金盘、八仙花等。

阴性树种一般枝叶浓密,透光度小,自然整枝不良,枝下高较矮,树皮较薄,在强光照下容易发生日灼,叶色较深,通常生长较慢,寿命较长。

三、中性树种

在充足的光照下生长最好,稍受荫蔽亦不致受损害,或者在幼苗期较耐庇荫,随着年龄的增长逐渐表现出不同程度的喜光特性的都为中性树种。如元宝枫、桧柏、侧柏、七叶树、核桃、青冈栎、樟树、榕树、椴树、毛竹等,大多数树种都是中性树种。通常常绿阔叶树种都有一定的耐荫能力。

但是树木对光的需求不是固定的,常常随着树龄、环境、地区的不同而变化。通常幼苗、幼树的耐荫性高于成年树。如红松幼苗在遮荫较重(郁闭度在 0.7~0.8 的林下)的条件下产苗最多,但就幼苗的生长发育而言,则以郁闭度 0.3~0.5 的林下最为适宜。同一树种,生长在湿润肥沃的土壤上,它的耐荫能力就强一些;生长在干旱贫瘠的土壤上常常表现出阳性树种的特征。

在园林绿化工作中，我们选择树种时，应注意满足树木对光照的需求，进行合理地配植，否则往往生长不良。又如碧桃、蜡梅都是喜光树种，在园林养护管理上就应该进行合理地修剪整枝，改善其通风透光的条件，加强树体的生理活动机能，使枝叶生长健壮，花芽分化良好，花繁色艳，以供观赏。

第二节 温 度 因 子

温度是重要的生态环境因子之一。它不仅影响树木生长发育的每一生理过程，而且与园林树木的分布有着密切的关系。

我们常见许多南方树种北移后，往往受到冻害或冻死；而北方树种南移后，则常因冬季不够寒冷而出现花芽很晚才萌发和开花不正常等现象，或因不能适应南方长期的高温而受到伤害，或由于南方多湿而使病虫害较多。例如：生长在北方的苹果树能抗-40℃的低温，当把它种植在广东、广西南部低海拔地区时就不能正常开花结实。在广东、广西南部生长的南洋杉通常在南岭以北不能露地越冬。又如生长在东北大兴安岭的红松是高大的乔木，而将其移植到南京栽培时，则往往形成灌木。这主要是由于温度因子的影响所致。生产中北方树种南移要比南方树种北移容易成功。

每个树种的发芽、开花、结果等生长发育过程，都要求有一定的温度条件，并有一定的适应范围。如果温度超过树种所能忍受的范围时，则会产生伤害。高温破坏树体内的水分平衡，导致萎蔫，甚至死亡。温度过低使细胞间隙水分结冰，原生质失水凝结而发生冻害以至死亡。

一般来讲，树木生命活动的最高极限温度在35～40℃范围内或略高，如到45～55℃时就导致死亡；最低温度大约1℃左右。但是有的树种在0℃以上的低温时即可受寒害。如生长在热带的橡胶、可可、椰子树，在2～5℃时，就要受到寒害；而生长在高山上的雪莲却能在积雪地上开花。

温度急剧变化也会使树木发生冻害。昆明市1986年3月1日白天气温高达20℃，夜间气温突然降至-7℃，并有小雪，使云南松、桉树、银桦、夹竹桃等树种大部分受冻造成枯梢。大部分温带树种5℃以上时开始生长，25～35℃生长最快，35～40℃时停止生长；亚热带树种通常最适生长温度为30～35℃。

温度对树木的天然分布起着巨大的作用，每一树种对温度的适应能力都有一定的范围，因此以温度为主在其它因子的综合影响下形成了树种的地理分布。如年平均气温22～26℃以上的热带，就形成热带雨林季雨林；年平均气温15～21℃的亚热带，则形成亚热带常绿阔叶林和常绿与落叶阔叶混交林；年平均气温2～14℃的温带，则主要是夏绿树种的分布区；年平均气温低于零度的寒带，基本上没有树木生长，只有苔藓、地衣之类。这样，根据树木天然分布区温度高低的状况，可将树种分为热带树种、亚热带（暖带）树种、温带树种及寒带树种。通常，热带、亚热带树种多属喜温树种；温带及寒带树种则耐寒能力较强。不同地区，根据适地适树的原则应该选用适应本地区气温条件的树种栽植。

第三节 水 分 因 子

水是树木生长所必需的物质，树木的一切生命活动都需要水分，没有水树木就不能生存。由于树木长期生长在不同的降水条件下，从而形成了不同的适生树种，因此可根据树种对水分的不同要求，将园林树木分为以下几种类型。

一、旱生树种

能生长在干旱地带，具有高度耐旱能力的树种。它们在系统的生长发育过程中已形成了在生理与形态构造方面适应大气和土壤干旱的特性，如柽柳、木麻黄、沙地柏、沙棘、沙拐枣、骆驼刺、山杏等。

二、湿生树种

能够在土壤含水量高的潮湿环境中生长，甚至能耐水淹的树种，如水松、池杉、落羽杉、柳树、枫杨等。

三、中生树种

介于耐旱树种与湿生树种之间的树种为中生树种。树种中绝大多数都属此类。但其中不同树种对水分状况的反应也相差很大。据天津园林科研所测定：绒毛白蜡（又称天津白蜡）在水淹 60d 的情况下仍能正常生长，被列为天津一级抗涝树种。而梧桐、女贞水淹后，很快就会死亡。

通常，耐水性强的阔叶树种其耐旱力也很强；耐水性弱的树种不一定能够耐旱。深根性树种多较耐旱，浅根性树种多不耐干旱。乡土树种适应性强，多表现为较强的耐旱能力；而乡土树种的耐湿能力有强有弱，差异甚大。

树木在不同的生长期，需水量也是不同的。一般萌芽期需水少，枝叶生长及开花茂密时需水多，在花芽分化时需水少而开花结实时需水较多。

除了土壤供水条件外，空气相对湿度常常影响树木的生长。我国华北、西北地区冬春季节由于大气干旱，易使树木枯梢、抽条；而南方梅雨多雾的天气能使桂花生长良好，在同样气候条件下，樱花却往往生长不良。在栽培管理时，应根据不同树种的习性和生长期的特点，适地适时，进行水分的控制和调节。

第四节 空 气 因 子

空气是树木生存所必需的条件，没有空气树木就要死亡。空气主要由氮和氧组成，另外还有一定数量的氩、二氧化碳和极少量的氢、稀有气体以及灰尘和花粉等。随着城市的集中，工业的发展，许多工业废气、尘埃、煤烟排入大气中，使很多地区空气受到不同程度的污染，严重影响着人类的健康、树木的生长。落在树叶上厚厚的尘埃，可以堵塞其气孔，妨碍植物蒸腾作用、光合作用和呼吸作用的进行。烟害使树木的叶发生褐斑、条纹或全叶变色。当烟害持续重复出现时就会使树木发生枯叶或早期落叶的现象，引起树木的生长期缩短，生长势衰落，甚至使树木提前衰老、死亡。

排入大气中的烟尘主要有二氧化硫、三氧化硫、硫化氢、氟化氢等有害气体及微粒。不同树种对各种有毒气体有不同的抵抗能力。城市或工矿区在绿化植树时，尤其是在污染源附近，应根据树种对有害气体抵抗能力的不同和敏感程度来选择适当的树种。

城市大气污染及抗污染树种一览表

污染物	污 染 源	抗 污 染 树 种
二氧化硫	硫酸厂、冶炼厂、钢铁厂、炼油厂、热电厂、化工厂、焦化厂、化肥厂、砖瓦厂等	垂柳、悬铃木、罗汉松、泡桐、构树、榆树、臭椿、梧桐、女贞、龙柏、柑桔、石榴、紫薇、大叶黄杨、雀舌黄杨、海桐、石楠、无花果、花柏、枇杷、楝树、红叶李、红花油茶、十大功劳、凤尾兰、日本柳杉、月季、胡颓子、杨树、国槐、木芙蓉、黄杨等
氯 气	化工厂、电化厂、制药厂、农药厂、味精厂、特别是氯乙烯等塑料加工厂	臭椿、构树、夹竹桃、木芙蓉、刺柏、珊瑚树、龙柏、蚊母、女贞、无花果、凤尾兰、大叶黄杨、紫穗槐、棕榈、海桐、金橘、山茶、水蜡、榆树、樟树、木槿、石榴、杜仲、垂柳等
氟化氢	炼铝厂、炼钢厂、玻璃厂、磷肥厂、水泥厂、陶瓷厂、砖瓦厂等	刺槐、臭椿、梧桐、泡桐、加杨、珊瑚树、夹竹桃、大叶黄杨、构树、榉树、桧柏、侧柏、桑树、朴树、银桦、杜仲、蚊母、枫杨、女贞、海桐、月季、丁香、石榴、广玉兰、瓜子黄杨等

第五节　土　壤　因　子

树木生长发育需要光、温度、水分、空气和养分等。在这些树木生长发育所必需的条件中，除了阳光之外，土壤提供了温度、空气、水分和养分等条件，供根系吸收和利用。因此，土壤是树木生长的基础。土壤的状况（指土壤的酸碱度、水、肥、气、热等）对树木的生长发育有极其重要的影响。

土壤酸碱度是受气候、母岩及土壤的有机和无机成分、地形地势、水分和植被等因子影响的。在我国，通常在气候干旱的黄河流域分布的主要是中性或钙质土壤；在潮湿寒冷的山区、高山区和暖热多雨的长江流域以南地区则以酸性土为主。

树木不能在过酸或过碱的土壤里生长。根据树木对土壤酸碱度的适应能力，通常将树木分为三类：

一、酸性土树种

在呈或轻或重的酸性土壤上生长最多、最旺盛的一类树种。这类树种所适宜的土壤 pH 值小于 6.5，例如：马尾松、山茶、杜鹃、红松、栀子等都是酸性土树种。将酸性土树种种植在偏碱性的土壤中会产生黄叶病，表现为叶缺铁失绿，生长不良。

二、中性土树种

大多数树种适宜在土壤 pH 值为 6.5～7.5 的中性土壤中生长，这些树种称为中性土树种。柳树、枫杨、梧桐、杨树等大多数树种属此类，其中有些种类也略能耐酸或耐碱。

三、钙质土树种

喜生长在钙质土或石灰性土壤上的树种，称为钙质土树种。柏木、侧柏、南天竹、竹叶椒、乌桕、棕竹等都是典型的钙质土树种。

在我国内陆干旱、半干旱的西北地区和东部沿海地区，广泛分布着盐碱化土壤或盐土。这类土壤中有的 pH 值为 8.5 以上的强碱性土壤。碱土中含有碳酸钠，当它积累到一定数量时，会破坏树木的组织。也有一些土壤的 pH 值虽是中性，但其含盐量超过 0.6%，土壤溶液浓度过高，易引起反渗透作用，使树木吸水困难，而处于生理干旱状态，因此多数树种在这类土壤上是不能正常生长的。在盐碱土这样恶劣的生态环境中，只有少数几种树种可以适应，如柽柳、胡杨、沙棘、杠柳、沙拐枣、紫穗槐等。

根据土壤酸碱度对树木生长的影响，我们在规划、选择树种时应该做到适地适树，只有这样，才能使园林树木长期生长良好，发挥各种综合功能。

第六节　地 形 地 势 因 子

自然界地形地势的变化对树木的生长影响很大，但是地形地势并不直接作用于树木，它对树木的影响主要是因为地势起伏，海拔高度、坡向、坡度大小的不同，使气候条件和土壤条件随之发生变化，并通过气候因子和土壤因子的变化，间接地影响树木的生长发育和分布。

海拔每升高 100m 平均气温就下降 0.56℃。从低海拔到高海拔，随着气温的下降，空气湿度逐渐增大，光照渐强，紫外线含量增加，影响了树木的生长与分布。以黄土高原为例，各种树种垂直分布的适生范围是：刺槐在海拔 1500m 以下，苹果、核桃在 800～1400m，白桦在 1500m 以上，云杉则在 1800m 以上。从树木的生长状况来看，原来是山地树种（如雪松），适于生长在夏季凉爽，排水良好的山地环境，现在引种到城市、平原后，对夏季高温炎热往往不能适应，还常常受到地下水位过高、土壤排水不良的危险。

坡度、坡向也影响树种的分布。山地的北坡和南坡，常常可以观察到树种有显著的差异。一般南坡日照长，多生长一些喜光、耐旱的树种；北坡多生长一些耐阴不耐旱的树种。城市高楼林立，大楼的背阴面和向阳面，会形成不同的采光、温度小气候，这些都是树种配植时应考虑的条件。

第七节　生 物 因 子

在树木生长的环境中，除了植物本身之外，尚存在许多其它生物，如各种低等、高等动物以及其它植物等，它们彼此间均有着各种或大或小、直接或间接的影响。

在动物方面，为大家所熟知的例子是达尔文发表的论文中所指出的有关蚯蚓活动对土壤肥力的影响。他指出在当地一年中，每一公顷面积土地上由于蚯蚓的活动所达到地面上的土壤，平均达 15t。这就显著地改善了土壤的肥力，增加了钙质，从而促进着植物的生长。同时，土壤中的其它无脊椎动物以及地面上的昆虫也对树木的生长有一定的影响，例如有些象鼻虫可使豆科植物的种子几乎全部毁坏而无法萌芽，从而影响了该种植物的繁衍。一些高等动物，如鸟类、单食性的兽类等亦对树木的生长有很大影响。例如很多鸟类对散布种子有利，但有的鸟可吃掉大量的嫩芽，松鼠可吃掉大量的种子，兔、羊等食草动物每年都可吃掉大量的幼芽或嫩枝。

在植物方面，相互间的影响亦极大，直接的影响有寄生、共生、附生以及相邻植株间机械的摩擦、缠绕等，另外，有些具有挥发性气味的树种，如核桃对桃树可产生抑制生理活动的影响。植物间的间接影响有种种方式，如豆科植物的根瘤可以固氮，增加土壤肥力，促进其它植物的生长。植物间还有相生、相克的现象。不同植物生长在一起，能互相促进其生长的，为植物间相生现象；互相抑制其生长的，则为植物间相克现象。

第八节 城市环境概述

在同一地理位置上的城市和其他地区相比，环境条件有很大的变化，因此在园林绿化过程中，应根据城市环境的具体情况、特殊情况加以分别处置。

一、城市气候

由于城市人口众多、建筑林立、工厂密集等因素，使城市气候呈现出以下几个特点：

（1）气温较高，产生"热岛效应"，昼夜温差减少。

（2）有害气体和烟尘污染较严重，并导致酸雨、多雾现象。

（3）云多、降雨多，但空气湿度较低。

（4）太阳辐射强度减弱，日照持续时间减少。

（5）形成城市风，尤其是在高层建筑林立的城市。

二、城市土壤

城市建设和人类生产、生活活动，改变了原有土层和土壤，使城市土壤发生了很大变化。主要表现为：

（1）市政工程、建筑施工造成建筑垃圾混入土壤。

（2）过量采集地下水导致地面沉降，易造成暴雨过后排水不畅，甚至水淹。

（3）因铺装路面以及行人踩踏，造成土壤板结、透气性差。

（4）城市土壤中混入不易降解的塑料薄膜及其它污染物，造成树木根系生长不良，因而影响树木发挥各种功能效益。

（5）沿海城市若地下水位高，易使土壤中含盐量增加；北方寒冷地区因融雪喷洒的盐水渗入土壤，亦会使土壤中含盐量增加。

因此，在城市绿化栽植树木时应根据树种特点及栽培地条件，采取换土、扩穴、加隔离层等措施，使树木生长良好，充分发挥其绿化、环境等各种功能效益。

三、建筑方位

城市中由于建筑物的大量存在，形成了特有的城市小气候。建筑物高低、大小的变化使光照、温度、透风等因子也发生了相应的变化，尤以光照因子对园林树木的影响为最大。在我国由于建筑方位的不同会呈现出以下的特点：

（1）东面：一天有数小时光照，约下午3时后为庇荫地，光照强度不大，不会造成光过量的情况，比较柔和。此处适合一般园林树木。

（2）南面：白天全天都有直射光，反射光亦多，墙面辐射热亦大，加上背风，空气流通不畅，温度高，树木生长季延长。此处春季物候早，适于喜光和喜温暖的园林树木。

（3）西面：与东面相反，上午以前为庇荫地，下午光照强烈，时间虽短，但强度大，温度高、空气湿度小，变化剧烈，宜选耐干燥炎热，不怕日灼的园林树木。

（4）北面：背阴，以漫射光为主，夏季午后傍晚有少量直射光，温度较低，风大，冬季寒冷。宜选择耐寒、耐荫的园林树木。

（5）建筑物下：城市中，由于高架道路、立交桥等建筑越来越多，下层绿地的绿化显得愈来愈重要，其特点是：四季无直射光，以漫射光为主，且光照弱，温度低、风大，有害气体、烟尘污染剧烈。需选择耐荫和抗污染、抗烟尘能力强的园林树木。

由于我国幅员辽阔，在不同地区，建筑方位对园林树木的影响有一定差异，且建筑材料、色泽不同，周围环境各异，都会带来一定的影响，应因地制宜地选择合适的园林树木进行种植。

第九节　生态因子对园林树木的综合影响

树木与环境因子的关系是十分复杂的，虽然我们将环境分成了各种要素来讨论，但实际上环境是个综合体，因此研究树木与环境的关系时，必须注意以下问题：

（1）环境是由各种生态因子组合起来的综合体。在自然界里，树木的生长同时受到上述全部因子的影响，而不只是受到其中一个或几个因子的影响：任何一个因子对树木的影响都要在其它因子的配合下，并受整个环境复合体的制约。通常各个生态因子共同组合在一起，对树木起综合作用。

各生态因子之间是互相联系，互相制约，不是孤立的。环境中任何一个因子的变化，必将引起其它因子不同程度的变化。

（2）构成环境的各个因子对树木的需要来说，具有同等重要的意义，彼此不可互相代替，而且缺一不可。但在一定的情况下，植物生长所需的某一个因子的不足，往往可以通过其它因子的增强或增加而得到补偿以维持植物生长的需要和平衡。

（3）在树木的生长所必需的各种环境因子中，必然会有一种或两种以上的因子起主导作用。这起主导作用的因子就是主导因子。不同种类或同树种的不同发育阶段或在不同地区，起主导作用的因子常常是不同的。

（4）环境因子对树木的作用有直接作用和间接作用两种。在有些情况下，间接作用是非常重要的。如地形起伏、坡向、坡度、海拔、经度、纬度等，可以通过影响光照、温度、雨量、风速、土壤性质等的改变对树木发生的影响，从而引起树木和环境的生态关系发生变化。

复　习　题

1. 影响园林树木生长发育的环境因子有哪些？
2. 调查本地对有害气体、烟尘抗性强的树种有哪些？
3. 简述城市环境的特点。
4. 调查一下当地抗盐碱的树种有哪些？

第四章 园林树木的分布区域

第一节 分布区的概念及其形成

园林树木都有各自不同的生态习性，要求有一定的生长环境。每个树种及其全部个体在自然界所占有一定范围的区域，就是该树种的分布区。分布区的大小、类别因树种不同而异，同时分布区不是固定不变的，而是随着外界条件因素的变化而发生相应的变迁与发展。

树种分布区是受气候、土壤、地形、生物、地史变迁及人类活动等因素的综合影响而形成的。它反映了树种的历史、散布能力及对各种生态因子的要求和对环境的适应能力。

树种的分布主要决定于温度因子和水分因子，同时还受到土壤、地形等因子的影响。此外，地质史的变迁及人类生产活动的影响亦是相当重要的。如银杏、水杉等古老的孑遗树种在第四纪冰川后能在我国得以繁衍至今，就得益于得天独厚的地形地势。又如人们可以通过引种驯化有目的地扩大一些优良树种的分布区。水杉在 20 世纪 40 年代被发现时，仅在湖北省利川县有少量野生树种，短短几十年现已广泛种植于全国 20 多个省、市、自治区和世界许多国家。但是有时随着人类生产活动的影响，树种赖以生存的条件不复存在，其分布区就将逐渐减少，甚至消失。

第二节 分布区的类型

树种分布区可分为自然分布区和栽培分布区。树种在分布区范围内一般都是适生的，因此对树种分布区的认识、了解就能帮助我们全面认识、了解树种的生态习性，以利于我们在园林绿化工作中有的放矢地选择和应用树种。

一、自然分布区

即树种依靠自身繁殖、迁移和适应环境能力而形成的分布区，实际上就是树种的原产地。如雪松的原产地在喜马拉雅山西部，广玉兰的原产地在北美等。

由于温度和水分因子是决定树种分布的主要因子，因此其自然分布亦是有规律可循的。在北半球，随着纬度的提高，温度是逐渐下降的。在我国随着经度的增加，由东向西越远离海岸线其湿度就越降低而变得干燥。在山区随着海拔的升高，温度、湿度都发生相应的变化。这种随着经度、纬度的变化而产生的自然分布区是有规律的变化的，由这种变化而形成的分布区称为"水平分布区"；随着海拔高度变化而产生的自然分布区也是有规律的变化的，由这种变化而形成的分布区称为"垂直分布区"。

1. 水平分布区

是指树种在地球表面依纬度从南到北，依经度从东到西所占有的区域。我国从南到北，随着纬度的变化，地跨热带、亚热带、温带、寒带，呈现出不同的植物类型，形成从常绿到落叶，从阔叶到针叶的过渡。随着经度的变化，由东到西则呈现出湿度的降低，从沿海高大树木向内陆草原、荒漠的过渡。

2. 垂直分布区

是指树种随着海拔的升高，而占有的区域。从平地到高山，气候条件差异很大，通常海拔每升高 100m，气温就下降 0.56℃，湿度则随着海拔的升高而增加。因此在海拔较高的山区从山脚下至山顶其树种分布差异也很大，类似于从低纬度到高纬度树种变化的规律。

二、栽培分布区

由于发展生产和科学研究工作的需要，人们从国外或国内其它地方引入树种进行栽培。这种在新地区栽植而形成的分布区就叫栽培分布区。如刺槐原产于北美，在 20 世纪初引入我国青岛，现在我国辽宁省铁岭以南已形成广大的栽培分布区。又如水杉，目前已引种至国内外许多地区，其栽培分布区范围已较自然分布区大大地扩展了。

第三节　中国植被的类型

中国植被是指在中国疆域内所有植物群落的总和。而植物群落则是指在一定地段的自然条件下，一定种类的植物集合在一起，成为一个有规律的总和。根据自然环境的特点和主要植被类型的特征，我国可划分为 8 个植被类型。

一、寒温带落叶针叶林区

本区分布在大兴安岭北部山区，位于北纬 49°20′～53°34′，东经 119°30′～127°20′之间，是我国最寒冷的地区，又距离海洋较远，为显著的大陆性气候。

本区长冬无夏，年平均温度在 0℃以下，冬季长达 9 个月，绝对最低温度达－45℃。绝大部分地区无真正的夏季，无霜期只有 80～100d，积温 1500℃左右，年降雨量平均在 350～500mm，多集中于 7、8 月；土壤为灰化针叶林土壤。

本地区植被种类较少，代表性的植被类型主要是以兴安落叶松组成的落叶针叶林，其他还有樟子松、桦木混交林，也有个别的落叶阔叶树：白桦、黑桦、蒙古栎等，种类相当少，木本、草本加起来只有 800 种左右。

本区是我国的主要林区之一，木材积蓄量很大。

二、温带针阔叶混交林区

本区域包括我国东北松嫩平原以东，松辽平原以北的广阔山地，南端以丹东为界，北部延至黑河以南的小兴安岭山地，位于北纬 40°15′～50°15′，东经 126°～135°30′之间，呈一个新月形，主要在东北黑龙江、吉林一带。

本区范围较大，山峦重叠，地势起伏显著，形成复杂的山区地形，海拔在 300～800m，最高为 1500m。本区因受日本海的影响，为海洋性温带季风气候的特征。由于该区纬度南北相差很大，面积辽阔，加上地势起伏，致使全区各地气候差异较大，一般以长白山气候为主，植物分布也以长白山为主。该区冬长夏短，冬季长达 5 个月以上，年降雨量 500～800mm，多集中在 6～8 月。土壤为暗棕色及棕色森林土。本地区的植被为温带针阔叶混交林，主要是由红松为主构成的针阔叶混交林，除红松以外，还有沙冷杉、紫杉、朝鲜崖柏，落叶阔叶树种主要有紫椴、水曲柳、暴马丁香，还有很多落叶小灌木，如刺五加，藤本的猕猴桃、山葡萄、北五味子，包括木本、草本共有 1900 种。

长白山、小兴安岭一带是我国主要的林区之一，也是目前我国木材的主要供应基地。

三、暖温带落叶阔叶林区

本区域位于北纬 32°30′～42°30′，东经 103°30′～124°10′之间，东北以沈阳、丹东一线与温带针阔叶混交林相接，北为温带草原带，南以秦岭、淮河一线与亚热带常绿阔叶林区域为界，即东为辽东、胶东半岛，中为华北平原，西为黄土高原南部和渭河平原，整个地区明显地分为山地、丘陵和平原。

本区域的气候特点是夏季酷热而多雨，冬季严寒而晴燥，四季分明。气候主要是海洋性气候，但有时受到西伯利亚寒流影响较重。年平均气温为 8～14℃，无霜期为 180～240d。年降雨量平均在 500～1000mm，多集中在 5～9月。土壤为褐色森林土和棕色森林土。

本地区的植被以松科的油松、壳斗科栎属为主，还有桦木科、杨柳科、榆科、槭树科、蔷薇科以及赤松、华山松、白皮松、侧柏、桧柏等针叶树，植物种类在 3500 种左右。

本区是我国主要产棉区和蚕丝产区，是落叶果树苹果、梨、杏、石榴、山楂、葡萄、柿子、板栗等等的主要产区。

四、亚热带常绿阔叶林区

这是我国一个面积大、范围广的植被区域，北起秦岭、淮河一线，南至北回归线、台湾以北，南北延伸约 12 个纬度，东西横跨 28 个经度，约占全国总面积的 1/4。

本区域东部和中部的大部分地区受太平洋季风的影响，所以气候温暖湿润，四季分明，冬短夏长而多雨，年平均温度在 15℃以上，无霜期 240～350d，年降雨量在 800～3000mm。由于雨量丰富，土壤中可溶性盐分被充分淋溶。土壤以酸性的红壤和黄壤为主。

本区域的植被以壳斗科、樟科、山茶科、木兰科、金缕梅科为主，为典型的常绿阔叶林；亚热带针叶林在本区分布亦十分普遍，在东部广泛分布着马尾松林、西部云南高原以云南松为主，杉木林在长江中下游普遍分布。此外，竹类的出现是本区植被类型的一个重要特点，它极大地丰富了园林树木的种类。

本区域植物丰富，是我国重要的植物资源宝库，其中一些是地质史上残留下来的孑遗植物"活化石"，如银杏、水杉、银杉、金钱松、枫香、鹅掌楸、水松、珙桐等。此外，还有一些经济林木，如油桐、乌桕、楠木、樟树、油茶等；药用植物如杜仲、天麻、厚朴、木通、五味子等。本区又是水稻、棉花的主要产区。本区的果树有枇杷、杨梅、柑橘等。

五、热带雨林、季雨林区

这是我国最南部的一个植被区域，北回归线以南，最南端位于北纬 4°附近南沙群岛的曾母暗沙，全区包括台湾、广东、广西、海南、云南、西藏等六省区的南部。

本区具有热带季风气候的特征，高温多雨，长夏无冬。年平均温度在 20～22℃，全年基本无霜，年降雨量在 1500mm 以上。土壤为呈酸性的砖红壤。

这一区域终年高温多湿，生长着我国最繁茂的热带雨林，其植物种类繁多，层次丰富，林中大乔木常有板状根或气生根。热带季雨林则是指终年高温但有明显旱季地区的植被类型，其树种在旱季落叶，停止生长。本区植被主要是常绿阔叶树，如无患子科、木兰科、樟科、桃金娘科、龙脑香科、棕榈科等；沿海岸有红树林，以及有很多藤本树种。本区热带果树极为丰富，如香蕉、芒果、椰子、番木瓜等。

六、温带草原区

本区域主要在内蒙古、新疆一带，包括松辽平原、内蒙古高原、黄土高原与新疆阿尔泰等地区。

该区气候属大陆性温带气候，温度的年变幅、日变幅都很大；气候干燥，温度较低，有四季，无霜期100~193d，年降雨量150~500mm。土壤主要为黑钙土，在低洼处土壤的盐渍化现象普遍。

本区植物种类约3600种，以草本为主。如有木本植物也较耐碱和耐旱。

七、温带荒漠区

该区域在我国西北部的荒漠区，包括新疆的准噶尔盆地与塔里木盆地、青海的柴达木盆地以及甘肃与宁夏、内蒙古的一部分，约占我国面积的1/5。

由于远离海洋，该区有很多盆地为沙漠、戈壁滩。气候干燥冷热变化剧烈，气温年较差与日较差为全国之最。无霜期140~210d，年降雨量210~250mm。此外，该区风速大，沙暴多，危害很大。土壤为灰棕漠土和棕漠土。

分布在该区的植物以藜科植物最为常见，有些干旱的禾本科、菊科的蒿类，以及柽柳、沙拐枣，还有豆科、蔷薇科与毛茛科的种类，但多为伴生植物。随着科学的发展，葡萄、哈蜜瓜、长绒棉以及桃、李、梨等果树也能引种生长。

八、青藏高原植被区

本区域在欧亚大陆的东南部，位于我国西南，平均海拔在4000m以上，是世界上最高、最大、最年轻的高原，包括西藏绝大部分，青海南半部，四川西部以及云南、甘肃和新疆的一部分。

由于青藏高原更远离海洋，但却能受到印度洋海风的影响，气候较复杂，具有气温低、年较差小，日较差大，干湿季和冷暖季变化分明，太阳辐射强，日照充足和风大等特点，无霜期180~250d，年降雨量约800mm。

青藏高原由于海拔高，气候复杂，常绿阔叶林、寒温针叶林、高寒灌木丛、高寒草甸、高寒草原和高寒荒漠等植被类型均有；但在东部，尤其是东南部的横断山脉地区，由于水热条件好，发育着以森林为代表的大面积针阔叶混交林和针叶林，局部地区还分布着亚热带常绿阔叶林。

第四节　中国城市园林绿化树种区域规划

为充分利用我国丰富的树种资源，提高城市园林绿化水平，国家建设部在1982年进行"中国城市园林绿化树种区域规划"的课题研究，经10多年的工作得以完成。提出按全国三大阶台地特征，干、湿两大区系和400mm等雨量线，将全国划分为十个大区、二十个分区。

一、寒温带绿化区

平均极端最低气温低于－40℃。本区仅1个分区。

1. 大兴安岭及小兴安岭北部分区

二、温带绿化区

平均极端最低气温为－40℃~－30℃，本区含3个分区。

2. 东北中部平原及山地分区

3. 北蒙分区

4. 北疆分区

三、北暖温带绿化区

平均极端最低气温为-30℃～-20℃，本区含2个分区。

5. 东北南部平原及华北北部山地、高原分区

6. 大西北分区（蒙宁甘疆分区）

四、中暖温带绿化区

平均极端最低气温为-20℃～-15℃，本区仅含1个分区。

7. 华北北部平原及黄土高原分区

五、南暖温带绿化区

平均极端最低气温为-15℃～-10℃，本区含1个分区。

8. 华北南部平原、秦岭北部及川北分区

六、北亚热带绿化区

平均极端最低气温为-10℃～-5℃，本区含1个分区。

9. 华中北部（平原、丘陵及秦巴地区）分区

七、中亚热带绿化区

平均极端最低气温为-5℃～0℃，本区含1个分区。

10. 华中南部（东南丘陵、四川盆地及云贵高原）分区

八、南亚热带绿化区

平均极端最低气温0℃～5℃，本区含2个分区。

11. 华南分区

12. 台湾北部分区

九、热带绿化区

平均极端最低气温大于5℃，本区含4个分区。

13. 台湾南部分区

14. 广东南部及海南岛分区

15. 滇西南部分区

16. 南海诸岛分区

十、青藏高原绿化区

17. 青藏温带及寒漠分区（平均极端最低气温低于-30℃）

18. 青藏北暖温带及寒漠分区（平均极端最低气温为-30℃～-20℃）

19. 青藏中暖温带及寒漠分区（平均极端最低气温为-20℃～-15℃）

20. 青藏南暖温带及寒漠分区（平均极端最低气温为-15℃～-10℃）

中国城市园林绿化树种区域规划的划分有利于各地区、各城市在树种选择时能形成自己的特色；有利于绿化树种资源的开发、利用和保护；有利于预测、计划各地苗木的生产；有利于绿化树种栽培养护管理水平的提高；有利于树种的引种驯化等等。

复 习 题

1. 什么是园林树木的自然分布区和栽培分布区？

2. 什么是园林树木的水平分布区和垂直分布区？

3. 你所在的地区是属于我国植被的哪一种类型？其气候特点有哪些？

4. 你所在的地区属于我国城市园林绿化树种区划的哪一个大区、哪一个分区？其乡土树种有哪些？

第五章 园林树木的物候特性

第一节 物 候 概 况

物候是指自然界中的生物和非生物受气候和其它环境因素的影响而出现的现象。如植物的萌芽、开花等；候鸟的南来北往等；下雪、结冰、潮汐等。人们把可通过这些动态变化来认识反映气候变化的规律称为"物候期"。

瑞典著名植物学家卡尔·林奈（Carl von linne）于1751年在他所著的《植物学哲学》中，第一次明确地阐述了物候观测的目的和方法，描述了植物的基本发育期，并在瑞典第一次组织了物候观测网（1750~1752年），开辟了研究物候学的道路，成为物候学的奠基人。到19世纪中叶法国植物学家莫伦正式提出"物候学"一词，一直沿用至今。几乎整个欧洲的国家在物候学研究上都十分活跃。美国在19世纪中叶，日本在19世纪末，也先后开展了这门学科的研究工作。目前物候学已在世界上许多国家普遍地发展起来。1932年，国际气象组织成立了一个物候学专门委员会，开始形成了国际物候学研究的组织。

我国是有物候记载最早的国家。早在三千年前，《诗经》里就有"四月秀葽，五月鸣蜩。"又如说"八月剥枣，十月获稻。"这里提到的"秀葽"就是指远志秀穗；"鸣蜩"就是指蝉鸣；"剥枣"是指枣子熟了；"获稻"则是指稻子成熟。秀穗、果熟、蝉鸣都是生物的不同发育阶段所表现出来的物候现象。这里提到的"四月"、"五月"、"八月"、"十月"，就是这些物候现象到来的时期，称之为物候期。像这种观测并记载不同生物种的不同物候现象到来的例子不胜枚举。从大量的农谚来看，我国劳动人民很早就将物候知识直接用于农业生产。但是作为一门科学系统地进行研究，在我国却是近几十年的事。中国科学院前副院长竺可桢教授早在1931年就发表了"新月令"一文，倡导进行物候观测，制作新的月令以定农时。1934年竺可桢教授主持前中央研究院气象研究所工作时，曾选定植物和动物种类，委托各地农业试验场的农情报告员兼任物候观测员。这是我国现代最早有组织的物候观测。1962年竺可桢教授组织并会同中国科学院地理研究所、植物研究所、北京植物园共同发起组织建立物候观测网，这是我国第一个全国性的物候观测网。

园林树木的物候是指园林树木受气候和其他环境因素的影响而出现的现象。如芽膨大、展叶、开花、结果、落叶等。物候观测就是把一年中出现这种现象的日期记录下来，这样年年进行观测记录，积累下来的资料即是物候观测资料。这种资料年代越久越宝贵，价值就越高。

物候具有一定的规律性和周期性。通过园林树木的物候观测，可以了解园林树木的生物学特性和生态学特性，且能反映出园林树木不同生长发育阶段的特点及其与气候的关系，以利更有效地进行科学研究和园林绿化工作。

第二节 物候定律与物候原理

一、物候定律

植物是气候差异的极好标志，因为植物各种物候现象出现的日期，在很大程度上受局部气候因素的制约。有人把物候学称为"生物气候学"，把物候学与气候学说成是姊妹学科，这充分说明了植物与周围环境因素，尤其是气候因素之间的密切关系。物候学把生境看作是植物的外界影响总体，利用仪器只能观测或测定环境的个别因素，例如光照、温度、湿度、降水量，或是土壤 pH 值、山地坡度、坡向、土层厚度、水位等等，但是植物对于某一地点的所有因素却是同时发生反映的。由此可见，通过植物物候期的研究，就可以研究作为统一整体的环境因素的相互作用。因此，植物是显示其生长过程中反应光照、温度、湿度、降水、pH 值……综合作用的活的仪器。

由于地理位置不同，即便是同一种植物，其物候现象出现的时期也不相同。植物的阶段发育受当地气候影响，而气候又是制约于该地区所处地理位置，即纬度、经度和海拔高度三方面的影响。美国森林昆虫学家霍普金斯对大量植物物候材料进行了研究，提出了生物气候规律。指出：在其他条件相同的情况下，在北美大陆温带内，纬度每向北 1°，经度每向东 5°，或高度每上升 122m，植物的阶段发育在春季和初夏将各推迟 4d；在秋季则相反，即向北 1°，向东 5°，或向上 122m，都要提早 4d。这个模式当然是很概括的。它有一定的地理限度，而且很难适用于任何一个季节的个别植物种。

物候的南北差异。在我国，物候的南北差异显著，和北半球的其它国家一样。总的说，在春夏季节，物候现象南方比北方出现的早；秋季，则南方比北方迟。在南半球，情况恰恰相反。这是由于距离赤道的远近所致。我国地处世界最大陆地亚洲的东部，大陆性气候极其显著，冬冷夏热，气候变化剧烈。在冬季，南北温度相差悬殊，但在夏季则又相差无几。如初春三月份平均气温，广州比哈尔滨高出 22℃；但到盛夏七月，两地平均气温只差 4℃。再以南京与北京为例，三月，南京的平均气温比北京高出 3.6℃，到四月，两地平均气温只差 0.7℃，五月，两地几乎相等。由此可见，纬度是决定物候南北差异的主要原因。

物候的东西差异。大陆性气候的强弱，使物候的东西差异显著。这是由于距离海洋的远近所致。距离海洋越远，大陆性气候越强，这些地区冬季严寒而夏季酷热，在我国大部分地区就是这样，反之，距离海洋越近，则大陆性气候越弱而海洋性越强，这些地区冬春较冷，夏季较热。我国地处亚洲东部，虽濒临太平洋，但一般说来是具有大陆性气候的。但是临近黄海、东海地区，仍有受局部的海洋影响。海水比陆地吸热慢，放热也慢。在初春，陆地吸热较快，骤然热起来了，但海水还是冷的。到秋天，陆地很快冷了下来，但海水还是热的。所以海水对附近地区来说，春天是一个冷源，秋天是一个热源。例如山东省的济南市和烟台市，两地纬度相差不及 1°，在春季 3～5 月间的气温，烟台比济南低 4～5℃；到秋后，烟台的气温反而比济南为高。华北地区即是如此。在华南凡是靠近海洋的地区，尤其是 4～6 月，受海水冷源的影响，气温都比离海洋较远的地区为冷。由此可见，海洋是决定物候差异的主要原因。

物候的高下差异。山地、丘陵与平原出现物候现象的早晚不同。在大气中，由下往上，气温递减，平均每上升 200m，气温降低约 1℃。因此在春季，海拔高的地方，物候必然会因气温低而较低海拔处为迟；在秋季，树木开始落叶而进入休眠，物候又因气温低而较低海拔处为早。例如泰山上的刺槐，山下海拔一、二百米的地方已经进入开花盛期，而在中天门一带，海拔不及 1000m，仅仅是开花始期，二者相差十几天。山下早已残花几朵、果实累累，山上却是刺槐花盛开时期，相差非常明显。

秋冬之交的物候，有一点值得注意。这时期天气晴朗，空中常出现逆温层。即在一定的高度，气温不但不比低处低，反而更高。这一现象在山地的冬季，尤其是早晨极为显著。我国华北和西北一带，不但秋冬逆温层极为普遍，而且常比欧洲高厚，常可高达 1000m。在欧洲，逆温层离地面不甚高厚，只不过百米左右，再往上温度就降低了。了解并掌握山地逆温层非常重要，引种热带植物，在山腰可行，在山脚反而不合适，这几乎是普遍的现象。总之，海拔高低是决定物候高下差异的主要原因。

物候的古今差异。物候期古代与今日不同。霍普金斯的物候定律只谈到上述三大差异，即纬度、经度和海拔高度三方面的差异，而没有谈到古今差异。因为霍普金斯是美国人。美国建国的历史至今才二百多年，所以美国的气候、物候记录不可能表现出古今的差异。但是我国古代学者，如宋朝的陆游、元朝的金履祥、清初的刘献迁等，都已对古今的物候提出了疑议。希腊的亚里士多德，在他所著的《气象学》一书中也已指出了气候、物候古今差异的现象。我国竺可桢教授搜集了我国古今物候不同的事实写出了《中国近五千年来气候变迁的初步研究》一书，并正式提出了物候定律中物候的古今差异。从而证实了物候不仅南北不同，东西不同，高下不同，而且古今也不同，即不但因地而异，也因时而异，进一步丰富了霍普金斯的物候定律。

二、物候原理

物候学是一门地域性很强的学科。在一个地区有很多种植物，每种植物都有一些物候现象。看起来似乎很奥密，其实它们都具有一定的规律，这些规律称之为物候原理。

1. 顺序性

同一地区同一植物，它的各个物候现象的先后顺序是一定的。一般地说，纯式花相树种的物候现象顺序是萌动期、展叶期、果熟期、叶变色期、落叶期。而衬式花相树种的物候现象顺序是萌动期、展叶期、花期、果熟期、叶变色期和落叶期。以上是对落叶树类而言。常绿树类没有明显的展叶期和落叶期，但它也必然是芽先萌动，再芽开放，之后是展叶，然后叶变色、落叶。不过这些现象是在人们不知不觉中顺序性地变化罢了。在这些序列中，前一个物候现象没有发生，后一个物候现象就不会出现。这是因为后一个发育期是在前一个发育期的基础上开始进行的。尽管由于当时周围综合环境条件的变化而使某个或某几个物候期提前或推迟，致使各现象间的时值有长有短，但是这些变化必然是按这个序列发生进行，而不会打乱这个序列，这就是物候的顺序性原理。根据这个原理，我们可以研究某一树种物候序列多次重复出现的规律，以及某一个发育阶段与相邻的发育阶段间的规律，结合当地的气象资料进行对比分析，就可以了解并掌握该树种的生长节律以及各阶段所需求的最佳生境，这对生产无疑是十分有利的。

2. 相关性

同一地区，一种植物的某个物候期，与另一种或某几种植物的物候期有一定的相关，这就是物候的相关性原理。一般说，两个物候期相隔越近，相关性越大；相隔越远，相关性越小。

3. 同步性

同一地区，一种植物的某个物候现象出现，同时，另一种或几种植物的某个物候现象也可能出现。一般地说，年年如此。即使每年由于气候条件的变化，同一个物候期可能有几天或几十天差异，但在同一年里，另一种或几种植物相应出现的物候现象，也随之作相应的提前或推迟。就同一种植物来说，各物候期之间也相应的有所变化，这就是物候的同步性原理。

根据物候相关性原理和同步性原理，可以利用一种植物的某个物候期来预测另一种或几种植物的物候现象出现的日期。这是农时和病虫防治预测预报的依据，实用价值很大。

以上所述只是一般的规律。在某些特殊情况下，植物物候的顺序性会遭到破坏，这种异常现象称为物候倒置。如我国东北、内蒙古、西北地区，紫丁香的开花早于毛桃开花，其它地区则相反。又如毛桃的花相在北纬35°以北地区属衬式花相，而在35°以南地区则属纯式花相。在外国也有这种倒置现象。在南欧，紫丁香、欧洲七叶树、花楸，是这三个树种的开花顺序，而在中欧，其顺序则是欧洲七叶树、紫丁香、花楸。又如刺槐的花相，我国和中欧都表现为衬式花相，而在南欧则为纯式花相。

了解了物候的三个原理，又了解了物候倒置的存在，这样就能客观、全面地认识园林树木的物候特性了。

第三节 物候观测的方法

一、物候观测点的选定

在进行物候观测之前，首先应选择观测点，选择时必须遵照下列几项原则：

（1）定点观测，选定的观测地点可以供多年观测，不能随意更换观测地点及固定的观测对象。

（2）所选定的观测点要具有代表性，能反应所在地的环境条件。

（3）观测点选定后，必须将地名、生态环境、海拔、土壤、地形（平地、山地、凹地、坡地等）、位置与建筑物的方位和距离等，进行详细记载。

物候观测点是固定的，如非移动不可时，则应首先选好新的观测点。新观测点的生态环境、海拔、土壤、地形和位置等，要重新详细记载，以便将来查考。

二、物候观测目标的选定

所选的树种应该是生长正常，且达到开花结实三年以上的壮龄树，每种宜选3、5株作为观测目标。如只有一株，选好后最好做个便于识别的标记。

三、物候观测时间

物候观测应常年进行，宜于每天进行观测记录。如人力不足时，可隔天观测一次。如无隔天观测的必要，则可酌情减少观测次数，但以保证不漏测物候现象为原则。冬季休眠期可停止观测。具体观测时间以观测当天下午1～2时为好。因为上午未出现的现象，在条件具备后的下午可能会出现（下午1～2点左右气温最高，树木的物候现象往往在高温之后出现）。

四、观测与记录

树木各种物候期的确定应以观测现场有2株以上出现该物候现象时为准。树木南面枝条的物候现象，往往比北面的枝条出现得早。树木顶端的枝条萌动发芽比下部的要早。所以在观测时必须全面仔细地从南到北、由上而下地全面进行、准确记录。雌雄异株的树木，观察开花期以记录雄株为宜，雌株结实亦应进行观测记录。

物候观测应随看随记，不要凭记忆事后补记。例如 3 月 20 日看见桃花始开，即记为20/3。

五、观测人员

物候观测记录工作应选责任心强的人来进行，人员不宜经常更换。如观测人员因故不能观测时，应有人接替，以免记录中断。

第四节　园林树木物候观测的内容

一、发芽期

（1）初期：鳞芽当鳞片裂开、上部出现新鲜颜色的尖端时；裸芽当芽显著增大或变色，在芽基部出现裂缝时；柄下芽当芽露出叶痕之外时均为发芽期初期。

（2）展叶期：当呈现发芽初期后再出现 1、2 片的平展叶片时，为展叶期。

（3）全叶期：全树有半数以上枝条的小叶完全平展时，为全叶期。

（4）春色叶期：

1）春色叶始期　所展之叶呈现出有一定的观赏价值的特有色彩时为准。

2）春色叶变色期　树木上特有的色彩在整体上变为绿色时为准。

二、花期

（1）初期：选定同种的几株树上，有一朵或同时有几朵花的花瓣开始完全开放，为开花初期。风媒花和针叶树以摇动树枝有花粉散落时为初花。柳属出现黄花或出现黄绿色的雄蕊或雌蕊柱头时，杨属花序松散下垂时为初花。

（2）盛花期：有 50% 以上花冠全开放，或 50% 以上花粉散落，50% 以上葇荑花序松散下垂为盛花期。针叶树不记。

（3）末期：有 50% 以上的花被脱落或花被萎缩，花药变黑或雄花序脱落时即可确定为末期。

（4）二、三次开花期：树木在夏季或初秋出现的第二、三次开花现象，必须按要求详细记载。

三、生长期

（1）新梢生长始期：从叶芽开放后到长出 1cm 新梢时，记为新梢生长始期。

（2）新梢停止生长期：新梢顶端形成顶芽或顶端枯黄不再生长即可确定为新梢停止生长期。如有二、三次枝梢生长须另行记载。

四、果熟期

（1）初熟期：当树上有少数果实或种子成熟变色时，可确定为结果初熟期。

（2）全熟期：树上的果实或种子绝大部分变为成熟时固有的颜色，但未脱落，为全熟期。

1）球果类：如松属和落叶松属种子的成熟是球果变为黄褐色；侧柏的球果变为黄绿色；桧柏的球果变为紫褐色，表面出现白粉，果肉变软；水杉球果变为黄褐色等。

2）坚果类：果实的外壳变硬，并呈现褐色，如板栗等。

3）蒴果类：蒴果类果实成熟时外皮出现黄绿色，尖端开裂，露出白絮，如杨属、杜鹃、海桐等。

4）核果、浆果类：该类树木的果实成熟时变软，并出现该品种成熟时的标准颜色，如桃、葡萄等。

5）荚果类：该类果实成熟时表皮呈现褐色，如刺槐、紫藤等。

6）翅果类：该类果实成熟时由绿变黄或黄褐色，如榆属、白蜡属等。

7）柑果类：该类果实呈现出可采摘时固有的颜色，如柑橘等。

（3）落果期：有5％的成熟果实或种子开裂或脱落时即为落果期。若果实或种子当年不落可记录为"宿存"。

五、落叶期

（1）叶变色期：有5％的叶色于秋季变色时（应注意区别由于干旱、污染等造成的变色），为叶变色期。有观赏价值的秋色叶须加以注明。

（2）落叶期：落叶树秋冬季自然落叶，有5％为初落，50％以上为盛落，全部或大部脱落时为全落。

六、封顶期

秋后芽发育至冬芽大小或切开可见折叠的幼叶或花蕊时为枝条封顶期。

园林树木物候期记录表

观测单位：_____

编　号：_____

观测地点_____

环境特征：_____

_____

_____

观测及记录人：_____

物候期 树　种	发育期	发芽期					花期			枝条生长期				果熟期			落叶期		封顶期	备注
		初期	展叶期	全叶期	春叶 始期	色变期 变色期	初期	盛期	末期	新梢		二次		初熟期	全熟期	落果期	叶变色期	落叶期		
										生长期	停止生长期	生长期	停止生长期							

第五节 物　候　的　应　用

物候学是一门边缘学科,对于凡涉及到生物和气候两个领域的学科都具有巨大的意义。

一、在园林方面

物候对于园林绿地建设具有重要的现实意义。在植物材料的选配方面关系更为密切。现在提出绿化、香化、美化、彩化,不但要观形,还要观花、观叶、观果,在园林规划设计时必须考虑植物材料的物候特性。只有这样,才能设计出季季有花、四季有景的具有季相变化的园林景观。有些树种在落叶时,全树枝条一片青绿,有的则一片红,在严冬季节,这些色彩是很具有观赏价值的。如果我们掌握了它们的落叶期和翌年的展叶始期,就可计算出它们保持这种独特效果的具体时间的长短。有些树种,叶片在秋季呈现红色或金黄色,要想配置成秋景,就必须了解它们的叶变色期和变色期的延续时间。要想使一个景点在当地能最长时间观看到花,就必须掌握各个观花植物的开花始期、盛期和末期,以进行适当的配置。当前一种树种(植物)进入开花末期,后一种正值开花始期,从具体树种来说,花期虽短暂,但从整体来看,早花和晚花搭配得当,则可得到最大限度的观赏效果。有些树种的果实或种子具有观赏价值,想观果,就必须了解它们的果实成熟期。如果掌握了果实开始脱落和脱落末期,便可计算出能够观赏果实具体时间的长短。所以,尤其是园林工作者,了解并掌握植物材料的物候学特性是非常必要的。

二、在农学方面

物候观测对农业有特殊的意义。例如知道了发育期开始早晚不等的不同地区的分布,就可以把全国或全省分成若干个自然栽培区;根据发育期开始的早晚及其持续的长短,就可以估计各地对于栽培作物及其不同品种的适宜程度;每个自然栽培区要想找出适合于当地环境条件的作物品种,就可以根据物候观测资料来进行分析研究;生长期短的地区需要采用早熟品种,生长期较长的地区则可采用晚熟品种,这就需要了解每种作物的物候学特性。在很多情况下,可根据物候期去判断更有利于进行农业生产各个环节的时间,以利于掌握农时,这是农业生产上成败的一个关键性问题。运用物候的同步性原理,利用较早的物候期就可准确地预告农时等等,都是物候在农业上应用的一些典型事例。

三、在林学方面

树木的物候观测资料异常宝贵。根据芽萌动期和落叶期,可以确定某一种树种在不同年份的具体生长天数及多年的变幅,还可确定该树种不同发育期到来以及延续时间的长短。如参照当地气象记录,则可研究其周期生长规律或是某一发育阶段的生长规律,这对于研究林木和孤立木生长量的意义是巨大的。经过对物候资料的分析研究,可以确定进行各个生产环节的最佳时期,如采种、扦插、播种、造林以及抚育和采伐等等。目前,我们林业生产上的管理还是粗放的,多凭经验而忽视精密,物候学在林业上的应用大有用武之地。另外,在引种驯化工作中,原产地与引种地物候情况的对比分析无疑是非常必要的。在预防苗木、林木遭受霜冻危害方面,物候可提供可靠的依据。不同树种遭受冻害程度不同,这种差别和树种本身的木质化程度有关,但在很大程度上是由于回避霜冻的情况不同而造成的。由于不同树种有不同季节性发育情况,并且由于不同的物候期对霜冻有不同的敏感性,所以也能够产生受害程度的差别。由此可见,霜害与开始生长的时间早晚紧密相关。利用物候资料，可以准确地知道这些开始的日期。

四、在植物学方面

物候学是植物学的一个分支，但并没有占据应有的位置。植物学家很少从事物候学问题的研究。物候学可以协助植物生理学研究发育过程，解释发育期的形成过程及生长节奏等问题。对于研究植物分布的可能性，地植物区界的确定以及植物在某个地区是不是野生植物等问题，物候学可以为植物生态学和地植物学提供宝贵的资料。

五、在植物保护方面

病虫害的出现及采取各种防治措施，是以栽培植物和中间植物（寄主）的发育过程为转移的。寄主植物的物候期是查明病虫及选择合适的防治时刻的准绳。例如害虫临界发育期的确定，往往不是根据寄主植物的发育期，而是根据其他植物的发育期。为此，可以利用指示植物，因为它们的发育期与害虫最敏感期是一致的。利用物候预测病虫危害的时间，尤其是开始危害的时间，并及时采取有效措施进行防治，是物候学的一大贡献。

六、在气候学方面

山地小气候条件的变化比平原地强烈，物候观测有助于这些局部气候差别的研究。因为根据植物发育加速或延迟的情况可以判断某地的气候条件是否有利。在物候学中，植物被看作是独特的仪器。植物到处都有，尤其是野生植物，不费分文，而且与气象仪器相反，是对所有天气要素综合地、同时发生反映。物候观测结果可以阐明局部气候的差异。如果观测网稠密，可以反映一个地段的微小差异对于植物产生的影响。所得的资料可以用以地形气候的研究中。一个地区的物候测绘，可以查明物候现象的细节，对地形气候的研究可以有很大的帮助。

除上述各学科领域外，物候学还对地理学、园艺学、养蜂学、医学、农业土壤学、灌溉和人工降雨、采集药用植物、天气谚语、航空运输以及审讯等等，都可成为有用的帮手，这在不少材料中都有阐述。

<h2 style="text-align:center">复 习 题</h2>

1. 请举例说明当地有关物候的一些谚语。
2. 物候定律有哪些？其形成的原因是什么？
3. 物候原理有哪些？就你熟悉的举例说明其中的一个。
4. 在校园内选择 2～3 种不同植物，观测其一年的物候现象并做好记录。

第六章 园林树木的配置

第一节 园林树木的配置方式

所谓园林树木的配置方式，就是指在园林绿化工作中搭配园林树木的样式。总的来说，有规则式和自然式两大类。

一、规则式配置

树木按一定的几何图形栽植，又称为整形式配置。这种配置方式以行列式或对称式为主，即有一定的株行距，按固定方式排列，因此显得整齐、严谨、庄重、端正。有的需要进行整形修剪，模拟立体几何图形、建筑形体或各种动物形态等。这种配置方式如处理不当则显得单调呆板。

（一）中心植

指单一树木在中心或在轴线上的栽植方式。在广场、花坛等中心地点或主建筑物、出入口形成的轴线上栽植。可种植树形整齐、轮廓严正、生长缓慢、四季常青的观赏树木。中心植包括单株或单丛种植。树种多采用如桧柏、云杉、雪松、整形大叶黄杨、苏铁等。主要功能是观赏，且构成主景。

中心植的周围要求有开阔的空间。这一空间不仅要求保证树木充分体现出其特色，还要留有合适的观赏视距，以便于观赏。

（二）对植

两株或两丛相同的树木在一定轴线关系下，左右对称的种植方式。常在建筑物门前、大门入口等处，用两株树形整齐美观的相同树种，左右相对的种植，使之对称呼应。对植之树种，要求不仅是外形整齐美观，而且还要求两株是同一树种且其形状、体量、风格特点均大体一致。通常多用常绿树种，亦可用落叶树，如桧柏、龙柏、云杉、水杉、海桐、桂花、柳杉、罗汉松、广玉兰、龙爪槐、垂柳、榆叶梅、连翘、迎春等。对植一般不作为主景处理，只作配景布置。灌木作对植时，可抬高栽植地，以避免灌丛太小之不足。对植要与临近建筑物的形体、色彩有所变化，且要协调一致。

（三）列植

将乔灌木按一定的直线或缓弯线以等距离或在一定变化规律下的栽植方式。通常为单行或双行，多用一种树木组成，也可用两种树种间植搭配，也可多行栽植。列植以取得整体效果为主，因此所用树木的树形、体量等应大体相同。我国有一株桃树、一株柳树的传统栽植方式，形成桃红柳绿的春景特色，就非常成功。列植多用于行道树、林带及水边种植等。

（四）环植

在明显可见的同一视野内，把树木环绕一周的栽植方式。有时仅有一个圆环或椭圆环，有时是半个圆环，有时则是多重圆环等。环植一般处于陪衬地位，多用矮小花灌木，一般株距很小或密集栽植，形成"环"的效果。

（五）篱植

即绿篱，系灌木密集列植的特殊类型。规则式篱植强调要进行整形修剪，要有一定的几何形状，常用大叶黄杨、黄杨、千头柏、小腊、小叶女贞等。篱植可起到分割空间等作用。

二、自然式配置

树木栽植不按一定的几何形状，又叫不整形配置。这种配置恰似树木自然生长在森林原野上而形成的自然群落，形式不定，因地制宜，力求自然。给人以活泼变化，有居城市而享有园林之乐的感觉。城市园林再现自然，顺乎自然。

（一）孤植

是园林中的孤赏树、孤植树。不在中心或轴线上，而是在角落、转折处、关键的地方，起到画龙点睛的作用。孤植是为了突出个体美。不论其功能是庇荫与观赏相结合，或者主要为了观赏，都要求具有突出的个体美。主要是为了供人观赏。组成孤植树个体美的主要因素是体形高大、树大荫浓，如悬铃木、白皮松、银杏、雪松、毛白杨、橡栎类等等；或体态潇洒、秀丽多姿，如金钱松、南洋杉、合欢、垂柳、喜树、槭树、桦木等等；或树冠丰满、花繁色艳，如海棠、玉兰、紫薇、梅花、樱花、碧桃、山茶、广玉兰、桂花、白兰、梨、刺槐、黄兰等等；而其中具有浓香者如白兰、黄兰、桂花、梅花等，既有色，又有香，更是理想的孤植树。此外，有观秋叶或异色叶之孤植树，前者如白蜡、银杏、黄栌、漆树、野漆树、枫香、乌柏等；后者如红叶李、鸡爪槭品种等等。凡作为庇荫与观赏兼用的孤植树，最好选用乡土树种，可望叶茂荫浓，树龄长久。选用孤植树种，要有一定的体量，要雄伟壮观。树木的独有风姿特色，往往需要经过一定年代才能体现出来，成年树几十年，甚至上百年，树龄越长久的，越有价值。孤植包括单株或单丛种植，或者多株多丛而形成单株单丛的种植效果。

（二）丛植

按一定构图要求，将三、四株至十几株同种或异种树木组成一个树丛的栽植方式。是自然式配置中的一个重要的类型。按其功能分：以庇荫为主（兼供观赏）的树丛，可由单一乔木树种组成。以观赏为主的树丛，可采用乔灌木混交且可与宿根花卉相配合。丛植与孤植的相同点是都要考虑个体美。不同点是：丛植要处理好株间和种间关系，还要兼顾整体美。所谓株间关系，是指株间疏密远近等因素，应注意整体上适当密植，使树丛及早郁闭，而局部上疏密有致，以免机械呆板。所谓种间关系，主要指不同乔木树种之间以及乔灌木之间的搭配比较复杂，要全面考虑他们的生物学特性和生态学特性，使之长期相处和好，有利于形成相对稳定的人工栽培群落，以充分发挥其各种功能。

1. 单一树种的丛植

必须做到：

（1）统一形态、风格和特色是单一树种的丛植取得整体效果（集体美）的首要条件。若缺乏这种统一性，也就丧失了单一树种丛植的构图意义了。

（2）平面上要疏密有致，这是树丛平面上要遵循的主要原则。整体上要适当密植，以促使树丛及早郁闭，但局部上要有疏有密，使树丛、树冠正投影外缘有曲折变化，以免过于机械呆板，且注意与周围环境协调，并要开辟透景线。

丛植是以不规则的多边形顶点进行栽植，或曰：星火点散式栽植。这样可呈现出自然树丛的外观曲折多变，显得构图生动。

林缘线：指树丛（树林）边缘上树冠投影的连线。林缘线是树木配置的设计意图在平面构图上的形式。丰富曲折、疏密有致的林缘线，可开辟透景线和起到各种不同的作用。

（3）立面上要参差错落，这是树丛立面上要遵循的主要原则。树木在体量上要有大小变化，高矮搭配要协调，层次要鲜明，绝对不可等高等粗过于呆板，但又不要高矮悬殊过大。

林冠线：指树丛（树林）空间立面上构图的轮廓线。平面上的林缘线并不能完全体现空间感；不同高度的树种组合形成丰富多变、参差错落的林冠线，给人们的空间感觉影响很大，也可以利用地形高低形成丰富的林冠线。

（4）要有一定的观赏视距。单一树种的丛植主要在于体现某一特色的集体效果，因此要有让人欣赏这一整体效果的视距空间，要留出树高3～4倍的观赏视距，主观赏面要更大些。

2. 乔灌木结合的丛植

在自然式布局中应用比较广泛，是应用不同材料取得构景效果的主要类型。它与单一树种丛植的区别在于能够发挥多种植物材料在形体、色彩、姿态等多方面的美，体现树木群落的整体美，在景相和季相上比较丰富。在组合中要注意以下几点：

（1）要突出主栽树种，要主次有别。树种不宜过多，2、3种即可，主栽树种要突出，主栽树种所占比例要大，数量、体量均应占优势。其余是陪衬树种。

（2）树种搭配要协调。要做到树种体量上相称，形态上协调，习性上融洽等等。

（3）平面上要疏密有致，立面上要错落相宜。切忌呈现出左右对称过于呆板的现象，或将立面划分为若干水平层次过于机械等现象。

（三）群植

指二十多株以上到百株以下的乔灌木成群栽植的方式。它与树丛相比，株数增加，面积加大，且与周围园林环境发生较多的关系，而树种内不同树木之间也互为条件，必须从整体发挥美观作用，表现整体美，可作主景或背景。

有时根据需要栽植单一树种（纯林），如在广场、陵墓或其他需要表现庄严、伟大景观处，多常用纯林，可栽植桧柏、油松、侧柏等。亦可以2、3种或最多4、5种乔灌木组成，但要突出主栽树种。要满足树种的习性要求，处理好种间、株间关系。为达到长期相对稳定，可适当密植，以及早达到郁闭。亦可采取复层混交形式，即垂直混交形式，从立面上看一个树群有上木、中木、下木等几个层次，以增加城市绿量。

（四）林植

系在更大范围内成片成带栽植成林的一种栽植方式。栽植数量要大，往往构成树林，是为了防护功能或某些特定功能的需要进行的。因此林植不强调配置上的艺术性，只是体现总体的绿貌，其林冠线丰富、高低错落；林缘线有收有放、曲折多变。这种林植在小型公园中很少采用，在大型园林中才有。

通常园林中林植方式有以下几种：

（1）林带　是一种大体成狭长带状的风景林，有数种或单一树种组成。林带内适当密植以及早郁闭，供防尘、隔声、屏障视线、隔离空间或作背景用。

（2）密林　采取密植方式，且可分为纯林和混交林两种。在进行混交选择树种时，须注意向大自然学习，总结原有园林中的经验，加以借鉴。如华北山区常见油松、元宝枫、胡枝子天然混交效果很好。另外有些树种单个地看似乎微不足道，但组成群落却别有一番情趣。如泰山，以黄荆为优势的野生植被群落，在开花季节黄荆那淡紫色的圆锥花序直立挺拔，下面木蓝（木蓝属）纤弱淡紫色的总状花序，加上下面萱草、苔草作为天然衬垫，构成一副天然图画。黄荆、木蓝在城市园林中几乎无立锥之地，但在荒坡野地却如此美丽，这种群体美已肯定了它们的观赏价值，因此我们应该向大自然学习去发掘去认识。这种自然的群体混交，当然稳定性强，是长期自然选择的结果。

（3）疏林　林木较稀疏，构成错落有致的林中赏游空地。疏林应模仿自然界中的疏林草地。树林全由单纯乔木所构成，地面则为经过人工安排的木本或草本地被植物所覆盖，或形成大面积的地形有所起伏的草坪。疏林中要布置得或疏或密，或聚或散，形成一片淳朴、简洁的园林风光。

（五）篱植

系灌木密集列植的特殊类型。与规则式不同的是，自然式篱植不进行修剪，或形成自然式花篱。即植株不过密，每丛有一定的株距，每株冠丛的轮廓线能隐约可见，而又是形成浑然一体的观赏效果。

（六）附植

应用藤本植物材料依附于建筑物或支架上的栽植方式，即垂直绿化形式。通过附植可使单调的墙体变得生动活泼，形成绿色的挂毯效果，以增加城市绿地面积，增加城市绿量。为解决高层建筑绿化问题，在建筑设计时就应考虑好栽植池的设计，以便日后进行绿化，否则高层绿化将是一句空话。

第二节　园林树木配置的原则

各类园林绿地，大至风景名胜区，小到庭院绿化，均由园林植物、山石水体、园路广场、建筑小品等物质要素所构成。从维系生态平衡和美化城市环境角度来看，园林植物是园林绿地中最主要的构成要素。在通常情况下，园林绿地应以植物造景为主，小品设施为辅；园林绿地观赏效果和艺术水平的高低，在很大程度上取决于园林植物的配置。因此，合理地配置园林植物，搞好园林植物造景设计，是园林绿地建设的关键。

园林树木是园林植物中的木本植物，它占据了园林中的绝大多数空间，因此要搞好园林植物的配置关键是要搞好园林树木的配置。当然，园林树木的配置与园林植物的配置原则，二者之间是一致的，相互协调的。

那么，怎样进行园林树木的配置呢？或者说进行园林树木配置的原则是什么？一般来说，要解决好两个基本问题，即树木种类的选择和配置方式的确定。在具体配置园林树木时，原则上应围绕着这两个基本问题，满足以下几个方面的要求：

一、满足园林树种的生态要求

各种园林树种在生长发育过程中，对光照、土壤、水分、温度等环境因子都有不同的要求。在园林树木配置时，只有满足这些生态要求，才能使园林树木正常生长和保持稳定，才能充分地表现出设计意图。

要满足园林树木的生态要求，一是要适地适树，即根据园林绿地的生态环境条件，选择与之相适应的园林树木种类，使园林树木本身的生态习性与栽植地点的环境条件基本一致，做到因地制宜、适地适树。只有做到适地适树，才能创造相对稳定的人工群落。二是要做好合理结构，包括水平方向上合理的种植密度（即种植点的配置）和垂直方向上适宜的混交类型（即结构的层次性）。平面上种植点的配置，一般应根据成年树木的冠幅来确定种植点的株行距，但也要注意近期效果和远期效果相结合，如想在短期内就取得绿化效果或中途适当间伐，就应适当加大密度。竖向上应考虑植物树种的生物学特性，注意将喜光与耐阴、深根系与浅根系、速生与慢生、乔木与灌木等不同类型的植物树种相互搭配，在满足植物树种的生态条件下创造稳定的复层绿化效果。

二、符合园林绿地的功能要求

在进行园林树木配置时，首先应从园林绿地的性质和功能来考虑。如为体现烈士陵园的纪念性质，要营造一种庄严肃穆的氛围，在选择园林树木种类时，应选用冠形整齐、寓意万古流芳的青松翠柏；在配置方式上亦应多采用规则式配置中的对植和行列式栽植。我们知道，园林绿地的功能很多，但就某一绿地而言，则有其具体的主要功能。例如，街道绿化中行道树的主要功能是庇荫减尘、美化市容和组织交通，为满足这一具体功能要求，在选择树种时，应选用冠形优美、枝叶浓密的树种，在配置方式上应采用列植。再如，城市综合性公园，从其多种功能出发，应有供集体活动的大草坪，还要有浓荫蔽日、姿态优美的孤植树木和色彩艳丽、花香果佳的花灌丛，以及为满足安静休息需要的疏林草地和密林等。总之，园林中的树木花草都要最大限度地满足园林绿地实用和防护功能上的要求。

（1）选择树种时要注意满足其主要功能。树木具有美化环境、改善防护以及经济生产等方面的功能，但在树木配置中应突出该树木所应发挥的主要功能。如行道树，当然也要考虑树形美观，但树冠高大整齐、叶密荫浓、生长迅速、根系发达、抗性强、抗污染、病虫害少、耐土壤板结、耐修剪、发枝力强、不生根蘖、寿命又长却是主要的功能要求。应选择具有这些特征的树种。

（2）进行树木配置，需要注意掌握其与发挥主要功能直接有关的生物学特性，并切实了解其影响因素与变化幅度。如以庭荫树为例，不同树木遮荫效果的好坏与其荫质的优劣和荫幅的大小成正比，荫质的优劣又与树冠的疏密、叶面的大小和叶片不透明度的强弱成正比。其中树冠的疏密度和叶片大小起主要作用。像银杏、悬铃木等荫质好，而垂柳、槐树等荫质差。前二者的遮荫效果约为后二者的两倍。

（3）树木的卫生防护功能除树种之间有差异外，还和其间的搭配方式与林带的结构有关。例如防风林带以半透风结构效果最好，而滞尘则以紧密结构最为有效。

当然，要做好园林树木的配置就必须掌握好各种园林树种，首先是常见园林树种的生物学特性和生态习性以及园林栽植地的生态环境，做到适地适树，合理搭配处理好树种之间的关系，树种与环境因子之间的关系。

三、考虑园林绿地的艺术要求

园林融自然美、建筑美、绘画美、文学美等于一体，是以自然美为特征的一种空间环境艺术。因此，在园林植物配置时，不仅要满足园林绿地实用功能上的要求，取得"绿"的效果，而且应按照艺术规律的要求，给人以美的享受，以此来选择植物种类和确定配置方式。

（1）园林树木一般以充分发挥其自然面貌为其美的主要方式，即要充分体现自然美，植物配置要顺乎自然。人工整形造型的树木应该在园林中只起点缀作用。社会上的园林通常面积较大且要求接纳大量的游人，因此在管理上除重点分区及主景附近外，不可能精雕细刻，花费人工过多。因此，就要做到正确选用树种，妥善加以安排，使其在生物学特性上和艺术效果上都能做到因地制宜，各得其所，充分发挥其特长与典型之美。

（2）配置树木时要在大处着眼的基础上再安排细节问题。通常园林树木配置中的通病是：过多注意到局部，而忽略了主体安排；过分追求少数树木之间的搭配关系，而较少注意整体、大片的群体效果；过多考虑各株树木之间的外形配合，而忽视了适地适树和种间关系等问题。这样做的结果往往是繁琐支离，零乱无章。为此，在树木配置时首先要考虑整体之美，多从大处着眼，从园地自然环境与客观要求等方面作出恰当的树种规划，最后再从细节上安排树木的搭配关系。

（3）为满足园林绿地的艺术要求，在植物种类的选择时，应着重考虑：

1）确定全园基调植物和各分区的主调植物、配调植物，以获得多样统一的艺术效果。多样统一是形式美的基本法则。为形成丰富多彩而又不失统一的效果，园林布局多采用分区的办法。在植物配置选择树种时，应确定全园有一、二种树种植物作为基调植物树种，使之广泛分布于整个园林绿地；同时，还应视不同分区，选择各分区的主调树种植物，以造成不同分区的不同风景主体。如杭州花港观鱼公园，按景色分为五个景区，在树种选择时，牡丹园景区以牡丹为主调树种，杜鹃等为配调树种；鱼池景区以海棠、樱花为主调树种；大草坪景区以合欢、雪松为主调树种；花港景区以紫薇、红枫为主调树种等；而全园又广泛分布着广玉兰为基调树种。这样，全园因各景区主调树种不同而丰富多彩，又因基调树种一致而协调统一。

2）注意选择不同季节的观赏植物，构成具有季相变化的时序景观。植物是园林绿地中具有生命活力的构成要素，随着植物物候的变化，其色彩、形态、生气表现各异，从而引起园林风景的季相变化。因此，在植物配置时，要充分利用植物物候的变化，通过合理的布局，组成富有四季特色的园林艺术景观。在规划设计时，可采用分区或分段配置，以突出某一季节的植物景观，形成季相特色。如春花、夏荫、秋色、冬姿等。在主要景区或重点地段，应做到四季有景可赏；在某一季节景观为主的区域，也应考虑配置其它季节植物，以避免一季过后景色单调或无景可赏。如扬州个园利用不同季节的观赏植物，配以假山，构成具有季相变化的时序景观。即在个园中春梅翠竹，配以笋石，寓意春景；夏种槐树、广玉兰，配以太湖石，构成夏景；秋栽枫树、梧桐，配以黄石，构成秋景；冬植腊梅、南天竹，配以雪石和冰纹铺地，构成冬景。这样不仅春、夏、秋、冬四季景观分明，并把四景分别布置在游览路线的四个角落，从而在咫尺庭院中创造了四季变化的景观序列。

3）注意选择在观形、赏色、闻香、听声等方面有特殊观赏效果的树种植物，以满足游人不同感官的审美要求。人们对植物景观的欣赏，往往要求五官都获得不同的感受，而能同时满足五官愉悦要求的植物树木是极少的。因此，应注意将在姿态、体形、色彩、芳香、声响等方面各具特色的植物树种，合理地予以配置，以达到满足不同感官欣赏要求的需要。如雪松、龙柏、垂柳等主要是观其形；樱花、紫荆、红枫等主要是赏其色；桂花、腊梅、丁香等主要是闻其香；"万壑松风"、"雨打芭蕉"等主要是听其声；而"疏影"、"暗香"的梅花则兼有观形、赏色、闻香等多种观赏效果。巧妙地将这些植物树种配置于一园，可同时满足人们五官的愉悦。

4）注意选择我国传统园林植物树种，使人产生比拟联想，形成意境深远的景观效果。自古以来，诗人画家常把松、竹、梅喻为"岁寒三友"，把梅、兰、竹、菊比为"四君子"，这都是利用园林植物的姿态、气质、特性给人们的不同感受而产生的比拟联想，即将植物人格化了，从而在有限的园林空间中创造出无限的意境。如扬州个园，因竹子的叶形似"个"而得名。园中遍植竹，以示主人之虚心有节、清逸高雅、刚直不阿的品格。我国有些传统植物树木还寓意吉祥、如意。如个园分植白玉兰、海棠、牡丹、桂花于园中，以显示主人的财力，寓意"金玉满堂春富贵"；还在夏山鹤亭旁配置古柏，寓意"松鹤延年"等。在植物配置时，我们还可以利用古诗景语中的诗情画意来造景，以形成具有深远意义且大众化的景观效果。如苏州北寺塔公园的梅圃设计时，取宋代诗人林和靖咏梅诗句"疏影横斜水清浅，暗香浮动月黄昏"的意境，在园中挖池筑山，临池植梅，且借塔北寺倒影入池，将古诗意境实景化。

其次，在配置方式的确定时，应注意的是：

1）园林植物配置方式要与园林绿地的总体布局形式相一致，与环境协调。园林绿地总体布局形式通常可分为规则式、自然式以及二者的混合形式。一般来说，在规则式园林绿地中，多采用中心植、对植、列植、环植、篱植、花坛、花台等规则式配置方式；在自然式园林绿地中，多采用孤植、丛植、群植、林植、花丛、自然式花篱、草地等自然式配置方式；在混合形式园林绿地中，可根据园林绿地局部的规则和自然程度分别采用规则式或自然式配置方式。配置方式还要与环境相协调，通常在大门两侧、主干道两旁、整形式广场周围、大型建筑物附近等，多采用规则式配置方式；在自然山水园的草坪、水池边缘、山丘上面、自然风景林缘等环境中，多采用自然式配置方式。在实际工作中，配置方式如何确定，要从实际出发，因地制宜；合理布局，强调整体协调一致，并要注意做好从这一配置方式到那一配置方式的过渡。

2）运用不同的配置方式，组成有韵律节奏的空间，使得园林空间在平面上前后错落、疏密有致，在立面上高低参差、断续起伏。植物造景在空间的变化是通过人们的视点、视线、视境而产生"步移景迁"的空间景观变化。植物配置犹如作诗文要有韵律，音乐要有节奏，必使其曲折有法，前呼后应，与环境相协调。植物配置体现在空间的变化，一般应在平面上注意配置的疏密和植物树木的林缘线，在立面上注意其林冠线的变化，在树林中还要注意风景透视线的组织等，尤其要处理好远近观赏的质量和高低层次的变化，形成"远近高低各不同"的艺术效果。例如杭州西湖花港观鱼公园的雪松大草坪，在草坪的自然重心处疏植五株合欢树丛，接以非洲凌霄花丛，背景为林缘的灌丛和树林，具有韵律节奏，空间层次也十分明显。

3）进行树木配置时，必须考虑到树木的年龄、季节和气候等变化，使树木呈现出不同的姿色。在大苗供不应求时，各地园林建设中大多采用种植"填充树种"的办法，同时更要考虑到三、五年，十年甚至二十年以后的问题，预先确定分批处理的措施和安排。在不影响主栽树种生长时，让"填充树种"起到填充作用；若干年之后，当主栽树种生长受到压抑时，即应适当地、分批地疏伐填充树种，对其加以限制，为主要树种创造良好的生长环境与种间关系等条件，以充分发挥其美学特性。

至于季节和气候等变化，在进行树木配置时亦必须注意考虑。首先，应做到四季各有景点，在开花季节，要花开不断。如宋代欧阳修云："浑红浅白宜相间，先后仍须次第栽；我欲四时携酒赏，莫叫一日不花开！""红白相间，次第花开"的要求是值得我们学习的。尤其值得提出的是在树木配置中，也要有季节上的重点，特别是要注意安排重大节日前后有花、果观赏，有景色供游览。

四、结合园林绿地的经济要求

城市园林绿地应在满足使用功能、保护城市环境、美化城市面貌的前提下，做到节约并合理地使用名贵树种。除在重要风景点或主建筑物迎面处合理配植少量名贵树种外，应避免滥用名贵树种的现象出现。这样既降低了成本又保持了名贵树种的身价。除此以外，还要做到多用乡土树种。各地乡土树种适应本地风土的能力最强，而且种苗易得，短途运输栽植成活率高，又可突出本地园林的地方色彩，因此须多加利用。当然，外地的优良树种在经过引种驯化成功后，也可与乡土树种配合应用。此外还可结合生产，增加经济收益。因此，园林植物树种的配置应在不妨碍满足功能、艺术及生态上的要求时，可考虑选择对土壤要求不高、养护管理简单的果树植物树种，如柿子、枇杷、山里红等；还可选择核桃、油茶、樟树等油料植物树种；也可选择观赏价值和经济价值均很高的芳香植物树种，如桂花、茉莉、玫瑰等；亦可选择具有观赏价值的药用植物树种，如杜仲、合欢、银杏等。此外，还有既可观赏又可食用的水生植物，如荷花等。选择这些具有经济价值的观赏植物，以充分发挥园林植物树种配置的综合效益，达到社会效益、环境效益和经济效益的协调统一。

五、特殊原则

在有特殊要求时，应有创造性，不必拘泥于树木的自然习性，应综合地利用现代科学技术措施来保证树木配置的效果能符合主要功能的要求。一个较好的例子是首都北京天安门广场的绿化。建国十周年时，在许多绿化方案中选中用大片油松林来烘托人民英雄纪念碑，表现中华儿女的坚贞意志和革命精神万古长青永垂不朽的内容。在现在来看对宏伟端庄肃穆的毛主席纪念堂也是很好的陪衬。从内容到形式上这个配置方案是成功的，从选用油松来讲也是正确的。但是如果仅从树种的习性来考虑，则侧柏及圆柏均比油松更能适应广场的生境，也不会有现在需更换一部分生长不良的枯松的麻烦，在养护管理上也省事和经济得多。但是天安门广场绿化的政治意义和艺术效果的重要性是第一位的，油松的观赏特性比侧柏、圆柏的观赏特性更能满足这第一位的要求，所以即使其适应性不如后两者，但仍然被选中。当然，在应用特殊这一原则时，一定要慎用。

第三节 园林树木配置的艺术效果

园林建设中对植物的应用，从总的要求来讲，是以生态平衡或以环境保护为主要目的的前提下，尽量创造一个生活游憩于其中的美的环境，是尤为重要的。因为人们总是愿意在优美的环境中生活的。

在园林建设中，除了工矿区的防护绿地带外，总的来说，城镇的园林绿地及修养疗养区、旅游名胜区、自然风景区等地的树木配置均应有美的艺术效果。应当以创造优美环境为目标，去选择合适的树种、设计良好的方案和采用科学的、能维护此目标和实现此目标的整套养护管理措施。

很多地区认为"普遍绿化"就是园林工作，这种认识是不全面的。概括地说园林建设工作应是"绿化加美化"。只讲绿化不讲美化是不能成为园林建设工作的全部内容，也不能表示出园林专业的特点。所谓美化，除包括一般人所说的"香化"、"彩化"等内容，还应包括地形改造以及园林建筑和必要的设施。如果只有地形改造和园林建筑而没有绿化，亦不能称为园林建设工作的全部。因此，园林建设工作必须既讲绿化又讲美化，缺一不可。

前面曾讲过树木的形态美、色彩美、风韵美和整体美，园林工作者应该充分运用其对园林树木美的丰富知识，按照一定的理想，将其组合起来。这种组合必须是对树木十几年或几十年后的形象具有预见性，并结合当地具体的环境条件和园林主题的要求，巧妙地、合理地进行配置，构成一个景观空间，使游人置身其间，陶醉于美好的某种意境之中。

各种植物的不同配置组合，能形成千变万化的景观，能给人以丰富多采的艺术感受。树木配置的艺术效果是多方面的、复杂的，需要细致的观察、体会才能领会其奥妙之处。下面仅作一简单概述，供参考。

（一）丰富感

图 1-1 是建筑物在配置前后的外貌。配置前建筑的立面很简单枯燥，配置后则变得优美丰富。在建筑物屋基周围的种植称为"基础种植"，如图 1-2。

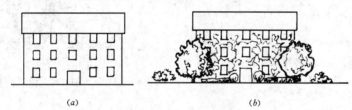

（a）   （b）

图 1-1　建筑物配置图

（a）配置前；（b）配置后

（二）平衡感

平衡分为对称和不对称的平衡两种。前者是用体量上相等或相近的树木以相等的距离进行配置而产生的效果，后者是用不同的体量以不同的距离进行配置而产生的效果。

图 1-2　建筑物基础种植

（三）稳定感

在园林局部或园景一隅中常可见到一些设施物的稳定感是由于配置了植物（树木）后才产生的。图 1-3 是园林中的桥头配置，图中之（a）为配置前，桥头有秃硬不稳定感，配置之后则感稳定。实际上我国古代在这方面就有一定的研究。在园林中于桥头以树木配置，加强稳定感则能获得更好的风景效果。

（四）严肃与轻快

应用常绿针叶树，尤其是尖塔形的树种常常形成庄严肃穆的气氛。例如莫斯科红场列宁墓两旁配置的冷杉就产生很好的艺术效果。一些线条圆缓流畅的树冠，尤其是垂枝型的树种常常形成柔和轻快的气氛，例如杭州西子湖畔的垂柳。

（五）强调与缓解

运用树木的体形、色彩特点加强某个景物，使其突出显现的配置方法称为强调。具体配置时常采用对比、烘托、陪衬以及透视线等手法。对于过分突出的景物，用配置的手段使之从"强烈"变为"柔和"，称为缓解。景物经缓解后可与周围环境更为协调，而且可增加艺术感受的层次感。

（六）韵味

配置上的韵味效果，颇有"只可意会不可言传"的意味。只有具有相当修养水平的园林工作者和游人能体会到其真谛。但是每个不懈努力观摩的人却又都能领会其意味。

总之，欲充分发挥树木配置的艺术效果，除应考虑美学构图上的原则外，必须了解树木是具有生命的有机体，它有自己的生长发育规律和各异的生态习性要求，在掌握有机体自身和其与环境因子相互影响的规律基础上还应具备较高的栽培管理技术知识，并要有较深的文学、艺术修养，才能使配置艺术达到较高的水平。此外，应特别注意对不同性质的绿地应运用不同的配置方式，例如公园中的树丛配置和城市街道上的配置是有不同要求的，前者大都要求表现自然美，后者大都要求整齐美，而且在功能要求方面也是不同的，所以配置的方式也应是不同的，如图 1-4 及图 1-5 所示。

图 1-3　园林桥头配置

（a）配置前；（b）配置后

图 1-4　树丛配置

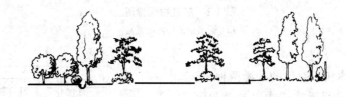

图 1-5　街头配置

复 习 题

1. 园林树木的配置原则有哪些？
2. 园林树木规则式配置有哪些形式？在公园以实例说明之。
3. 园林树木自然式配置有哪些形式？在公园以实例说明之。
4. 绘制园林树木配置平面投影图。

各　论

园林树木主要属于种子植物。种子植物的主要特点就是经过有性生殖产生种子，并用种子繁殖后代。通常是根据心皮和胚珠的生长情况，将种子植物分为裸子植物和被子植物两个门。

1. 胚珠裸露，无子房构造，也无真正的果实 ·· 裸子植物门
1. 胚珠包于子房内，有由子房发育的果实 ·· 被子植物门

裸子植物门　GYMNOSPERMAE

乔木或灌木。茎有形成层，次生木质部有管胞，稀有导管，韧皮部没有伴胞。叶以条形、针形或鳞形为主。花单性，同株或异株，风媒传粉；胚珠裸生在大孢子叶上，大孢子叶从不形成密闭的子房。种子有胚乳，胚直生，子叶1～多数；坚果状或核果状。

本门多为高大乔木，广泛分布于北半球亚热带高山及温带至寒带地区。全世界有12科71属，约800种。我国有11科41属，243种。

苏铁科　Cycadaceae

常绿木本。乔木状，树干圆柱形，粗壮，稀在顶端呈两叉状分枝。叶有两种：一为互生于主干上呈褐色的鳞片状叶；一为生于茎端呈羽状的营养叶。鳞片状叶和营养叶相互成环着生；鳞片状叶小，其外有粗糙绒毛；营养叶大，羽状深裂，集生树干顶端和块茎上。雌雄异株，各成顶生大的头状花序，无花被。胚珠2～10，生于大孢子叶柄的两侧。种子呈核果状，有肉质外果皮，内有胚乳，子叶2，发芽时不出土。

本科有11属，约148种，分布于热带、亚热带地区。我国有1属14种。

苏铁属　Cycas L

树干柱状直立，密被宿存的木质叶基。营养叶的羽状裂片条形或条状披针形，中脉显著，无侧脉。雄球花长卵形或圆柱形；大孢子叶扁平，密被黄褐色茸毛，丛生树干顶端，形成松散的球花。种子的外种皮肉质，中种皮木质，内种皮膜质。

本属有17种，我国有14种，产于我国南至西南。园林中习见栽培的有1种。

分　种　检　索　表

1. 叶的羽状裂片厚革质，坚硬，边缘显著向背面反卷 ································ 苏铁
1. 叶的羽状裂片革质，薄革质，边缘扁平或微反卷

2. 羽片革质，宽 0.8~1.5cm，羽状叶上部愈近顶端处羽片愈短窄，大孢子叶边缘刺齿状
·· **华南苏铁**

2. 羽片薄革质，宽 1.5~2.2cm，叶上部羽片不显著短缩，大孢子叶边缘深条裂 ·········· **云南苏铁**

苏铁（铁树、凤尾蕉）

[**学名**] Cycas reroluta Thunb.

[**形态**] 常绿乔木，棕榈状树冠，树干高约 2m，稀 8m
或更高，羽状叶长 50~200cm，裂片可达 100 对以上，条形，
长达 18cm，厚革质，先端锐尖，边缘显著反卷。叶面深绿
色有光泽，背面疏生褐色柔毛，中脉显著隆起。种子卵圆形，
红褐色或橘红色，密生灰黄色短绒毛，后渐脱落。花期 6~
7 月，种子 10 月成熟。

[**分布**] 产于我国福建、台湾、广东。各地都有栽培。
华南、西南地区可露地栽植，长江流域及以北地区多盆
栽。

[**习性**] 喜光，也耐荫。喜温暖湿润的气候，不耐寒冷，
气温低于 -2℃时即受冻害。栽培环境要通风良好。喜肥沃
湿润的沙壤土，不宜过湿忌积水。根部有发达的珊瑚状根瘤
菌，固氮能力强。生长缓慢，寿命可达 200 年以上。

[**繁殖与栽培**] 播种、分蘖繁殖。于秋末采种，贮藏至
春季点播，在高温处易发芽，培养 2、3 年可移植。在长江
流域及以北地区盆栽苏铁不易开花，且雌雄异株，故不易得

图 1 苏铁

到种子，一般采用分蘖法。可从根际割下小蘖芽培养，若蘖芽放置时间已久，可用利器切
去部分老化组织，浸于水中，将分泌出的粘液洗去，然后再种植。当蘖芽不易发叶时，可
罩同样大小的花盆于其上，使其不见阳光，则能较快萌叶。

苏铁不耐寒，如当地温度较低时，露地栽种的可用草包将茎、叶由下而上捆扎；盆栽
的置于室内即可。当新叶萌发时要保持充足的光照，且土壤偏干，可使树形优美，叶色浓
绿有光泽。铁树每年仅长一轮叶丛，新叶展开成熟时，需将下部老叶剪除，以保持其姿态
整洁、古雅。

[**用途**] 苏铁树姿优美，枝叶苍翠，四季常青，装饰性很强，为世上生存的最古老植
物之一。全年有大型美丽的浓叶丛，能反映热带植物的绿化特色。常配置于花坛中心，孤
植或丛植于草坪一角、小景区、建筑前，对植在入口处和建筑物门庭两侧，但不宜与其他
树种配置，各地都用盆栽作室内装饰、布置会场。羽状叶是插花装饰的优良材料。

苏铁种子可入药，茎干髓部可以制成食用淀粉（俗称"西米"），叶煎水治咳嗽。

银杏科 Ginkgoaceae

落叶乔木，树干通直，分长短枝。扇形叶在长枝上螺旋状互生、短枝上簇生，叶脉叉
状并列。雌雄异株，球花簇生在短枝顶端的叶腋，雄球花有梗葇黄花序状，雌球花有长梗，

梗端通常有 2 珠座，每珠座着生 1 直立的胚珠。种子核果状，胚乳丰富，子叶 2，发芽时不出土。

本科树木发生于古生代至中生代，种类繁盛。新生代第四纪冰期后仅孑遗 1 属 1 种。我国特产，日本、欧美各国都是从我国引入栽培。

银杏属　Ginkgo L

本属 1 种，形态特征与科同。

银杏（白果树、公孙树）

［学名］　Ginkgo biloba Linn.

［形态］　落叶大乔木，高达 40m，胸径 4m。幼树树皮浅纵裂，老树皮灰褐色深纵裂。幼树及壮年树树冠圆锥形，老树广卵形。大枝轮生，一年生枝淡褐黄色，二年生以上变灰色，有长短枝，短枝黑灰色，密被叶痕。叶扇形有长梗，叶端有浅或深的波状缺刻，中间缺裂较深，基部楔形，二叉状叶脉。种子椭球或近球形，核果状，熟时黄色或橙黄色，被白粉。外种皮肉质有臭味，中种皮白色，骨质，有 2～3 条纵脊，内种皮膜质，黄褐色。胚乳肉质，味甜略苦。花期 3～4 月，种子 10 月成熟。

［分布］　我国特产树种。浙江省西天目山海拔 1000m 以下，尚有野生状态的银杏，常与金钱松、榧树、柳杉、香果树等针阔叶树混生，生长旺盛。栽培分布广泛，北自沈阳，南至广州，以江南一带为多。朝鲜、日本及欧美各国庭院都有栽培。

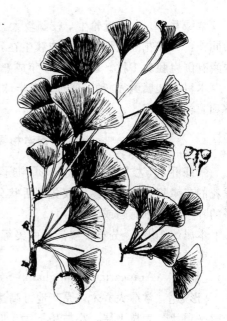

图 2　银杏

［习性］　喜光，小苗稍耐荫。对气候适应性强，能耐 −32.9℃的低温，对高温、多雨的气候亦能适应。喜深厚肥沃、湿润而又排水良好的沙壤土，土壤 pH 值 4.5～8 均能生长，耐旱、不耐积水。深根性树种，根蘖性强。生长发育较缓慢，约需 20 年始能开花结实，但结实期长。病虫害少，对有害气体抗性强。寿命长，可达千年以上，山东莒县定林寺有 3700 年的古银杏，号称"天下第一银杏"，驰名中外。

［繁殖］　播种、嫁接、扦插、分蘖繁殖。种子采后堆于阴凉处，待外种皮腐烂后洗净，阴干贮藏，种子要混沙湿藏。可当年秋播，亦可翌年春播。分蘖在 2、3 月进行，要注意多带须根，至少要带根皮，才能生根成活。根蘖苗可提早结实且可加速生长。

银杏自然生长较慢，苏州东山采用根蘖繁殖、浅栽、施重肥的方法，取得了快速育苗的经验，5 年生苗可达到胸径 7cm 或更粗。

［用途］　银杏冠大荫浓，树姿雄伟，新叶鲜绿，秋叶金黄，叶形奇特是珍贵的园林观赏树种。孤植草坪广场，枝繁叶茂，浓荫覆地。列植街头作行道树，遮荫降温效果好。常与槭类、枫香、乌桕等色叶树种混植点缀秋景，也可与松柏类树种混植。我国自古用在寺

庙、宫廷作庭荫树、行道树、园景树等供观赏。风景区常见银杏古树。幼树、幼苗可供扎剪造型、配山石点景或作盆景用。

银杏木材质地优良可作绘图板、雕刻、工艺品及室内装饰的优质材料。种子营养丰富可食。叶可作杀虫剂，花是良好的蜜源。近年来，从银杏叶中提取黄酮甙用于食品和制抗衰老保健品，很受欢迎。

南洋杉科　Araucariaceae

常绿乔木。大枝近轮生，枝髓较大。叶螺旋状互生，披针形、锥形或鳞形。雌雄异株，稀同株：雄球花圆柱形，单生或簇生在叶腋或枝顶，雌球花椭圆形或球形，单生枝顶，每珠鳞有倒生胚珠1枚。球果2～3年成熟，种子1枚，扁平。

本科有2属约40种，分布于南半球热带、亚热带地区，我国引入栽培2属4种，供观赏和园林绿化用。

南洋杉属　**Araucaria juss**

常绿乔木，枝轮生。叶披针形、锥形、鳞形或卵形，互生，叶形及叶大小变化较大。雌球花的苞鳞腹面合生珠鳞，仅先端舌状分离。球果大，熟时苞鳞脱落，发育苞鳞内有一扁平的种子，种子有翅或无翅。

本属约18种，分布于澳洲及南美等地。我国引入3种。

南洋杉

[学名]　Araucaria cunninghamii Sweet.

[形态]　常绿大乔木，原产地可高达60～70m，胸径1m以上。幼树树冠整齐尖塔形，老时平顶状。大枝平展，小枝稍下垂。叶两型，侧枝及幼枝上多为针状，质软，排列疏松开展；茎枝上常紧密着生卵形或三角状锥形叶。球果卵形，苞鳞先端有针刺状尖头，显著向后弯曲，种子两侧有翅。

[分布]　原产大洋洲东南沿海地区。我国广东、福建、台湾、海南、云南、广西等地庭院露地栽培。

[习性]　喜光，幼苗幼树喜阴。喜暖湿气候，不耐干旱与寒冷。喜土壤肥沃。生长较快，萌蘖力强，抗风强。

[繁殖]　播种或扦插繁殖。插条应从主轴或从长枝上剪取。在需盆栽的地区，夏季应适当遮荫，并保持较高的空气湿度，冬季应放置于温度在7℃以上的室内。

[用途]　南洋杉树姿优美雄伟，适宜作行道树、园景树及纪念树。与雪松、金钱松、日本金松、巨杉合称为世界著名的五大庭园树种。我国长江流域及以北地区常盆栽作室内装饰和布置会场用。

南洋杉木材可供建筑、制家具用。树皮可提取松脂。

松科　Pinaceae

常绿或落叶乔木，稀灌木。条形叶螺旋状散生或簇生，针形叶常2、3或5针成一束，着生在极端退化的短枝顶，基部包有叶鞘。花单性，雌雄同株。雄球花长卵形或圆柱形；雌球花球果状，有多数螺旋状排列的珠鳞和苞鳞，每珠鳞腹面有2倒生的胚珠，苞鳞和珠鳞分离，花后珠鳞增大发育成种鳞。球果成熟时种鳞开裂，发育的种鳞有2粒种子，种子上端有膜质翅，稀无翅。子叶2～16，发芽时出土或不出土。

本科有10属230余种，大多分布于北半球。我国有10属113种29变种，引入24种，2变种。遍布全国，在东北、华北、西北、西南及华南地区高山地带，组成大面积森林。

分 属 检 索 表

1. 叶条形或针形，螺旋状散生或在短枝上簇生，都不成束
  2. 叶条形扁平、柔软或针状、坚硬；有长短枝，叶在长枝上螺旋状散生，在短枝上簇生；球果当年或翌年成熟（落叶松亚科）
    3. 常绿性，叶针形坚硬，常有三棱；球果翌年成熟 ……………………… **雪松属**
    3. 落叶性，叶条形扁平柔软，通常宽2～4mm；球果当年成熟 ……………… **金钱松属**
  2. 叶四棱状或条形扁平，质硬，螺旋状着生；只有长枝，无短枝；球果当年成熟（冷杉亚科）
    4. 球果腋生直立，成熟后种鳞自中轴脱落；叶扁平，上面中脉凹下；枝上有圆形微凹的叶痕，无叶枕
    …………………………………………………………………………………… **冷杉属**
    4. 球果成熟后种鳞宿存不下落
      5. 球果腋生，初直立后下垂，苞鳞短，不露出；小枝节间的上端生长慢而粗；叶在节间上端排列紧密似簇生状，叶扁平条形，上面中脉凹下 …………………… **银杉属**
      5. 球果顶生下垂；小枝节间生长均匀有显著隆起的叶枕，上下等粗；叶在枝节上螺旋状散生均匀排列。四棱状或扁棱状条形，四面有气孔线，中脉两面隆起，无叶柄 ……………… **云杉属**
1. 叶针形；2、3、5针一束，着生于鳞叶腋部的退化短枝顶端，基部被叶鞘包裹；常绿性；球果翌年成熟，种鳞宿存，种鳞的背上方有鳞盾和鳞脐（松亚科） ………………………………… **松属**

雪松属　Cedrus Trew

常绿乔木。冬芽小，有长短枝之分，枝条基部有宿存芽鳞。针形叶坚硬，有3（～4）棱，在长枝上螺旋状散生，短枝上簇生。球果翌年稀第3年成熟，直立；种鳞宽大木质，排列紧密；苞鳞小，不露，成熟后与种鳞一起从中轴脱落。种子有宽大的膜质翅。

本属有5种，产于喜马拉雅山、北非等地。我国引入栽培2种。近年来在我国西藏地区发现有少量分布。

分 种 检 索 表

1. 大枝顶与小枝常略下垂，针叶长2.5～5cm，横切面三角状；球果较大，长7～12cm，径5～9cm …
  …………………………………………………………………………………………… **雪松**
1. 大枝顶端硬直，小枝常不下垂，针叶长1.5～3.5cm，横切面四方形；球果小，长约7cm，径约4cm
  …………………………………………………………………………………………… **北非雪松**

雪松
[**学名**]　Cedrus deodara (Roxb.) Loud.
[**形态**]　常绿乔木，原产地高可达75m，胸径近4m，树冠塔形。树皮深灰色，不规则

块状裂。分枝低，小枝细长常下垂，一年生枝淡灰黄色，密生短绒毛，稍有白粉。针叶腹面两侧各有 2～3 条气孔线，背面 4～6 条，幼时被白粉，后渐脱落。多雌雄异株：球果卵圆柱形、椭圆状卵形，顶端平，嫩时淡绿色被白粉，熟时栗褐色。花期 10～11 月，球果翌年 10 月成熟。

　　[**分布**]　原产阿富汗至印度境内的喜马拉雅山海拔 1300～3000m 地带，组成纯林或混交林，在海拔 1800～2800m 地带生长最好。我国西藏西南部海拔 1200～3000m 地带有少量天然林。我国 20 世纪初开始引种，青岛、南京率先引入种子进行育苗，40 年代以后成为我国亚热带、暖温带地区常用的园林树种。

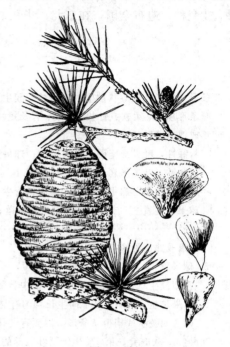

图 3　雪松

　　[**习性**]　喜光，幼树稍耐庇荫。喜凉爽、湿润气候，抗寒性较强，大树能耐—25℃低温，华北北部地区冬季幼树须防寒。喜深厚肥沃、疏松、排水良好的沙壤土，耐干旱瘠薄，忌积水，尤忌地下水位过高。幼树生长较慢，20 年后生长加快，通常 30 年以上才开花结籽，雄株 20 年以后始花。浅根性树种，抗风性差，抗烟尘能力差，新叶对二氧化硫、氟化氢等有害气体污染敏感。寿命长。

　　[**繁殖与栽培**]　播种、扦插繁殖。由于雌雄球花花期不一致，自然授粉较困难，不易得到种子。故需进行人工授粉，才能得到充实的种子。目前南京、青岛等地此项工作做得较好。种子播种前如浸水数小时对种子发芽有利。扦插在早春发芽前进行，插穗应选择 5 龄以内，最多不能超过 10 龄的实生幼树的上一年生健壮枝。

　　移植前，须先将树冠由上而下的向上牵引绑扎，以利挖掘土球及运输。由于其顶梢生长迅速，质地较软，常呈弯曲状，易被风吹折而破坏了树型，应及时用竹竿引导其生长。栽植地一般选择坡地，若在地势平缓且地下水位高处，要堆土种植。栽后要立柱固定，以防风吹倒伏。尽量保护树冠下部的大枝，使之自然贴近地面，能很好的反映出雪松雄伟、壮观的树冠。

　　[**用途**]　雪松树冠端庄、雄伟、苍翠挺拔，是世界著名观赏树种。宜在公园及各类绿地的主轴线上作对景，草坪上孤植、丛植或群植可组合成参差多变的林冠线，可列植园路两旁，对植在建筑两侧和大门入口处以形成庄重、壮观的气氛。也是居民区、各种绿地常用的绿化树种。但不宜在接近烟源或低洼地栽植。

　　雪松木材有香气质优，宜供家具、建筑、造船、桥梁等用。

金钱松属　Pseudolarix Gord

　　本属仅 1 种，为我国特产。

金钱松

　　[**学名**]　Pseudolarix Kaempferi（Lindl）Gord.

［形态］　落叶乔木，高可达40m，胸径1.5m。树冠宽塔形。树干通直，树皮灰褐色深裂：有长短枝，长枝基部宿存芽鳞，短枝距状，有密集成环节状的叶枕。一年生枝淡红褐色无毛，有光泽。叶条形、扁平、柔软，上面中脉不明显，鲜绿色，秋后金黄色。叶在枝上螺旋状散生，在短枝上15～30枚簇生状。雌球花长圆形单生短枝顶端，有短梗。球果卵形直立，当年成熟，熟时褐色、红褐色；种鳞木质卵状披针形，先端凹缺，熟时脱落，苞鳞小不露出。种子白色，卵圆形。花期4～5月；球果10～11月成熟。

［分布］　产于我国江苏、安徽南部、福建北部、浙江、江西、湖南、湖北利川县至四川万县交界地区，海拔1500m以下山地，散生在针阔叶混交林中。

［习性］　喜光树种，幼树耐荫。喜湿润的气候。能耐－20℃的低温。喜深厚肥沃、排水良好的酸性土，中性土壤亦可以正常生长，深根性树种，有菌根，不耐旱、不耐积水。抗风、抗雪压。生长速度中等而偏慢。寿命长。

［繁殖与栽培］　扦插或播种繁殖。采种应选20龄以上生长旺盛的母树。在球果尚未充分成熟时要及早采收，若采收晚了种子将随种鳞一起脱落。苗圃土壤应接种菌根。移植宜在萌芽前进行，应注意保护并多带菌根。

［用途］　金钱松树姿优美，秋叶金黄，是名贵的庭院观赏树种。与南洋杉、雪松、日本金松、巨杉合称为世界五大庭园树种。可孤植或丛植在草坪一角或池边、溪旁、瀑口，也可列植作园路树，与各种常绿针、阔叶树种混植点缀秋景。从生长角度而言，以群植成纯林为好。幼苗、幼树是常用的盆景材料。

金钱松木材耐水湿，可供建筑、造船等用。根皮入药。

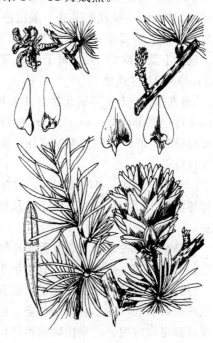

图4　金钱松

冷杉属　Abies Mill

常绿乔木。树干端直。小枝对生，有圆形叶痕，基部有宿存芽鳞。叶辐射伸展或基部扭转排成两列状。叶条形、扁平，上面中脉凹下、下面中脉隆起，每侧各有一条气孔带，微有短柄。雌雄球花单生于去年生枝叶腋。球果当年成熟，直立；种鳞木质，排列紧密，成熟后与种子一起自中轴脱落，苞鳞露出、微露出或不露出；种翅宽大。

本属约50种，我国有19种3变种，引入栽培1种。

分 种 检 索 表

1. 苞鳞短，球果的苞鳞不外露，叶先端急尖或渐尖，无凹缺，树脂道中生 ……………………… 杉松
1. 球果的苞鳞外露，苞鳞先端有长约3mm的三角状尖头。叶先端圆或凹缺，树脂道中生或边生 …………………………………………………………………………………… 日本冷杉

杉松（辽东冷杉、沙松、白松）

[学名] Abies holophylla Maxim.

[形态] 常绿乔木，高达 30m，胸径 1m。树冠宽圆锥形，老树宽伞形。幼树皮淡褐色不裂，老树皮灰褐或暗褐色浅纵裂。一年生枝淡黄灰色无毛，有光泽。叶条形，先端突尖或渐尖，无凹缺，上面深绿色有光泽，背面沿中脉两侧各有 1 条白色气孔带。球果圆柱形，熟时淡黄褐色；种鳞背面露出部分密生短毛，苞鳞不及种鳞的 1/2。种子倒三角形。花期 4～5 月；球果 10 月成熟。

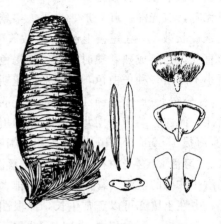

图 5 杉松

[分布] 产于我国东北牡丹江流域山区、长白山区及辽宁东部海拔 500～1200m 地带。前苏联、朝鲜亦有分布。北京引种后生长良好；杭州亦有引种，生长良好。

[习性] 耐荫，喜冷湿气候，耐寒。自然生长在土层肥厚的阴坡，干燥的阳坡极少见。喜深厚湿润、排水良好的酸性土。浅根性树种。幼苗期生长缓慢，10 年后渐加速生长。寿命长。

[繁殖] 播种繁殖。应用新鲜的种子沙藏 1～3 个月后播种。幼苗需遮荫。扦插宜冬季经生长激素处理，生根良好。宜定植于建筑物的背阴面。

[用途] 杉松树姿雄伟端正，宜孤植作庭荫树，也可以列植或丛植、群植。若在老树下点缀山石和观叶灌木，则形成姿、色俱佳之景色。东北高山、亚高山和高原风景区，城市园林都可以应用。杭州植物园种植后生长良好，葱郁优美。可盆栽作室内装饰。

杉松材质较轻，供板材及造纸用。

日本冷杉

[学名] Abies firma S. et. Z.

[形态] 常绿乔木，高达 50m，胸径约 2m。树冠幼时为尖塔形，老树则为广卵状圆形。树皮粗糙或裂成鳞片状；叶条形，在幼树或徒长枝上者长 2.5～3.5cm，先端成二叉状，在果枝上者长 1.5～2cm，先端钝或微凹。球果圆筒形，长 12～15cm，径 5cm，苞鳞外露，先端有长约 3mm 的三角状尖头。

[分布] 原产日本，我国大连、青岛、北京、南京、杭州、庐山、台湾等地引种栽培。

[习性] 耐阴，幼苗尤甚，长大后喜光。喜凉爽、湿润气候，对烟害抗性弱，生长速度中等，寿命不长，达 300 年以上者极少见。

银杉属　Cathaya Chun et Kuang

系我国特有属，1955 年在广西首次发现，1958 年第一次发表，仅银杉 1 种，分布于广西北部及四川南部等山区。

银杉

[学名] Cathaya argyrophylla Chun et Kuang.

［形态］ 常绿乔木，高达 20m，胸径 40cm 以上。树皮暗灰色，老则裂成不规则薄片；大枝平展，小枝节间上端生长缓慢，较粗，或少数侧生小枝因顶芽死亡而成距状；一年生枝，黄褐色，密被灰黄色，短柔毛，逐渐脱落。叶枕近条形，稍隆起，顶端具近圆形叶痕，冬芽卵形或圆锥状卵形，顶钝，淡黄褐色，无毛。叶螺旋状着生，呈辐射伸展，在枝节间之上端排列紧密，呈簇生状，其下疏散生长。叶条形，略镰刀状弯曲或直，端圆，基部渐窄，多数长 4～6cm，宽 2.5～3.0mm，边缘略反卷，下面沿中脉两侧具极显著粉白色气孔带，上面深绿色，被疏柔毛。幼叶上面毛较多，叶缘具睫毛，旋即脱落。雄球花盛开时穗状圆柱形，雌球花生于新枝下部或基部叶腋，球果熟时暗褐色，卵形、长卵形或长圆形，长 3～5cm，下垂。种鳞 13～16，蚌壳状，近圆形，不脱落，背面密被略透明的短柔毛。苞鳞长达种鳞的 1/4～1/3。

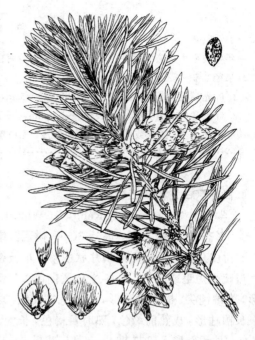

图 6　银杉

种子略扁，斜倒卵形，长 5～6mm，上端有长 10～15mm 之翅。

［分布］ 我国特产稀有树种。仅产于我国广西龙胜海拔 1400m 之阳坡阔叶林中和山脊与四川金川、金佛山海拔 1600～1800m 之山脊地带等地。

［习性］ 阳性树，喜温暖湿润气候和排水良好的酸性土壤。根系发达，根幅常可达冠幅的 5 倍，具发达的菌根。生长缓慢，寿命长。

［繁殖与栽培］ 播种繁殖。小苗生长缓慢，7 年生苗高仅 26cm，茎粗仅 0.7cm。湖北用湿地松作砧木嫁接银杉获得了成功。因现存银杉树为数不多，除对原有树木应加以大力保护外，并应深入研究，加速繁殖，总结、提高栽培经验，以更好地保护和推广这一古老稀有树种。

［用途］ 银杉树势苍虬，壮丽可观，被誉为植物界中的"大熊猫"，是我国一类保护植物。对此，应予大批繁殖，加速培育，配置于南方适地的风景区及园林中，使独特的古老树种点缀祖国大好河山，为旅游和园林事业增添光彩。

云杉属　Picea Dietr

常绿乔木。小枝上有明显突出的叶枕，小枝基部有宿存芽鳞。叶锥形或四棱状条形，中脉两面隆起，四面有气孔线，无柄；螺旋状散生。雄球花单生叶腋；雌球花单生枝顶。球果当年成熟，下垂，种鳞薄木质、近革质，宿存，苞鳞小不外露。种子有翅。

本属约 40 种，我国有 20 种 5 变种，多分布于东北、华北、西北、西南等省区的山地。

分 种 检 索 表

1. 一年生枝密生或疏生短毛，黄褐色，或多或少有白粉；冬芽圆锥形，小枝基部宿存芽鳞多少向外反曲，球果径 2.5～3.5cm
　　2. 叶先端钝尖或钝，宽约 2mm，长 1.3～3cm，球果长 6～9cm ················· 白杆
　　2. 叶先端尖或急尖有小头，宽 1～1.5mm，长 1～2cm，球果长 5～16cm ················· 云杉
1. 一年生枝无毛，淡灰或淡黄灰色颜色较浅，无白粉；冬芽卵圆形、长卵圆形，小枝基部宿存芽鳞不反曲
··· 青杆

白杆（白儿松、五台杉）

[学名]　Picea meyeri Rehd，et Wils.

[形态]　常绿乔木，高达30m；树冠圆锥形。树皮灰色，不规则薄鳞片状脱落。小枝密生或疏生短毛或无毛，一年生枝黄褐色。叶锥形，先端钝尖，横切面菱形，四面有气孔线。球果长圆柱形，成熟前绿色，熟时黄褐色，长 6～9cm；种鳞倒卵形。花期 4～5 月；球果 9～10月成熟。

[分布]　我国特有树种。在国产云杉中属分布较广者。分布山西、河北、陕西及内蒙古，海拔 1600～2700m 地带与青扦、华北落叶松、桦木、山杨混生。北京、辽宁、河南等地有栽培，中南、华东地区引种栽培。

[习性]　耐荫，喜凉爽湿润气候，耐寒；喜深厚肥沃排水良好的土壤，在中性及微酸性土壤上生长良好，也可以在微碱性土壤中生长；不耐积水。生长慢，寿命长。

[繁殖与栽培]　播种繁殖。幼苗要搭荫棚。绿化用 5～10 年以上的大苗，栽后宜遮荫。在建筑物北侧生长好。不易移植，移植时要带土球，操作要细致，并注意保护。

[用途]　白杆树形端正，枝叶茂密，适宜孤植、列植或群植在街道、公园、庭院。尤其适用于规则式园林，如广场、纪念性建筑的绿地。我国北方可广泛应用，是较好的园林绿化观赏树种。常盆栽作室内装饰。

白杆材质轻软，供建筑、造纸等用。

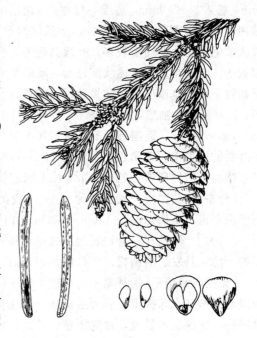

图 7　白杆

云杉

[学名]　Picea asperata Mast.

[形态]　常绿乔木，高达 40m，胸径约 1m。树冠圆锥形。小枝近光滑或疏生至密生短柔毛，一年生枝，黄褐色。芽圆锥形，有树脂，上部芽鳞先端不反卷或略反卷。小枝基部宿存芽鳞，先端反曲。锥形叶长 1～2cm，先端尖，横切面菱形。球果圆柱形，长 6～10cm，

未成熟前绿色，成熟时呈灰褐或栗褐色，花期 4 月，球果当年 10 月成熟。

[**分布**] 产于我国四川、陕西、甘肃等省海拔 1600～3600m 间的高山。

[**习性**] 喜光，有一定耐荫性。喜冷凉湿润气候，但对干燥环境亦有一定抗性。喜微酸性深厚排水良好的土壤。浅根性，生长速度较白杆略快。

松属 Pinus L

常绿乔木。冬芽显著，芽鳞覆瓦状排列。叶两型：鳞叶膜质苞片状；针叶 2、3、5 针一束，生于鳞叶腋部，每束针叶基部由 8～12 片芽鳞组成的叶鞘包裹，叶鞘宿存或早落，针叶横切面有 1～2 维管束和 2～多个树脂道。雄球花多数集生于新枝下的苞腋；雌球花 1～4，生于新枝近顶端，直立或下垂。球果于翌年秋季成熟。种鳞木质宿存，排列紧密，背面露出的肥厚部分为鳞盾。鳞盾顶端和中央有瘤状突起为鳞脐，鳞脐有刺或无刺。发育种鳞有种子 2。

本属约 80 余种，我国有 22 种 10 变种，引入 16 种 2 变种，分布全国。

分 种 检 索 表

1. 叶鞘早落，针叶基部的鳞叶不下延，针叶内维管束 1，常 5 针一束，稀 3 针一束；种鳞的鳞脐通常顶生无刺（单维管亚束）
  2. 种鳞的鳞脐背生，上有短刺；针叶 3 针一束；小枝灰绿色无毛；树皮灰绿色鳞块状剥落，内皮灰白色，老树树皮灰白色 ·· 白皮松
  2. 种鳞的鳞脐顶生无刺；针叶常 5 针一束，
    3. 种子无翅或有极短的翅，球果有梗
      4. 球果成熟时种鳞张开，种子脱落，种鳞上端不反曲或仅鳞脐反曲；小枝绿色灰绿色，光滑无毛；针叶较细软，叶色粉绿 ·················· 华山松
      4. 球果成熟时种鳞不张开或微张开，种子不脱落，种鳞先端渐窄向外反曲；小枝密被黄褐柔毛；针叶粗硬，叶色深绿 ·························· 红松
    3. 种子有结合而生的长翅，球果无梗；针叶细短，长 3.5～5.5cm，小枝褐色有毛 ··· 日本五针松
1. 叶鞘早落，针叶基部的鳞叶下延，针叶内维管束 2，常 2、3 针一束；种鳞的鳞脐背生，常有短刺（双维管亚束）
  5. 2 针一束
    6. 叶内树脂道边生
      7. 一年生枝有白粉，鳞盾平坦很少隆起；树干上部红褐色，裂成薄条片状脱落；种鳞较薄 ·· 赤松
      7. 一年生枝无白粉，鳞盾肥厚隆起或微隆起
        8. 针叶粗硬短，长 10～15cm，鳞盾肥厚隆起，鳞脐有短刺；树皮灰褐色 ·············· 油松
        8. 针叶细柔长，长 12～20cm，鳞盾微隆起，鳞脐无刺；树皮红褐色 ················· 马尾松
    6. 叶内树脂道中生
      9. 球果较大，长 9～18cm；鳞盾隆起有短刺凸起；针叶长 10～25cm，粗硬扭曲 ······· 海岸松
      9. 球果较小长 10cm 以内
        10. 冬芽褐色红褐色；叶内树脂道 3～7 ········· 黄山松
        10. 冬芽银白色；叶内树脂道 6～11 ············· 黑松
  5. 3 针一束，或 3、2 针并存

11. 针叶 3、2 针并存，长 18～30cm；种子黑色并有灰色斑点，种翅易脱落 ………………… 湿地松
11. 针叶 3 针一束
　12. 针叶长 20～45cm 下垂，小枝粗壮；球果大，长 15～25cm；冬芽银白色粗大 ……… 长叶松
　12. 针叶长 12～25cm，较细
　　13. 多 3 针一束，很少 2 针一束；球果较大，长 7.5～15cm，种子红褐色 ………… 火炬松
　　13. 3 针一束，主干及枝上常有不定芽萌蘖的针叶簇生状。球果较短，长 5～9cm，熟后种鳞不
　　　张开，常在树上宿存多年 ………………………………………………………………… 晚松

白皮松（白骨松、虎皮松）

［学名］　Pinus bungeana zucc.

［形态］　常绿乔木，高达 30m，胸径 3m。树冠宽塔形至伞形。主干明显或近基部分叉；幼树树皮灰绿色平滑，长大后树皮成不规则薄片脱落，内皮灰白色，外皮灰绿色。一年生枝灰绿色，平滑无毛。针叶粗硬，3 针一束，长 5～10cm，两面有气孔线；树脂道边生或中生并存；叶鞘早落。球果锥状卵圆形，单生，熟时淡黄褐色；种鳞先端肥厚，鳞盾有横脊，鳞脐有三角状短尖刺，种子灰褐色，种翅短易脱落。花期 4～5 月；球果翌年 10～11 月成熟。

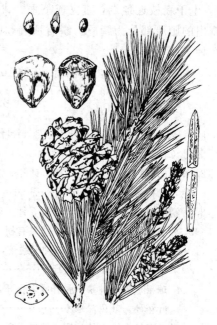

图 8　白皮松

［分布］　我国特有树种。原产我国山西省吕梁山、太行山海拔 1200～1850m，河南西部、陕西秦岭、甘肃南部、四川北部海拔 1000m 左右。既可组成纯林，也可与侧柏、槲栎、栓皮栎伴生。辽宁南部、北京、河北、山东至长江流域广泛栽培。

［习性］　喜光树种，幼树能耐荫。喜凉爽气候，能耐 -30℃ 低温，不耐湿热。在肥沃深厚的钙质土或黄土上生长良好（pH 值 7～8），耐干旱，不耐积水和盐土。在长江流域的长势不如华北地区，常分枝过多结籽不良。病虫害少，对二氧化硫及烟尘的抗性较强。深根性树种，生长慢，寿命长。

［繁殖与栽培］　播种繁殖，亦可嫁接繁殖。砧木用黑松。幼苗要搭棚遮荫，苗期生长缓慢，园林用苗至少要移植两次，促进侧根的生长，以有利于定植成活。待苗高 1.2～1.5m 时出圃。

［用途］　白皮松树姿优美，树干斑驳、苍劲奇特，是东亚特有的珍贵三针松。古时多用于皇陵、寺庙，在那里遗留很多白皮松古树。宜在风景区配怪石、奇洞、险峰造风景林。可孤植草坪，列植在陵园作纪念树。配置在古建筑旁显得幽静庄重，为我国古典园林中常见的树种。也可群植片林或几株丛植作背景。

白皮松木材花纹美丽，供建筑、家具、文具用材，种子可食或榨油。

华山松

［学名］　Pinus armandii Franch.

［形态］　常绿乔木，高达 35m，胸径 1m。树冠广卵形。小枝平滑无毛，冬芽小，圆柱

形,栗褐色。幼树树皮灰绿色,老则裂成方形厚块片固着在树上。针叶5针一束,长8～15cm,质柔软,树脂道多为3,中生或背面2个边生、腹面1个中生,叶鞘早落。球果圆锥状长卵形,长10～20cm,柄长2～5cm,成熟时种鳞张开,种子脱落。种子无翅或近无翅。花期4～5月,球果翌年9～10月成熟。

[分布] 在我国晋、陕、甘、青、豫、藏、川、鄂、滇、黔、台等省(区)有分布。辽宁、北京、山东等有引种。

在自然界大致生于海拔1000～3000m处,有纯林及混交林。

[习性] 阳性树,幼苗略喜一定庇荫。喜凉爽、湿润气候,高温、干燥是影响分布的主要原因。耐寒力强,在其分布区北部,甚至可耐—31℃的低温。不耐炎热,在高温季节长之处生长不良。喜排水良好,能适应多种土壤,最宜深厚、湿润、疏松的中性或微酸性壤土。不耐盐碱土,耐瘠薄能力不如油松、白皮松。生长速度中等而偏快,在北方经10年后可超过油松,在南方则可与云南松相比。根系较浅,主根不明显,多分布在深1.0～1.2m以内,侧根、须根发达,垂直分布于地面下80cm范围之内。对二氧化硫抗性较强,在北方抗性超过油松。寿命长。

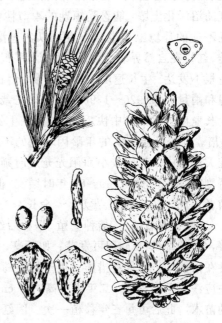

图9 华山松

[繁殖与栽培] 播种繁殖。幼苗稍耐阴,也可在全光照下生长。

[用途] 华山松树姿高大挺拔,针叶苍翠,冠形优美,生长较快,是优良的庭院绿化树种和重要的用材树种。华山松在园林中可用作园景树、庭荫树、行道树及林带树,宜可用于丛植、群植,并系高山风景区之优良风景树种。

华山松木材质地轻软,易加工,耐久用,适作建筑、家具、枕木、细木工等用。种子食用,亦可榨油。又系造纸良材;针叶可提芳香油。

红松(海松、红果松、果松、朝鲜松)

[学名] Pinus koraiensis sieb, et Zucc.

[形态] 常绿乔木,高达50m,胸径1.0～1.5m。树冠卵状圆锥形。树皮灰褐色,呈不规则长方形裂片,内皮赤褐色。一年生小枝密被黄褐色或红褐色柔毛;冬芽长圆形,赤褐色,略有树脂。针叶5针一束,长6～12cm,在国产之五针松中最为粗硬、直,深绿色,缘有细锯齿,腹面每边有蓝白色气孔线6～8条,背面无;树脂道3,中生。球果圆锥状长卵形,长9～14cm,熟时黄褐色,有短柄,种鳞菱形,先端钝而反卷,鳞背三角形,有淡棕色条纹,鳞脐顶生,不显著。种子大,倒卵形,无翅,长1.5cm,宽约1.0cm,有暗紫色脐痕。子叶13～16。花期5～6月;果熟期次年9～11月,熟时种鳞不开张或略开张,但种子不脱落。

[分布] 产于我国东北辽宁、吉林及黑龙江省,在长白山、小兴安岭极多,在大兴安岭北部有少量。朝鲜、前苏联及日本北部亦有分布。

[**习性**] 弱阳性树，较耐荫，尤其幼苗阶段略喜遮荫。耐寒冷，最低达－50℃，喜空气湿润的海洋性气候。喜深厚肥沃、排水良好而又适当湿润的微酸性土壤，稍耐干燥瘠薄地，也能耐轻度的沼泽化土壤，能忍受短期的季节性水淹，但在不适的环境上均生长不良，以勿过湿之处为佳。红松在自然界表现为浅根性，水平根系发达，主根不发达。生长速度中等而偏慢，但在气候较温和雨量充沛(920～1396mm)处人工栽植者，则生长速度较自然林中快3、4倍，直径生长速度快5倍。红松开始结实的年龄因环境的不同而异，在天然林中如郁闭度较小而阳光充足时则结实早，否则晚。一般在林中60～80年时结实；但人工栽植者，15～20年即可结实。寿命长。

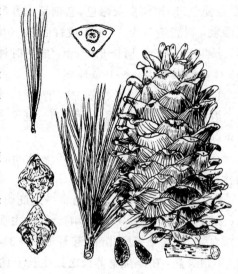

图 10　红松

[**繁殖与栽培**] 播种繁殖。采种后经混沙湿藏，春播约3～4周即可发芽；如干藏，则春播后当年很少出土，需待次年始能出齐。故通常在播前均进行催芽措施。由于红松幼苗较喜荫，侧方加荫对加速生长有利，故育苗过程中应注意适当密播。二年生苗高约10cm，可供造林用；园林绿化用者则应继续栽培成较大的苗木，此后可每三年移植一次。因红松春季萌动极早，故移植时应较它树为早。

[**用途**] 红松树形雄伟高大，宜作北方森林风景区材料，或配置于庭院中。在北京郊区及山东山区引种，生长表现较好。红松木材质软，易于加工，富含松脂，有防腐耐久等优点，系优良用材树种。可供建筑、家具、车、船、电杆、造纸等用。种子可食，含油达70%左右。

日本五针松（五针松）

[**学名**] Pinus parviflora sieb. et Zucc.

[**形态**] 常绿乔木，原产地高达25m，胸径1m。树冠圆锥形。幼树树皮淡灰色，平滑，大树树皮暗灰色，裂成鳞片状。一年生枝黄褐色，密生淡黄色柔毛。叶5针一束，短，微弯，长3.5～5.5cm，径不足1mm，内侧两面有白色气孔线，背面有2边生树脂道，腹面有一中生树脂道或无，叶鞘早落。球果卵圆形无梗，淡褐色，种鳞矩圆状倒卵形，鳞脐顶生。种子倒卵形，有黑色斑纹。

[**分布**] 原产日本，分布在本州中部、北海道、九州、四国海拔1500m的山地。我国长江流域各城市、青岛、北京等地引种栽培。常盆栽作盆景。

[**习性**] 喜光树种，稍耐荫。喜凉爽湿润气候，忌阴湿，畏酷热，喜通风透光。喜腐殖质丰富的山泥或灰化黄壤，耐旱，不耐湿，耐修剪，易整型。生长缓慢，寿命长。

[**繁殖与栽培**] 嫁接繁殖，砧木多用黑松。通常于秋末春初带土球移植，可以摘芽疏枝，栽植穴要换土；移植时土球不能松散，根系要完整；栽植处地形要起伏使其排水良好；第一年要立架，搭荫棚。注意防治红蜘蛛、蚜虫等。

[**用途**] 日本五针松姿态苍劲秀丽，松叶葱郁纤秀，富有诗情画意，集松类树种气、骨、色、神之大成。是名贵的观赏树种。孤植配奇峰怪石，整形后在公园、庭院、宾馆作点景

树,适宜与各种古典或现代的建筑配植。可列植园路两侧作园路树,亦可在园路转角处2、3株丛植。传统小品"松、竹、梅",如用日本五针松配置,品位就更高了。适宜作盆景,是海派盆景的代表树种。

油松（短叶马尾松、东北黑松）

[学名] Pinus tabulaeformis Carr.

[形态] 常绿乔木,高达25m,胸径1m以上。树冠在壮年期呈塔形或广卵形,老树树冠平顶形。树皮灰褐色裂成不规则的鳞块;冬芽红褐色,小枝褐黄色无毛。针叶长10～15cm粗硬,2针一束,两面有气孔线,树脂道边生,叶鞘宿存。球果卵形圆卵形,长4～9cm,有短梗;种鳞的鳞盾肥厚,横脊显著,鳞脐有短刺。种子卵形,淡褐色有斑纹,花期4～5月;球果翌年10月成熟。

[变种与品种] 黑皮油松（var. mukdensis Uyeki）:乔木,树皮深灰色,两年以上小枝灰褐色或深灰色。产于我国沈阳、鞍山、河北承德等地。

扫帚油松（var. unbraculifera Liou et Wang）:小乔木,仅下部主干明显,形成扫帚状树冠。产于我国辽宁鞍山,供庭院观赏。

[分布] 产于我国吉林南部、辽宁、内蒙古、河北、河南、山西、山东、陕西、甘肃、宁夏、青海及四川西北部。朝鲜亦产。

[习性] 喜光树种,1～2年生幼苗耐荫。喜干冷气候,年降雨量300mm也可以生长,能耐−25℃低温。在深厚疏松透气、排水良好的酸性、中性或钙质黄土上都能生长良好,不耐盐碱,忌低洼积水或土质粘重,耐干旱瘠薄。深根性树种,有菌根共生。寿命长,名山古寺都有数百年至上千年的古树。

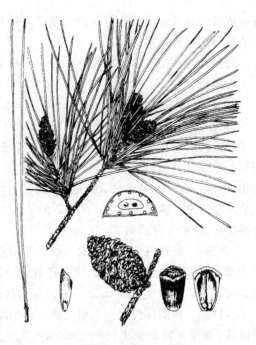

图11 油松

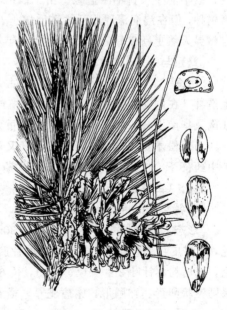

图12 马尾松

[繁殖与栽培] 播种繁殖。冬季土壤封冻前播种,亦可春季3月下旬至4月上旬播种。春播前用50～60℃温水浸种催芽。幼苗应搭棚遮荫,注意防治猝倒病。绿化用十龄左右大苗,带土球移植,栽后要浇透水。成活后要加强土壤管理,保持土壤疏松透气良好。

[用途] 油松树冠开展,四季常青,挺拔苍劲,不畏风雪严寒,老树更显雄壮,是北方园林中不可缺少的树种,古典园林中亦多栽植。可孤植作庭荫树;群植成片,微风吹拂,形成"松涛"。亦可列植作行道树和风景区造风景林。特别是和槭类、黄栌、盐肤木、火炬

漆混植点缀秋景多姿多色。树龄愈老姿态逾奇，如泰山之望人松、"五大夫松"，颐和园之老油松等均自成一景。园林用途广泛。

油松针叶、松枝节、松脂等入药，木材供建筑用，种子可榨油，供食用和工业用。

马尾松

[学名] Pinus massoniana Lamb. （P. sinensis Lamb.）。

[形态] 常绿乔木，高达45m，胸径1m，树冠在壮年期狭圆锥形，老年期则开展如伞盖。树皮红褐色，呈不规则裂片。一年生小枝淡黄褐色，轮生。冬芽圆柱形，褐色。叶2针一束，罕3针一束，长12～20cm，质软，缘有细锯齿；树脂道4～8，边生。球果长卵形，长4～7cm，径2.5～4.0cm，有短柄，成熟时栗褐色，脱落而不宿存树上，种鳞之鳞背扁平，横脊不很显著，鳞脐不突起，无刺。种子长4～5mm，翅长1.5cm。子叶5～8。花期4月；球果次年10～12月成熟。

[分布] 分布极广，我国北自河南及山东南部，南至两广、台湾，东自沿海，西至四川中部及贵州，遍布于华中、华南各省。一般在长江下游海拔600～700m以下，中游约1200m以下，上游约1500m以下的山区均有分布。

[习性] 强阳性树种，不耐庇荫。喜温暖湿润气候，耐寒性差，仅能耐短期之－20℃的低温，适于年降雨量在680～2200mm之处生长。喜酸性粘质壤土，在钙质壤土上生长不良，或不能生长；不耐盐碱。由于根系深广，能耐瘠薄的红壤及石砾土，为瘠薄荒山的先锋树种；但在湿润深厚肥沃之砂质壤土，生长要迅速得多。马尾松生长速度中等而偏速，在自然界天然更新良好，寿命可达300年左右。

[繁殖与栽培] 播种繁殖。

[用途] 马尾松高大雄伟，姿态古奇，适宜山涧、谷中、岩际、池畔、道旁配置和山地造林。在庭前、亭旁、假山之间孤植或3、5株丛植，配以翠竹、桃树等亦景色宜人。是江南及华南园林绿化和风景区造林的重要树种。

马尾松木材可供建筑及家具用，又可采割树脂，叶可提制挥发油。干枝可供培养贵重的中药茯苓、松蕈等。1928年，维尔斯（W. Wells）将马尾松引至英国。

黑松 （白芽松）

[学名] Pinus thunbergii Parl.

[形态] 常绿乔木，原产地高达30m，胸径2m。树冠卵圆锥形或伞形。幼树树皮暗灰色，老树皮灰黑色粗厚，裂成鳞状厚片脱落。冬芽银白色，圆柱状。一年生枝淡褐黄色，无毛，无白粉。针叶2针一束，粗硬，长6～12cm，径约1.5～2mm，中生树脂道6～11。球果圆锥状卵形、卵圆形，鳞盾肥厚，横脊显著，鳞脐微凹有短刺。种子倒卵状椭圆形。花期4～5月；球果翌年10月成熟。

[分布] 原产日本及朝鲜南部沿海地区，我国辽东半岛以南沿海地区、南京、上海、杭州、武汉、郑州等地引种栽培。

[习性] 喜光树种。喜温暖湿润的海洋性气候，耐潮风，对海岸环境适应能力较强。对土壤要求不严，忌粘重，不耐积水；耐干旱瘠薄，耐盐碱，能承受海潮的浸渍；在排水良好、富含腐殖质的中性土壤上生长良好。深根性树种，抗风强。对二氧化硫、氯抗性强。生长快、寿命较长。

[繁殖与栽培] 播种繁殖。小苗于每年春季修根移植一次，以促生侧根，使移植容易

成活，且利于培育大苗；移植时要带土球或宿土，种植后要修坡以便排水良好，要加强管理，使土壤保持疏松透气。注意防治松干蚧等病虫害。苗木培育过程中，要对树冠进行整型修剪，以培育树形优美的植株。

〔用途〕 黑松最适宜作海岸风景林、防护林、海滨行道树、庭荫树。公园和绿地内整枝造型后配置假山、花坛或孤植草坪一角作点景树最美，也可与阔叶树种混交作背景；在山坡、村地及路边大片栽植，浓荫蔽日，倍觉清新。亦可作有污染的工矿区绿化树种用。

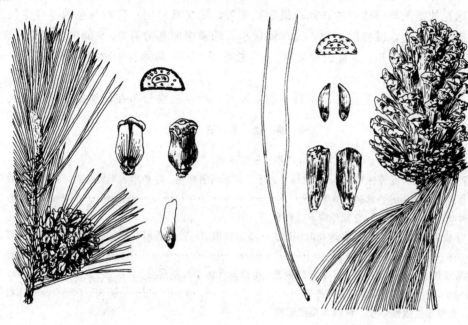

图 13　黑松　　　　　　　　　　　　图 14　湿地松

湿地松

〔学名〕 Pinus elliottii Engelm.

〔形态〕 常绿乔木，高达 30m，胸径近 1m。树冠窄塔形。树皮紫褐色，鳞片状脱落，老树皮深裂。侧枝不甚开展，小枝粗壮，黄褐色；冬芽圆柱形，棕褐色。针叶 2、3 针一束并存，长 18～30cm，粗硬，深绿色，树脂道 2～9 内生。球果圆锥形、有梗；种鳞的鳞盾扁菱形，肥厚隆起，种脐有宽短的刺。花期 3 月，球果翌年 9～10 月成熟。

〔分布〕 原产美国东南部低海拔潮湿地带，属夏季高温多雨，春、秋两季较旱的地区。我国长江流域及以南各省广为引种。

〔习性〕 喜光，不耐荫，对气温适应性强，能耐 40℃ 的高温和 -20℃ 的低温。对土壤要求不严，尤其能耐低洼水湿，耐干旱瘠薄；深根性树种，抗风能力强，能耐 11～12 级台风。生长快，病虫害少。

〔繁殖与栽培〕 播种、扦插繁殖。种子易散落，应及时采摘球果。种子应沙藏处理，幼苗出土慢不整齐，易遭鸟害要注意预防。早期生长较快，初植宜稀不宜过密。

〔用途〕 湿地松树干端直，姿态苍劲，供庭园观赏或城镇绿化，宜在风景区造风景林，宜配置山涧坡地、溪边池畔，可作消灭荒山的先锋树种，适宜于丛植、群植或与其他阔叶树种混植。

湿地松松脂含量丰富，可以割脂供化工、医药等工业用。

杉科　Taxodiaceae

常绿或落叶乔木。树干端直，大枝轮生或近轮生；树皮裂成长条片脱落；树冠塔形或圆锥形。叶披针形、锥形、鳞形或条形，基部通常下延，螺旋状散生，稀交叉对生。雌雄同株；雄球花的雄蕊与雌球花的珠鳞都螺旋状排列，稀交叉对生；珠鳞与苞鳞半合生仅顶端分离，或完全合生，或苞鳞退化，或珠鳞很小，珠鳞腹面基部有 2～9 倒生或直生胚珠。球果当年成熟，熟时张开，发育的种鳞有 2～9 枚种子。种子两侧有窄翅或下部有长翅；子叶 2～9。

本科有 10 属 16 种；我国 5 属 7 种，引入 4 属 7 种，主要分布在长江流域以南地区。

分 属 检 索 表

1. 落叶或半常绿性：冬季侧生小枝与叶同时脱落。种鳞木质
　　2. 叶和种鳞都对生。发育种鳞有 5～9 粒种子，种子扁平周围有翅。叶条形，排成两列，侧生小枝连叶在冬季脱落。球果的种鳞盾形木质 ··· 水杉属
　　2. 叶和种鳞都螺旋状排列。发育种鳞有 2 粒种子
　　　　3. 落叶或半常绿；侧生小枝冬季与叶同落。叶条形或锥形，种鳞盾形，种子三棱形，棱脊上有厚翅
　　　　·· 落羽杉属
　　　　3. 半常绿性：生条形叶的侧生小枝冬季脱落，生鳞形叶的小枝不脱落。叶鳞形、条形或条状锥形，种鳞扁平，种子椭圆形，下端有长翅 ························· 水松属
1. 常绿性：无冬季脱落性小枝。种鳞木质或革质
　　4. 叶由 2 叶合生，两面中央有 1 条纵槽，生于鳞状叶之腋部，着生于不发育的短枝顶端，呈伞状辐射开展；种鳞木质 ··· 金松属
　　4. 叶单生，在枝上螺旋状散生或小枝上的叶基扭成假 2 列状，罕对生
　　　　5. 种鳞（或苞鳞）扁平、革质
　　　　　　6. 叶条状披针形，缘有锯齿；球果较大，卵形，长 2.5～5.0cm，种鳞小，苞鳞大，苞鳞缘有锯齿 ··· 杉木属
　　　　　　6. 叶鳞状锥形或锥形，全缘；球果较小，短圆柱形，长 0.8～1.2cm，苞鳞退化，种鳞全缘
　　　　　　··· 台湾杉属
　　　　5. 种鳞盾形，木质
　　　　　　7. 叶锥形；球果近无柄，直立，种鳞上端有 3～7 个齿裂，有种鳞 2～5 ·········· 柳杉属
　　　　　　7. 叶条形或鳞状锥形；球果有柄，下垂；种鳞无齿裂，顶部有横凹槽；冬芽裸露；有种鳞 25～40，次年成熟 ·· 巨杉属

金松属　Sciadopitys Sieb. et Zucc.

本属仅 1 种，原产日本。

金松（伞松、日本金松）

［**学名**］ Sciadopitys vericillata (Thunb) Sieb. et Zucc.

［**形态**］ 常绿乔木，在原产地高达 40m，胸径 3m。树冠尖圆塔形。叶有两种：一种鳞

状叶，形小，膜质，散生于嫩枝上，呈鳞片状；另一种完全叶聚簇枝梢，呈轮生状，每轮20～30，合生叶，扁平条状，长5～15cm；上面亮绿色，下面有2条白色气孔线，两面均有沟槽。雌雄同株，球果卵状长圆形，长6～10cm，种鳞木质，发育的种鳞5～9粒种子。种子扁平，有狭翅。

[分布]　原产日本。我国青岛、庐山、南京、上海、杭州、武汉等地有栽培。庐山植物园1935年引种，1979年开花结实。

[变种与品种]　品种有"垂枝"金松（cv. Pendula.）：枝下垂。

"彩叶"金松（cv. Variegata.）叶有黄斑。

[习性]　中性树，喜温暖湿润气候，有一定的抗寒能力，耐—15℃低温。在庐山、青岛及华北等地均可露地过冬，喜生于肥沃深厚壤土中，

图15　金松

不适于过湿及石灰质土壤。在阳光过强、土地板结、养分不足处生长极差，叶易发黄。日本金松生长缓慢，但达10年生以上略快，至40年生为生长最速期。本树在原产地海拔600～1200m处有纯林，或与日本花柏、日本扁柏等混生。寿命长。

[繁殖与栽培]　播种、扦插、分株繁殖。种子发芽率极低。移栽成活较易，病虫害也较少。

[用途]　金松是名贵的观赏树种，为世界著名的五大庭园树种，又是著名的防火树种。日本常于防火道旁列植为防火林带。

水杉属　Metasequoia Miki ex Hu et Cheng.

本属仅1种。在中生代白垩纪及新生代曾广布于北半球，第四纪冰期后几乎全部灭绝，现仅1种。1941年我国干铎和王战二位林学家在湖北利川县谋道溪发现水杉树，1948年经我国植物学家胡先骕和林学家郑万钧教授正式鉴定并定名为"水杉"，至此轰动了世界植物学界，将其称为活化石。

水杉

[学名]　Metasequoia glyptrobides Hu et Cheng.

[形态]　落叶乔木，高达35m，胸径5m。树冠圆锥形。大枝斜上展，树皮灰褐色，内皮淡紫褐色。小枝淡褐色或淡褐灰色，无毛，无芽小枝绿色，冬季凋落。冬芽卵圆形，与枝条成直角。条形叶对生几乎无柄，全缘，羽状排列，叶背面有两条淡黄色气孔带。球果熟时深褐色。种子倒卵形、圆形或长圆形。花期2月下旬；球果11月成熟。

[分布]　本种是我国特产稀有树种。天然分布在湖北省利川县磨刀溪、水杉坝，四川省的石柱县以及湖南省西北部龙山县等地。当地气候温和，是夏秋多雨的酸性黄壤地区。自

1948年定名公布以来广泛栽培。北至延安、北京、辽宁南部，南到广州，东起沿海，西到成都、陕西武功。以秦岭淮河流域以南，南岭以北广大地区长势好，生长快。国外约有50多个国家和地区引种栽培。

[习性]　喜光树种，能耐侧方遮荫。喜湿润气候，能耐−25℃低温，北京1～2年生小苗冬季有冻害，3～4年后在背风处可以安全越冬。喜深厚肥沃、湿润排水良好的沙壤土，酸性黄壤、石灰性黄土、含盐量0.15％以下的轻盐碱土都能生长。不耐干旱瘠薄，土层浅薄多石或土壤过于粘重、排水不良的地方生长不良，喜湿润又怕水涝。气候、土壤条件适宜则表现速生，病虫害少，寿命长。

[繁殖与栽培]　播种、扦插繁殖。种子要采集40龄以上的大龄树的球果，否则结籽很少、且种子空瘪，因种源缺乏很少播种育苗。扦插用1～3龄实生幼树的一年生健壮枝条做插穗成活率最高。移植时要注意保护根系，不能使之过干。

图16　水杉

[用途]　水杉冠形整齐，树姿优美挺拔，叶色秀丽。最适合堤岸、湖滨、池畔列植、丛植或群植成林带和片林。常与常绿针阔叶树种配置作背景，可以丰富林冠线，使叶色更多彩。公园、庭院、各类绿地、机关、学校、医院等单位的围墙列植，或草坪上散植几丛观赏效果都好，还可配置于建筑旁。城郊、农村多用作农田防护林树种和公路行道树树种，常与池杉混用。也是风景区绿化的优良树种。

水杉木材质轻软易加工，供建筑、家具及造船等用。纤维是良好的造纸用材。

落羽杉属　Taxodium Rich.

落叶或半常绿乔木。小枝有两种，宿存的主枝及脱落性的侧生小枝。冬芽小，球形。叶螺旋状排列，基部下延，主枝上锥形叶螺旋状散生；侧生小枝上条形叶羽状排列，冬季与侧生小枝同时脱落。雄球花多数集生枝顶，组成总状或圆锥状花序。雌球花单生于去年生枝顶，珠鳞和苞鳞几乎合生。球果球形或卵圆形有短柄，种鳞木质盾形，顶部有三角状突起的苞鳞尖头，发育的种鳞有种子2。种子不规则三角形，有锐状厚翅。

本属有3种，原产北美及墨西哥，我国均引种。

分 种 检 索 表

1. 叶条形，扁平，羽状两列
　2. 落叶性；叶长1～1.5cm，排列较疏；在侧生小枝上排成两列 ·········· 落羽杉
　2. 半常绿性或常绿性；叶长约1cm，排列紧密；在侧生小枝上不为两列 ·········· 墨西哥落羽杉
1. 叶多锥形，螺旋状散生，不排成两列；略有条形叶羽状排列 ·········· 池杉

池杉（池柏）

[学名]　Taxodium ascendens Brongn.

[形态]　落叶乔木，在原产地高达 25m。树冠窄圆锥形。树干基部膨大，常有屈膝状呼吸根。大枝向上伸展，树皮褐色。叶多锥形，基部下延，在小枝上螺旋状伸展；略有条形叶羽状排列，常不在一平面上。球果圆球形或长圆状球形，有短梗，熟时褐黄色，种子红褐色。花期 3～4 月，球果 10 月成熟。

[分布]　原产美国东南部南大西洋及墨西哥湾沿海地带，生于沼泽地区及水湿地。我国 20 世纪初引至南京等地，目前江苏、浙江、河南南部、湖北、广西等地引种栽培，在低湿地生长良好。

[习性]　喜光，喜温暖湿润的气候，较耐寒，能耐短暂−17℃低温。抗风力强。喜深厚肥沃湿润的酸性土壤。在 pH 值 7.5 以上的土壤种植，幼树期叶有黄化现象，大树能正常生长。耐水淹，亦能耐旱，病虫害少，抗性强，生长快，寿命长。

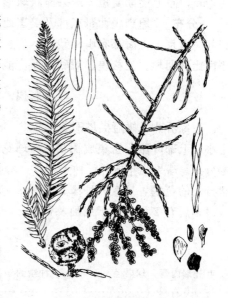

图 17　池杉与落羽杉

[繁殖与栽培]　播种繁殖为主。扦插宜用幼龄树的秋梢带踵扦插。插条用高锰酸钾液浸泡 2h，效果好。移植要带土球，小苗沾泥浆效果好。如能在移植前一个月作好切根处理，则成活好。抚育管理以干旱季节注意浇水为主。

[用途]　池杉树姿优美，枝叶青翠，常与水杉、落羽杉通用。适宜于公园、水滨、桥头、低湿草坪上列植、对植、群植。可与各种常绿树种配置作背景，景色宜人。是长江中下游湖网地区、水库附近、农村四旁、风景区重要的绿化造林树种。

池杉木材坚韧耐腐，供建筑、桥梁、电杆、造船等用。

落羽杉（落羽松）

[学名]　Taxodium distichum（L.）Rich.

[形态]　落叶大乔木，高达 50m，胸径 2m。幼树树冠圆锥形，大树呈宽圆锥形。杆基通常膨大，常有屈膝状的呼吸根。树皮棕色，裂成长条片状脱落。枝条水平开展，新生幼枝绿色，到冬季变为棕色，着生叶的侧生小枝排成二列。叶条形，扁平，基部扭转在小枝上成二列，羽状，凋落前变成暗红色。球果球形或卵圆形，熟时淡褐黄色，有白粉；种鳞木质，盾形，顶部有明显或微明显的纵槽。种子呈不规则三角形，褐色、有锐棱。花期 5 月，球果 10 个月成熟。

[分布]　原产北美，分布较池杉为广，世界各地引种也较池杉普遍。我国 20 世纪初开始引种，较池杉更耐寒。以河南鸡公山及广东佛山地区栽培最多，广州、南京、杭州、上海、庐山等地都有引种。

墨西哥落羽杉

[学名]　Taxodium mucronatum Tenore.

[形态]　半常绿或常绿乔木，原产地高达 50m，胸径 4m。树冠塔形。树干尖削，基部

膨大，大枝平展，大树小枝微下垂，侧生小枝螺旋状排列。叶条形，紧密地羽状排列，长约1cm，向上逐渐变短。球果卵状球形。

[分布] 原产墨西哥东部及美国西南部到危地马拉。多生于排水不良的沼泽地。我国江苏、南京、上海都有引种栽培，生长良好，但是开花期由原产地秋季变为春季开花。耐寒性比落羽杉、池杉差。对碱土适应能力较前者强，幼树粗生长比前者快。

柳杉属 Cryptomeria d. Don

常绿乔木。树冠尖塔形，冬芽小。叶锥形，螺旋状排列，基部下延。雄球花长圆形，单生小枝上部叶腋，密集成穗状；雌球花近球形单生枝顶，无梗，珠鳞与苞鳞半合生，仅先端分离。球果当年成熟。种鳞宿存，木质盾形，上部肥大有3～7个齿裂，背面中部有三角状分离的苞鳞，发育的种鳞有种子2～5。种子扁三角状椭圆形，边缘有窄翅。

本属有2种，产于我国及日本。

分 种 检 索 表

1. 叶先端内弯。球果径1.2～2cm，种鳞约20枚，苞鳞尖头和种鳞先端的裂齿长2～4mm，每种鳞种子2 ·· 柳杉

1. 叶直伸。球果径1.5～2.5cm，种鳞约20～30枚，苞鳞尖头和种鳞先端的裂齿长6～7mm，每种鳞种子2～5 ·· 日本柳杉

柳杉

[学名] Cryptomeria fortunei Hooibrenk.

[形态] 常绿乔木，高达40m，胸径3cm。树冠卵圆形。树皮红棕色，纵裂。小枝下垂。叶锥形，螺旋状排列，先端略向内弯曲。雌雄同株，球果近球形，约有20片种鳞、木质，苞鳞的尖头和种鳞先端的缺齿较短，每种鳞有种子2。种子褐色，近椭圆形，稍扁平，边缘有窄翅。花期4月；球果10月成熟。

[分布] 为我国特有树种，产于浙江天目山、福建屏南、江西庐山、云南昆明等地，海拔1100m以下，都有数百年的老树。在江苏南部、浙江、安徽南部、河南、湖北、四川、贵州、广西等地均有栽培。

[习性] 中等喜光树种，能耐荫。喜温暖、湿润的气候，略耐寒，郑州、泰安可生长。夏季怕酷热及干旱。喜深厚、肥沃而排水良好的沙质壤土，积水处易烂根。土层瘠薄的地方生长不良。若在西晒强烈且粘土地栽种，长势极差。枝韧梢柔，甚抗风、抗雪压和冰挂的能

图 18 柳杉与日本柳杉

力强。浅根性树种，侧根发达。幼年期生长较慢，5～20年为速生阶段，40年后生长缓慢，80年后处于生长稳定阶段。抗有害气体的能力强。寿命长。

[繁殖与栽培] 播种、扦插繁殖。柳杉不耐移植，故移植时要带土球且保持土球湿润。

78

刚移植的植株，夏季最好设临时性的荫棚，待充分复原后再行拆除。该树种尤喜湿润气候，在条件适宜的平原地区丛植为好。

[用途]　柳杉树姿雄伟、优美，是很好的园林风景树种，可孤植、也可丛植或群植。能净化空气、改善环境，每公顷柳杉每日可吸收 60kg 二氧化硫，故又是工矿区绿化的优良树种。

柳杉木材易加工，供建筑、桥梁、造船、板料等用。

日本柳杉（孔雀松）

[学名]　Cryptomeria japonica (L. f.) D. Don.

[形态]　常绿乔木，原产地高 40～60m，胸径 2～5m。树冠塔形。小枝微下垂。叶锥形，直伸，四面有气孔线。球果近球形，径 1.5～2.5cm，种鳞 20～30 枚，上部常 4～5（～7）深裂，裂齿长 6～7mm，发育种鳞有种子 2～5。种子棕褐色。花期 4 月，球果 10 月成熟。

[变种与品种]　园艺品种较多。

短叶柳杉（cv. 'Araucarioides'）叶短，长不及 1～1.5cm，较硬，长短不等，在小枝上交错成段。小枝细长下垂状。

矮丛柳杉（扁叶柳杉）（cv. 'Elegans'）：灌木状，分枝密，主枝短，侧枝多。叶扁平，柔软，长 1～2.5cm，向外开展，光绿色，秋后变为红褐色。杭州植物园有栽培。

短茸柳杉（cv. 'lobbii'）：分枝短，稠密，叶粗短，内弯，与幼枝层叠，浓绿色。杭州植物园有栽培。

[分布]　原产于日本，我国江南一带城市有引种。在夏季炎热的平原地区生长较柳杉为好。

杉木属　Cunninghamia R. Br.

常绿乔木。冬芽圆卵形，叶螺旋状互生，披针形或条状披针形，扁平，基部下延，边缘有锯齿。侧枝的叶扭转成二列状，叶之上下两面均有气孔线。雌雄同株，单性，雄球花簇生枝顶，长圆锥状；雌球花单生或 2～3 簇生于枝顶，球形或卵形，苞鳞与珠鳞下部合生，互生，苞鳞大，珠鳞小而顶端 3 裂，每珠鳞胚珠 3。球果苞鳞革质，缘有不规则细锯齿；种鳞形比种子小，在苞鳞之腹面，端 3 裂，上部分离，每种鳞有种子 3 粒，种子扁平，两侧有狭翅；子叶 2，发芽时出土。球果当年成熟。

本属有 2 种，我国特产。

杉木（刺杉）

[学名]　Cunninghamia lanceolata (Lamb.) Hook.

[形态]　常绿乔木，高达 30m，胸径 2.5～3m。树冠幼年期为尖塔形，大树为广圆锥形，树皮褐色，裂成长条片状脱落。叶披针形或条状披针形，常略弯而呈镰状，革质，坚硬，深绿而有光泽，长 2～6cm，宽 3～5mm。在主枝、主干上常有反卷状枯叶宿存不落。球果卵圆至圆球形，长 2.5～5cm，径 2～4cm，熟时苞鳞革质，棕黄色。子叶 2，发芽时出土。花期 4 月，球果 10 月下旬成熟。

[分布]　原产于我国，分布广，北自淮河以南，南至雷州半岛，东自江、浙、闽沿海，西至青藏高原东南部河谷地区有分布，在 16 省、区均有生长，南北约 800km，东西约

1000km。垂直分布之上限因地区不同而有差异，如在大别山区为海拔 700m 以下，福建山区 1000m 以下，大理 2500m 以下。

　　[习性] 阳性树，喜温暖湿润气候，不耐寒，绝对最低气温以不低于−9℃为宜，但亦可抗−15℃之短期低温。喜肥，畏盐碱土，最喜深厚肥沃排水良好的酸性土壤（pH4.5～6.5），但亦可在微碱性土壤上生长。根系强大，易生不定根，萌芽更新能力亦强，虽经火烧，亦可重新生出强壮之萌蘖。杉木为速生树种。寿命可达 500 年以上。

　　[繁殖与栽培] 播种、扦插繁殖。在园林上应用时管理较粗放，若作为用材树栽植时，则应细致管理。

　　[用途] 杉木主干端直，适于列植道旁，在山谷、溪边、村缘群植，宜在建筑物附近成丛点缀或山岩、亭台之后片植。1804 年及 1844 年曾被引入英国，在英国南方生长良好，1910 年引入美国，均视为珍贵的观赏树。德国、荷兰、丹麦、日本等国植物园中均有栽培供观赏。

　　杉木生长快，材质优良，最宜供建筑、家具、造船用，为我国南方重要用材树种之一。此外，杉树皮含单宁 10%，可制栲胶。

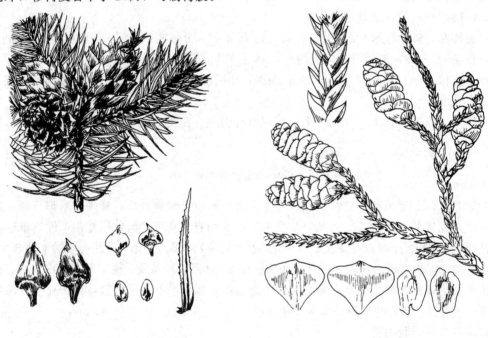

图 19　杉木　　　　　　　　　　　　图 20　秃杉

台湾杉属　Taiwania Hayata

　　常绿乔木。大枝平展，小枝细长下垂，冬芽小。叶螺旋状排列，基部下延。大树之叶鳞状锥形密生，上弯，背腹面有气孔线。幼树或萌芽枝之叶镰状锥形，两侧扁平较长。雄球花几个簇生枝顶；雌球花单生枝顶，直立；苞鳞退化。球果小，椭圆形、短柱形或卵圆形；种鳞扁平革质，发育的种鳞有种子 2。种子扁平，两侧有窄翅，上下两端有凹缺。

本属有 2 种，我国台湾特产，湖北、贵州、云南亦有分布。

秃杉（土杉）

［学名］ Taiwania flousiana Gaussen.

［形态］ 常绿大乔木，高可达 75m，胸径 2m 以上。树冠塔形。树皮灰褐色，内皮红褐色。大树的叶四棱状锥形，四面有气孔线，排列紧密。幼树及萌芽枝的叶镰状锥形，直伸或微内弯，两面有气孔线。球果长椭圆形或短柱形，褐色。种鳞背面顶端尖头的下方有明显的腺。种子倒卵形或椭圆形。球果 10～11 月成熟。

［分布］ 产于我国云南西部怒江流域、澜沧江流域，湖北西部利川、毛坝海拔 800m 处，贵州省东南部海拔 500～600m 山地均有分布。常与铁杉、乔松、杉木等树种或常绿阔叶树种混生。上海、杭州植物园有栽培，生长正常。

［习性］ 喜光，稍耐荫，空旷地可以飞籽成林，林冠下天然更新不良。适生于凉爽湿润，夏秋多雨，冬春稍干燥的气候，不耐干旱炎热。喜排水良好的酸性红壤、山地黄壤或棕色森林土。浅根性树种，无明显的主根，侧根发达。生长较快，寿命长，有达两千年的古树。

［繁殖与栽培］ 播种繁殖，亦可扦插。移植容易成活。

［用途］ 秃杉树体高大，姿态雄健，常年翠绿，枝叶秀丽。在分布区是优良的风景林树种，为我国一类保护植物。上海、杭州植物园有栽培幼树，姿色优美不亚于雪松。孤植、丛植、列植或与其他树种配置都美，是很有前途的园林风景树种，应在适生地区推广应用。

巨杉属 Sequoiadendron

本属只有 1 种，

巨杉（世界爷、北美巨杉）

［学名］ Sequoiadendron giganteum（Lindl.）Buchholz（Sequoia gigantea Decne.）。

［形态］ 常绿巨型乔木，在原产地高达 100m，胸径达 10m。树冠阔圆锥形。树干基部有垛柱状膨大物；树皮深纵裂，厚 30～60cm，呈海绵质；冬芽小而裸露；小枝初现绿色，后变为淡褐色。叶鳞状锥形，螺旋状排列，下部贴生小枝，上部分离，分离部分长 3～6mm，先端锐尖，两面有气孔线。雌雄同株。球果椭圆形，种鳞盾形，顶部有凹槽；种子长圆形，淡褐色，两侧有翅。球果次年成熟。

［分布］ 原产美国加州，海拔 1500～2500m 之间。

［习性］ 阳性树，耐－20℃低温，喜酸性、肥沃、疏松土壤，亦适应石灰性土壤，在排水不良的低湿地生长不良。生长快，而树龄极长。我国杭州等地引种栽培。

［繁殖与栽培］ 播种繁殖。但幼苗易生病害。

［用途］ 巨杉为世界著名的树种之一，雄伟壮观，浓荫蔽日，可作园景树应用。

柏科 Cupressaceae

常绿乔木或灌木。叶鳞形或刺形，交叉对生或 3～4 枚轮生。雌雄同株或异株，球花单性，单生枝顶或叶腋；雄球花雄蕊交叉对生；雌球花珠鳞交叉对生或轮生，珠鳞腹面基部有 1 至数个直生胚珠，稀胚珠单生于两珠鳞之间，苞鳞与珠鳞完全合生。球果的种鳞薄或厚，扁平或盾形，近革质或木质，熟时张开或肉质合生、不裂或仅顶端微开裂，发育种鳞有种子1至多粒；种子有翅或无翅。

本科有22属150种，分布于全世界。我国有8属30种，6变种，引进栽培1属15种，全国都有分布。

分 属 检 索 表

1. 种鳞木质或革质，熟时张开；种子多数通常有翅
　2. 种鳞扁平或鳞背隆起，不为盾形，覆瓦状排列；球果当年成熟（侧柏亚科）
　　3. 生鳞叶的小枝直展或斜展；种鳞4对，厚，木质，背面有一尖头；种子无翅 …………… 侧柏属
　　3. 生鳞叶的小枝平展或近平展；种鳞4～6对，薄，近革质，鳞背无尖头；种子两侧有窄翅
　　　…… 崖柏属
　2. 种鳞盾形，镶合状排列；球果翌年或当年成熟（柏木亚科）
　　4. 鳞叶小，长2mm以内；球果有4～8对种鳞；种子两侧有窄翅
　　　5. 生鳞叶的小枝通常不排成平面；球果翌年夏季成熟；发育的种鳞有5至多数种子 ····· 柏木属
　　　5. 生鳞叶的小枝平展；球果当年成熟；发育的种鳞有2～5粒种子 ···················· 扁柏属
　　4. 鳞叶较大，长4～6（～10）mm；球果有6～8对种鳞；种子上部有两个大小不等的翅
　　　…… 福建柏属
1. 种鳞肉质，熟时不张开或顶端微张开；种子1～2无翅，球果球形或卵状球形（圆柏亚科）
　6. 叶有刺形或鳞形，刺形叶基部下延无关节；冬芽不显著；球花单生枝顶，雌球花有3～8片轮生或交叉对生的珠鳞，胚珠生于珠鳞腹面；球果熟时不开裂 ································· 圆柏属
　6. 叶全为刺形，基部不下延有关节；冬芽显著；球花单生叶腋，雌球花有3片轮生的珠鳞，胚珠生于珠鳞之间；球果熟时微裂 ·· 刺柏属

侧柏属　Platycladus Spach

本属仅1种，我国特产。

侧柏（香柏、扁柏）

［**学名**］Platycladus orientalis（L.）France.

［**形态**］常绿乔木，高达20m，胸径1m以上。幼树树冠卵状圆锥形，老树树冠呈不规则广圆形。树皮灰褐色，薄条片状裂。枝叶直展扁平，排成平面，两面相似。全为鳞形叶，长1～3mm，交叉对生，先端钝尖。雌雄同株。雌球花蓝绿色被白粉。球果卵圆形，成熟后红褐色开裂。种子卵状椭圆形深褐色。花期3～4月；球果10月成熟。

［**变种与品种**］千头柏（cv. 'Sieboldii'）：丛生灌木，无主干；枝密生，直展；树冠卵状球形或球形，叶绿色，供观赏或作绿篱。

洒金千头柏（cv. 'Sieboldii' Aurea）：丛生灌木，嫩叶金黄色，供观赏。

金塔柏（cv. 'Beverleyensis'）：小乔木，树冠窄塔形，叶金黄色，供观赏。

窄冠侧柏（cv. 'Zhaiguancebai'）：树冠窄，枝向上伸展或微斜上伸展，叶光绿色，生长旺盛，供造林用。

［**分布**］原产于我国，是我国各地园林常见树种，栽培历史悠久，分布以黄河、淮河流域为主，北自内蒙古、吉林省南部，南至广东、广西北部，西至陕西、甘肃，西南至四川、云南，西藏也有栽培。垂直分布自吉林省海拔250m、黄河流域1000～1500m，到云南省3300m。我国东北南部辽宁省、陕西秦岭以北渭水流域、河北、山西及云南澜沧江流域

尚有天然林。侧柏为北京市市树。

[**习性**] 中等喜光树种，能耐侧方遮荫，幼树耐荫。能耐-35℃的绝对低温，适应干冷气候，也能在暖湿气候中生长。适生于深厚肥沃、排水情况中等的钙质土壤，耐干旱、瘠薄，在干旱阳坡或石缝都能生长，含0.2%以下的盐土亦可生长，稍耐湿，但不耐积水。浅根性树种，侧根发达。萌芽力强，耐修剪。病虫害少。抗烟尘，抗二氧化硫、氯化氢等有毒气体。生长慢，寿命长。

[**繁殖与栽培**] 播种繁殖。小苗可裸根移植，大苗要带土球。绿篱用栽培变种千头柏三年生小苗效果好，单行者株距40cm，斜双行式者行距30cm，株距30～50cm；植后要充分灌水，并将株高剪去1/3，此后按一般绿篱管理法进行养护。

[**用途**] 侧柏树姿优美，枝叶苍翠，是我国最古老的园林树种之一。用于陵园、墓地、庙宇作基础材料，常列植、丛植或群植。也是北方主要的绿篱树种。陕西黄陵县轩辕庙的"轩辕柏"已有2700

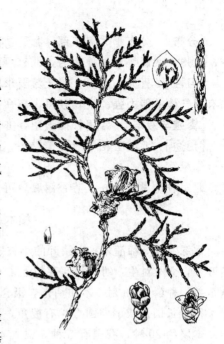

图21　侧柏

年；泰山岱庙的汉柏，相传为汉武帝所植；北京中山公园之辽代古柏已达千年，枝干苍劲、气魄雄伟，令人叹之！这些古树均自成一景，构成重要的人文景观。侧柏是各种观赏柏的嫁接砧木，是自然风景区和荒山丘陵的主要绿化造林树种。

侧柏木材耐腐，易加工，供建筑、桥梁用材。种子榨油可食。枝、叶、根、皮均可入药。

崖柏属　Thuja L.

常绿乔木或灌木。生鳞叶的小枝排成平面，扁平。鳞叶交叉对生。雌雄同株，球花单生枝顶；雌球花有3～5对珠鳞，下部2～3对珠鳞各有胚珠1～2。球果矩圆形或长卵形；种鳞薄、扁平、革质，顶端有钩状突起，发育的种鳞各有种子1～2。种子扁平，两侧有翅。

本属有6种，我国有2种，引入3种，供观赏。

北美香柏（美国侧柏、金钟柏）

[**学名**] Thuja occidentalis L.

[**形态**] 常绿乔木，高达20m，胸径2m。树冠塔形。树皮红褐色或桔褐色；当年生小枝，扁平；3～4年生枝，圆形。两侧鳞叶先端尖内弯，中间鳞叶明显隆起；主枝上的叶有腺体，小枝上的无或很小。鳞叶上面深绿色，下面灰绿色或淡黄绿色，无白粉，揉碎后有香气。球果长椭圆形，淡黄褐色，种鳞5对，各对种鳞近等长，下部2～3对各有种

图22　北美香柏

子 1～2。

[分布] 分布于北美东部，生于湿润的石灰岩土壤。我国郑州、青岛、庐山、上海、南京、杭州、武汉等地引种栽培，北京可以露地过冬。

[习性] 喜光，耐荫，对土壤要求不严，能生长于湿润的碱性土中。耐修剪，抗烟尘和有毒气体的能力强。生长较慢，寿命长。

[繁殖与栽培] 常用扦插繁殖，亦可播种和嫁接。

[用途] 北美香柏树冠优美整齐，园林上常作园景树点缀装饰树坛，丛植草坪一角。亦适合作绿篱。

北美香柏材质良好，芳香耐腐，可供家具等用。

柏木属　Cupressus L

常绿乔木，稀灌木。生鳞叶的小枝四棱形或圆柱形，不排成平面，稀扁平而排成平面。鳞叶小，交叉对生，幼苗和萌芽枝上常有刺形叶。雌雄同株，球花单生枝顶。球果翌年夏、秋成熟；种鳞 4～8 对，木质盾形，镶合状排列，熟时张开，中部发育种鳞各有 5 至多粒种子。种子长圆形或倒卵圆形，有棱角，两侧有窄翅。

本属约 20 种，我国有 5 种，引入 4 种。

分 种 检 索 表

1. 生鳞叶的小枝扁平，排成平面，下垂；球果小，径 0.8～1.2cm；每种鳞种子 5～6 ………… 柏木
1. 生鳞叶的小枝圆或四棱形，不排成平面；球果大，径 1cm 以上；每种鳞有 5 至多粒种子
  2. 生鳞叶的小枝圆柱形，较粗，径约 1.2mm，微下垂或下垂；鳞叶深绿色，背部宽圆或平，中部有短腺槽。球果径 1.2～1.6cm；种鳞 5～6 对 …………………………………… 藏柏
  2. 生鳞叶的小枝四棱形，鳞叶蓝绿色被白粉，背部有明显的纵脊
    3. 小枝不下垂，较细；球果较大，径 1.6～3cm；种鳞 4～5 对 ………………………… 滇柏
    3. 小枝下垂，球果较小，径 1～1.5cm；种鳞 6～8 对 …………………………………… 中山柏

柏木（璎珞柏）

[学名] Cupressus funebris Endl.

[形态] 常绿乔木，高达 35m，胸径 2m。树冠圆锥形。树皮淡褐灰色。生鳞叶的小枝扁平下垂，排成平面，两面相似。鳞叶先端锐尖，中央之叶背面有条状腺点，偶有刺形叶。球果球形，径约 0.8～1.2cm，种鳞 4 对，发育种鳞有种子 5～6。种子近圆形，淡褐色，有光泽。花期 3～5 月；球果翌年 5～6 月成熟。

[分布] 我国特有树种，分布很广，是亚热带代表性的针叶树种之一。华东、华中分布在海拔 1100m 以下，四川、云南分布在海拔 1600～2000m 以下。四川、湖北、贵州最多，是长江以南石灰岩山地的造林树种。

[习性] 喜光，稍耐侧方遮荫。喜温暖湿润的气候，适生于年平均温度 13～19℃，年降水量 1000mm 以上的地区。对土壤适应性强，喜深厚肥沃的钙质土壤，是中亚热带钙质土的指示树种。耐干旱瘠薄，也耐水湿。抗有害气体能力强。根系浅，寿命长。

[繁殖与栽培] 播种繁殖。种子沙藏后可以提高发芽率。扦插繁殖常在冬季进行。

[用途] 柏木树冠浓密，枝叶纤细下垂，树体高耸，可以成丛成片配置在草坪边缘、风

景区、森林公园等处，形成柏木森森的景色。在西南地区最为普遍，似北方之侧柏，昆明有宋代古柏树，成都传有孔明手植柏。可在陵园作甬道树或纪念性建筑物周围配置。还可在门庭两边、道路入口对植。宜和枫香、黄连木、青冈、鸡爪槭、杜鹃等阔叶树种配置风景林。适合工矿区绿化。长江流域各地园林、风景区可普遍应用。

柏木木材质优耐湿抗腐，供造船、制水桶及建筑用。

中山柏

[学名] Cupressus lusitanica cv. 'ZhongShan-bai.'

[形态] 常绿乔木。树冠圆锥形。树皮纵裂而长，少剥落。侧枝多而粗。着生鳞叶小枝斜生，不排成平面状，末端鳞叶枝四棱状，鳞叶排列紧密，叶尖紧贴小枝。球果长卵形，种鳞6～8对。

[分布] 中山柏是墨西哥柏木的栽培变种。江苏植物研究所1956年引种墨西哥柏木，1973年发现速生优株，1979年正式命名。速生树种，22年生树高14m，胸径35cm。宜在华东地区推广栽种。

图23 柏木

扁柏属 Chamaecyparis Spach

常绿乔木。树皮深纵裂。叶鳞形，稀有刺形叶，生鳞叶的小枝扁平，排成平面，平展或近平展。雌雄同株，球花单生枝顶，球果当年成熟。球果较小，球形。种鳞3～6对，木质，盾形，镊合状排列：发育种鳞有种子1～5。种子小而扁，两侧有翅。

本属有6种，我国有1种1变种，引入4种。

分 种 检 索 表

1. 鳞叶略展开先端锐尖；球果径约6mm，种鳞5～6对 ·················· **日本花柏**
1. 鳞叶肥厚，先端钝尖；球果径约8～10mm，种鳞4对 ·················· **日本扁柏**

日本花柏（花柏）

[学名] Chamaecyparis pisifera (Sieb. et Zucc) Endl.

[形态] 常绿乔木，原产地高达50m，胸径1m。树冠尖塔形。树皮红褐色，裂成薄片。生鳞叶的小枝背面白粉显著：鳞叶先端锐尖，略开展，两侧的叶较中间叶稍长。球果径约6mm，暗褐色：种鳞5～6对，顶部中央微凹，有凸起的小尖头；发育种鳞有种子1～2。种子有棱脊，翅宽。

[变种与品种] 栽培变种很多，我国引进下列各种：

线柏（cv. 'Filifera'）：灌木或小乔木，树冠卵状球形或近球形；小枝线形细长下垂；鳞叶先端锐尖。

绒柏（cv. 'Squarrosa'）：灌木或小乔木，小枝不组成平面，刺形叶柔软，叶3～5轮生，下面中脉两侧有白粉带。

凤尾柏（cv. 'Plumosa'）：灌木或小乔木，树冠圆锥形，枝叶浓密；小枝羽状稍向下反卷；鳞叶细长、长3～4mm，开展稍呈刺状，柔软。

卡柏（cv. 'Squarrosa Iodermedia'）：幼树树冠圆球形，老树灌丛状。刺形叶，3叶轮生，细小柔软，白粉明显。

［分布］　原产日本，为日本最主要的造林树种之一。我国青岛、南京、上海、庐山、桂林、杭州、长沙等地引种栽培。

［习性］　中性较耐荫，小苗要遮荫。喜温暖湿润气候，耐寒性不强。喜湿润、肥沃、深厚的沙壤土。浅根性树种，不耐干旱。耐修剪，生长较日本扁柏快。

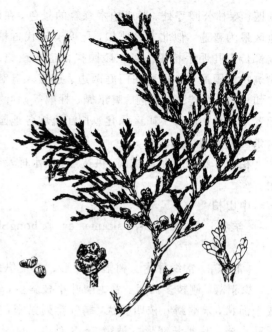

图 24　日本花柏

［繁殖与栽培］　播种繁殖，扦插繁殖成活率亦很高，亦可嫁接。耐移植，移植时应带土球。如当地冬季气温低于−10℃，移植应以春季为主；如高于−5℃，则春秋均可。

［用途］　日本花柏小枝扁平，枝叶平展，树冠塔形，可以孤植观赏，也可以在草坪一隅、坡地丛植几株，丛外点缀数株观叶灌木，可增加层次，相映成趣。亦可密植作绿篱或整修成绿墙、绿门；适应性强，在长江流域园林中普遍用作基础种植材料、营造风景林，姿、色观赏效果都好，栽培容易，是扁柏属品种嫁接繁殖的砧木。公园里常用线柏、绒柏、卡柏等栽培变种点缀花坛，配假山石或制作盆景、盆栽做室内装饰。

日本扁柏

［学名］　Chamaecyparis obtusa (Sieb. et Zucc) Endl.

［形态］　常绿乔木，原产地高40m，胸径1.5m；树冠尖塔形。树皮红褐色，裂成薄片。生鳞叶的小枝背面有白线或微被白粉。鳞叶先端钝，肥厚。球果径0.8～1cm，红褐色；种鳞4对，顶部五边形或四方形，平或中央微凹，中间有小尖头。种子近圆形，翅窄。花期4月；球果10～11月成熟。

［变种与品种］　常见栽培变种有：

云片柏（cv. 'Breviramea'）：小乔木，树冠窄塔形；生鳞叶的小枝薄片状，有规则地紧密排列成云片状。球果较小。

洒金云片柏（cv. 'Breviramea Aurea'）：小枝顶端鳞叶金黄色。其余同云片柏。

孔雀柏（cv. 'Filicoides'）：灌木，较矮，枝条短，丛生状，末端鳞叶枝短，扁平，在主枝上排列密集；鳞叶小而厚，顶钝，背有脊，常有腺点，深亮绿色。

［分布］　原产日本中部、南部和日本花柏混生。我国青岛、南京、上海、庐山、安徽黄山、杭州、河南鸡公山、桂林、广州等地引种栽培。在长江中下游的中高山或低山丘陵，降水1000mm以上的地区生长最好。

[习性]　较耐荫，喜温暖湿润的气候，能耐−20℃低温，喜肥沃、排水良好的土壤。

[繁殖与栽培]　播种繁殖，栽培变种以扦插繁殖为主，亦可嫁接。

[用途]　日本扁柏可作园景树、行道树、树丛、绿篱、基础种植材料及风景林用。日本扁柏木材坚韧耐腐芳香，供建筑、造纸等用。

圆柏属　Sabina Mill

乔木或灌木。冬芽不显著，有叶小枝不排成平面。叶刺形或鳞形；刺形叶常3枚轮生，基部无关节，下延，上面有气孔带；鳞形叶小，交叉对生，背面常有腺点。雌雄异株或同株，球花单生枝顶；雌球花有4～8对珠鳞，胚珠1～6。球果常次年成熟；种鳞合生，肉质，背部有苞鳞尖头。种子无翅，坚硬骨质，常有树脂槽或棱脊。

本属约50种，我国有17种3变种，引进2种。

分 种 检 索 表

1. 叶全为刺形
  2. 灌木直立或匍匐，小枝上部之叶与下部之叶近等长
    3. 直立灌木，枝叶密集，刺形叶上、下两面被白粉，蓝绿色；球果卵圆形，内有1粒种子 … **翠柏**
    3. 匍匐灌木，枝条沿地面伸展，刺形叶上面有两条白色气孔带，背面仅叶基两侧各有一白粉纵槽，叶粉绿色；球果球形，内有2～3粒种子 ………………………………………… **铺地柏**
  2. 小乔木，枝直伸或斜展，刺形叶生在小枝下部的较短，长2～4.5mm，生在小枝上部的叶较长6～8mm。球果卵圆形，有1～2（3）粒种子 ……………………………………… **昆明柏**
1. 叶全为鳞叶或鳞叶与刺形兼有，或仅幼龄植株全为刺叶
  4. 乔木
    5. 鳞叶先端钝，刺形叶近等长，三枚轮生，小枝圆柱形，较粗，径约1～1.2mm；球果两年成熟，种子1～4粒 …………………………………………………………… **圆柏**
    5. 鳞叶先端锐尖，幼树刺形叶交叉对生不等长，小枝四棱形，较细，径约0.8mm；球果当年成熟，种子1～2粒 ………………………………………………………… **北美圆柏**
  4. 匍匐灌木或小乔木
    6. 匍匐灌木，高不及1m，小枝较细，径约1mm，斜上展不下垂；雌雄异株，球果有种子1～4粒 ……………………………………………………………………………… **叉子圆柏**
    6. 小乔木，高3～10m，小枝较粗，径1～1.5mm下垂，生鳞叶的二回或三回分枝都从下部到上部逐渐变短，使整个分枝轮廓成塔形；雌雄同株，球果有种子1粒 …………… **塔枝圆柏（蜀柏）**

翠柏（粉柏、翠兰桧）

[学名]　Sabina squamata (Buch-Ham) cv. 'Meyeri'.

[形态]　常绿直立灌木。枝叶密生，全为刺形叶，条状披针形先端渐尖，长5～10mm，三叶轮生，上下两面被白粉。球果卵圆形。有种子1粒，卵圆形。

[分布]　是高山柏的变种。天津、北京、上海、杭州、庐山、山东、河南、江苏等地栽种。

[习性]　喜光树种，能耐侧方遮荫。喜凉爽湿润的气候，耐寒性强，喜肥沃的钙质土，忌低湿，耐修剪，生长慢，寿命长。

[繁殖与栽培]　用桧柏或侧柏作砧木，嫁接繁殖。

［**用途**］　翠柏树冠浓郁，叶色翠绿色，最适合孤植点缀假山石、庭院或建筑。盆栽作室内布置，或盆景观赏。

铺地柏（匍地柏）

［**学名**］　Sabina procumbens（Endl.）lwata et Kusaka.

［**形态**］　常绿匍匐灌木，高75cm；枝沿地面匍匐扩展，枝梢向上伸展。全为刺形叶，粉绿色，三叶轮生，叶表面下凹，有两条粉白色的气孔带，背面基部两侧各有一个粉白色斑点。球果近球形，种子2～3。

［**分布**］　原产日本，我国北京、大连、青岛、庐山、昆明及华东地区各城市引种栽培。

［**习性**］　喜光树种，适应性强，北京、大连可以露地安全过冬；能在干燥的沙地上良好生长，忌低湿，喜肥沃的钙质土壤。生长缓慢，耐修剪，易整形。

［**繁殖与栽培**］　扦插为主，也可以嫁接或播种繁殖。露地栽植时要随时除草，以防枝叶被野草覆盖，盆栽时要注意排水。

［**用途**］　铺地柏姿态蜿蜒匍匐，色彩苍翠葱郁，是理想的地被树种。其点缀山石、悬崖、峭壁、斜坡，或镶嵌在湖岸沿边，可平铺地面，亦可悬垂倒挂；还是优良的盆景树种。

圆柏（桧柏）

［**学名**］　Sabina chinensis（L.）Ant.

［**形态**］　常绿乔木，高20m，胸径达3～5m。树冠尖塔形，老时树冠呈广卵形。树皮灰褐色，裂成长条片。幼树枝条斜上展，老树枝条扭曲状，大枝近平展；小枝圆柱形或微呈四棱；冬芽不显著。叶两型，鳞叶钝尖，背面近中部有椭圆形微凹的腺体；刺形叶披针形，三叶轮生，上面微凹，有两条白粉带。球果近球形，被白粉。种子1～4粒，卵圆形。花期4月下旬，球果翌年10～11月成熟。

［**变种与品种**］　常见主要的野生及栽培变种如下：

龙柏（cv.‘Kaizuca’）：是重要的园林栽培品种，树冠圆柱状，枝扭曲向上伸展，小枝密，在枝端等长呈密簇状，几乎全为鳞叶，排列紧密，嫩叶鲜绿色，老叶翠绿色；球果蓝绿色略被白粉。是长江流域及华北地区常见的名贵庭院树种。庐山植物园有匍地龙柏（cv.‘Kaizuca Procumbens’）匍匐灌木状。

图25　圆柏

塔柏（cv.‘Pyramdalis’）：树冠圆柱形，枝直伸紧密，几乎全为刺形叶。

金叶桧（cv.‘Aurea’）：圆锥状直立灌木，有刺形叶和鳞形叶，嫩叶初为淡黄色，后渐变为绿色。

鹿角桧（cv.‘Pfitzeriana’）：丛生灌木，主干不发育，大枝沿地面向上斜展，全为鳞叶，风姿优美。

垂枝圆柏［S. C. f. penduIa（franeh）Cheng et W. T. Wang］：枝长，小枝下垂。产于陕西南部、甘肃东南部。

偃柏〔S. C. var. sargentii (Henry) Cheng et L. K. Fu〕：匍匐灌木：小枝上伸密丛状，鳞叶、刺叶兼有，刺形叶交叉对生，排列紧密：球果蓝绿色。产于东北张广才岭海拔约1400m处。其变型密生偃柏（var，sargentii cv 'Compacta'），又称真柏，是盆景常用树种。

〔分布〕 原产于我国内蒙古及沈阳以南，南达两广北部，西南至四川省西部、云南、贵州等省，西北至陕西、甘肃南部均有分布。西藏有栽培。朝鲜、日本也有分布。

〔习性〕 喜光树种，较耐荫。喜凉爽温暖气候，耐寒、耐热。喜湿润肥沃、排水良好的土壤，对土壤要求不严，钙质土、中性土、微酸性土壤都能生长。耐旱亦稍耐湿，深根性树种，忌积水。耐修剪，易整形。对二氧化硫、氯气和氟化氢等多种有害气体抗性强，能吸收硫和汞，滞尘、隔音效果好。寿命长。

〔繁殖与栽培〕 播种繁殖。各种品种常用扦插、嫁接繁殖。种子有隔年发芽的习性，播种前需沙藏。龙柏扦插，插条要用侧枝上的正头，长约15cm，常用泥浆法扦插成活好。要避免在苹果、梨园等附近种植，以免发生梨锈病。

〔用途〕 圆柏幼龄树树冠整齐圆锥形，树形优美，大树干枝扭曲，姿态奇古，可以独树成景，是我国传统的园林树种。古庭院、古寺庙等风景名胜区多有千年古柏，"清"、"奇"、"古"、"怪"各具幽趣。可以群植草坪边缘作背景，或丛植片林、镶嵌树丛的边缘、建筑附近。常整形后在树坛、小绿地做装饰点缀景色，陵园墓地列植作甬道树或纪念树。可以人工剪扎成塔、球、烛台或狮、虎、鹤等各种形状，也是北方主要绿篱树种之一。还可以盆栽或作盆景。适合于工矿区园林绿化用树种。

栽培品种龙柏有独具特色的圆柱形树冠，鳞叶精致浓郁，新叶鲜绿，在庭院风景中呈现既活泼、又庄重的景观。北京国防部大院列植的龙柏、上海宋氏陵园中的龙柏林、上海虹桥路花园大道上的龙柏球以及肇家浜大道上3、5成群的龙柏，都恰如其分地表现了龙柏在园林中的重要观赏价值，收到了很好效果。

北美圆柏（铅笔柏）

〔学名〕 Sabina virginiana (L.) Ant.

〔形态〕 常绿乔木，在原产地高达30m，枝直立或斜展，形成柱头圆锥状树冠；生鳞叶的小枝细、四棱状。鳞叶较疏，菱状卵形，先端急尖或渐尖，背面中下部有下凹腺体；刺叶生于幼树或大树上，交互对生，被白粉；种子1~2。

〔分布〕 原产于北美。华东地区引种栽培较多，生长较圆柏更为迅速。树形整齐适合作园景树。

叉子圆柏（沙地柏、新疆圆柏）

〔学名〕 Sabina vulgaris Ant.

〔形态〕 匍匐灌木，高不及1m；枝密，斜上展，小枝细，径约1mm，近圆形。鳞叶交叉对生相互紧贴，先端钝或稍尖，背面中部有明显的椭圆形腺体；刺形叶常生于幼龄树上，雌雄异株；球果熟时呈暗褐紫色，被白粉：种子1~4粒。

〔分布〕 产于我国新疆天山至阿尔泰山、宁夏、内蒙古、青海东北部、甘肃祁连山北坡、陕西榆林，海拔1100~2800m地带多石山地及沙丘上。北京、西安等地有引种。

〔习性〕 喜光，喜凉爽干燥的气候，耐寒、耐旱、耐瘠薄，对土壤要求不严，不耐涝。适应性强，生长较快，栽培管理简单。

[繁殖与栽培]　播种、扦插繁殖。主要用扦插，亦可压条繁殖。

[用途]　叉子圆柏匍匐有姿，是良好的地被树种。适应性强，宜护坡固沙，作水土保持及固沙造林用树种，是华北、西北地区良好的绿化树种。

刺柏属　Juniperus L

常绿乔木或灌木；冬芽显著。刺形叶，三叶轮生，基部有关节，不下延生长。雌雄异株或同株，球花单生叶腋；雌球花有轮生珠鳞3，胚珠3，生于两珠鳞之间。球果近球形，2～3年成熟；熟时仅顶端微张开。种子有棱脊及树脂槽。

本属约10种，我国有3种，引入1种。

分 种 检 索 表

1. 叶上面中脉绿色，两侧各有一条白色气孔带，球果熟时淡红褐色 ………………………… 刺柏
1. 叶无绿色中脉，有一条白色气孔带，球果熟时淡褐黑色，有白粉 ………………………… 杜松

杜松

[学名]　Juniperus rigida Sieb, et Zucc.

[形态]　常绿乔木，高12m。树冠圆柱形，老时圆头形。大枝直立，小枝下垂。刺形叶条状、质坚硬、端尖，上面凹下成深槽，槽内有一条窄白粉带，背面有明显的纵脊。球果熟时呈淡褐黑色或蓝黑色，被白粉。种子近卵圆形顶端尖，有四条不显著的棱。花期5月；球果翌年10月成熟。

[分布]　产于我国黑龙江、吉林、辽宁、内蒙古、河北北部、山西、陕西、甘肃及宁夏等省区的干燥山地；海拔自东北500m以下低山区至西北2200m高山地带。朝鲜、日本也有分布。

[习性]　喜光树种，耐荫。喜冷凉气候，耐寒。对土壤的适应性强，喜石灰岩形成的栗钙土或黄土形成的灰钙土，可以在海边干燥的岩缝间或沙砾地生长。深根性树种，主根长，侧根发达。抗潮风能力强。是梨锈病的中间寄主。

图 26　杜松

图 27　刺柏

〔繁殖与栽培〕 播种、扦插繁殖。

〔用途〕 杜松枝叶浓密下垂，树姿优美，北方各地栽植为庭园树、风景树、行道树和海岸绿化树种。长春、哈尔滨栽植较多。适宜于公园、庭园、绿地、陵园墓地孤植、对植、丛植和列植，还可以栽植绿篱，盆栽或制作盆景，供室内装饰。

刺柏（缨络柏、台湾柏）

〔学名〕 Juniperus formosara Hayata.

〔形态〕 常绿乔木，高 12m。树冠狭圆锥形。树皮褐色，纵裂成长条薄片脱落。小枝下垂，三棱形，冬芽显著。刺形叶条状，三叶轮生，上面微凹，中脉微隆起，其两侧各有1 条白粉带，较绿色边缘稍宽，两条白粉带在叶之先端合为一条，下面绿色，具纵钝脊。球果近球形或宽卵形，2～3 年成熟，熟时淡红褐色，被白粉，顶部闭或张开。花期 4～5 月；秋季球果成熟。

〔分布〕 为我国独有树种，分布较杜松偏南，台湾、江苏、安徽、浙江、福建、江西、湖北、陕西、甘肃、青海、西藏、四川、云南等地均有分布。

〔习性〕 喜光，也能耐荫，耐寒性不强，在上海等地冬季梢部受冻，叶色变红；适宜于干燥的沙壤土。对水肥不严，怕涝。

〔繁殖与栽培〕 播种、嫁接繁殖。砧木为侧柏。

〔用途〕 刺柏树姿柔美，为优良的园林绿化树种。适于对植、列植和群植，亦可制作盆景观赏。亦是水土保持的造林树种。

罗汉松科　Podocarpaceae

常绿乔木或灌木。叶螺旋状散生，近对生或交叉对生。雌雄异株，稀同株；雄球花穗状簇生叶腋或枝顶；雌球花单生叶腋或枝顶，顶端或部分的珠鳞着生胚珠 1。种子核果状或坚果状，全部或部分被肉质或薄而干的假种皮所包；种子基部常有不孕珠鳞与轴愈合发育的种托，种子有胚乳；子叶 2。

本科有 8 属 130 种以上，多数分布在南半球。我国有 2 属 14 种 3 变种。

罗汉松属　Podocarpus L′H′erex Pers

常绿乔木或灌木。叶条形、披针形、卵形或鳞形。雌雄异株罕同株；雄球花单生或簇生叶腋；雌球花 1～2 腋生，种子当年成熟，核果状，全部为肉质假种皮所包，生于肉质或非肉质的种托上。

我国有 13 种 3 变种，分布于长江流域以南。

分 种 检 索 表

1. 叶螺旋状散生，条状披针形，中脉明显；种托肉质

  2. 叶长 5～10cm，宽 5～10mm，先端微窄成短尖或钝尖；种子熟时假种皮紫黑色，肉质种托红色或紫红色 ………………………………………………………………… 罗汉松

  2. 叶长 7～15cm，宽 9～13mm，先端有渐尖的长尖头；种子熟时假种皮紫红色，肉质种托橙红色

  …………………………………………………………………………………… 百日青

1. 叶对生或近对生，卵形或卵状椭圆形，先端尖，无中脉，有多数平行细脉；种托干质不发育 … **竹柏**

罗汉松（罗汉杉、土杉）

[学名] Podocarpus macrophyllus (Thunb) D. Don.

[形态] 常绿乔木，高达 20m，胸径在 60cm 以上。树冠广卵形。树皮灰褐色，浅纵裂，薄鳞片状脱离。枝条开展。叶条状披针形，长 5～10cm，宽 5～10mm，两面中脉明显，上面暗绿色有光泽，背面淡绿色或灰绿色。种子卵状球形，径约 1cm，紫黑色有白粉：种托膨大，肉质椭圆形，红色或紫红色，有梗。花期 4～5 月；种子 8～9 月成熟。

[变种与品种] 短叶（小叶）罗汉松（var. maki Endl）：小乔木或灌木，枝向上伸展。叶短而密生，长 2.5～7cm，宽 3～7mm，先端钝或圆。原产日本，我国长江流域以南各地作庭园树，北方盆栽。

短小叶罗汉松（var. maki f. condensutus Makino）：叶特短小，长 3.5cm 以下，多用于盆景。

狭叶罗汉松（var. Angustifolius Bl.）：灌木或小乔木。叶较窄，宽 3～6mm，长 5～9cm，先端渐窄成长尖头。产于我国西南各省区。

图 28 罗汉松

[分布] 原产于我国长江流域以南至广东、广西、云南、贵州海拔 1000m 以下；云南大理、丽江一带海拔 1000～2000m 山地有野生，日本也有分布。

[习性] 半阴性树种，幼苗、幼树喜荫。喜温暖湿润气候，不耐寒。喜湿润肥沃排水良好的沙壤土，耐盐碱。萌芽能力强，耐修剪。病虫害少，抗有害气体能力强，并能吸收二氧化硫，生长缓慢，寿命长。

[繁殖与栽培] 扦插或播种繁殖。小苗要及时搭遮荫棚，冬季要注意覆草或塑膜保温。移植须在霉雨季进行，徒长枝要及时修去，以保持树形。

[用途] 罗汉松四季常青，树姿秀丽，枝密叶茂，生长缓慢寿命很长，园林用途广泛，是很受群众喜爱的园林树种。绿色的种子下有红色种托，满树紫红点点，颇富奇趣好似许多披着红色袈裟正在打坐参禅的罗汉，故得名。公园或庭园中大树宜孤植作庭荫树，对植在入口两侧。栽培历史悠久，古老的传统园林树种，南方的风景区名胜古迹常有罗汉松古树。如修剪成型配山石点缀花坛效果更好。常在公园或庭院内与竹、菊、湖石配小景。可作绿篱树种，是工矿区、居民新村、街头绿地绿化常用的抗污染树种，是优良的盆景树种。还可以盆栽造型，供室内装饰。

罗汉松木材富油质，耐水湿，不易受虫柱，可供家具、文化体育器具、细木工等用材。种子入药。

竹柏（罗汉柴、大果竹柏）

[学名] Podocarpus nagi (Thunb.) Pilger.

［形态］ 常绿乔木，高达 20m，胸径 50cm。树冠广圆锥形。树干通直；叶卵形、卵状披针形或椭圆状披针形，厚革质，具多数平行细脉，对生或近对生，排成两列。雌雄异株。种子球形，单生叶腋，熟时紫黑色，有白粉，种托干缩、木质。花期 3～4 月；种子 10 月成熟。

图 29　竹柏

［分布］ 我国广东、广西、湖南、浙江、福建、台湾、四川、江西等省区，海拔 1000～1200m 以下的山坡皆有分布。

［习性］ 耐荫树种，气候温和湿润之地生长较好。对土壤要求较严，深厚、疏松、湿润、腐殖质层厚、呈酸性的沙壤土至轻粘土上能生长，尤以砂质壤土上生长迅速，低洼积水不宜生长。不耐修剪。

［繁殖与栽培］ 播种为主，随采随播为好。因种子忌太阳曝晒，如曝晒 3 日即完全丧失发芽力；种子也不宜久藏，超过 4 个月发芽力就大为降低。小苗出土后需搭棚遮荫，到 11 月以后拆除。移植季节以 3 月芽未萌发以前进行。栽植地以选温暖、荫地为好。

［用途］ 竹柏枝叶翠绿，四季常青，树形美观，耐荫，又是优良的油料作物；是今后园林中应逐步试种的优良树种之一。宜盆栽作室内观叶树种。

三尖杉科（粗榧科）Cephalotaxaceae

常绿乔木或灌木，髓心中部具树脂道。小枝对生，基部有宿存芽鳞。叶条形，螺旋状着生于基部，扭转成假二列状排列，叶上面中脉隆起，下面有两条宽气孔带，在横切面上维管束下方有一树脂道。雌雄异株；雄花 6～11 聚为头状花序，单生叶腋，有梗；雌球花着生于小枝基部之苞片腋内，少有生于枝端者。雌蕊通常有 3 个花药；雌花具长梗，生于苞片的腋部，每花有苞片 2～20，各有 2 胚珠。种子核果状，全为肉质假种皮所包被。外种皮坚硬，内种皮膜质，有胚乳。子叶 2，发芽时出土。

本科有 1 属 9 种，产于东亚。我国为分布中心，产 7 种 3 变种。

三尖杉属（粗榧属）　Cephalotaxus Sieb. et Zucc

特征同科。

分 种 检 索 表

1. 叶较短，长 2～5cm；灌木或小乔木 ·· 粗榧
1. 叶较长，长 5～10（4～13）cm；乔木 ·· 三尖杉

粗榧

［学名］ Cephalotaxus sinensis (Rehd. et Wils) Li.

［形态］ 常绿灌木或小乔木，高达 12m。树皮灰色或灰褐色，呈薄片状脱落。叶条形，通常直，很少微弯，端渐尖，长 3.5cm，宽约 3mm，先端有微急尖或渐尖的短尖头，基部近圆或广楔形，几无柄，上面绿色，下面气孔带白色，较绿色边带宽约 3～4 倍。花期 4 月；种子次年 10 月成熟。

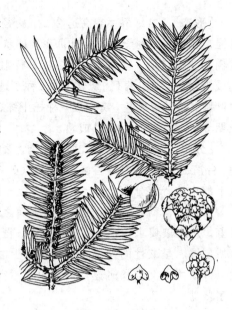

图 30 粗榧

［分布］ 我国特有树种，产于长江流域及以南地区，多生于海拔 600～2200m 的花岗岩、砂岩或石灰岩山地。

［习性］ 阳性树，耐荫。较耐寒，北京有引种。喜生于富含有机质之壤土中，抗病虫害能力强，少有发生病虫害者。生长缓慢，但有较强的萌芽力，耐修剪，但不耐移植。

［繁殖与栽培］ 播种繁殖。种子层积处理后进行春播。发芽保持能力较差。亦可用扦插繁殖，多在夏季进行扦插。插穗以选主枝梢部者最佳。

［用途］ 粗榧通常多与他树配置，作基础种植用，或植于草坪边缘大乔木之下。又宜供作切花装饰材料用。

粗榧种子可榨油，供外科治疮疾用。叶、枝、种子及根可提取多种植物碱，对治疗白血病等有一定疗效。木材坚实，可作工艺品等用。

红豆杉科　Taxaceae

常绿乔木或灌木。叶条形或披针形，螺旋状排列或交叉对生。雌雄异株，雄球花单生叶腋或成穗状集生枝顶，雌球花 1～2 个生于叶腋，通常花轴顶端或侧生短轴顶端苞腋直生胚珠 1。种子当年或翌年成熟，核果状或坚果状，全部或部分为杯状或瓶状的肉质假种皮包被，胚乳丰富，子叶 2。

本科有 5 属 23 种，我国分布较多，有 4 属 12 种及 1 变种 1 栽培变种。

分 属 检 索 表

1. 种子核果状全部包于肉质假种皮中，翌年成熟，假种皮紫褐色被白粉；叶上面中脉多不明显，雌球花成对生于叶腋 ·· 榧树属
1. 种子坚果状生于杯状假种皮中，上部或顶端尖头露出，当年成熟，假种皮红色；叶上面有明显中脉，雌球花单生叶腋或苞腋 ·· 红豆杉属

榧树属　Torreya Arn

常绿乔木。大枝轮生，小枝近对生，基部无宿存芽鳞。叶交叉对生，基部扭转排成二

列，质坚硬，先端有刺状尖头，上面中脉不明显，下面有两条较窄的浅褐色或白色气孔带。雄球花椭圆形或圆柱形，雌球花成对生于叶腋。种子翌年秋季成熟，核果状，全部为肉质假种皮所包，基部有宿存苞片；胚乳丰富，微皱至深皱。

本属有 7 种，我国有 4 种，引入 1 种。

分 种 检 索 表

1. 种子的胚乳微皱；叶长不超过 3.5cm
  2. 叶先端有凸起的刺状短尖头，基部圆或微圆，叶干后上面有二条明显的纵凹槽；2～3 年生枝暗黄绿色或灰褐色 ………………………………………………………………………………… 榧树
  2. 叶先端有较长的刺状尖头，基部微圆或楔形，叶上面拱圆无纵凹槽；2～3 年生枝渐变为淡红褐色或微带紫色 ………………………………………………………………………… 日本榧树
1. 种子的胚乳深皱；叶长 3.6～9cm，叶条状披针形，先端渐窄，常向上方微弯呈镰状，先端有渐尖的刺状尖头，基部楔形 ………………………………………………………………… 长叶榧树

榧树（圆榧）

[**学名**] Torreya grandis Fort. et Lindl.

[**形态**] 常绿乔木，高达 25m，胸径 1m。树皮灰褐色纵裂，一年生小枝绿色，2～3 年生小枝黄绿色，冬芽卵圆形有光泽。叶条形，通常直，长 1.1～2.5cm，宽 2.5～3.5mm，先端突尖成刺状短尖头，上面光绿色有两条稍明显的纵脊，下面黄绿色的气孔带与绿色中脉及边带等宽。种子椭圆形、倒卵形或卵圆形，熟时假种皮淡紫褐色，被白粉，胚乳微皱。花期 4 月；种子翌年 10 月成熟。

[**变种与品种**] 香榧（cv. 'Merrillii'）：高达 20m，叶深绿色、质较软。种子是著名的干果，浙江诸暨海拔约 600m 的山坡栽培颇多，有百龄以上大树。

[**分布**] 榧树产于我国江苏南部，浙江、福建北部，安徽南部及大别山区、江西北部，西至湖南西南、贵州松桃等地海拔 1400m 以下山地。浙江西天目山海拔 1000m 以下有野生大树。

[**习性**] 中等喜光树种，能耐荫，生长在阴地山谷树势好，但结籽差，光照充分结籽才好。喜温暖湿润环境，稍耐寒，冬季气温急降至 -15℃没有冻害。土壤适应性较强，喜深厚肥沃的酸性沙壤土，钙质土亦可以生长，忌积水。病虫害少，萌芽力强，抗烟尘及有害气体能力强。嫁接苗约 10 年开花结籽，30～40 年进入盛籽期，500 年的榧树仍能正常结籽。生长缓慢，寿命长。

[**繁殖与栽培**] 嫁接、扦插、播种繁殖。扦插用一年生嫩枝发根强，嫁接用播种的实生苗

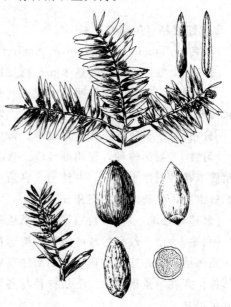

图 31 榧树

作砧木。幼苗要遮荫。移植在春季进行，要带土球，不需修剪。老树干上易长苔藓、真菌等要注意去除。

［用途］　榉树树冠整齐，枝叶浓郁蔚然成荫。大树宜孤植作庭荫树或与石榴、海棠等花灌木配置作背景树，色彩优美。可在草坪边缘丛植，大门入口对植或丛植于建筑周围，抗污染能力较强，适应城市生态环境，街头绿地、工矿区都可以使用，是绿化用途广、经济价值高的园林树种，应在适生地区积极推广利用。

榉树种子供食作干果或榨油。假种皮可提取芳香油。木材有香气，耐久用，少虫蠹，宜造船及建筑用。

红豆杉属　Taxus L

常绿乔木或灌木。树皮红褐色，裂成薄条片脱落，小枝不规则互生，基部常有宿存芽鳞；冬芽小、卵圆形。叶螺旋状排列，基部扭转成二列；条形叶，直或微弯，近镰状，基部下延生长，背面有两条黄绿色或灰绿色的气孔带，上面中脉隆起，球花单生叶腋，雄球花球形有梗，雌球花无梗。种子坚果状，为红色杯状肉质假种皮所包，上部尖头露出，当年成熟，种皮坚硬，种脐明显。

本属约 11 种，分布北半球，我国有 4 种 1 变种。

分　种　检　索　表

1. 叶通常镰形，排列较疏，二列状排列；小枝基部无宿存芽鳞或只有部分芽鳞宿存；种子倒卵圆形微扁 ·· 南方红豆杉
1. 叶通常直条形，排列较密，常不规则 V 排列；小枝基部常有宿存芽鳞；种子三角状卵形，有 3～4 条纵脊 ·· 东北红豆杉

南方红豆杉（美丽红豆杉）

［学名］　Taxus chinensis var. mairei Cheng et L. K. Fu.

［形态］　常绿乔木，高达 30m。树皮纵裂，红褐色或淡灰色。叶二列状排列，常呈镰状，先端渐窄尖，叶面中脉明显，背面气孔带黄绿色，中脉与边带绿色较气孔带宽。种子倒卵圆形，微扁，假种皮鲜红色，美丽。花期 3～4 月；种子 10 月成熟。

［分布］　产于我国长江流域以南，常生于海拔 1000～1200m 以下山林中，星散分布。

［习性］　耐荫树种，喜阴湿环境。喜温暖湿润的气候。自然生长在山谷、溪边、缓坡腐殖质丰富的酸性土壤中，中性土、钙质土也能生长。不耐干旱瘠薄，不耐低洼积水。很少有病虫害，生长缓慢，寿命长。

［繁殖与栽培］　播种繁殖。种子须层积催芽，小苗生长缓慢。

［用途］　南方红豆杉枝叶浓郁，树形优美，种子成熟时果实满枝逗人喜爱。适合在庭园一角孤植点缀，亦可在建筑背阴面的门庭或路口对植，山坡、草坪边缘、池边、片林边缘丛植。宜在风景区作中、下层树种与各种针阔叶树种配置。国外用欧洲红豆杉作整形绿篱效果很好。

南方红豆杉枝叶可提取紫杉素入药，种子榨油。

东北红豆杉

［学名］　Taxus cuspidata Sieb et Zucc.

［形态］　常绿乔木，高达 20m，胸径达 1m。树冠阔卵形或倒卵形。大枝近水平伸展。叶条形，直或微弯，长 1～5cm，宽 2.5～3mm。主枝上的叶呈螺旋状排列；侧枝上的叶呈不规则羽状排列，断面近于"V"形。种子坚果状，假种皮红色、杯形。花期 5～6 月，种子 9 月成熟。

［变种与品种］　矮丛紫杉（枷椤木）（cv. 'Nana'）：半球状密丛灌木，条形叶质厚。耐荫，耐寒，耐修剪整形。宜作绿篱或盆景，大连等地露地栽培。

［分布］　产于我国吉林及辽宁东部长白山区，海拔 500～1000m 地带。

［习性］　阴性树，耐严寒，在空气湿度高处生长良好。喜生于富含有机质之湿润土壤，浅根性，侧根发达，寿命极长。

图 32　南方红豆杉

［繁殖与栽培］　播种繁殖，亦可扦插。幼苗生长极慢，二年生苗可移植一次，要将直根剪断，以促进须根的发生。夏季应遮荫，保持湿润。扦插苗树形易歪，要注意修剪整形。

［用途］　东北红豆杉树形端正，枝叶茂密，是高纬度地区重要的园林绿化材料。可孤植或群植，亦适合作绿篱或修剪成各种形状供观赏。东北红豆杉木材致密坚硬，可供雕刻之用。

麻黄科　Ephedraceae

灌木、亚灌木或草本状。茎及枝内有深红色髓心，茎直立或匍匐，多分枝。小枝对生或轮生，绿色，圆筒状，有节。单叶对生，罕轮生，退化为鳞片状呈膜质鞘状，上部 2～3 裂，下部合生。花单性，常雌雄异株罕同株；球花近圆球形，具 2～8 对交互对生或轮生的苞片。本科仅 1 属，约 40 种，产于亚、美、南欧及北美等热带及温带的干旱荒漠地区。

麻黄属　Ephedra L

特征同科。我国产 12 种 4 变种，分布较广，以西北、四川、云南等为中心。供药用或观赏用。

木贼麻黄（山麻黄）

［学名］　Ephedra equisetina Bunge.

［形态］　直立或斜生小灌木，高达 1m。木质茎明显，小枝细，径约 1mm，灰绿色或蓝绿色。节间短，长约 2cm。叶膜质鞘状，裂片 2。花序腋生，雄球花无梗，雌球花常 2 个对生节上，成熟时苞片变为红色，肉质，含 1 粒种子，罕 2 粒；种子圆形，不露出。花期 4～5 月；种子 7～8 月成熟。

［分布］ 产于我国内蒙古、河北、山西、陕西、四川、青海、新疆等地。

［习性］ 喜光，性强健，耐寒，畏热；喜生于干旱的山地及沟岸边；忌湿，深根性，根蘖性强。可作岩石园、干旱地绿化用。

木贼麻黄所含麻黄素较多，亦为药用植物，有镇咳、止喘及发汗等药用。

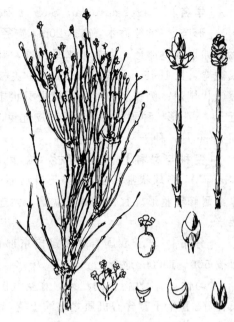

图 33　木贼麻黄

被子植物门 ANGIOSPERMAE

乔木、灌木、藤木或草本。单叶或复叶，网状或平行叶脉。有典型的花，两性或单性，胚珠在子房发育成种子，子房发育成果实。种子有胚乳或无，子叶2或1。

被子植物比裸子植物进化，是现代最占优势的植物类群，全世界约有25万种。我国约25000种，其中木本植物约8000余种。

被子植物分为双子叶植物和单子叶植物两个纲。

双子叶植物纲 Dicotyledoneae

多为直根系，茎中维管束排列成环状，有形成层，能使茎增粗生长，叶具网状脉。花通常各部每轮4～5基数，胚具2片子叶。双子叶植物的种类约占被子植物的3/4，其中约有一半的种类是木本植物。

本纲有344科，约20多万种。我国204科，约2万种，其中木本植物约7500种，乔木约2000种。

根据花瓣的连合与否，常将双子叶植物纲分为离瓣花亚纲和合瓣花亚纲。

I、离瓣花亚纲 Archichlamydeae

离瓣花亚纲又称古生花亚纲，是较原始的被子植物。花无花被、单被或复被，而以花瓣通常分离为其主要特征。

木麻黄科 Casuarinaceae

常绿乔木或灌木。小枝细长绿色，多节，具棱脊。叶退化成鳞片状，4～16枚轮生，基部连成鞘状。花单性，雌雄同株或异株，无花被：雄花有雄蕊1，多数集生枝顶成葇荑花序状：雌花头状花序：生于短枝顶，雌蕊由2心皮合成，外有2小苞片，1室，胚珠2。果序球形：小坚果上部有翅，外有木质化小苞片2，种子1。

本科仅1属，约65种，主产于大洋洲。我国引入3种。

木麻黄属 Casuarina L

形态同科。

图34 木麻黄

木麻黄（驳骨松）

［学名］ Casuarina equisetifolia

［形态］ 常绿乔木，高达 30m，胸径 70cm。树皮暗褐色，纵裂。小枝灰绿色，下垂，似松针，长 10～27cm，粗 0.6～0.8mm，节间长 4～6mm，每节通常有退化鳞叶 7 枚，节间有棱脊 7 条，部分小枝冬季脱落。花单性同株，雌花序紫红色。果序球形，苞片有毛，小坚果连翅长 4～7mm。花期 4～5 月；果熟期 7～10 月。

［分布］ 原产大洋洲及邻近的太平洋地区，我国南部沿海地区有栽培。

［习性］ 喜光，喜炎热气候，不耐寒，原产地平均最低温度 2～5℃。对土壤适应性强，耐干旱、盐碱、瘠薄及潮湿，根系发达，深根性，有固氮菌根，抗风强。生长快，寿命短，30～50 年即衰老。

［繁殖与栽培］ 播种繁殖，亦可用半成熟枝扦插。移植须带宿土。

［用途］ 木麻黄防风固沙能力极强，是我国华南沿海地区最适合的造林树种之一，凡沙地和海滨地区均可栽植。海南岛作海岸防护林或绿篱，台湾、广州等地用作行道树，还可与相思树、银合欢等混交作风景林，亦是南方沿海造林的先锋树种。

木麻黄木材红褐色，坚实，经处理后耐腐，可供建筑、电杆、枕木等用；树皮含单宁 9%～18%，可提制栲胶或染渔网；嫩枝可作家畜饲料。

杨柳科　Salicaceae

落叶乔木或灌木。树皮常有苦味。鳞芽，单叶互生，有托叶。花单性异株，荑荑花序，花生于苞片腋部，无花被；雄蕊 2～多数，雌蕊由 2 心皮合成，子房 1 室，花柱短，柱头 2～4 裂。蒴果，种子小，基部有白色丝毛。

本科有 3 属约 620 种，分布于寒温带、温带、亚热带。我国产 3 属，约 320 种，全国均有分布。

本科植物易种间杂交，杂交种极多，故分类较困难。

分 属 检 索 表

1. 髓心五角状，顶芽发达，芽鳞多数；叶较宽大，柄较长；雌雄花序都下垂，苞片先端分裂，花盘杯状 ·· 杨属

1. 髓心近圆形，顶芽缺，芽鳞 1；叶较窄长，柄短；花序直立，苞片全缘，无花盘有腺体 ········ 柳属

杨属　Populus L

乔木。小枝较粗，分长短枝，髓心五角状。顶芽发达，芽鳞多数。叶形较宽，叶柄较长。雌雄花序都下垂；苞片不规则缺裂，花盘杯状，雄蕊 4～多数，花丝较短，风媒传粉。

本属约 100 种，分布于北温带。我国有 60 余种。

分 种 检 索 表

1. 叶两面灰蓝色，无毛；花盘膜质、早落。叶形多变，披针形或条状披针形，叶近全缘，卵形、扁圆形、肾形的叶有缺刻或全缘 ··· 胡杨

100

1. 叶两面不为灰蓝色，花盘不为膜质、宿存早落
  2. 叶有裂、缺刻或波状齿，如叶缘锯齿（响叶杨）则叶柄顶端有2腺体，芽有柔毛
    3. 叶缘波状或不规则缺裂，嫩枝幼芽密生绒毛，老叶或短枝叶下面及叶柄上的绒毛渐脱落变光滑
                  ·· **毛白杨**
    3. 叶3～5掌状裂或波状缺刻，幼枝、叶柄及长枝下面密生白色绒毛，老叶仍有白毛
      4. 树冠宽阔，树皮白色，当年生枝绿灰褐色 ·············· **银白杨**
      4. 树冠窄塔形，树皮暗绿色，当年生枝绿色 ·············· **新疆杨**
  2. 叶缘有较整齐的钝锯齿，叶背面无毛或仅有短柔毛或幼叶背面疏有毛。芽无毛
    5. 叶柄两侧压扁无沟槽，叶缘半透明
      6. 树冠卵形，嫩枝有棱，叶近三角形，叶柄顶端常有腺体 ·········· **加拿大杨**
      6. 树冠圆柱形，小枝圆，叶菱状三角形或菱状卵形 ·············· **钻天杨**
    5. 叶柄圆有沟槽，叶缘不透明
      7. 小枝有棱脊，叶柄粗短带红色
        8. 叶小，长4～12cm，菱状卵形或菱状椭圆形倒卵形，先端短渐尖 ·········· **小叶杨**
        8. 叶大，长12～20cm，宽卵形或卵状披针形三角状卵形，先端渐尖 ·········· **滇杨**
      7. 小枝圆柱状无棱脊，叶柄较细不带红色，叶卵形或窄卵形椭圆状卵形，先端渐长尖，基部圆或心形 ·· **青杨**

毛白杨

[学名] Populus tomentosa Carr.

[形态] 落叶乔木，高达30m，胸径2m。树冠卵圆形或卵形。树干通直，树皮灰绿色至灰白色，皮孔菱形。芽卵形略有绒毛。叶卵形、宽卵形或三角状卵形，先端渐尖或短渐尖，基部心形或平截，叶缘波状缺刻或锯齿，背面密生白绒毛，后全脱落。叶柄扁，顶端常有2～4腺体。蒴果小。花期3～4月，叶前开花，果熟期4月下旬。

[分布] 原产我国，分布广，北起我国辽宁南部、内蒙古，南至长江流域，以黄河中下游为适生区。垂直分布在海拔1200m以下，多生于低山平原土层深厚的地方，昆明附近海拔1900m的沟堤旁有大树，生长良好。

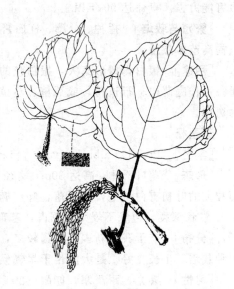

图35 毛白杨

[习性] 强阳性树种。喜凉爽湿润气候，在暖热多雨的气候下易受病虫害。对土壤要求不严，喜深厚肥沃的壤土、沙壤土，不耐过度干旱瘠薄，稍耐碱，pH值8～8.5时亦能生长，大树耐湿。耐烟尘，抗污染。深根性，根系发达，萌芽力强，生长较快，寿命是杨属中最长的树种，长达200年。

[繁殖与栽培] 以无性繁殖为主，多用埋条、留根、压条、分蘖繁殖。也可用加拿大杨作砧木芽接或枝接繁殖，成活率高。苗期应注意及时摘除侧芽，保护顶芽的高生长。

[用途] 毛白杨树体高大挺拔，姿态雄伟，叶大荫浓，生长较快，适应性强，寿命长，是城乡及工矿区优良的绿化树种。也常用作行道树、园路树、庭荫树或营造防护林；可孤

植、丛植、群植于建筑周围、草坪、广场、水滨；在城镇、街道、公路、学校、运动场、工厂、牧场周围列植、群植，不但可以遮荫，而且可以隔音挡风尘。毛白杨是工厂绿化、"四旁"绿化及防护林、用材林的重要树种。

毛白杨木材轻而细密，纹理直，易加工，可供建筑、家具、胶合板、造纸及人造纤维等用；雄花序凋落后收集可供药用；树皮可提栲胶。

银白杨

〔学名〕 Populus alba L.

〔形态〕 落叶乔木，高可达 35m，胸径 2m。树冠广卵形或圆球形。树皮灰白色，光滑，老时纵深裂。幼枝、叶及芽密被白色绒毛。长枝之叶广卵形或三角状卵形，常掌状 3～5 浅裂，裂片先端钝尖，缘有粗齿或缺刻，叶基截形或近心形，短枝之叶较小，卵形或椭圆状卵形，缘有不规则波状钝齿；叶柄微扁，无腺体，老叶背面及叶柄密被白色绒毛。花期3～4月，果熟期 4～5 月。

〔分布〕 我国新疆有野生天然林分布，西北、华北、辽宁南部及西藏等地有栽培。

〔习性〕 喜光，不耐荫。耐严寒，－40℃条件下无冻害。耐干旱气候，但不耐湿热，南方栽培易得病虫害，且主干弯曲常呈灌木状。耐贫瘠的轻碱土，耐含盐量在 0.4％以下的土壤，但在粘重的土壤中生长不良。深根性，根系发达，固土能力强，根蘖强，抗风、抗病虫害能力强。寿命达 90 年以上。

〔繁殖与栽培〕 播种、分蘖、扦插繁殖。苗木侧枝多，生长期应注意及时修枝、摘芽，以提高苗木质量。

〔用途〕 银白杨树形高大，银白色的叶片在微风中摇曳、阳光照射下有奇特的闪烁效果。可作庭荫树、行道树，或孤植、丛植于草坪，还可作固沙、保土、护岸固堤及荒沙造林树种。

新疆杨

〔学名〕 Populus alba L. var. pyramidalis Bge.

〔形态〕 落叶乔木，高达 30m，胸径 1m。树冠圆柱形。树皮灰绿色，光滑，老时灰色。短枝上的叶初有白绒毛，后脱落，叶广椭圆形，基部平截，缘有粗钝锯齿。长枝上的叶常5～7 掌状深裂，边缘不规则粗锯齿，基部平截，表面光滑或局部有毛，下面有白色绒毛。

〔分布〕 产于我国新疆，南疆较多，陕西、甘肃、内蒙古、宁夏、北京等北方各省有引种栽培，生长良好。是大陆性干旱气候的乡土树种。

〔习性〕 喜光，耐严寒，能耐－20℃低温。耐干热、不耐湿热。耐干旱，耐盐碱。生长快，深根性，萌芽力强。病虫害少，对烟尘有一定抗性。寿命达 80 年以上。

〔繁殖与栽培〕 扦插、埋条繁殖。嫁接用胡杨作砧木。

〔用途〕 新疆杨树姿优美、挺拔，是维吾尔族人民最喜爱的树种之一。常用作行道树、"四旁"绿化、防风固沙树种。

新疆杨材质较好，可供建筑、家具等用。

青杨（家白杨）

〔学名〕 Populus cathayana Rehd.

〔形态〕 落叶乔木，高达 30m，胸径 1m。树冠宽卵形。树皮灰绿色平滑。枝叶均无毛。短枝的叶卵形、椭圆状卵形，长 5～10cm，先端渐尖，基部圆或近心形，叶缘细钝锯齿，无毛或微有毛，下面白色；长枝的叶常心形，叶柄圆。花期4～5月；果熟期5～6月。

[分布]　产于我国东北、华北、西北和西南各省区海拔800～3200m，生于沟谷、山麓、溪边，各地多栽培。

[习性]　喜光，喜温凉气候，耐严寒。适生于土层深厚肥沃湿润排水良好的沙壤土、河滩、沙土。忌低洼积水，但根系发达，耐干旱，不耐盐碱，生长快，萌蘖性强。

[繁殖与栽培]　扦插、播种繁殖。扦插繁殖用1年生苗干或幼壮母树的1、2年生萌条作为插穗。在西宁播种繁殖，一年生苗高约20cm。亦可直接插干或压条造林。应选生长快、抗逆性强、干形通直的优良变种作母树，采种采条。青杨枝条较软，顶枝易弯，故育苗时宜留竞争枝以保护其生长。

[用途]　青杨树冠丰满，干皮清丽，是西北高寒荒漠地区重要的庭荫树、行道树，并可用于河滩绿化、防护林、固堤护林及用材林，常和沙棘混交造林，可提高其生长量。青杨展叶极早，在北京3月中旬即萌芽展叶，新叶嫩绿光亮，使人尽早感受到春天来临的气息。

加杨（加拿大杨）

[学名]　Populus canadensis Moench.

[形态]　落叶乔木，高达30m，胸径1m。树冠开展呈卵圆形。树干通直，树皮纵裂。小枝无毛，芽先端反曲。叶近三角形，先端渐尖，基部平截或宽楔形，无腺体或很少有1～2个腺体，锯齿钝圆，叶缘半透明，叶柄短，长约10cm。花期4月；果熟期5～6月。

[变种与品种]　沙兰杨（cv. 'Sacrau 79'）：树冠圆锥形、卵圆形，树干不直，树皮平滑带白色。侧枝轮生，小枝灰绿色至黄褐色；叶两面有黄色胶质，先端长渐尖，基部两侧偏斜，齿密。

意214杨（cv. 'I-214'）：树干通直，树皮初光滑后变厚、纵裂、灰褐色。侧枝密集，不轮生，嫩枝红褐色；叶三角形，无胶质，先端渐尖或短渐尖，基部平截。

图36　加杨

[分布]　加杨是美洲黑杨（P. deltoides Marsh.）与欧洲黑杨（P. nigra L.）的杂交种，杂交优势明显，有许多栽培品种，广植于欧、亚、美各洲。我国19世纪中叶引入，哈尔滨以南均有栽培，尤以东北、华北及长江流域为多。

[习性]　喜光，耐寒，在哈尔滨能生长。亦适应暖热气候，喜肥沃湿润的壤土、沙壤土，对水涝、盐碱和瘠薄土地均有一定耐性。生长快，病虫害较多。萌芽力、萌蘖性均较强，寿命较短。

[繁殖与栽培]　扦插育苗成活率高。可裸根移植。

[用途]　加杨树冠宽阔，叶片大而有光泽，宜作行道树、庭荫树、公路树及防护林等。孤植、列植都适宜。是华北及江淮平原常见的绿化树种，适合工矿区绿化及"四旁"绿化用。

加杨木材供造纸及火柴杆等用。花入药。

钻天杨（美杨、美国白杨）

［学名］ Populus nigra L. vra. italica（Muenchh.）Koehne.

［形态］ 落叶乔木，高达30m。树冠圆柱形。树皮暗灰色纵裂，侧枝直伸贴近树干，小枝圆，无毛。芽长卵形先端长尖。长枝的叶扁三角形，先端渐尖，基部宽楔形或稍圆，叶柄上部略扁无腺体。花期4月，果熟期5月。

［分布］ 原产意大利，现广植欧、亚、美洲。我国自哈尔滨以南至长江流域各地栽培。西北、华北地区最适生。

［习性］ 喜光，耐寒、耐干冷气候，湿热气候多病虫害。稍耐盐碱和水湿，忌低洼积水及土壤干燥粘重。抗病虫害能力较差。生长快，寿命不长。

［繁殖与栽培］ 扦插繁殖。

［用途］ 钻天杨树冠圆柱状，树形高耸挺拔，姿态优美；可丛植、列植于草坪、广场、学校、医院等地。还可营造防护林。

钻天杨木材供造纸及火柴杆等用。

柳属 Salix L.

乔木和灌木，缺顶芽，芽鳞1。托叶早落。雌雄花序都直立，苞片全缘，花有腺体，无花盘。蒴果2裂。

本属约520种，主产于北半球。我国有257种。

分 种 检 索 表

1. 乔木
　2. 叶狭长，披针形至线状披针形，雄蕊2
　　3. 枝条直伸或斜展，叶长5～10cm，叶柄短，2～4mm ················· 旱柳
　　3. 枝条细长下垂，叶长8～16cm，叶柄长，0.5～1.5cm ················· 垂柳
　2. 叶较宽大，卵状披针形至长椭圆形，雄蕊3～5 ················· 河柳
1. 灌木
　4. 叶互生，长椭圆形有锯齿；雄花序大，密被白色绢毛、有光泽 ················· 银芽柳
　4. 叶对生、近对生，长圆形或倒披针状长圆形，全缘 ················· 杞柳

垂柳（水柳、柳树、倒杨柳）

［学名］ Salix babylonica L.

［形态］ 落叶乔木，高达18m，胸径80cm。树冠倒广卵形。小枝细长下垂，褐色、淡黄褐色。叶披针形或条状披针形，先端渐长尖，基部楔形，无毛或幼叶微有毛，细锯齿，托叶披针形。雄蕊2，花丝分离，花药黄色，腺体2；雌花子房无柄，腺体1。花期3～4月；果熟期4～5月。

［分布］ 主产我国长江流域，南至广东、西南至四川、云南海拔2000m以下，平原地区水边常见栽培。华北、东北亦有栽培。亚洲、欧洲及美洲许多国家都有悠久的栽培历史。

［习性］ 喜光。耐水湿，短期水淹至树顶不会死亡，树干在水中能生出大量不定根。高燥地及石灰性土壤亦能适应，过于干旱或土质过于粘重生长差，喜肥沃湿润。耐寒性不及

早柳，发芽早、落叶迟，江南一带早春2月下旬已发芽，12月下旬才落叶。生长快，多虫害。吸收二氧化硫能力强。在裸露的河滩地上天然成林。实生苗初期生长较慢，但萌芽力强，根系发达，能成大树，能抗风固沙，寿命长。扦插及萌蘖树初期生长快，但寿命较短。

[繁殖与栽培]　扦插为主，播种育苗一般在杂交育苗时应用。应选生长快、病虫少的健壮植株作母树采种采条。绿化宜用根径4cm以上的大苗。移植以落叶至春天萌芽前进行，成活率高，但一旦发叶后再移植，成活率就大大降低。

[用途]　垂柳婀娜多姿，清丽潇洒，"湖上新春柳，摇摇欲唤人"，最宜配置在湖岸水池边。若间植桃树，则绿丝婆娑，红枝招展，桃红柳绿为江南园林点缀春景的特色配植方式之一。可作庭荫树孤植草坪、水滨、桥头；亦可对植于建筑物两旁；列植作行道树、园路树、公路树。是固堤护岸的重要树种。亦适用于工厂绿化。

图 37　垂柳

垂柳木材韧性大，可作小农具、小器具、菜板等用；枝条可编织篮、筐等器具。枝、叶、花、果及须根均可入药。是早春蜜源树种。

金枝垂柳：枝条金黄色，观赏价值极高。有两个型号：841、842：均系欧洲黄枝白柳（父本）、南京垂柳（母本）杂交育成。均为乔木，雄性，落叶期间枝条金黄色，晚秋及早春枝条特别鲜艳。841枝条下垂，叶平展似竹叶，树冠长卵圆形。842枝条细长下垂、光滑，树冠卵圆形。应在适宜地大力推广应用。

旱柳（柳树、立柳）

[学名]　Salix matsudana Koidz.

[形态]　落叶乔木，高达20m，胸径80cm。树冠倒卵形。大枝斜展，嫩枝有毛后脱落，淡黄色或绿色。叶披针形或条状披针形，先端渐长尖，基部窄圆或楔形，无毛，下面略显白色，细锯齿，嫩叶有丝毛后脱落。雄蕊2，花丝分离，基部有长柔毛，腺体2。雌花腺体2。花期4月；果熟期4～5月。

[变种与品种]　龙爪柳　[f. tortuosa (Vilm,) Rehd.]：小乔木，枝扭曲而生。各地庭院栽培，供观赏。

馒头柳（f. umbraculi fera Rehd.）：树冠半圆形，馒头状。各地栽培供观赏或作行道树。

绦柳（f. pendula Schneid.）：小枝细长下垂。栽培供观赏或作行道树。

[分布]　原产我国，以我国黄河流域为栽培中心，东北、华北平原，黄土高原，西至甘肃、青海等地皆有栽培。是我国北方平原地区最常见的乡土树种之一。

[习性]　喜光。耐寒性较强，在年平均温度2℃，绝对最低温度-39℃下无冻害。喜湿润排水良好的沙壤土，河滩、河谷、低湿地都能生长成林，忌粘土及低洼积水，在干旱沙丘生长不良。深根性，萌芽力强，生长快，多虫害，寿命长达400年以上。

[繁殖与栽培]　插条、插干极易成活。亦可播种繁殖。绿化宜用雄株。

［用途］ 旱柳枝条柔软，树冠丰满，是我国北方常用的庭荫树、行道树。常栽培在河湖岸边或孤植于草坪，对植于建筑两旁。亦用作公路树、防护林及沙荒造林，农村"四旁"绿化等。是早春蜜源树种。

银芽柳（棉花柳）

［学名］ Salix leucopithecia Kimura.

［形态］ 落叶灌木，高约2～3m。叶长椭圆形，长9～15cm，缘具细锯齿，叶背面密被白毛，半革质。雄花序椭圆状圆柱形，长3～6cm，早春叶前开放，盛开时花序密被银白色绢毛，颇为美观。

［分布］ 原产日本，我国江南一带有栽培，是当地重要的春季切花材料。喜光，喜湿润，较耐寒，北京可露地过冬。应选择雄株扦插繁殖，栽培后每年须重剪，以促其萌发更多的开花枝条。

杨梅科　Myricaceae

常绿或落叶，乔木或灌木。植株体有油腺点，芳香。单叶互生，托叶无或有。花单性同株或异株，无花被，葇荑花序；雄蕊4～8，雌蕊2心皮合成子房上位1室，胚珠1。核果，有乳头状凸起。种子1。

本科2属约50余种，主要分布在热带、亚热带。我国产1属。

杨梅属　Myrica L

叶具羽状脉，常集生枝顶，全缘或有锯齿，叶柄短；无托叶。雄花序圆柱形，雌花序卵形或球形。核果较大。

本属约50种，我国4种。

杨梅（山杨梅、树梅）

［学名］ Myrica rubra Sieb, et Zucc.

［形态］ 常绿乔木，高达15m，胸径60cm。树冠球形。树皮灰色，老时浅纵裂。嫩枝有油腺点。叶长圆状倒卵形或倒披针形，先端钝尖或钝圆，基部狭楔形，下面有黄色树脂腺点，全缘或中部以上有锯齿，叶柄短。雌雄异株。雄花序1～数个簇生叶腋；雌花序单生叶腋。核果球形，外果皮肉质，多汁液，味酸甜，深红或紫红色，径1cm以上。花期4月；果熟期6～7月。

图38　杨梅

［分布］ 产于我国长江流域以南各省，垂直分布自沿海低山丘陵到西南可达海拔2000m。浙江省栽培最多。

［习性］ 中等喜光，不耐强烈的日照。幼苗喜阴，产地以山地半阴坡、半阳地最适宜。喜温暖湿润气候，不耐寒，喜空气湿度大；喜排水良好的酸性沙壤土，微碱性土亦可适应。喜土壤肥力中等，稍耐瘠薄，深根性树种，萌芽力强，有菌根。对二氧化硫和氯气抗性较

强。寿命可达 200 年。

[**繁殖与栽培**] 播种繁殖。用实生苗作砧木嫁接优良品种，培育果树用。定植时须注意配置雌雄株，以利授粉。移植要带宿土。

[**用途**] 杨梅枝叶茂密，四季常青，树冠圆整，果色鲜艳。宜丛植、孤植草坪、路边、建筑的阴面、庭院一角；亦可用作隔噪音、作隐蔽遮挡的绿墙树种，是居民新村、风景区绿化的优良树种。

杨梅是优良的果树，果实是夏季较早的鲜果，供生食、制作蜜饯、罐头、酿酒、入药等。

胡桃科 Juglandaceae

落叶稀常绿乔木，常有芳香树脂。芽常叠生。奇数羽状复叶互生；无托叶。花单性同株，雄花菜荑花序，生于去年生枝叶腋或新枝基部；雌花序穗状或菜荑花序，生于枝顶；单被或无被花，雌蕊由 2 心皮合成，子房下位，胚珠 1，基生。核果或坚果。种子无胚乳。

本科有 9 属约 63 种，分布于北半球温带及热带地区。我国有 8 属 24 种，2 变种，引入4 种。

分 属 检 索 表

1. 枝髓片状
　2. 鳞芽，核果肉质无翅 ·· 核桃属
　2. 裸芽或鳞芽，坚果有翅 ·· 枫杨属
1. 枝髓充实，雄花序下垂，核果 4 裂 ·· 山核桃属

核桃属（胡桃属）juglans L

落叶乔木。枝有片状髓心。鳞芽，芽鳞少数。小叶全缘或有锯齿。雄蕊 8～40，子房不完全 2～4 室。核果大，肉质，果核有不规则皱脊。

本属约 8 种，我国 4～5 种 1 变种，引入栽培 2 种。

分 种 检 索 表

1. 小叶 5～9，全缘，下面脉腋簇生淡褐色毛。雌花 1～3 朵集生枝顶，核果无毛 ·················· 核桃
1. 小叶 9～17，有细锯齿，下面有星状毛及柔毛。雌花序具花 5～10 朵，核果有腺毛 ·········· 核桃楸

核桃（胡桃）

[**学名**] juglans regia L.

[**形态**] 落叶乔木，高达 25m，胸径 1m。树冠广卵形至扁球形。树皮灰色，老时浅纵裂。新枝无毛。小叶 5～9，椭圆状卵形或椭圆形，先端钝圆或微尖，侧脉通常 15 对以下，全缘，下面脉腋簇生淡褐色毛。雌花 1～3 朵集生枝顶，总苞有白色腺毛。核果球形，径 4～5cm，外果皮薄，中果皮肉质，内果皮骨质。花期 4～5 月；果熟期 9～11 月。

[**分布**] 原产亚洲西南部的波斯（伊朗）。我国新疆霍城、新源、额敏一带海拔 1300～

1500m 山地有大面积野核桃林。我国已有两千多年的栽培史。现东北南部以南有栽培，以北方为多。

[习性] 喜光，耐寒，可耐—25℃的低温，不耐湿热，绝对最高温度超过40℃，果实和枝条发生日灼，种仁发育不充实。年降雨量400～1200mm为宜。对土壤肥力要求较高，不耐干旱瘠薄，不耐盐碱，在粘土、酸性、地下水位高时生长不良。深根性，萌蘖性强，有粗大的肉质根，怕水淹，虫害较多；生长尚快，寿命可达300年以上。

[繁殖与栽培] 播种、嫁接或分蘖繁殖。砧木北方用核桃楸，南方用枫杨或化香。在管理不善时，易产生大小年现象，故应进行合理的修剪、灌溉、施肥等工作。修剪宜在采果后至落叶前进行，通常仅疏剪过密枝、枯枝，有时对弱枝进行短剪，对老树可重剪以更新复壮。每年5月下旬、7月上旬施追肥，秋末施基肥。及时治虫。

图39 核桃

[用途] 核桃树冠开展，浓荫覆地，干皮灰白色，姿态魁伟美观，是优良的园林结合生产树种。孤植或2、3株丛植庭院、公园、草坪、隙地、池畔、建筑旁；居民新村、风景疗养区亦可用作庭荫树、行道树；核桃树秋叶金黄色，宜在风景区植风景林装点秋色。

核桃木材供雕刻等用。种仁除食用外可制高级油漆及绘画颜料配剂。树皮、果肉提栲胶。果核制活性炭。是园林结合生产的优良树种。

枫杨属 Pterocarya Kunth

落叶乔木，枝髓片状，鳞芽或裸芽有柄。小叶有细锯齿。雄花序单生叶腋，雌花序单生新枝顶端。果序下垂，坚果有翅。

本属约9种，分布于北温带，我国7种1变种。

枫杨（元宝树、枰柳）

[学名] Pterocarya stenoptera C. DC.

[形态] 落叶乔木，高达30m，胸径2m。树冠广卵形。裸芽密生锈褐色毛，侧芽叠生。羽状复叶互生，叶轴有翼，幼叶上面有腺鳞，沿脉有毛，小叶9～23，矩圆形或窄椭圆形，缘有细锯齿，叶柄有柔毛，顶生小叶常不发育。果序下垂，长20～30cm，果近球形，果具2长圆形、椭圆状披针形之翅。花期4～5月；果熟期8～9月。

[分布] 产于我国华北、华中、华南和西南等地，黄河、淮河、长江流域最常见。多生于海拔1500m以下溪水河滩及低湿地。辽宁南部东部和河北等地有栽培。

[习性] 喜光，稍耐庇荫。喜温暖湿润气候，在北京应种植在背风向阳处，幼树须防寒。对土壤要求不严，耐水湿，山谷、河滩、溪边低湿地生长最好。稍耐干旱、瘠薄，耐轻度盐碱。幼苗生长缓慢，3～4龄后加快，25龄后渐慢，60龄后渐衰老。树冠不整齐，树干易弯斜。深根性，主根明显，侧根发达。萌芽力强，萌蘖性强，多虫害，不耐修剪，耐

烟尘。寿命短。

[繁殖与栽培] 播种繁殖。选10～20龄发育良好、干形通直、无病虫害的母树在白露前后采种，随采随播或沙藏后春播，播前用40℃温水浸种24h，利于发芽。移植在清明前后，随起随栽不宜假植过冬。注意防治虫害。修剪应在树液流动前进行。

[用途] 枫杨冠大荫浓，生长快，适应性强，在江南风景区多胸径1m以上的大树。常用作庭荫树孤植草坪一角、园路转角、堤岸及水池边；亦可作行道树，但因其不耐修剪，在空中多线路的城市干道须慎用，是黄河、长江流域以南"四旁"绿化、风景区平原造林、固堤护岸的优良速生树种。

枫杨树皮纤维质坚可供制绳索、造纸，种子榨油，叶制杀虫剂，树干是培养木耳的好材料。

图40 枫杨

山核桃属 Carya Nutt

落叶乔木。枝髓充实。奇数羽状复叶互生，小叶有锯齿。雄花序葇荑花序3个簇生，雄花无花被；雌花1～10集生成穗状，无花被。核果外果皮4瓣裂。子叶富油脂不出土。

本属约21种，产北美及东亚，我国产4种，引入1种。

薄壳山核桃（美国山核桃、长山核桃）

[学名] Carya illincensis K. Koch.

[形态] 落叶乔木，在原产地高达55m，一般能达20m左右，胸径2.5m。树冠广卵形。鳞芽、幼枝有灰色毛。小叶11～17，长圆状披针形，先端渐长尖，近镰形，基部一边宽楔稍圆、一边楔形，有锯齿，下面脉腋簇生毛，叶柄叶轴有毛。核果3～10集生，长圆形，有4（6）纵脊，果壳薄，种仁大。花期5月；果熟期10～11月。

[分布] 原产北美密西西比河河谷及墨西哥。我国1900年左右引入，北自北京，南至海南岛都有栽培，以江苏、浙江、福建等地较多，上海、南昌、九江、长沙、成都也有栽培。

[习性] 喜光，喜温暖湿润气候，有一定耐寒性，在北京可露地生长。最适生长在年平均温度15～20℃、七月平均气温25～30℃之

图41 薄壳山核桃

间、一月份平均温度5～10℃，年降雨量1000～2000mm地区。适生于疏松排水良好、土层

深厚肥沃的沙壤中、冲积土。不耐干旱瘠薄，耐水湿。一年生小苗浸水 35d 后仍可正常生长，栽植在沟边、池旁的植株生长结果良好。深根性，根系发达，根部有菌根共生。生长快，实生树 12～15 龄开始结果，20～30 龄后盛果。嫁接树 5～6 龄可结果。寿命长，可达 500 年。在原产地甚至可达千年以上。

[繁殖与栽培] 播种、扦插、分蘖及嫁接繁殖。

[用途] 薄壳山核桃树体高大，根深叶茂，园林中可作上层骨干树种。在适生地区宜孤植于草坪作庭荫树。该树耐水湿，适于河流沿岸、湖泊周围及平原地区"四旁"绿化。南京用作行道树，还可在风景区植风景林。

薄壳山核桃木材质优，供军工或雕刻用。种仁味美，是重要的干果油料树种。

桦木科 Betulaceae

落叶乔木或灌木。芽有鳞片。单叶互生，羽状叶，侧脉直伸；托叶早落。花单性同株；雄花序荑黄下垂，雄花 1～3 生于苞腋，雄蕊 2～20；雌花序穗状、荑黄状或球果状。花被缺或萼筒状，2～3 朵生于苞腋，子房下位 2 室，倒生胚珠 1。坚果有翅或无翅，外面有总苞，果苞木质或革质，宿存或脱落。

本科有 6 属约 200 种，主产北半球温带或寒带。我国 6 属，约 100 种。

分 属 检 索 表

1. 坚果扁平有翅，2～3 生于鳞片状的果苞内。雄花有花萼
  2. 每果苞有 3 个小坚果，果苞革质 3 裂，成熟时脱落。叶缘重锯齿，冬芽无柄 …………… 桦木属
  2. 每果苞有 2 个小坚果，果苞木质顶端 5 浅裂，宿存。叶缘多单锯齿，冬芽有柄 …………… 桤木属
1. 坚果无翅，生于叶状或囊状革质总苞内。雄花无花被
  3. 坚果多数，个小；集生成穗状果序下垂，总苞叶状 ……………………………… 鹅耳枥属
  3. 坚果 1，个大；簇生或单生，外有叶状、囊状或刺状总苞 ………………………………… 榛属

桦木属 Betula L

落叶乔木或灌木。树皮平滑、纸质，分层剥落或鳞状开裂。冬芽无柄，芽鳞 3～6。雄花萼 4，深裂，雄蕊 2；雌花每 3 朵生于苞腋，无花被，花序穗状圆柱形或长圆形。坚果扁，常有膜质翅；果苞革质，3 裂，脱落。

本属约 100 种，主产北半球温带、寒温带。我国约 30 种，主要分布于东北、华北至西南高山地区，是我国主要森林树种之一。树形优美，干皮雅致，欧美庭院常用作观赏树。

分 种 检 索 表

1. 树皮白色。叶三角状卵形或菱状三角形，侧脉 5～8 对。果翅宽于坚果 ………………… 白桦
1. 树皮桔红色或红褐色。叶卵形、长卵形，侧脉 10～14 对。果翅与坚果等宽 …………… 红桦

白桦（桦木、粉桦）

[学名] Betula platyphylla Suk.

[形态] 落叶乔木，高达 25m，胸径 50cm。树冠卵圆形。树皮白色；纸质分层剥落。

小枝红褐色，外有白色蜡层。叶三角状卵形、菱状三角形、三角形，先端尾尖或渐尖，基部平截或宽楔形，侧脉5～8对，背面疏生油腺点，无毛或脉腋有毛，叶缘重锯齿。果序下垂单生、圆柱形；坚果小，果翅宽。花期5～6月；果熟期8～10月。

[分布]　产于我国东北大、小兴安岭、长白山，华北的山西、河南、河北（海拔 700～2700m），西北的内蒙古、宁夏、陕西（海拔 1200～2600m），青海、西藏（海拔 2600～3900m），西南的四川、云南西北部（海拔 2200～4200m）。在平原及低海拔地区生长不良。

[习性]　喜光，不耐荫。耐严寒。对土壤适应性强，喜 pH5～6 的酸性土，沼泽地、干燥阳坡及湿润阴坡都能生长。深根性，耐瘠薄，常与红松、落叶松、山杨、蒙古栎混生或成纯林。天然更新良好，生长较快，萌芽强，寿命较短。

[繁殖与栽培]　播种繁殖或萌芽更新。

[用途]　白桦树干修直，枝叶扶疏，树皮粉白、宛如积雪，秋叶金黄，优美雅致。适宜寒温带城市公园、庭园及风景区作庭荫树，孤植、丛植于草坪、湖滨，列植路旁或与云杉、冷杉混交营造风景林。

白桦树皮可提取栲胶、桦皮油，叶可作染料，种子可炼油。

图 42　白桦

桤木属（赤杨属）Alnus Mill

落叶乔木或灌木。树皮鳞状开裂。冬芽有柄，芽鳞2。小枝有棱。单叶互生，多单锯齿。雄花萼片4深裂，雄蕊4；雌花每2朵生于苞腋，无花被，花序穗状较短。果序球状，果苞木质，宿存。坚果小而扁，两侧有翅。

本属有 40 余种，分布于北半球寒温带、温带及亚热带。我国有 11 种。

桤木（水冬瓜、水青冈）

[学名]　Alnus cremastogyne Burkill.

[形态]　落叶乔木，高达 25m，胸径 1m。树皮灰褐色，鳞状开裂。芽有短柄，小枝无毛。叶椭圆状倒披针形或椭圆形，先端短突尖或钝尖，基部楔形或近圆，下面密被树脂点，中脉下凹，侧脉 8～16 对，锯齿疏细。雄花序单生。果序单生叶腋或小枝近基部，长圆形，果梗细长，果苞顶端 5 浅裂，小坚果倒卵形。花期 2～3 月；果熟期 11 月。

[分布]　产于我国四川中部海拔 3000m 以下，贵州北部、甘肃南部、陕西西南部、安徽、湖南、湖北、江西、广东、江苏等地有栽培。常组成纯林或与马尾松、杉木、柏木等混生，与楠木、柳杉混交生长良好。

[习性]　喜光，喜温暖气候，适生于年平均气温 15～18℃，降水量 900～1400mm 的丘陵及平原。对土壤适应性强，喜水湿，多生于溪边河滩低湿地，干旱贫瘠的荒山、荒地也能生长。在深厚肥沃湿润的土壤上生长良好。根系发达有根瘤，固氮能力强，速生。

[繁殖与栽培]　播种繁殖。采种宜选 10～15 年生长健壮、无病虫害的母树。荒山、河滩天然更新良好。

[用途]　桤木适于公园、庭园的低湿地、池畔种植庭荫树，颇有野趣；或与柏木、马尾松、柳杉等混交植片林、风景林。长江流域水网地区植农田防护林、公路绿化、河滩绿化等，可固土护岸、改良土壤。

桤木木材供家具、胶合板用。树皮果序制栲胶，叶片嫩芽入药。叶肥田。

鹅耳枥属　Carpinus L.

乔木。树皮灰色、平滑，鳞状开裂。芽鳞多数，覆瓦状排列。叶缘重锯齿细尖，羽状脉整齐。雄花无花被，雄蕊 3～13，花药有毛；雌花单花被。坚果有纵纹，每 2 枚着生在叶状苞基部；果序穗状下垂，果苞不对称，淡绿色，有锯齿。

本属有 40 余种，分布于北温带，主产亚洲东部。我国有 30 余种。

鹅耳枥（千金榆）

[学名]　Carpinus turczaninowii Hance.

[形态]　落叶乔木，高达 15m。树冠紧密而不整齐。树皮暗褐灰色，浅纵裂。幼枝密生细绒毛，后渐脱落，小枝细。叶卵形、长卵形或卵圆形，先端渐尖，基部圆或近心形，叶缘重锯齿钝尖或有短尖头，脉腋有簇生毛，网脉不明显，侧脉 10～12 对，叶柄细，有毛。果穗稀，果苞扁长圆形，一边全缘，一边有齿；坚果卵圆形有肋条，疏生油腺点。花期 4～5 月；果熟期 8～9 月。

[分布]　广布于我国辽、冀、晋、陕、甘、豫、鲁、苏、鄂、川、黔、滇等省；垂直分布在海拔 400～2100m，阴坡密林或悬崖石缝中。

[习性]　稍耐荫，耐寒，喜肥沃湿润的石灰质土壤，耐干旱、瘠薄。干旱阳坡、湿润河谷及林下都能生长。萌芽力强。

图 43　桤木

[繁殖与栽培]　播种繁殖或萌芽更新。移植容易成活。

[用途]　鹅耳枥叶形秀丽，果穗奇特，枝叶茂密。宜草坪孤植，路边列植或与其它树种混交成风景林，景色自然幽美。亦可作桩景材料，是石灰岩地区的造林树种。

鹅耳枥种子榨油供食用及工业用。树皮、叶提制栲胶。

榛属　Corylus Linu.

落叶灌木或小乔木。叶缘具重锯齿或不整齐缺刻。花先叶开放，雄花无花被，雄蕊 4～8，雌花簇生或单生，包藏于一鳞芽内，仅红色花柱突出，子房 1～2 室，每室 1 胚珠，稀 2 枚。坚果球形或卵圆形，无翅，部分或全部包藏于叶状或囊状果苞内。

本属有 20 种，分布于北美、欧洲和亚洲。我国有 12 种，分布于东北及西北，果可食。

榛（榛子、平榛）

［学名］ Corylus heterophylla Fisch.

［形态］ 落叶灌木或小乔木，高达7m。树皮灰褐色，有光泽，小枝有毛，叶广卵形至倒卵形，变异较大，先端突尖，基部心形或圆形，边缘有不整齐重锯齿，并在中部以上特别是近先端处有小浅裂，侧脉5～8对，叶背有毛。坚果常3枚簇生，果苞钟形，先端6～9裂，叶质，半包坚果。花期4～5月，果熟期9月。

图44 榛

［分布］ 我国东北、内蒙古、华北、西北及四川、贵州等地有分布。生于海拔200～2000m地区，在山坡中下部之阳坡、林缘习见。

［习性］ 喜光，耐寒，对土壤适应性强，耐干旱瘠薄，稍耐盐碱。萌芽力强，生长较快，开花结实较早。

［繁殖与栽培］ 播种和分蘖繁殖。

［用途］ 榛适应性强，经济价值高，是北方风景区绿化及水土保持的重要树种。在公园里适当丛植几株，以增加野趣。

榛之种子可食用、榨油。

壳斗科（山毛榉科）Fagaceae

常绿或落叶乔木，稀灌木。单叶互生，羽状脉；托叶早落。花单性，同株，单被花，花小；雄花常葇荑花序，雌花1～3朵生于总苞内；总苞单生、簇生或集生成穗状，子房下位，2～6室，胚珠2。总苞在果熟时木质化形成壳斗，外有鳞片或刺或瘤状突起，每壳斗具坚果1～3。种子1，子叶肥大无胚乳。

本科有8属900余种，分布于温带、亚热带及热带。我国有7属，300余种。黑龙江以南广大地区都有栎类纯林或混交林，落叶类主产东北、华北及高山地区。常绿类是亚热带常绿阔叶林的主要树种。

分 属 检 索 表

1. 雄花序是直立葇荑花序，坚果1～3，壳斗球状，外面密生针刺。枝无顶芽，落叶 ……………… 栗属
1. 雄花序是下垂葇荑花序，坚果1，壳斗杯状或碗状
　2. 壳斗小苞片组成同心环带。常绿 …………………………………………………… 青冈属
　2. 壳斗小苞片鳞状、线形或锥形分离，不结合成环。落叶稀常绿 …………………… 栎属

栗属 Castanea Mill

落叶乔木稀灌木。小枝无顶芽。叶椭圆形或披针形，叶缘锯齿芒状，两列状互生。雄花序直立或斜展，腋生；雌花序于雄花序的基部或单独成花序。总苞（壳斗）密生针刺，熟时开裂，坚果1～3。

本属约 12 种，分布于北半球温带及亚热带。我国有 3 种，除新疆、青海外各地均有分布。

板栗（栗子、毛板栗）

[学名] Castanea mollissima Blume.

[形态] 落叶乔木，高达 15m，胸径 1m。树冠扁球形。树皮灰褐色，不规则深纵裂。幼枝密生灰褐色绒毛。叶长椭圆形或长椭圆状披针形，先端渐尖或短尖，基部圆或宽楔形，侧脉伸出锯齿的先端，形成芒状锯齿，下面有灰白色，短柔毛。雄花序有绒毛；总苞球形，径 6～8cm，密被长针刺。坚果 1～3。花期 4～6 月，果熟期 9～10 月。

[分布] 产于我国辽宁以南各地，除新疆、青海、内蒙古外都有栽培，华北和长江流域各地栽培最多；多生于低山丘陵缓坡及河滩地带，河北、山东是板栗著名的产区。

[习性] 喜光，光照不足引起枝条枯死或不结果。对土壤要求不严，喜肥沃湿润、排水良好的砂质或砾质壤土，对有害气体抗性强。忌积水，忌土壤粘重。深根性，根系发达，萌芽力强，耐修剪，虫

图 45　板栗

害较多。另外，其品种不同习性差异很大；南方品种耐湿热，北方品种耐寒、耐旱。寿命长达 300 年以上。

[繁殖与栽培] 播种或嫁接繁殖。实生苗 6 年左右开始开花结果，开花迟产量低，生产上常用 2～3 龄的实生苗作砧木，在展叶前后嫁接。定植不宜过深，以苗木的根颈露地为好。及时治虫害。

[用途] 板栗树冠开展，枝叶茂密，浓荫奇果都很可爱，果又是著名的干果。适宜在公园、庭园的草坪、山坡、建筑旁孤植或丛植 2～3 株作庭荫树，可作为工矿区及有污染地区的绿化树种。宜郊区"四旁"绿化，风景区做点缀树种，可以得到观赏和经济双丰收的效果。山区造水土保持林和风景林都可以。

板栗树皮、壳斗、嫩枝都可提烤胶，树皮煎水治疮毒，叶可饲蚕，花是优良的蜜源。

青冈属　Cyclobalanopsis Qerst

常绿乔木。树皮常光滑。小枝有顶芽，芽鳞多数。雄花序下垂，常簇生新枝基部；雌花序穗状直立，顶生，花单生总苞内。壳斗杯状或盘状，鳞片结合成同心环带，环带全缘或有齿裂。每壳斗坚果 1，当年或翌年成熟。

本属约 150 种，主要分布于亚洲热带、亚热带。我国约 70 余种。

青冈（青冈栎）

[学名] Cyclobalanopsis glauca (Thunb) Qerst.

[形态] 常绿乔木，高达 20m，胸径 1m。树冠扁球形。小枝无毛。叶革质，倒卵状椭圆形或长椭圆形，先端渐尖或短尾尖。基部圆或宽楔形，中部以上有疏锯齿，侧脉 9～13 对，

下面伏白色毛，老时脱落，常留有白色鳞秕。壳斗杯状，有 5～8 环带，上有薄毛。果椭圆形无毛。花期 4～5 月；果当年 10～11 月成熟。

[分布] 分布广泛，是本属中分布最北且最广的一种。北起青海、甘肃、陕西、河南省的东南部、南部都有分布。生于海拔 2600m 以下的山谷或沟谷之庇荫处。是长江流域以南组成常绿阔叶与落叶阔叶混交林的主要树种，有时有小面积的纯林。

[习性] 较耐荫。有一定的耐寒性，在上海能正常生长。酸性或石灰岩土壤都能生长。在深厚肥沃湿润的地方生长旺盛，贫瘠处生长不良。深根性，萌芽力强。幼年生长较慢，5 年后加快，天然林 15～45 龄生长最旺。有抗有害气体、隔音及防火等功能。

图 46 青冈

[繁殖与栽培] 播种繁殖。移植须带土球。

[用途] 青冈枝叶茂密，树荫浓郁，树冠丰满。宜用作庭荫树，2、3 株丛植，可配置在建筑的阴面，常群植片林用作常绿基调树种，有幽邃深山之效果。在工矿区绿化可作隔音、防风、防火林或作高墙绿篱，宜在风景区与色叶树种配置组成风景林。

青冈种仁去涩可制豆腐酿酒，树皮、壳斗都可提取栲胶。

栎属（麻栎属）Quercus L

常绿或落叶乔木，稀灌木。有顶芽，侧芽常集生枝顶；芽鳞多数，排列紧密。叶有锯齿或波状，稀全缘。雄花序簇生；雌花序穗状直立，雌花单生总苞内。壳斗杯状或盘状，外面有分离的鳞片或线形、锥形苞片，覆瓦状排列，紧贴、开展或反曲。坚果 1，当年或翌年成熟。

本属约 50 种，我国约 90 种，南北各地都有。

分 种 检 索 表

1. 落叶乔木
  2. 叶缘芒状锯齿，壳斗小苞片粗刺状反卷，果翌年成熟
    3. 老叶下面无毛，叶背淡绿色，小枝有毛，树皮坚硬深纵裂 ……………………………… 麻栎
    3. 老叶下面密生灰白色星状毛，小枝无毛，树皮木栓层发达 ……………………………… 栓皮栎
  2. 叶缘波状或波状裂，壳斗小苞片鳞片状反卷或不反卷，果当年成熟
    4. 壳斗小苞片窄披针形，革质、长约 1cm，红棕色有褐色丝毛反卷，小枝及叶下面密生星状绒毛，侧脉 4～10 对，叶柄长 2～5mm 密生棕色绒毛 ……………………………… 波罗栎（槲树）
    4. 壳斗小苞片鳞片状，长不及 3mm，排列紧密，有灰色柔毛，小枝无毛，叶下面密生灰白色细绒毛，侧脉 10～15 对，叶柄长 1～3cm 无毛 ……………………………… 槲栎
1. 常绿乔木或灌木状。叶倒卵形或椭圆形，长 2～6cm，先端钝，基部圆或近心形，中部以上疏生锯齿，两

面绿色无毛或中脉疏生柔毛，侧脉 8～13 对，叶柄 3～5mm。壳斗杯形，小苞片鳞状三角形

·· 乌冈栎

麻栎（栎树、橡树、柞树）

[学名] Querous acutissima Carr.

图 47 麻栎

[形态] 落叶乔木，高达 30m，胸径 1m。树冠广卵形。幼枝有黄色柔毛，后渐脱落。叶长椭圆状披针形，先端渐尖，基部圆或宽楔形，侧脉排列整齐，芒状锯齿，下面绿色，无毛或脉腋有毛。坚果球形，壳斗碗状，鳞片粗刺状，木质反卷，有灰白色绒毛。花期 3～4 月，果熟期翌年 9～10 月。

[分布] 产于我国辽宁南部、华北各省及陕西、甘肃以南。黄河中下游及长江流域较多。垂直分布自云南海拔 2200m 至山东海拔 1000m 以下山地或丘陵，常与枫香、栓皮栎、马尾松、柏木等混交或成小面积纯林。

[习性] 喜光。耐寒，在湿润肥沃深厚、排水良好的中性至微酸性沙壤土上生长最好，排水不良或积水地不宜种植，耐干旱瘠薄。与其它树种混交能形成良好的干形。深根性，萌芽力强，但不耐移植。抗污染、抗烟尘、抗风能力都较强。寿命长。

[繁殖与栽培] 播种繁殖或萌芽更新。种子发芽力可保持一年。移植须带土球。

[用途] 麻栎树干高耸，枝叶茂密，秋叶橙褐色，季相变化明显，树冠开阔，可作庭荫树、行道树。最适宜在风景区与其它树种混交植风景林。亦适合营造防风林、水源涵养林和防火林。

麻栎木材坚韧耐磨，纹理直，耐水湿，是重要用材，可供建筑、家具、造船、枕木等用。种仁可酿酒作饲料，叶为本属中饲养柞蚕最好的一种。枝及朽木可培养香菇、木耳。

栓皮栎（软木栎）

[学名] Quercus variis Bl.

[形态] 落叶乔木，高达 25m，胸径 1m。树冠广卵形。干皮暗灰色，深纵裂，树皮软，木栓层特别发达。叶长椭圆形或长卵状披针形，叶背具灰白色绒毛，侧脉排列整齐，叶缘锯齿端呈刺芒状。壳斗碗状，鳞片反卷，坚果球形或广椭圆形。花期 5 月；果熟期翌年 9～10 月。

[分布] 分布广，北自我国辽宁、河北、山西、陕西、甘肃南部，南到两广，西到云南、四川、贵州，而以鄂西、秦岭、大别山区为其分布中心；朝鲜、日本亦有分布。其他同麻栎。

槲栎（细皮青冈、细皮栎、波罗）

[学名] Querous aliena Blume.

[形态] 落叶乔木，高达 20m，胸径 1m。树冠广卵形。小枝无毛有淡褐色的皮孔。叶长椭圆状倒卵形、倒卵形，先端微钝或短渐尖，基部窄楔形或圆，有波状钝齿，下面密生灰白色细绒毛。侧脉 10～15 对，叶柄长 1～3cm，无毛。壳斗杯状，小苞片鳞片状，排列紧

密，有灰白色柔毛，坚果卵状椭圆形。花期 4～5 月；果熟期 10 月。

图 48　槲栎

[分布]　自我国辽宁、河北、陕西、华南、西南都有分布，生于海拔 1000～2400m 山区，常与麻栎、白栎、木荷、枫香等混生。常呈灌丛，有时有小面积纯林，鄂西常见大树，多生于阳坡、山谷及荒地。

[习性]　喜光，耐寒，对土壤适应性强。耐干旱瘠薄，萌芽力强。耐烟尘，对有害气体抗性强。抗风性强。

[繁殖与栽培]　播种繁殖或萌芽更新。

[用途]　槲栎叶形奇特，秋叶转红，枝叶丰满，可作庭荫树；若与其它树种混交植风景林，则绿荫森森，极具野趣。可用于工矿区绿化。

槲栎种仁可酿酒制淀粉，叶饲蚕。

榆科　Ulmaceae

落叶乔木或灌木。小枝细，无顶芽。单叶互生，排成 2 列，有锯齿，基部常不对称，羽状脉或 3 出脉；托叶早落。单被花，花小，两性或单性同株，单生或簇生或成短聚伞花序、总状花序；雄蕊 4～8 与花萼同数对生，子房上位，1～2 室，柱头羽状 2 裂。翅果、坚果或核果。种子无胚乳。

本科约 16 属 230 种，主产北温带。我国 8 属 50 余种，遍布全国。

分　属　检　索　表

1. 羽状脉，侧脉 7 对以上
　2. 花两性，翅果，翅在扁平果核周围，常重锯齿 ·················· 榆属
　2. 花单性，坚果，叶缘具整齐的单锯齿 ·················· 榉属
1. 3 出脉，侧脉 6 对以下
　3. 核果球形
　　4. 叶基部常歪斜，侧脉不伸入齿端 ·················· 朴属
　　4. 叶基部不歪斜，侧脉直达齿端 ·················· 糙叶树属
　3. 坚果周围有翅，叶之侧脉向上弯，不直达齿端 ·················· 青檀属

榆属　Ulmus L

乔木，稀灌木。芽鳞色深，栗褐色或紫褐色，花芽近球形。叶多为重锯齿，羽状脉。花两性，簇生或组成短总状花序。翅果扁平，果核周围有薄翅，顶端缺口。

本属约 45 种，分布于北半球。我国约 25 种。

分　种　检　索　表

1. 花在早春展叶前开放，生于去年生枝上
　2. 翅果较小，长 1～2cm，无毛，小枝无木栓翅；具单锯齿 ·················· 白榆

2. 翅果较大，长 2～3.5cm，有毛，小枝常具木栓翅；具重锯齿 ·················· **大果榆**
1. 花在秋季开放，簇生于叶腋 ·· **榔榆**

白榆（家榆、榆树）

[**学名**] Ulmus pumila Linn.

[**形态**] 落叶乔木，高达25m，胸径1m。树冠圆
球形。小枝灰白色，无毛。叶椭圆状卵形或椭圆状披
针形，先端尖或渐尖，基部一边楔形、一边近圆，叶
缘不规则重锯齿或单齿，无毛或脉腋微有簇生柔毛，
老叶质地较厚。花簇生。翅果近圆形，熟时黄白色，无
毛。花3～4月先叶开放；果熟期4～6月。

[**变种与品种**] 龙爪榆（var. pendula Rehd）：小
枝卷曲下垂。华北地区园林栽培供观赏。

[**分布**] 产于我国东北、华北、西北及华东地区，
尤以东北、华北、淮北平原习见。

[**习性**] 喜光，耐寒，可耐－40℃低温，耐旱，年
降雨量不足200mm的地区能正常生长。喜土层深厚、
排水良好，耐盐碱，含盐量0.3％以下可以生长，不耐

图 49 白榆

水湿。生长快，萌芽力强，虫害多，在暖湿环境尤甚。耐修剪。根系发达，抗风、保持水
土能力强。对烟尘和氟化氢等有毒气体抗性强。寿命长可达百年以上。

[**繁殖与栽培**] 播种繁殖。种子随采随播发芽好。苗期应注意修枝以保持树干通直。

[**用途**] 白榆冠大荫浓，树体高大，适应性强，是城镇绿化常用的庭荫树、行道树。是
世界著名的四大行道树之一。列植于公路及人行道。群植于草坪、山坡。常密植作树篱。是
北方农村"四旁"绿化的主要树种，也是防风固沙、水土保持和盐碱地造林的重要树种。

白榆木材坚韧供家具、桥梁、车辆等用。树皮纤维代麻，幼叶、嫩果、树皮可食。叶
可作饲料，种子可榨油。

大果榆（黄榆）

[**学名**] Ulmus macrocarpa Hance.

[**形态**] 落叶乔木，高达10m，胸径30cm。树冠扁球形。树皮灰黑色，小枝常有两条
规则的木栓翅，叶倒卵形或椭圆形、长5～9cm，有重锯齿，质地粗厚，有短硬毛。翅果大、
径2.5～3.5cm，具红褐色长毛。花期3～4月；果熟期5～6月。

[**分布**] 产于我国东北、华北和西北海拔1800m以下地区。喜光，耐寒，稍耐盐碱，可
在含盐量0.16％土壤中生长。耐干旱瘠薄，根系发达，萌蘖性强，寿命长。叶色在深秋变
为红褐色，是北方秋色叶树种之一。材质较白榆好。

榔榆（秋榆）

[**学名**] Ulmus parvifolia Jacq.

[**形态**] 落叶乔木，高达25m，胸径1m。树冠扁球形至卵圆形。树皮绿褐色或黄褐色，
不规则鳞片状脱落；小枝深褐色，幼时有毛。叶窄椭圆形、卵形或倒卵形，先端尖或钝尖，
基部歪斜，单锯齿，质较厚，嫩叶下面有毛、后脱落。翅果椭圆形较小。8～9月开花；10
月果熟。

［分布］　产于我国陕西秦岭北坡海拔 1100m 以下低山区河畔，山西、河南、山东海拔 400m 以下，长江流域以南各省。北京有栽培。

［习性］　喜光稍耐荫。喜温暖湿润气候，能耐—20℃的短期低温，对土壤适应性强，耐干旱瘠薄，山地溪边都能生长。耐湿，萌芽力强，耐修剪，生长速度中等，主干易歪，不通直。耐烟尘，对二氧化硫等有害气体抗性强。寿命长。

［繁殖与栽培］　播种繁殖。

［用途］　榔榆小枝纤垂，树皮斑驳，秋叶转红，具较高的观赏价值，长江流域园林常用。在公园和庭院水池边、草坪一角孤植作庭荫树，列植作行道树、园路树。亭榭、山石旁嵌植效果亦好。做上层树种，与槭类、杜鹃配置则协调得体。抗性强，可作工矿区、街头绿地绿化树种。老根枯干仍萌芽强，是制作树桩盆景的优良材料。

榔榆木材供造船和车辆。根入药、叶作饲料。

榉属　Zaikova Spach

落叶乔木。冬芽卵形。先端不紧贴小枝。羽状脉，桃形锯齿。花单性同株，雄花簇生新枝下部，雌花 1～3 簇生新枝上部。坚果小，上部歪斜无翅。

本属有 6 种，分布于亚洲中部、西部。我国有 4 种。

榉树（大叶榉）

［学名］　Zalkova schneideriana Hand. Mazz.

［形态］　落叶乔木，高达 25m。树冠倒卵状伞形。树干通直，一年生枝密生柔毛。叶椭圆状卵形，先端渐尖，基部宽楔形近圆，桃形锯齿排列整齐，侧脉 10～14 对，上面粗糙，下面密生灰色柔毛，叶柄短。坚果、径约 4mm，歪斜且有皱纹。花期 3～4 月；果熟期 10～11 月。

［分布］　产于我国黄河流域以南，多散生或混生于阔叶林中。垂直分布在海拔 500m 以下丘陵及平原，云南可达海拔 1000m。江南园林习见。

［习性］　喜光略耐荫。喜温暖气候和肥沃湿润的土壤，耐轻度盐碱，不耐干旱瘠薄。深根性，抗风强。幼时生长慢，6～7 年后渐快。耐烟尘，抗污染。寿命长。

［繁殖与栽培］　播种繁殖。种子发芽率较低，清水浸种有利于发芽。苗期应注意修剪以培养树干，否则易出现分叉现象。榉树苗根细长而韧，起苗时应先将四周的根切断再挖取，以免撕裂根皮。园林用 5 年以上大苗。

图 50　榉树

［用途］　榉树树体高大雄伟，盛夏绿荫浓密，秋叶红艳。可孤植、丛植公园和广场的草坪、建筑旁作庭荫树；与常绿树种混植作风景林；列植人行道、公路旁作行道树。居民新村、工厂单位、农村"四旁"绿化都可推广应用，是长江中下游各地的造林树种。新绿娇嫩、萌芽力强是制作树桩盆景的好材料。

榉树木材耐水湿，供高级家具、造船、桥梁等用。树皮是制人造棉和绳索的原料。

朴属 Celtis L

落叶乔木。树皮灰色、深灰色，不裂，老时粗糙，有木栓质瘤状突起。冬芽先端紧贴小枝，卵形。叶中上部以上有单锯齿或全缘，三出脉弧曲向上，不伸出锯齿先端。花杂性同株，雄花生在新枝下部，两性花1～3集新枝上部。核果近球形，果肉味甜。

本属约80种，分布于北温带，热带。我国产21种。

分 种 检 索 表

1. 小枝无毛或幼枝有毛后脱落
  2. 果梗与叶柄近等长，果橙红色。叶先端渐尖、下面沿脉与脉腋疏生毛 ……………… 朴树
  2. 果梗比叶柄长1倍以上，果黑色。叶先端渐长尖
    3. 叶卵形或椭圆状卵形，锯齿浅钝，两面无毛，叶柄长不超过1cm。果黑紫色…… 黑弹（小叶朴）
    3. 叶卵形或菱状卵形，锯齿桃形，仅背面近基部脉腋有毛，叶柄长0.6～1.6cm。果蓝黑色
    …………………………………………………………………………………… 滇朴
1. 小枝、叶下面密生黄褐色绒毛，叶较大 ……………………………………………… 珊瑚朴

朴树（沙朴）

[学名] Celtis sinensis Pers.

[形态] 落叶乔木，高达20m，胸径1m。树冠扁球形。幼枝有短柔毛后脱落。叶宽卵形、椭圆状卵形，先端短渐尖，基部歪斜，中部以上有粗钝锯齿，三出脉，下面沿叶脉及脉腋疏生毛，网脉隆起。核果近球形，橙红色，果梗与叶柄近等长。花期4月；果熟期10月。

[分布] 我国淮河流域、秦岭以南都有分布，常散生于平原及低山丘陵地区，农村习见。

[习性] 喜光稍耐荫。喜肥厚湿润疏松的土壤，耐干旱瘠薄，耐轻度盐碱，耐水湿。适应性强，深根性，萌芽力强，抗风。耐烟尘，抗污染。生长较快，寿命长。

[繁殖与栽培] 播种繁殖。育苗期要注意整形修剪，以养成干形通直、冠形美观的大苗。

[用途] 朴树树冠圆满宽广，树荫浓郁，最适合公园、庭园作庭荫树。也可以供街道、公路列植作行道树。

图51 朴树

城市的居民区、学校、厂矿、街头绿地及农村"四旁"绿化都可用，也是河网区防风固堤树种。亦可作桩景材料。

朴树木材供枕木及建筑用。树皮纤维可造纸制人造棉，果核可榨油。

糙叶树属 Aphananthe Planch

落叶乔木或灌木。叶基部以上有锯齿，三出脉，侧脉直达齿端，单叶互生。花单性，同株，雄花成总状或伞房花序，生于新枝基部；雌花单生于新枝上部。核果近球形，花萼及花柱宿存。

本属有 5 种，分布于东亚及大洋洲。我国有 1 种。

糙叶树（糙叶榆、牛筋树）

［学名］ Aphananthe aspera（Thunb.）
Planch.

［形态］ 落叶乔木，高达 20m，胸径 1m 以
上。树冠圆球形。小枝暗褐色，初被平伏毛，后脱
落。叶卵形，先端渐尖，三出脉，侧脉直伸锯齿先
端，两面有平伏硬毛，粗糙。核果，径 5～8mm。
花期 4～5 月；果熟期 9～10 月。

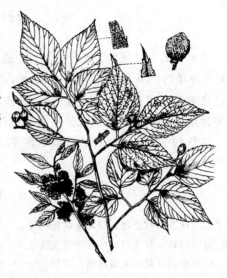

［分布］ 主产我国长江流域及以南地区，多
散生于山区的沟谷、溪流附近。山东青岛崂山下清
宫有千年老树，名曰"龙头榆"，高约 15m，胸径
1.24m，相传为唐代所植。

［习性］ 喜光，略耐荫。喜温暖湿润气候，对
土壤适应性强，在湿润肥沃的酸性土壤中生长良
好。耐烟尘，抗有害气体。寿命长。

图 52　糙叶树

［繁殖与栽培］ 播种繁殖。种子采后须堆放后熟；洗去外果皮阴干，秋播或沙藏至翌
年春播。

［用途］ 糙叶树树干挺拔，冠大荫浓，是优良的庭荫树、池畔的配景树，宜在草坪孤
植或群植于谷地、溪边，浓荫覆地，别有风趣。亦可在工矿区及街头绿地种植。

青檀属　Pteroceltis Maxim

本属仅 1 种，我国特产。

青檀（翼朴）

［学名］ Pteroceltis tatarinowii Maxim.

［形态］ 落叶乔木，高达 20m，胸径 1m 余。树皮薄片状剥落。单叶互生，卵形，3 出
脉，侧脉不达齿端，基部全缘，先端有锯齿，背面脉腋有簇生毛。花单性同株，小坚果周
围有薄翅。花期 4 月；果熟期 8～9 月。

［分布］ 主产我国黄河流域以南。西南地区亦有分布。常生于石灰岩低山区及河流、溪
谷岸边。山东长清灵岩寺有千余年的青檀古树，号称"千岁檀"。

［习性］ 喜光，稍耐荫。耐寒，对土壤要求不严，耐干旱瘠薄，亦耐湿。喜石灰岩山
地。根系发达，萌芽力强，寿命长。

［繁殖与栽培］ 播种繁殖。主干易歪，小苗培育时须注意培养主干。

［用途］ 青檀树体高大，树冠开阔，宜作庭荫树、行道树；可孤植、丛植于溪边、坡
地，适合在石灰岩山地绿化造林。

青檀木材坚硬，纹理直，结构细，可作建筑、家具等用材；树皮纤维优良，为制造著
名的宣纸原料。

桑科 Moraceae

乔木、灌木或藤本，落叶或常绿，通常含乳汁，韧皮纤维发达。单叶互生，稀对生，有托叶。花单性同株或异株，花小、单被，葇荑、头状或隐头花序；雄蕊通常4，与萼片同数，并与之对生，雌花被肉质，构成果实的外部，子房下位1室，胚珠1。聚花果或隐头花序，单果为瘦果、坚果或核果，外面常有宿存的肉质花萼。种子胚多弯曲。

本科约75属1850种，分布于热带、亚热带及温带。我国有16属150余种，主要分布于长江流域及以南。

分 属 检 索 表

1. 葇荑花序或头状花序。枝无环状托叶痕
　2. 叶有锯齿，枝无刺，雄花序是葇荑花序
　　3. 雌雄花序都是葇荑花序。芽鳞3～6 ·························· 桑属
　　3. 雄花序是葇荑花序，雌花序为头状花序。芽鳞2～3 ·········· 构属
　2. 叶全缘或3裂，枝有刺，雌雄花序都为头状 ················· 柘属
1. 隐头花序。枝有环状托叶痕。叶全缘或缺裂，托叶合生 ··········· 榕属

桑属 Morus L

落叶乔木或灌木，无顶芽，芽鳞3～6。叶有锯齿或缺裂，3～5掌状脉；托叶早落。花萼4裂。聚花果卵形或圆柱形，瘦果。

本属约12种，分布于北温带。我国有9种。

桑树（家桑）

[学名] Morus alba Linn.

[形态] 落叶乔木，高达16m，胸径1m。树冠倒卵圆形。叶卵形或宽卵形，先端尖或渐短尖，基部圆或心形，锯齿粗钝，幼树之叶常有浅裂、深裂，上面无毛，下面沿叶脉疏生毛，脉腋簇生毛。聚花果（桑椹）紫黑色、淡红色或白色，多汁味甜。花期4月；果熟期5～7月。

[变种与品种] 龙爪桑（cv. Tortuosa）：枝条自然扭曲。

垂枝桑（cv. Pendula）：枝条下垂。

[分布] 原产我国中部，有约四千年的栽培史，栽培范围广泛，东北自哈尔滨以南；西北从内蒙古南部至新疆、青海、甘肃、陕西；南至广东、广西，东至台湾；西至四川、云南；以长江中下游各地栽培最多。垂直分布大都在海拔1200m以下。

[习性] 喜光，对气候、土壤适应性都很强。耐

图53 桑树

122

寒，可耐−40℃的低温，耐旱，不耐水湿。也可在温暖湿润的环境生长。喜深厚疏松肥沃的土壤，能耐轻度盐碱（0.2%）。抗风，耐烟尘，抗有毒气体。根系发达，生长快，萌芽力强，耐修剪，寿命长，一般可达数百年。个别可达千年。

[繁殖与栽培] 播种、扦插、分根、嫁接繁殖皆可。可根据用途，培育成高干、中干、低干等多种形式，园林上一般采用高干广卵形树冠。

[用途] 桑树树冠丰满，枝叶茂密，秋叶金黄，适生性强，管理容易，为城市绿化的先锋树种。宜孤植作庭荫树，也可与喜阴花灌木配置树坛、树丛或与其它树种混植风景林，果能吸引鸟类，宜构成鸟语花香的自然景观。居民新村、厂矿绿地都可以用，是农村"四旁"绿化的主要树种。其品种可与假山石配置，姿态古雅，饶有情趣。我国自古就有在房前屋后栽种桑树和梓树的传统，故常将"桑梓"代表故土、家乡。

桑树经济价值很高，叶饲蚕，根、果入药，果酿酒，木材供雕刻。茎皮是制蜡纸、皮纸和人造棉的原料。

构树属 Broussonetia L′Her. ex Vent

落叶乔木或灌木。枝叶有乳汁，髓的节部有片状横隔，叶缘有锯齿或缺裂，雌雄异株，雄花序荑荑花序，雌花序头状花序，聚花果球形，熟时橙红色。

本属有 4 种，我国产 3 种。

构树

[学名] Broussonetia papyrifera (L.) L′Her. ex Vent.

[形态] 落叶乔木，高达 16m，胸径 60cm。树皮浅灰色，小枝密被丝状刚毛。叶卵形，叶缘具粗锯齿，不裂或有不规则 2～5 裂，两面密生柔毛。聚花果圆球形，橙红色。花期 4～5 月；果熟期 7～8 月。

[分布] 分布广，北自我国华北、西北，南至华南、西南各省都有分布。

[习性] 喜光。对气候、土壤适应性都很强。耐干旱瘠薄，亦耐湿，生长快，病虫害少，根系浅，侧根发达，根蘖性强，对烟尘及多种有毒气体抗性强。

[繁殖与栽培] 埋根、扦插、分蘖繁殖。

[用途] 构树枝叶茂密，适应性强，可作庭荫树及防护林树种，是工矿区绿化的优良树种。在城市行人较多处宜种植雄株，以免果实之污染。在人迹较少的公园偏僻处、防护林带等处可种植雌株，聚花果能吸引鸟类觅食，以增添山林野趣。

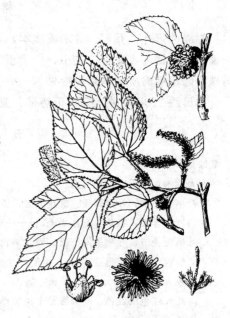

图 54 构树

柘属 Cudrania Trec

乔木、灌木或攀援性，常有枝刺。缺顶芽，叶羽状脉，全缘或 3 裂，托叶小。雌雄异株，皆为头状花序，腋生，聚花果球形、肉质，单果是瘦果。

本属约 10 种，产于东亚、澳洲等地。我国有 8 种。

柘树（柘刺、柘桑）

[学名] Cudrania tricuspidata（Carr.）Bur.

[形态] 落叶小乔木，高 10m，常呈灌木状。树皮薄片状剥落。叶卵形或倒卵形，全缘，有时 3 裂。聚花果桔红色或橙黄色，球形表面皱缩，肉质。花期 5～6 月；果熟期9～10月。

[分布] 主产我国华东、中南及西南各地，华北除内蒙古外都有分布。山野路边常见。

[习性] 喜光亦耐荫。耐寒，喜钙土树种，耐干旱瘠薄，多生于山脊的石缝中，适生性很强。生于较荫蔽湿润的地方，则叶形较大，质较嫩；生于干燥瘠薄之地，叶形较小，先端常 3 裂。根系发达，生长较慢。

[繁殖与栽培] 播种或扦插繁殖。

[用途] 柘树叶秀果丽，适应性强，可在公园的边角、背阴处、街头绿地作庭荫树或刺篱。繁殖容易、经济用途广泛，是风景区绿化荒山、荒滩保持水土的先锋树种。

柘树木材坚硬，供细木工用。树皮纤维是造纸、纺织或绳索原料。叶饲蚕、果鲜食酿酒，根皮入药。

榕属 Ficus L

常绿稀落叶，乔木、灌木或藤本，常有气根。托叶包住幼芽，小枝有环状托叶痕。叶全缘，稀有锯齿或缺裂。花小，生于顶端开口中空的肉质花序托内，形成隐头花序，雌雄同株。隐花果肉质，单果为瘦果。

本属约 1000 余种，分布于热带、亚热带地区。我国约 120 种。

分 种 检 索 表

1. 常绿乔木或灌木
  2. 高大乔木，有不定根或气根
    3. 叶柄有关节，叶薄革质。隐花果大，径约 10cm；叶三角状卵形、先端长尾尖、基部浅心形，叶柄与叶片等长或更长，全体无毛 ⋯⋯⋯⋯⋯⋯⋯⋯⋯⋯⋯⋯⋯⋯⋯⋯⋯ 菩提树
    3. 叶柄无关节，叶革质厚革质。隐花果较小
      4. 叶较小，长不超过 10cm，革质；叶椭圆状卵形倒卵形，侧脉 5～6 对 ⋯⋯⋯⋯ 榕树
    4. 叶较大，长 8～30cm，厚革质
      5. 托叶红色淡红色，叶椭圆形至矩圆形，羽状脉、有多数平行细脉，长 10～30cm，基部钝圆 ⋯⋯⋯⋯⋯⋯⋯⋯⋯⋯⋯⋯⋯⋯⋯⋯⋯⋯⋯⋯⋯⋯⋯⋯⋯⋯⋯⋯⋯⋯ 印度胶榕
      5. 托叶外有灰色短柔毛，叶宽椭圆形至卵状椭圆形，三出脉、侧脉约 4～5 对，基部圆或近心形 ⋯⋯⋯⋯⋯⋯⋯⋯⋯⋯⋯⋯⋯⋯⋯⋯⋯⋯⋯⋯⋯⋯⋯⋯⋯⋯⋯ 高山榕
  2. 藤本，借气根攀援。叶卵状椭圆形，先端钝，革质，叶基三出脉，全缘。隐花果较大，径约 3.5cm，梨形，单果 ⋯⋯⋯⋯⋯⋯⋯⋯⋯⋯⋯⋯⋯⋯⋯⋯⋯⋯⋯⋯⋯⋯⋯⋯⋯⋯⋯⋯ 薜荔
1. 落叶乔木或小灌木
  6. 小乔木或灌木状，无气根。叶缘粗钝锯齿，叶 3～5 裂，叶面粗糙有短硬毛，下面有短绒毛，掌状脉 ⋯⋯⋯⋯⋯⋯⋯⋯⋯⋯⋯⋯⋯⋯⋯⋯⋯⋯⋯⋯⋯⋯⋯⋯⋯⋯⋯⋯ 无花果

6. 大乔木，有气根，全体无毛。叶全缘，薄革质，矩圆形或矩圆状卵形，基部心形或圆，羽状脉，侧脉7～10 ·· 黄葛树

榕树（细叶榕、正榕）

[学名] Ficus retusa Linn.

[形态] 常绿大乔木，高达 30m，胸径可达2.8m。树冠广卵形、庞大。气根纤细下垂，渐次粗大，下垂及地，入土成根，复成一干，形似支柱。叶椭圆状或卵形、倒卵形，长4～8cm，先端钝尖，基部楔形，全缘，羽状脉5～6 对，上下两面细脉不明显，叶柄短，叶薄革质、光滑无毛。隐花果腋生，扁球形，径约 8mm，黄色或淡红色，熟时暗紫色。花期5月；果熟期7～12月。

图 55 榕树

[分布] 我国福建闽江以南，台湾、江西赣州以南，广东、广西、云南东南部，浙江南部，海南岛等都有分布。野生在山麓疏林、灌丛中或平原的村边、路旁。

[习性] 喜光、亦能耐荫。喜暖热、多雨气候，不耐寒。在湿润肥沃的酸性土壤中生长较快。干上的气生根，在湿热环境中可下垂入土生根，形成独木成林的雄壮景观。萌芽力强，抗污染，耐烟尘，抗风，病虫害少。深根性，适生性强，生长快，寿命长。

[繁殖与栽培] 播种或扦插繁殖，也可分蘖繁殖。大枝扦插易成活。

[用途] 榕树树冠宽广，枝叶稠密，浓荫覆地，气根纤垂，独木成林，姿态奇特古朴；是华南地区优良的庭荫树、行道树。公园、庭园、街头、居民新村、单位、工厂绿化种植都能取得良好的效果。抗污染、管理简便，是我国南亚热带城市园林的特色树种。宜制作盆景。

黄葛树（黄桷树、大叶榕）

[学名] Ficus Lacor Buch-Ham.

[形态] 落叶乔木，高 15～26m，胸径 3～5m。树冠广卵形。单叶互生，叶薄革质，长椭圆形或卵状、椭圆形、长 8～16cm，全缘，叶面光滑无毛，有光泽。隐花果近球形、径 5～8mm，熟时黄色或红色。

[分布] 产于我国华南、西南，多生于溪边及疏林中，耐寒性较榕树稍强，在川西栽培最佳，宅旁、桥畔、路侧随处可见，新叶展放后鲜红色的托叶纷纷落地，甚为美观。是当地最常用的庭荫树、行道树之一。是重庆直辖市市树。

无花果（蜜果、映日果）

[学名] Ficus carica L.

[形态] 落叶小乔木，高达 10m，常呈灌木状。枝粗壮。叶宽卵形近圆，基部心形或截形，3～5 裂，锯齿粗钝或波状缺刻，上面有短硬毛粗糙，下面有绒毛。隐花果梨形、径约 5～8cm，绿黄色，熟后黑紫色，味甜有香气，可食。一年可多次开花结果。

[分布] 原产于地中海沿岸、西南亚地区。我国引种历史悠久，长江流域及以南较多，

新疆南部栽培也盛。

[习性] 喜光，耐荫。喜温暖气候，不耐寒，冬季-12℃时小枝受冻。对土壤适应性强，喜深厚肥沃湿润的土壤，耐干旱瘠薄。耐修剪，2～3龄开始结果，6～7龄进入盛果期，抗污染，耐烟尘。根系发达，生长快，病虫少，寿命可达百年以上。

[繁殖与栽培] 扦插、分蘖、压条繁殖极易成活。通常用一年生枝扦插繁殖，翌年即可结果。

[用途] 无花果果味甜美，栽培容易，是园林结合生产的理想树种。公园隙地、居民新村、单位、厂矿、街头绿地、宅前屋后都可种植，既可点缀景色、绿化环境，又有隐花果供观赏、食用。

无花果果实营养丰富，可鲜食或糖渍制罐头、蜜饯。

图 56 黄葛树

薜荔（木莲）

[学名] Ficus pumila L.

[形态] 常绿藤本，借气根攀援，含乳汁。小枝有褐色绒毛。叶二型，营养枝上的叶薄而小，长约2.5cm或更短，叶心状卵形，几乎无柄；生殖枝上的叶椭圆形，长4～10cm，全缘，基部三出脉，厚革质，背面网脉隆起成蜂窝状，叶柄短。隐花果梨形或倒卵形，单生叶腋，暗绿色有白色斑点。花期4月；果熟期9月。

[分布] 产于我国华东中南部、华南和西南地区，自然野生于丘陵山麓和平原。常依附墙垣、岩石和树木上。

[习性] 耐荫。喜温暖湿润气候，耐旱，不耐寒。喜肥沃的酸性土，适应性强。

[繁殖与栽培] 播种、扦插、压条繁殖。也可以移植野生植株，成活容易，小苗须遮荫。

图 57 无花果

[用途] 薜荔叶深绿，有光泽，凌冬不凋，攀援墙面，覆盖假山石、岩石，攀援树干均郁郁葱葱，别有情趣。如与落叶观花藤本配置则四季绿叶、花果并茂，观赏效果更好。

薜荔果胶可制食用凉粉，根、茎、叶、果入药，茎皮纤维制人造棉、造纸。

山龙眼科　Proteaceae

乔木或灌木。单叶互生，稀对生或轮生，全缘或分裂，无托叶。花两性或单性，排成总状至头状花序；单被花，花萼花冠状，4裂，雄蕊4，与花萼裂片对生，常着生其上；单心皮，子房1室，胚珠1～多枚，花柱单一。坚果、核果、蒴果或蓇葖果，种子扁平，常有翅，无胚乳。

　　本科有 60 属，1300 种，产于南非、大洋洲，少数产于东亚和南美。我国产 2 属 21 种，引入 1 属 1 种。

银桦属　Grevillea R. Br

　　乔木或灌木。花两性，不整齐，子房有柄。蓇葖果。

　　本属约 200 种，主产大洋洲，我国引入栽培 1 种。

银桦

　　[学名]　Grevillea robusta A. Cunn.

　　[形态]　常绿乔木，原产地高可达 40m，胸径 1m。树冠圆锥形。幼枝、芽及叶柄上密被锈褐色绒毛。单叶互生，叶 2 回羽状深裂、裂片 5～10 对，近披针形，长 5～10cm，边缘外卷，叶背密生银灰色绢毛。总状花序，花橙黄色，未开放时呈弯曲管状、长约 1cm。蓇葖果有细长花柱宿存。花期 5 月；果熟期 7～8 月。

　　[分布]　原产大洋洲，我国主要在南部及西南部引种栽培，是昆明主要的行道树种之一。

　　[习性]　喜光，喜温暖、凉爽的环境，不耐寒，昆明 1975 年 12 月寒潮时（−4.9℃），枝条普遍受到冻

图 58　银桦

害，过分炎热气候亦不适应。对土壤要求不严，但在质地粘重、排水不良及偏碱性土中生长不良。耐一定的干旱和水湿，根系发达，生长快，对有害气体有一定的抗性，耐烟尘，少病虫害。在原产地寿命长。

　　[繁殖与栽培]　播种繁殖。移植时须带土球，并适当疏枝、去叶，减少蒸发，以利成活。

　　[用途]　银桦树干通直，高大伟岸，宜作行道树、庭荫树；亦适合农村"四旁"绿化，宜低山营造速生风景林、用材林。

　　银桦木材呈淡红色，粗硬，有弹性，可供建筑、家具、车辆等用，也是良好的蜜源植物。

毛茛科　Ranunculaceae

　　草本，稀为木质藤本和灌木。单叶，掌状或羽状分裂，或为复叶，互生或对生，无托叶。花两性，稀单性，辐射对称或两侧对称。花单生或组成聚伞花序、总状花序和圆锥状花序。花托通常凸起；花被 1 或 2 轮；花萼 3～多数，有时花瓣状；花瓣 2～5 或较多，有时无；雄蕊多数，离生，螺旋状排列；心皮通常多数，稀退化为 1，分离或部分连合，1 室，有 1 个或多数胚珠。聚合蓇葖果或聚合瘦果，稀为浆果或蒴果。

　　本科约 48 属，2000 种，主产于北温带。我国约产 40 属，600 种，各地均有分布。

芍药属 Paeonia Linn.

宿根草本或落叶灌木。芽大，具芽鳞数枚。2～3回3出复叶或羽状复叶，互生，纸质或革质，小叶全缘或深裂。花大而美丽，单生或数朵，红色、白色、黄色或紫红色；萼片5，绿色，覆瓦状排列，宿存；雄蕊多数；心皮2～5，离生。蓇葖果成熟时开裂，具数枚大粒种子。

本属约40种，产于北半球。我国产15种，多数均花大而美丽，为著名观花植物，兼作药用。

牡丹（富贵花、洛阳花、木本芍药）

［学名］ Paeonia suffruticosa Andr.

［形态］ 落叶灌木，高达2m。枝粗壮。2回3出复叶，小叶广卵形至卵状长椭圆形，先端3～5裂，基部全缘，背面有白粉，平滑无毛。花单生枝顶，大型，径10～30cm，有单瓣和重瓣，花色丰富，有紫、深红、粉红、白、黄、豆绿等色，极为美丽；雄蕊多数，心皮5枚，有毛，其周围为花盘所包，花期4月下旬～5月；9月果熟。

［变种与品种］ 矮牡丹（var. spontanea Rehd.）：植株较低矮，高0.5～1m，叶背及叶轴有短柔毛。花白色或浅灰色，单瓣，径约10cm。特产于我国陕西延安一带山坡疏林中。

图59 牡丹

紫斑牡丹（var. papaveracea Baily.）：花大，径约12～15cm，粉红、紫红色，花瓣内面基部具有深（黑）紫晕。又称秋水洛神、绛纱笼玉。主产于我国陕西秦岭北坡疏林中。

品种丰富，有记载者约300余种。常根据花瓣自然增加和雄蕊瓣化作为牡丹花型分类的第一级标准，形成3类11个花型：

（一）单瓣类

花瓣宽大，1～3轮，雌、雄蕊正常。

（1）单瓣型：特征同上。

（二）千层类

花瓣多轮，由外向内逐渐变小；无内外瓣之分，雄蕊生于雌蕊四周，雌蕊正常或瓣化，全花扁平。

（2）荷花型：花瓣4轮以上，雌、雄蕊正常。

（3）菊花型：花瓣多轮，雄蕊减少，雌蕊有瓣化现象。

（4）蔷薇型：花瓣极多，雄蕊全部消失，雌蕊全部退化或瓣化。

（5）千层台阁型：无内外瓣之别，但中部夹有一轮"台阁瓣"或雌蕊痕迹。

（三）楼子类

外瓣1～3轮，雄蕊部分或全部瓣化，雌蕊正常或瓣化，全花中部高起。

（6）金蕊型：外瓣明显，花药变大，花丝变粗，花心呈鲜明之金黄色，雌蕊正常。

（7）托桂型：外瓣明显，雄蕊瓣化或细长，集成半球形；雌蕊正常。

（8）金环形：外瓣明显，近花心部分雄蕊瓣化，内外瓣间残留一圈正常雄蕊。

（9）皇冠型：外瓣明显，雄蕊全部瓣化，且中部高出，或在"雄蕊变瓣"中杂有不完全之雄蕊；雌蕊正常或瓣化。

（10）绣球型：内外瓣大小相似；雌、雄蕊全部瓣化；全花成球形。

（11）楼子台阁型：外瓣、内瓣有显著差别，内外瓣间或内瓣间夹有"台阁瓣"和雌蕊痕迹。

［分布］ 原产我国西部及北部，栽培历史很久。目前以山东菏泽、河南洛阳、北京等地最为著名；秦岭、嵩山等地有野生。

菏泽古称"曹州"，是我国著名的牡丹之乡，也是世界上最大的牡丹生产基地和观赏中心。栽培牡丹在菏泽已有 800 年的历史。菏泽现有牡丹面积两万余亩，形成三类，六型，八大色系，总共 600 多个品种。三类是单瓣类、重瓣类和千瓣类；六型是葵花型、荷花型、玫瑰花型、平头型、皇冠型和绣球型；八大色系包括黑、白、黄、绿、红、紫、蓝、粉。各类型牡丹都有自己的名贵品种。素有"曹州牡丹甲天下"之称。

［习性］ 喜光，稍遮荫生长最好；忌夏季曝晒，花期适当遮荫可使色彩鲜艳并可延长开花时间。较耐寒，喜凉爽，畏炎热；喜深厚肥沃而排水良好之砂质壤土，在粘重、积水或排水不良处易烂根以至死亡；较耐碱，在 pH8 处仍可正常生长。根系发达，肉质肥大，生长缓慢，1～2 年幼苗生长尤慢，第三年开始加快，每年新枝生长 10～30cm，上具 2～4 个芽。花期后枝条的延长生长停止。开花时间约 10d 左右。花芽形成很早，6～7 月开始分化，至 8 月下旬即已初步完成，并继续增大。牡丹寿命长，50～100 年以上大株各地均有发现。老株经过更新复壮，仍可开花繁茂。

［繁殖与栽培］ 分株、嫁接和播种繁殖：

1. 播种繁殖

主要为繁育新品种。9 月种子成熟时采下即播。一般秋播当年只生根，第二年才出苗且发芽整齐。如管理得当 4～5 年生可开花。

2. 分株繁殖

是应用最广的一种繁殖方法。其关键是要掌握适宜的分株季节。综合各地经验，牡丹分株和移植最宜于 9 月～10 月上旬进行。在土壤封冻以前和早春虽也能进行，但往往生长不良或成活率降低。

3. 嫁接繁殖

大量繁殖时常用，尤其对一些发枝力弱的名贵品种更有特殊意义。砧木通常用牡丹和芍药的肉质根。根砧选粗约 2cm、长 15～20cm，且带有须根的肉质根为好。实践证明用牡丹根作砧繁殖之植株虽初期生长较慢，但接穗基部较易发根，萌蘖较多，有利于以后分株，且寿命较长。为使一株能开出不同类型的花来，可在牡丹的茎枝上嫁接不同品种的接穗，砧木要健壮，接穗以根颈部萌发的一年生枝条为好。嫁接一般都在牡丹和芍药分株、移栽和采根时进行，即 9 月～10 月上旬。粗根多用嵌接法，细根宜用劈接法。接后涂泥并立即栽植。用牡丹植株作砧嫁接的不必挖起，砧木由地面以上 3～4cm 处剪断即可进行。

栽培牡丹最重要的问题是选择和创造适合其生长的环境条件。其管理主要包括以下几个方面：

1. 一般管理

山东荷泽的花农在一年中锄地 4～8 次，以增加土壤的通气和保水抗旱能力。牡丹的生长和开花都集中在春季。此时水分和养分的消耗很大，故花期前后的水肥充分供应是很重要的。灌水后应及时中耕。施肥通常一年三次；秋季落叶后施基肥，早春萌芽后施腐熟之粪肥和饼肥，花期后再追施一次磷肥和饼肥。

2. 整形和修剪

一般在 3～4 月间，芽已萌发生长 3～6cm 时刨开植株根部表土将多余蘖苗一次除之。因为这种蘖苗当年不能开花，却消耗大量养分。此外，牡丹开花以后，其花枝上部并不木质化，也无继续生长的腋芽，故落叶后即行干枯，应于冬、春剪除。为使树形美观和花大，还应适当进行分枝短剪或疏剪，使每一花枝保留 1～2 个花芽即可。

3. 病虫害防治

主要病虫害有：黑斑病，发生时叶上出现黄黑斑点，继而发展至全叶枯焦脱落。腐朽病，发病处先出现灰色毛苔，渐次引起植株腐朽而死。根腐病，使植株生长停止。此外还有茎腐病、紫纹羽病、叶斑病、锈霉病等。这些病害的防治方法主要是及时挖出病株和剪除染病部分，并用火烧灭之，或喷洒波尔多液。在栽植前用硫酸 1/100 溶液消毒，以及进行园地清扫，更换新土等等。虫害有土蚕、天牛、介壳虫等，可用杀虫剂毒杀或人工捕杀。

[用途]　牡丹花大而美丽，色香俱佳，被誉为"国色天香"、"花中之王"，牡丹为我国特产名花，在我国有 1500 多年的栽培历史。目前是我国国花的强有力的候选树种。在园林中常用作专类园，供重点美化区应用，又可植于花台、花池观赏。而自然式孤植或丛植于岩坡草地边缘或庭院等处点缀，常又获得良好的观赏效果。此外，还可盆栽作室内观赏和切花瓶插等用。

牡丹根皮（丹皮）供药用，为镇痉药，能凉血散淤，治中风、腹痛等症。叶可作染料，花可食用，还可提炼香精。

小檗科　Berberidaceae

灌木或多年生草本。单叶或复叶互生，稀对生或基生。花两性，整齐，单生或组成总状、聚伞或圆锥花序；花萼花瓣相似，2～多枚，每轮 3 枚；雄蕊与花瓣同数，并与其对生，稀为其 2 倍，子房上位 1 室，胚珠倒生，浆果或蒴果。

本科有 12 属约 650 余种，分布于北温带、热带高山和南美。我国约 11 属 200 种，各地都有分布。本科植物观赏价值较高，可观叶、果、花等，园林用途广泛。

分 属 检 索 表

1. 单叶，枝有针状刺 ·· 小檗属
1. 羽状复叶，枝无刺
2.1 回羽状复叶，小叶缘有刺齿 ································ 十大功劳属
2.2～3 回羽状复叶，小叶全缘 ······························ 南天竹属

小檗属　Berberis Linn.

落叶或常绿灌木，稀小乔木。枝常有刺，内皮层和木质部都为黄色。单叶互生，在知

枝上簇生。花黄色，单生、簇生或总状、伞形、圆锥花序，萼片6~9，花瓣6，基部有腺体，胚珠1~多数。浆果红色和黑蓝色，种子1~多枚。

本属约500种。我国约200种，多分部于西部、西南部。

分 种 检 索 表

1. 常绿灌木，枝有棱，灰黄色，3叉刺坚硬。叶硬革质，椭圆形至倒披针形，刺状锯齿10~20，花10~30朵簇生 ·· **蠔猪刺**
1. 落叶灌木，叶全缘
 2. 叶倒卵形或匙形，长0.5~2cm，伞形花序簇生状，刺细小很少分3叉 ············· **日本小檗**
 2. 叶倒披针形，长2~4.5cm，总状花序，刺短小不分叉 ······························· **细叶小檗**

日本小檗（小檗）

[学名] Berberis thunbergii DC.

[形态] 落叶灌木，高2~3m。幼枝紫红色，老枝灰紫褐色有槽。刺细小单一，很少分3叉。叶倒卵形或匙形，长0.5~1.8cm，全缘，两面叶脉不明显。伞形花序族生状，花黄色，花冠边缘有红晕。浆果红色，花柱宿存。种子1~2。花期5月；果熟期9月。

[变种与品种] 紫叶小檗 （var. atropurpurea Chenault.）：叶色常年紫红。

[分布] 原产于我国东北南部、华北及秦岭，日本亦有分布。多生于海拔1000m左右的林缘或疏林空地。各大城市有栽培。

[习性] 喜光，略耐荫。喜温暖湿润气候，亦耐寒。对土壤要求不严，喜深厚肥沃排水良好的土壤，耐旱。萌芽力强，耐修剪。

[繁殖与栽培] 分株、播种或扦插繁殖。变种紫叶小檗，需光照充足，不宜隐蔽处栽培，否则叶色不艳。定植应施基肥，强修剪。植篱应注意修剪。

图60 日本小檗

[用途] 日本小檗春日黄花簇簇，秋日红果满枝。宜丛植草坪、池畔、岩石旁、墙隅、树下，可观果、观花、观叶，亦可栽作刺篱。紫叶小檗可盆栽观赏，是植花篱、点缀山石的好材料。果枝可插瓶，根、茎入药。

十大功劳属 Mahonia Nutt.

常绿灌木，无刺。奇数羽状复叶互生，小叶边缘具刺齿。总状花序数条簇生，花黄色有梗，萼片9，花瓣6，花药瓣裂，胚珠少数。浆果深蓝色有白粉。

本属约100种，分布于亚洲、美洲。我国约40种。

分 种 检 索 表

1. 小叶5~9枚，狭披针形、缘有刺齿6~13对 ·· **十大功劳**

阔叶十大功劳（土黄柏）

[学名] Mahonia bealei (Fort) Carr.

[形态] 直立丛生灌木，高 2m，全体无毛。小叶 9～15，卵形、卵状椭圆形，每边有 2～5 枚刺齿，厚革质，上面深绿色有光泽，下面黄绿色，边缘反卷，侧生小叶，基部歪斜。花黄色有香气，花序 6～9 条。果卵圆形。花期 9～3 月；果熟期 3～4 月。

[分布] 产于我国秦岭以南，多生于山坡、山谷之林下、林缘多石砾处。各地多栽培。

[习性] 喜光，较耐荫。喜温暖湿润气候，不耐寒，华北各地盆栽。喜深厚肥沃的土壤，一般土壤都能适应。耐干旱稍耐湿。萌蘖性强。对二氧化硫抗性较强，对氟化氢敏感。

[繁殖与栽培] 播种、分株、扦插繁殖。幼苗生长慢，须遮荫管理，移植容易成活。应及时疏剪枯枝、残花，以保持植株整洁。

图 61　阔叶十大功劳

[用途] 阔叶十大功劳叶形奇特，树姿典雅，花果秀丽，是观叶树木中的珍品。常配置在建筑的门口、窗下、树荫前，用粉墙作背景尤美，也可装点山石、岩隙、溪边、厂矿、居民新村。适合作下木，分割空间。

阔叶十大功劳根、茎入药；茎含小檗碱可提取黄连素。

南天竹属　Nandina Thunb.

本属仅 1 种。

南天竹（天竺）

[学名] Nandina domestica Thunb.

[形态] 常绿灌木，高 2m。2～3 回羽状复叶，互生，总叶柄基部有褐色抱茎的鞘，小叶全缘革质，椭圆状披针形，先端渐尖，基部楔形，无毛。圆锥花序顶生，花小白色，花序长 13～25cm。浆果球形，熟时红色。花期 5～7 月；果熟期 9～10 月。

[变种与品种] 玉果南天竹（var. leucocarpa Thunb.）：果黄绿色。

[分布] 产于我国，陕西、江苏、安徽、湖北、湖南、四川、江西、浙江、福建、广西等省区皆有分布。秦岭南坡海拔 1000m 山坡灌丛或山谷旁有野生，日本亦有。国内外庭园普遍栽培。

[习性] 喜半荫，阳光不足生长弱，结果少，烈日曝晒时嫩叶易焦枯。喜通风良好的湿润环境。不耐严寒，黄河流域以南可露地种植。喜排水良好的肥沃湿润土壤，是钙质土的指示植物。耐微碱性土壤，不耐贫瘠干燥。生长较慢，实生苗须 3～4 年才开花。萌芽力强，萌蘖性强，寿命长。

[繁殖与栽培] 分株，亦可播种繁殖。种子宜随采随播或沙藏，种子后熟期长，需经

过 120d 左右萌发。幼苗忌曝晒,应注意施肥、修剪枯弱枝,以保持株形美观。干旱季节应浇水。若分株过多,影响结果,须疏剪。花期值雨水较多的梅雨季节,往往影响授粉而结实少。

[**用途**] 南天竹秋冬叶色红艳,果实累累,姿态清丽,可观果、观叶、观姿态。丛植建筑前特别是古建筑前,配置粉墙一角或假山旁最为协调;也可丛植草坪边缘、园路转角、林荫道旁、常绿或落叶树丛前。常盆栽或制作盆景装饰厅堂、居室、布置大型会场。枝叶或果枝配腊梅是春节插花佳品。根、叶、果入药。

图 62 南天竹

木兰科 Magnoliaceae

常绿或落叶,乔木或灌木。单叶互生,全缘,稀分裂。托叶大,包被幼芽,脱落后在枝上留有环状托叶痕,或同时在叶柄上留有疤痕。花大,通常两性,单朵顶生或腋生。萼片 3,常花瓣状,花瓣 6 或更多,覆瓦状排列,雄蕊多数螺旋状排列在柱状花托的下部,离心皮雌蕊多数螺旋状排列在花柱上部。聚合菁葖果,种子大,稀为聚合翅状小坚果,熟时脱落。胚富含油脂。

本科约 14 属 250 种,分布于亚洲东部和南部、北美的温带至热带。我国约 11 属 90 余种,主产东南部至西南部。是我国亚热带常绿阔叶林的重要组成树种。本科植物花大、美丽、芳香,多用作庭园观赏。

分 属 检 索 表

1. 聚合菁葖果;叶全缘,稀先端凹缺
 2. 花单生枝顶,雌蕊群无柄或稀有极短柄 ·················· **木兰属**
 2. 花单生叶腋,雌蕊群有柄 ························· **含笑属**
1. 聚合带翅坚果;叶先端截形,两侧有裂片 ················· **鹅掌楸属**

木兰属 Magnolia L.

常绿或落叶,乔木或灌木。单叶互生,全缘,稀先端 2 浅裂。花两性,单生枝顶;花被片 9～21,近相等,有时外轮花被较小,绿色萼片状,雌蕊群无柄,胚珠 2。菁葖果背缝开裂。种子 1～2,外种皮鲜红色含油分,成熟时悬挂于丝状种柄上。

本属约 90 种,分布于北美和亚洲,我国约 30 余种。

分 种 检 索 表

1. 花先叶开放或与叶同放,聚合菁葖果部分发育,菁葖先端圆。落叶性
 2. 花先叶开放
 3. 花被片 9、白色。乔木。叶宽倒卵形、倒卵状椭圆形,先端宽圆或平截,有突尖的小尖头

··· **玉兰**

    3. 花被片 6～9、淡紫红色，外轮 3 片常较短或稍短。小乔木或灌木状，叶倒卵形先端短急尖

··· **二乔玉兰**

  2. 花与叶同放，花被片9，外轮 3 片萼片状，披针形绿色。叶椭圆形 ················· **紫玉兰**

1. 花不先叶开放，聚合蓇葖果全部发育，蓇葖先端呈鸟喙状尖头。常绿或落叶

   4. 常绿

     5. 乔木。叶柄无托叶痕，叶下面密被锈褐色毛。花大，径 15～20cm，花梗直立 ········· **荷花玉兰**

     5. 灌木或小乔木。托叶痕达叶柄顶端，全株无毛。花小，径 3～4cm，花梗向下弯垂，花白色，夜间

      极香 ··· **夜香木兰**

   4. 落叶小乔木。托叶痕长为叶柄的 1/2。叶宽倒卵形，背面苍白色，有白色或褐色短毛，沿叶脉有白色

    长绢毛。花 5～6 月与叶同放，白色，芳香 ·· **天女花**

玉兰（白玉兰、望春花）

   [学名] Magnolia denudata Desr.

   [形态] 落叶乔木，高达 20m。树冠卵圆形。树皮深灰色，老时粗糙开裂。花芽大，顶生，密被灰黄色长绢毛。叶宽倒卵形，先端宽圆或平截，有突尖的小尖头，叶柄有柔毛。花先叶开放，花大，单生枝顶，径 12～15cm，白色芳香，花被片9，花萼花瓣相似。聚合蓇葖，果圆柱形。木质褐色，成熟后背裂露出红色种子。花期 3～4 月；果熟期 8～9 月。

图 63 白玉兰

   [变种与品种] 二乔玉兰（M. soulangeana Soul. Bod.）：为玉兰和紫玉兰的杂交种。落叶小乔木或灌木状，高 6～10m。叶形介于二者之间。花大而芳香，花瓣6，外面多少淡紫红色，内面白色，萼片 3，花瓣状稍短。早春叶前开花，园艺品种较多。较玉兰、紫玉兰更为耐寒、耐旱。

   [分布] 我国安徽大别山海拔 1200m 以下，浙江天目山海拔 500～1000m，江西庐山海拔 1000m 以下，湖南衡山海拔 900m 以下，广东北部海拔 800～1000m 有野生。唐代起已栽培，北京及黄河流域以南至西南各地普遍栽植。玉兰是上海市市花。

   [习性] 喜光，稍耐荫。较耐寒，能耐－20℃低温。喜肥、喜深厚、肥沃、湿润及排水良好的中性、微酸性土壤，微碱土亦能适应。根系肉质，易烂根，忌积水低洼处。不耐移植，不耐修剪，抗二氧化硫等有害气体能力较强。生长缓慢，寿命长。花期对温度敏感，昆明 12 月即开，广州 2 月，上海 3 月下旬，北京则要 4 月中旬才开放。

   [繁殖与栽培] 播种、嫁接或压条繁殖。种子须及时搓去红色假种皮后沙藏，幼苗须遮荫，北方冬季须防寒。嫁接繁殖开花早，用紫玉兰为砧木。移植以春季花谢后或仲秋（9 月）为好，带土球，一般不修剪。定植或落叶后需施基肥，花前施有机肥可促使花大而香浓。

   [用途] 玉兰花大清香，亭亭玉立，为名贵早春花木，古时曰"玉堂富贵"中的"玉"即是指玉兰，深受群众喜爱。唐代即人工栽培于庭园。最宜列植堂前，点缀中堂。园

林中常丛植于草坪、路边、亭台前后，漏窗、洞门内外，构成春光明媚的春景，若其下配置山茶等花期相近的花灌木则更富诗情画意。若与松树配置、再置数块山石，亦觉古雅成趣。花枝可瓶插。花蕾入药，花可提取香精。

紫玉兰（辛夷、木笔、木兰）

［学名］ Magnolia liliflora Desr.

［形态］ 落叶灌木，高 3m。树皮灰褐色，小枝紫褐色。顶芽卵形，中间有溢缩，外有黄褐色绢毛。叶椭圆形，先端渐尖，下面沿脉有短柔毛，托叶痕长为叶柄的一半。花叶同放；花杯形，外面紫红色，内面白色，花萼绿色披针形。聚合果圆柱形淡褐色。花期 4 月；果熟期 8～9 月。

［分布］ 原产我国湖北、四川、云南，现长江流域各省广为栽培。北京小气候条件适宜处可露地种植。

［习性］ 喜光，幼时稍耐荫。不耐严寒，在肥沃湿润的微酸性和中性壤土中生长最盛。根系发达，萌蘖强，较玉兰耐湿能力强。

［繁殖与栽培］ 扦插、压条、分株或播种繁殖。

图 64 紫玉兰

［用途］ 紫玉兰的花"外烂烂似凝紫，内英英而积雪"，花大而艳，是传统的名贵春季花木。可配置在庭园的窗前和门厅两旁，丛植草坪边缘，或与常绿乔、灌木配置。常与山石配小景，与木兰科其他观花树木配置组成玉兰园。

紫玉兰花蕾、树皮入药，花可提芳香浸膏。

广玉兰（荷花玉兰、洋玉兰）

［学名］ Magnolia grandiflora Linn.

［形态］ 常绿乔木，高达 30m。树冠阔圆锥形。树皮灰褐色，大树薄鳞片状开裂。叶厚革质，倒卵状长椭圆形，先端钝，表面光泽，背面密被锈褐色绒毛，叶缘反卷波状。花大形似荷花，白色芳香，花被片 9～12、肉质。聚合果肉质，密被黄褐色绒毛。花期 5～6 月；果熟期 10 月。

［变种与品种］ 狭叶广玉兰（var. lanceolata Ait.）：叶较狭窄，椭圆状披针形，背面锈色毛较少。

［分布］ 原产北美洲东南部，生于河岸的湿润环境。我国 19 世纪末引入，现长江流域以南有栽培。

［习性］ 喜光，幼时耐荫。喜温暖湿润气候，

图 65 广玉兰

稍耐寒，能耐短暂的 −19℃ 低温。对土壤要求不严，适生于湿润肥沃的土壤，故在河岸、湖畔处生长好，但不耐积水，不耐修剪。在建筑煤渣混杂的垃圾土上或践踏过紧的土壤上生长不良。抗二氧化硫、氯气、氟化氢、烟尘污染。根系深广，病虫害少，幼时生长缓慢，寿

命长。

[繁殖与栽培] 嫁接、压条、播种繁殖。嫁接用紫玉兰、天目木兰作砧木。实生苗对土壤适生性比嫁接苗强，但生长较慢，开花较迟，叶背锈毛较少。移植应摘除花芽，勿短截枝条，可适当摘叶疏枝，以减少叶面蒸腾，并及时立支柱。

[用途] 广玉兰树姿雄伟壮丽，树荫浓郁，花大而幽香，是优良的城市绿化观赏树种，并被誉为"美国最华丽的树木"。可孤植草坪，对植在现代建筑的门厅两旁，列植作园路树，在开阔的草坪边缘群植片林，或在居民新村、街头绿地、工厂等绿化区种植，既可遮荫又可赏花，入秋种子红艳，深受群众喜爱。可利用其枝叶色深浓密之特点，为铜像或雕塑等作背景，使层次更为分明。

广玉兰花、叶、幼枝都可提取芳香油，叶入药，种子榨油。

含笑属 Magnolia L.

常绿乔木或灌木。叶全缘，托叶与叶柄贴生或分离。花两性，单生叶腋，雌蕊群有柄，胚珠2～数枚。聚合果常有部分蓇葖不发育。种子红色或褐色。

本属约60种，产于亚洲热带、亚热带及温带。我国约35种，主要产于西南至东部。

分 种 检 索 表

1. 叶柄长 5mm 以上；花被片 10～20，3～4轮；一年生枝有柔毛
　　2. 花黄色。叶下面有淡黄色平伏长绢毛，托叶痕为叶柄长的 1/2 以上 ……………………… 黄兰
　　2. 花白色。叶下面疏有短柔毛，托叶痕为叶柄长的 1/2 以下 ………………………………… 白兰
1. 叶柄短 5mm 以下；花被片 6，2轮；一年生枝有锈色绒毛，花被片淡黄色边缘带紫红色；托叶痕达叶柄
　　顶端 ……………………………………………………………………………………………… 含笑

含笑（香蕉花）

[学名] Magnolia Figo (Lour.) Spreng.

[形态] 常绿灌木，高 3～5m。树皮灰褐色，分枝密。芽、小枝、叶柄、花梗都密锈色绒毛。叶革质，倒卵状椭圆形，先端钝短尖，下面中脉常有锈色平伏毛，叶柄 2～4mm，托叶痕达叶柄顶端。花单生叶腋，淡黄色，边缘常紫红色，芳香，花径 2～3cm。聚合果，蓇葖先端有短尖的喙。花期 3～5 月；果熟期 7～8月。

[分布] 原产于我国华南，生于阴坡杂木林中，溪谷、岸边尤盛。长江流域及以南各地普遍露地栽培。

[习性] 喜半阴、温暖多湿，不耐干燥和曝晒，有一定的耐寒力，在 -13℃ 低温时，叶会掉落，但不会冻死。喜肥沃湿润的酸性壤土，不耐石灰质土壤，不耐干旱贫瘠，忌积水。耐修剪。对氯气有较强的抗性。

[繁殖与栽培] 扦插、压条、嫁接或播种繁殖都可。幼苗须遮荫，江浙一带冬季须防寒。嫁接用木兰作砧木，成

图 66　含笑

活率高，生长快，耐寒力强。用黄兰作砧木则耐寒差。

[用途]　含笑"一点瓜香破醉眠，误他诗客枉流涎"，花香浓烈、花期长，树冠圆满，四季常青，是著名的香花树种。常配置在公园、庭院、居民新村、街心公园的建筑周围；落叶乔木下较幽静的角落、窗前栽植，则香幽若兰、清雅宁静，深受群众偏爱。

含笑花熏茶，叶提取芳香油。

鹅掌楸属　Liriodendron L.

落叶乔木。叶马褂状，通常 4～6 裂，先端平截或微凹，叶柄长，托叶与叶柄离生。花两性，单生枝顶，萼片 3，花瓣 6。聚合果纺锤形，翅状小坚果木质，熟时脱落。

本属有 2 种，我国有 1 种、北美有 1 种。

分 种 检 索 表

1. 小枝灰色或灰褐色。叶近基部有 1 对侧裂片，中部凹入较深，下面有乳头状白粉点。花丝短约 0.5mm
·· 鹅掌楸
1. 小枝褐色或紫褐色。叶近基部有 1～2（3）对侧裂片，中部凹入较浅，下面无白粉。花丝长约 1～1.5cm
··· 北美鹅掌楸

鹅掌楸（马褂木）

[学名]　Liriodendron chinense Sarg.

[形态]　落叶乔木，高达 40m，胸径 1m 以上。树冠阔卵形。小枝灰褐色。叶马褂状，长 12～15cm，近基部有 1 对侧裂片，上部平截，叶背苍白色，有乳头状白粉点。花杯状，黄绿色，外面绿色较多而内方黄色较多。花被片 9，清香。聚合果纺锤形，翅状小坚果钝尖。花期 5～6 月；果熟期 10～11 月。

[分布]　产于我国长江流域以南海拔 500～1700m 山区。常与各种阔叶树混生。

[习性]　中性偏阴性树。喜温暖湿润气候，可耐 -15℃ 的低温。在湿润深厚肥沃疏松的酸性、微酸性土上生长良好，不耐干旱贫瘠，忌积水。树干大枝易受雪压、日灼危害，对二氧化硫有一定抗性。生长较快，寿命较长。

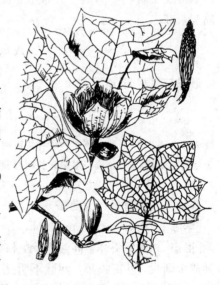

图 67　鹅掌楸

[繁殖与栽培]　播种、扦插繁殖。自然授粉所结的种子发芽率低，若人工授粉可提高种子的发芽率。幼苗须适当遮荫，不耐移植，移后需加强养护管理。

[用途]　鹅掌楸叶形奇特，秋叶金黄，树形端正挺拔，是珍贵的庭荫树、很有发展前途的行道树。丛植草坪、列植园路，或与常绿针、阔叶树混交成风景林效果都好，也可在居民新村、街头绿地配置各种花灌木点缀秋景。如以此为上层树，配以常绿花木于其下效果更好。在低海拔地区，与其它树种混植或种植于建筑物东北向为宜。

北美鹅掌楸

［学名］ Liriodendron tulipifera L.

［形态］ 落叶大乔木，高达 60m，胸径 3m。树冠广圆锥形。干皮光滑。叶鹅掌形，两侧各有 1～3 裂。花被长 4～5cm，浅黄绿色，在内侧近基部有橙黄色斑。花丝较长，聚合带翅坚果。花期 5～6 月；果熟期 10 月。

［分布］ 原产于北美。我国青岛、南京、上海等地有引种。较鹅掌楸耐寒，生长快，寿命长，适应平原地区能力较强。其与鹅掌楸的杂交种；杂种鹅掌揪 (L. chinense×L. tulipifera)；1964 年由南京林学院与南京植物园合作育成，生长势较父、母本旺盛，生长更快，适应平原自然条件的能力更强。

八角科 Illiciaceae

常绿乔木或灌木，全株无毛，具油细胞，有香气；常有顶芽，芽鳞覆瓦状排列。单叶互生，常集生枝顶，假轮生或近对生，革质或纸质，全缘，羽状脉；无托叶。花两性，单生或 2～3 朵聚生叶腋。花托扁平，花被片 7～21，外层较小，内层较大。雄蕊 4～多数，1～数轮；心皮通常 5～21，分离，单轮排列，子房 1 室，胚珠 1。聚合蓇葖果，单轮排列，沿腹缝线开裂；种子椭圆形或卵形，种皮坚硬，有光泽；胚乳丰富、含油、胚微小。

本科仅 1 属，约 50 种，分布于亚洲东南部和北美东南部。我国约 30 种，产于南部、西南部至东部。

八角属 Illicium L.

形态与科相同。

分 种 检 索 表

1. 聚合果之蓇葖 8～9 枚，顶端钝或钝尖而稍反曲 ·· 八角
1. 聚合果之蓇葖 10～14 枚，顶端有长而弯曲的尖头 ····································· 莽草

八角（八角茴香、大茴香）

［学名］ Illicium verum Hook. f.

［形态］ 常绿乔木，高达 17m，枝、叶均具香气。叶革质，椭圆形或椭圆状倒卵形，先端钝或短渐尖，基部楔形，网脉不明显。花单生叶腋，花梗长，花被片 7～12，粉红色至深红色；雄蕊 11～20；雌蕊心皮 8～9，轮状排列。聚合果具 8 个蓇葖，红褐色；蓇葖先端钝或短尖；种子褐色，有光泽。每年开花两次，第一次花期 2～3 月，果 8～9 月成熟；第二次花期 8～9 月，果第二年 2～3 月成熟；果实以第一次为主，约占产量的 3/4。

［分布］ 原产于我国华南、西南等暖湿地区，主产广西。

［习性］ 耐荫，喜冬季温暖、夏季凉爽的山区气候，不耐寒，−4℃即受冻害。适生湿润的阴坡，喜深厚肥沃、排水良好的酸性土。不耐干燥瘠薄，浅根性，枝脆，易风折，栽植时应避开风口。

［繁殖与栽培］ 播种繁殖。5～6 年可开花结果。可根据园林上不同的要求，培养乔木或灌木。移植应在雨季进行。

［**用途**］　八角树形整齐，叶丛紧密，亮绿光泽，花色艳丽，果形奇特，是美丽的园林结合生产树种。适合作中、下层常绿基调树种。丛植溪边、池畔或草坪边缘，再配以落叶观花灌木，则层次丰富，观赏效果佳。配合大乔木分隔空间，则遮挡、隔音效果好，能创造出安逸、幽静的空间。

八角叶、果皮、种子均含有芳香油，是著名的调味香料和医药原料。

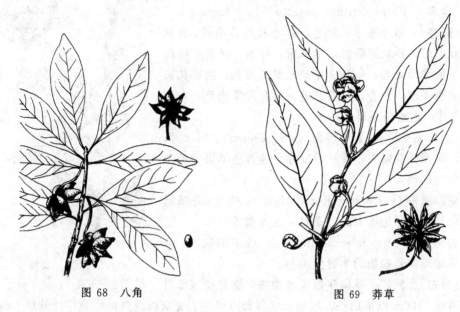

图 68　八角　　　　　　　　　　　　　　　　　　图 69　莽草

莽草（毒八角、山木蟹）

［**学名**］　Illicium lanceclatum A. C. Smith.

［**形态**］　常绿小乔木。树冠圆球形。叶革质，集生枝顶，倒披针形或披针形，全缘，无毛，有香气。花单生或 2～3 朵簇生叶腋，花被片 10～15，数轮；外轮较小、3 枚，黄绿色，内轮深红色。聚合果由 10～13 个蓇葖组成，顶端有长而弯曲的尖头。花期 4～5 月；果熟期 10 月。

［**分布**］　产于我国长江中下游及以南地区，常生于阴湿的溪谷阔叶林中。较八角耐寒性强，耐一定的干旱瘠薄。在平原地区种植生长较缓慢，适应性较八角强。其余同八角。但其种子、果实有剧毒，切切不可误作八角！

蜡梅科　Calycanthaceae

落叶或常绿灌木，有油细胞，鳞芽或柄下芽。单叶对生，羽状脉，全缘，无托叶。花两性，单生、芳香、有短梗，花托壶状，花萼瓣化，花被片螺旋状排列。花托发育为坛状果托，瘦果着生其中。

本科有 2 属 9 种，产于东亚和北美。我国有 2 属 7 种，供观赏，其中夏蜡梅是近年在浙江发现的新属新种。

蜡梅属　Chimonanthus Lindl.

落叶或常绿灌木，鳞芽。花腋生，黄色、黄白色，雄蕊5～6；果托坛状。

本属有6种，我国特产，分布于亚热带。

蜡梅（黄梅花）

[学名]　Chimonanthus praecox（L.）Link.

[形态]　落叶灌木，高达4m。小枝皮孔明显，有纵棱。叶卵形，卵状椭圆形，半革质，叶面光泽有粗糙硬毛，下面光滑无毛，全缘。花被片蜡质黄色，内层花被片有紫色条纹，浓香，叶前开放。聚合果紫褐色。花期11～2月；果熟期翌年6月。

[变种与品种]　素心蜡梅（var. Concolor Mak.）；花大，花瓣先端略尖，盛开后反卷，纯黄色不染紫色条纹，香气略淡。

磬口蜡梅（var. grandiflorus Mak.）：叶大，花瓣圆形，内层花被片边缘有紫色条纹，香味最浓。

狗蝇蜡梅（var. intermedius Mak.）：花瓣狭长，暗黄色带紫纹。是蜡梅的半野生类型。

图70　蜡梅

[分布]　原产于我国陕西秦岭南坡，湖北省西部山区，海拔1100m以下山谷、岩缝、峡谷都有野生。北京以南各地园林广泛栽培，河南鄢陵培育蜡梅历史悠久，有"鄢陵蜡梅甲天下"之称。

[习性]　喜光，略耐侧荫。耐寒，北京在背风向阳处可露地种植。在肥沃排水良好的轻壤土上生长最好，碱土、重粘土上生长不良；喜肥，耐干旱，忌水湿。在风口处种植花苞不易开放，花瓣易焦枯。发枝力强，耐修剪，当年生枝多数可以形成花芽。抗氯气、二氧化硫污染能力强，病虫害少。寿命可达百年以上。

[繁殖与栽培]　以嫁接为主，亦可分株繁殖。用狗蝇蜡梅作砧木，芽有麦粒大时切接成活率最高，靠接5月最好。要控制徒长枝，以促进花芽的分化。花后及时重剪，每枝留15～20cm即可，并施重肥。在园艺上可整成屏扇式、龙游式等造型。移植须带宿土或土球。

[用途]　蜡梅花在寒月早春开放，色黄如蜡，香气四溢，是冬季主要花灌木。常成丛成片种植于公园、庭园的墙隅、窗前、林缘或草坪一角。可与南天竹、阔叶十大功劳配置装点冬景。北方盆栽观赏，也可制作桩景，传统的桩景有"疙瘩梅"、"悬枝梅"等形式。切花配南天竹、松枝，黄花、红果、翠叶可谓相得益彰，是春节传统的瓶插材料。

蜡梅鲜花可提取芳香油，烘干后入药。

樟科　Lauraceae

常绿或落叶，乔木或灌木，有油细胞，芳香。单叶互生、对生、近对生或轮生，全缘，稀分裂，羽状脉、三出脉或离基三出脉；无托叶。花小，两性或单性，形成花序稀单生；单花被，花部常3基数，花药瓣裂，子房上位稀下位，1室；胚珠1。浆果或核果，有时花被筒增大形成杯状或盘状果托。种子无胚乳，子叶肉质。

本科约 45 属，约 2500 种，分布于热带、亚热带地区。我国约 20 属 400 余种，主产于长江流域及以南各地。

分 属 检 索 表

1. 圆锥花序腋生
  2. 花被片早落，三出脉或离基三出脉，稀羽状脉，叶互生或对生 ·············· 樟属
  2. 花被片宿存，羽状脉，叶互生，花被片紧贴包被核果的基部 ·············· 楠属
1. 伞形花序腋生，叶互生、羽状脉 ······································· 月桂属

樟属　Cinnamomum Trew.

常绿乔木或灌木。叶互生或对生，革质全缘，离基三出脉、三出脉稀羽状脉，脉腋有腺体或无。花两性，稀杂性，圆锥花序腋生，花被片 6，早落。浆果，基部有花被筒形成的盘状果托。

本属约 250 种，分布于东亚、东南亚、澳洲的热带、亚热带地区。我国约 50 种。

分 种 检 索 表

1. 叶互生，脉腋常有腺体
  2. 离基三出脉，叶基的第一或第二对侧脉最长而明显，下面灰绿色微有白粉，叶卵形或椭圆状卵形
  ·· 樟树
  2. 羽状脉，侧脉 4～5 对，下面粉绿色有白粉，幼时有柔毛后脱落或略有毛，叶椭圆形或椭圆状披针形
  ·· 云南樟
1. 叶对生近对生，脉腋无腺体
  3. 花序无毛，果托全缘或浅圆齿。叶互生、对生近对生，卵形至椭圆状披针形，下面有白粉有毛，离基三出脉在上面隆起 ··································· 天竺桂
  3. 花序密生灰白色柔毛，果托 6 齿裂，齿端平截。叶近对生，卵形或披针形，下面粉绿色无毛，离基三出脉两面微凸起 ··································· 阴香

樟树（香樟、小叶樟）

[学名] Cinnamomum Camphra (L.) Presl.

[形态] 常绿大乔木，高达 30m，胸径 5m。树冠近球形。树皮灰褐色，纵裂，小枝无毛。叶互生，卵形、卵状椭圆形；先端尖，基部宽楔形，近圆；叶缘波状，下面灰绿色，有白粉，薄革质，离基三出脉，脉腋有腺体。花序腋生，花小黄绿色。浆果球形，紫黑色，果托杯状。花期 4～5 月；果熟期 8～11 月。

[分布] 我国长江流域以南有分布，以江西、浙江、台湾最多。多生于低山平原的向阳山坡、谷地，垂直分布多在海拔 500～600m 以下，台湾中北部海拔 1800m 高山有樟树天然林。以 1500m 以下生长最旺盛，是我国亚热带常绿阔叶林的重要树种。

[习性] 喜光，幼苗幼树耐荫。喜温暖湿润气候，耐寒性不强，最低温度 −10℃时，南京的樟树常遭冻害。在深厚肥沃湿润的酸性或中性黄壤、红壤中生长良好，不耐干旱瘠薄和盐碱土，耐湿。萌芽力强，耐修剪。抗二氧化硫、臭氧、烟尘污染能力强，能吸收多种

有毒气体。较适应城市环境，耐海潮风。深根性，生长快，寿命长，可达千年以上。

[繁殖与栽培] 播种、扦插或萌芽更新等方法繁殖。以播种为主。幼苗怕冻，苗期应移植以培育侧根生长。绿化应用 2m 以上大苗，移植时须带土球，可修枝疏叶，用草绳卷干保湿，要充分灌水或喷洒枝叶，时间以芽萌动后为好。

[用途] 樟树树冠圆满，枝叶浓密青翠，树姿壮丽，是优良的庭荫树、行道树、风景林、防风林树种。孤植草坪、湖滨、建筑旁；炎夏浓荫铺地，深受人们喜爱。丛植时配置各种花灌木，或片植成林作背景都很美观。也是我国珍贵的造林树种。

樟树木材、枝、叶有多种经济用途。樟木是制造高级家具、雕刻、乐器的优良用材及树可提取樟脑油，供国防、化工、香料、医药工业用材，根、皮、叶可入药。

图 71 樟树

月桂属　Laurus L.

常绿小乔木，叶互生、革质、羽状脉。伞形花序腋生，雌雄异株或两性花。浆果卵形。本属约 2 种，分布于大洋洲及地中海沿岸。我国引入栽培 1 种。

月桂（香叶树）

[学名] *Laurus nobilis* L.

[形态] 常绿小乔木，高 12m。小枝绿色有纵条纹。单叶互生，叶椭圆形至椭圆状披针形，先端渐尖，基部楔形，叶缘细波状，革质、有光泽，无毛，叶柄紫褐色，叶片揉碎后有香气。花单性异株，花小黄色，花序在开花前呈球状。果暗紫色。花期 3～5 月；果熟期 6～9 月。

[分布] 原产地中海一带，我国浙江、江苏、上海、福建、四川、云南、台湾等省市栽培。

[习性] 喜光，稍耐侧荫。在温暖气候中生长良好，可耐短期-8℃的低温。对土壤要求不严，喜肥沃疏松排水良好的微酸性土壤，耐旱，萌芽力强，耐修剪。对烟尘、有害气体有抗性。

图 72 月桂

[繁殖与栽培] 扦插繁殖成活高。早春芽膨大时带土球移植。若栽植地过阴，则红蜡蚧危害较甚，且产生霉污。

[用途] 月桂四季常青，苍翠欲滴，枝叶茂密，分枝低，可修剪成各种球形或柱体，孤植、丛植点缀公园或庭园的草坪、建筑。常作绿墙分割空间或作障景。

月桂叶、果可提炼芳香油，作香精，种子榨油，叶可作调味香料。

楠属 Phoebe Ness.

常绿乔木。叶互生，羽状脉，全缘。花两性，聚伞状圆锥花序腋生，花被裂片宿存包裹果实基部。浆果卵形、椭圆形。

本属约 94 种，分布于亚洲、美洲的热带、亚热带。我国约 34 种，主产于西南、华南，多为珍贵用材树种。

分 种 检 索 表

1. 果卵形，宿存花被裂片松散。叶较大、长 8～27cm、宽 3.5～9cm，倒卵形、卵状披针形或椭圆形，下面密生长柔毛 ……………………………………………………………………………………………… 紫楠
1. 果椭圆形，宿存花被裂片紧贴。叶较小、长 7～11cm、宽 2.5～4cm，椭圆形，下面密被短柔毛
……… 桢楠

紫楠

[学名] Phoebe sheareri (Hemsl.) Gamble.

[形态] 常绿乔木，高达 20m。树皮灰褐色。小枝、叶及花序密被黄褐色或灰褐色柔毛或绒毛。叶倒卵状椭圆形、革质，长 8～27cm，宽 3.5～9cm，背面网脉隆起密被黄褐色长柔毛，先端突短尖或尾尖。花被裂片卵形，两面有毛。果梗较粗。花期 4～5 月；果熟期 9～10 月。

图 73 紫楠

[分布] 产于我国长江流域及以南，江苏、安徽南部、浙江海拔 800m 以下低山区，贵州等西南各省海拔 500～1200m 山区。散生于阔叶林中或成小片纯林。多生于山区的沟谷溪边。

[习性] 耐荫，全光照下生长不良。喜暖湿环境，有一定耐寒能力，南京能正常生长。喜深厚肥沃湿润的酸性或中性壤土。深根性，萌芽力强，生长缓慢，有抗风防火的功能。寿命长。

[繁殖与栽培] 播种、扦插繁殖。搓洗果皮后，种子需用草木灰搓去种皮的油脂后再播种或混沙贮藏，随采随播发芽率高。幼苗期枝叶易冻伤或日灼。须搭棚遮荫。

[用途] 紫楠树姿整齐优美，叶大荫浓，是优美的庭荫树。可配植草坪、广场、建筑物周围，显得雄伟壮观。若与其他常绿乔木混植，则浓荫森森，暑气不入，是良好的庇荫树。

紫楠木材坚硬耐腐，是珍贵的优良用材。根、叶提芳香油或入药，种子榨油。

虎耳草科 Saxifragaceae

草本、灌木或小乔木。单叶对生或互生；常无托叶。花两性、整齐，稀单性、不整齐。

萼片、花瓣都为 4～5，雄蕊与花瓣同数对生，或为其倍数，胚珠多数。蒴果、浆果或蓇葖果。种子小，常有翅。

本科约 80 属 1500 种，主要分布于北温带。我国约 27 属近 400 种。

分 属 检 索 表

1. 叶对生；蒴果
  2. 花两性同型，无不孕花
    3. 植株有星状毛，小枝中空，叶脉羽状，花基数 5 ·· **溲疏属**
    3. 植株无星状毛，枝髓白色充实，叶脉 3～5 基出，花基数 4 ······················ **山梅花属**
  2. 花异型，花序边缘为不孕花 ·· **八仙花属**
1. 叶互生；浆果 ··· **茶藨子属**

溲疏属　Deutzia Thunb.

落叶灌木，有星状毛。小枝中空，枝皮常剥落。叶对生，有锯齿，叶柄短。圆锥、聚伞花序顶生，花多白色、淡紫色、桃红色，花基数 5，雄蕊、花丝常带状。蒴果。种子细小。

本属约 100 种，我国约 50 余种，广布于南北各地，以西部最多，多为林下常见种。

分 种 检 索 表

1. 圆锥花序，白色
  2. 花单瓣，花丝锥形。叶柄抱茎 ·· **溲疏**
  2. 花重瓣，外轮花瓣略带紫红色，雄蕊退化。叶柄长 4～5mm ···················· **壮丽溲疏**
1. 伞房花序或仅 1～3 朵
  3. 伞房花序，多花，花小，花瓣长 0.5cm，萼裂片短于萼筒。叶下面疏生星状毛 ········· **小花溲疏**
  3. 花 1～3 朵生于侧枝顶端，花大，花瓣长 1～1.5cm，萼裂片长于萼筒。叶下面密生白色星状毛
·· **大花溲疏**

溲疏（空疏）

[**学名**] Deutzia scabra Thunb.

[**形态**] 落叶灌木，高 1.5m。小枝淡褐色，枝皮剥落。叶卵状、椭圆形至长椭圆形，先端渐尖，长 3～8cm，锯齿细密，两面有锈褐色，星状毛，叶柄短。圆锥花序，花白色或略带粉红色，单瓣，花梗、花萼密生，锈褐色，星状毛。蒴果半球形。花期 5 月；果熟期 7～8 月。

[**变种与品种**] 重瓣溲疏（var. scabra Thunb.）：花重瓣，稍有红晕。

[**分布**] 产于我国浙江、江苏、江西、安徽、山东、四川等省，野生山坡灌丛中或路旁。

[**习性**] 喜光，略耐半荫。喜温暖湿润气候，抗寒、抗旱。对土壤要求不严，喜肥。萌蘖力强，性强健。

[**繁殖与栽培**] 扦插、播种、压条、分株繁殖。每年落叶后对老枝条进行分期更新，以保持植株繁茂。

［用途］ 溲疏初夏白花繁密，素雅，常丛植草坪一角、建筑旁、林缘配山石；若与花期稍晚的山梅花配置，则次第开花，可延长树丛的观花期，也可植花篱。花枝可切花插瓶，果入药。

大花溲疏

［学名］ Deutzia grandiflora Bunge.

［形态］ 落叶灌木，高 2m。叶卵形，长 2.5～5cm，先端急尖或短渐尖，基部圆形，缘有小齿，表面散生星状毛，背面密被白色星状毛。花白色，较大，径 2.5～3cm，1～3 朵聚伞状。花期 4 月下旬，果熟期 6 月。

［分布］ 产于我国湖北、河南、内蒙古、辽宁等省区，多生于丘陵或低山坡灌丛中。较溲疏耐寒。

山梅花属　Philadelphus L.

落叶灌木。枝髓白色。叶对生，3～5 出脉，全缘或有齿。常呈总状花序，花基数 4，白色，芳香，雄蕊 20～40，花丝锥形。蒴果 4 瓣裂，种子细小。

本属约 100 种，产于北温带。我国有 15 种，12 变种、变型。

图 74　溲疏

分 种 检 索 表

1. 花萼密生灰白色平伏毛。叶下面密生平伏短毛，脉上更多。蒴果倒卵形 ……………………… 山梅花
1. 花萼外面无毛
　2. 花梗、花序轴无毛，花径在 3.5cm 以下，花乳白色。叶两面无毛或下面脉腋有簇生毛 …… 太平花
　2. 花梗微有毛，花径在 3.5～5cm，花纯白色。叶两面脉腋有毛，有时脉上有毛 ………… 西洋山梅花

太平花（京山梅花）

［学名］ Philadelphus pekinensis Rupr.

［形态］ 落叶灌木，高 3m。树皮薄片状剥落；一年生枝，紫褐色，无毛，二年生枝，栗褐色，剥落。叶卵形、卵状椭圆形，先端长渐尖，基部宽楔形或圆，有锯齿，无毛或下面脉腋簇生毛，3 出脉。花 5～9 朵组成总状花序，乳白色，微香。蒴果倒圆锥形。花期 6 月，果熟期 8～9 月。

［分布］ 产于我国辽宁、内蒙古、河北、山西、四川等省区。多生于海拔 800m 以下的山坡疏林地和阴坡灌丛中。

［习性］ 半阴性树种，能耐强光照。耐寒，喜肥沃排水良好的土壤，耐旱，不耐积水。耐修剪，寿命长。

图 75　太平花

［繁殖与栽培］　播种、扦插、分株繁殖。小枝易枯，应及时修剪枯、老枝及残花，以保证植株整齐繁茂。注意施肥。

［用途］　太平花花乳白、淡香、花期长，是北方初夏优良的花灌木。在我国栽培历史悠久，宋始植于宫廷，北京故宫有明代遗物。常筑台栽植如北京故宫、中山公园，也可丛植或片植草坪一隅、大型花坛中心、园路转角、建筑周围、假山石旁、树林边缘。可栽植成花篱、花境。花枝可切花插瓶；嫩叶可食。

西洋山梅花

［学名］　Philadelphus coronarius L.

［形态］　落叶灌木，高 3m。树皮片状剥落，小枝光滑无毛，柄下芽，叶卵形至卵状长椭圆形，长 4～8cm，3～5 主脉，缘具疏齿，叶光滑，仅叶背脉腋有毛。花纯白色，芳香，总状花序。花期 5～6 月；果熟期 9～10 月。

［分布］　原产于南亚及小亚细亚一带。栽培分布较太平花偏南，上海、南京等地较常见，生长旺盛，花朵较大，色香均较太平花为好。

八仙花属（绣球属）Hydrangea L.

落叶灌木，枝髓白色或棕色，枝皮剥落。叶对生，有锯齿，无托叶。伞房状聚伞花序，花与花序均辐射对称，花序边缘为不孕花，中央为两性花，萼片、花瓣均 4～5，蒴果。

本属约 80 种，分布于东亚及美洲。我国约 45 种。

分 种 检 索 表

1. 种子无翅或翅极短。花由白色转淡红色至蓝色，花瓣不脱落。叶下面无毛或微有毛 ………… 八仙花
1. 种子两端有翅。花白色，花瓣早落。叶下面有灰色卷曲柔毛 …………………………………… 东陵绣球

八仙花（绣球花）

［学名］　Hydrangea macrophylla (Thunb.) Saringe.

［形态］　落叶灌木。小枝粗壮，皮孔明显。叶宽卵形或倒卵形，大而有光泽，有粗锯齿，先端短尖，基部宽楔形，无毛或下面微有毛，叶柄粗。花序伞房状，顶生，径达 20cm，多为辐射状，不孕花，花白色、蓝色或粉红色。花期 6～7 月。

［变种与品种］　大八仙花（var. hortensis Rehd.）：花序球形全为不孕花，初白色后变为蓝色或粉红色。

银边八仙花（var. maculata Wils.）：叶缘白色，常盆栽，可观花、观叶。

［分布］　原产于我国江苏、安徽、浙江、福建、湖南、湖北、广东、广西、四川、贵州、云南等山区阴地或疏林中。各地广泛栽培。长江以北盆栽。

图 76　八仙花

146

［习性］　喜荫，亦可光照充足。喜温暖湿润。不耐寒，上海呈亚灌木状，需防寒。喜腐殖质丰富排水良好的疏松土壤，耐湿。八仙花在不同pH值土壤中花色会有变化：在酸性土中呈蓝色，碱性土则以粉红色为主。萌蘖力强，抗二氧化硫等有毒气体能力强，病虫害少。

［繁殖与栽培］　扦插、压条繁殖。花后应及时剪去残花枝，基部萌发的过多枝条应适当修剪。

［用途］　八仙花花序大而美丽，花期长，栽培容易。常配置在池畔、林荫道旁、树丛下、庭园的荫蔽处，亦可配置于假山、土坡间，列植作花篱、花境及工矿区绿化。也可盆栽布置厅堂会场。

八仙花花、根入药。

茶藨子属　Ribes L.

落叶灌木。枝有刺或无刺。单叶互生或簇生，常掌状裂；无托叶。花两性或单性异株，总状花序，花基数4～5。花萼花瓣状，花瓣小或鳞状。浆果球形、多汁。种子有胚乳，萼宿存。

本属约200种，主产于北温带及南美。我国约50种。

分 种 检 索 表

1. 花单性，雌雄异株。小枝节上有一对小刺。浆果红色有毛 ……………………………… 美丽茶藨子
1. 花两性
　　2. 枝及果有刺，花1～2朵腋生，浆果绿色 ……………………………………… （刺果茶藨子）刺李
　　2. 枝及果无刺，花5～10朵成下垂总状花序，浆果黑色 ……………………………… 香茶藨子

美丽茶藨子（小叶茶藨子）
［学名］　Ribes pulchellum Turcz.
［形态］　落叶灌木，高2m。小枝有毛，节上有一对小刺。叶近圆形，掌状3深裂，裂片有齿；基部微心形，近圆或平截，上面有硬毛，下面沿脉及脉缘有毛。花序轴有绒毛，花淡红色，单性异株。浆果红色有毛，径5～6mm。花期5月；果熟期8～9月。

［分布］　产于我国山西太行山、吕梁山、河北燕山、内蒙古大青山、乌拉山，东北、西北也有分布，生于山坡灌丛中、疏林下及沟边林缘。

［习性］　喜半荫，耐强光。耐寒，喜湿润肥沃排水良好的土壤。萌蘖性强。

［繁殖与栽培］　播种、分株、压条繁殖。

［用途］　美丽茶藨子春季红花满枝，夏季红果累累，果味酸甜适度、富营养，是北方庭园、风景区、森林公园优良的观花、观果树种。丛植林缘、路边、草坪一隅，或配置假山石、岩石园，亦可植刺篱。果可食，木材作手杖。

香茶藨子（黄丁香、野芹菜）
［学名］　Ribes odoratum Wendl.
［形态］　直立丛生落叶灌木，高2m。小枝淡褐色有毛。叶卵圆形至圆肾形，掌状3～5裂，裂片有锯齿。花萼黄色，萼筒管状、长1.2～1.5cm；花瓣5、小形、长约2mm、紫红

色，与萼片互生。花芳香。浆果黑色、紫黑色。花期 4 月；果熟期 6～7 月。

[分布] 产于美国中部，我国东北及华北有分布。

[习性] 喜光。耐寒，耐干旱、瘠薄，耐修剪，不耐涝。

[繁殖与栽培] 分株、播种繁殖。管理粗放。

[用途] 香茶藨子春季黄花繁而有浓香，颇似丁香，故有黄丁香之称，是良好的观赏树种。宜丛植于草坪、林缘、坡地、角隅。

海桐科　Pittosporaceae

乔木或灌木。单叶互生，无托叶。花两性、整齐，萼片、花瓣、雄蕊都是 5，雌蕊 2 或 3～5 心皮组成，子房上位，花柱 1。蒴果或浆果状，种子多数。

本科约 9 属 360 种，主产于热带、亚热带。我国 1 属。

海桐属　**Pittosporum Banks.**

常绿灌木或乔木。叶有时轮生状，全缘或波状齿，花基数 5。单生或圆锥、伞房花序顶生，花瓣离生或基部连合，子房 2 室。种子 2～多数。藏在红色粘质瓤内。

本属约 160 种，主要分布于亚洲及非洲。我国约 40 种，分布于西南和台湾。

海桐（臭海桐、山矾花）

[学名] Pittosporum tobira（Thunb.）Ait.

[形态] 常绿灌木，高 2～6m，树冠圆球形。分枝低；叶革质，倒卵形，全缘，先端圆钝、基部楔形，边缘反卷，叶面有光泽。伞房花序，顶生，花白色后变黄色，芳香，径约 1cm。蒴果熟时三瓣裂，种子鲜红色。花期 4～5 月；果熟期 10 月。

[分布] 原产我国江苏、浙江、福建、广东、台湾等省。长江流域及以南地区庭园都有栽培。山东亦可露地栽培。北京等地盆栽。

[习性] 喜光，耐荫能力强。喜温暖湿润气候，不耐寒。对土壤适应性强，粘土、砂质土壤都能生长，耐盐碱。萌芽力强，耐修剪。抗风性强，抗二氧化硫污染，耐烟尘。

图 77　海桐

[繁殖与栽培] 播种、扦插繁殖。

[用途] 海桐枝叶茂密，叶色亮绿，树冠圆满，白花芳香，种子红艳，适应性强，是园林中常用的观叶、观花、闻香树种。常配置于公园或庭园的道路交叉点、拐角处、台坡边、草坪一角，作下层常绿基调树种或绿篱，也是街头绿地、居民新村、工矿区常用的抗污染、绿化、美化树种，也可作海岸防护林树种。

海桐木材可制器具，叶可代矾染色，枝叶入药。

金缕梅科 Hamamelidaceae

常绿或落叶，乔木或灌木，常有簇生毛、星状毛或单毛。单叶互生、稀对生，叶脉羽状或掌状；有托叶、稀无托叶。花小单性或两性，雌蕊有 2 心皮合成，子房下位、半下位，2 室中轴胎座，花柱 2。蒴果 2 裂。种子有胚乳。

本科有 27 属 140 种，分布于亚热带及温带南部。我国有 17 属 75 种。

分 属 检 索 表

1. 叶掌状 3～7 裂、裂片平展，掌状脉，落叶性。果序球形，花柱宿存。花单性，无花瓣 ········ 枫香属
1. 叶不裂，羽状脉，常绿性
　2. 花小、无花瓣。花单性或杂性，总状花序腋生。蒴果 2 瓣裂 ····················· 蚊母属
　2. 花较大，花瓣条形，长 1～2cm，3～8 朵簇生枝顶，花两性 4 数。蒴果 4 瓣裂 ·········· 檵木属

枫香属 Liquidambar.

落叶乔木，树液有香气。叶 3～5 掌状分裂，有锯齿，叶柄长，托叶线形早落。花单性同株，头状花序，雄花序常数个集成圆锥状，雌花序单生，无花瓣，雄蕊 1，子房半下位。果序球形。种子多数。

本属有 6 种，我国有 2 种 1 变种。

枫香（枫树、路路通）

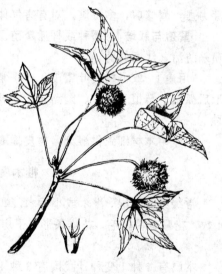

图 78 枫香

[学名] Liquidambar formosana Hance.

[形态] 落叶乔木，高达 30m，胸径 1m。树冠广卵形或略扁平。小枝有柔毛，叶宽卵形，裂片先端尾尖，基部心形，下面有柔毛，后脱落，叶缘有锯齿。果序径 3～4cm，有花柱和针刺状萼片，宿存。种子多角形，种皮坚硬，褐色。花期 3 月，果熟期 10 月。

[变种与品种] 光叶枫香（var. monticola Rehd. et Wils.）：小乔木。嫩枝、叶无毛，叶下面有白粉，基部平截或微心形。果序宿存萼齿短。

[分布] 产于我国秦岭、淮河流域以南，南达海南岛。垂直分布在海拔 600m 以下低山及平原，海南岛、云南可达海拔 1000m 以上。

[习性] 喜光，略耐侧荫，幼树耐荫。耐寒能力不强，喜温暖湿润气候及深厚肥沃的土壤，耐干旱瘠薄，不耐湿。抗风耐火，对二氧化硫和氯气抗性较强。不耐修剪，不耐移植。深根性，萌蘖力强。生长较快，寿命长。

[繁殖与栽培] 播种、扦插或压条繁殖。以播种为主，城市用苗须在苗圃内切根移植以培育大苗。

[用途] 枫香树干通直，树体雄伟，秋叶红艳，孤植、丛植、群植均相宜。山边、池

畔以枫香为上木，下植常绿灌木，间植槭类，入秋则层林尽染，是南方著名的秋色叶树种。亦可孤植或丛植于草坪、旷地，并配以银杏、无患子等秋叶变黄树种，使秋景更为丰富灿烂。对有害气体抗性强，可用于厂矿绿化，街头绿地。但不宜作城市行道树。

蚊母属　Distylium S. et Z.

常绿灌木、小乔木。嫩枝与芽常有垢鳞或星状毛。单叶互生，叶全缘，羽状脉，托叶披针形，早落。花单性或杂性腋生，穗状或总状花序，花小无花瓣，萼片2～6，雄蕊4～8，子房上位。蒴果木质，每室种子1。

本属有18种；我国有12种3变种。

蚊母树

［学名］　Distylium racemosum S. et Z.

［形态］　常绿乔木，高达16m，栽培时常呈灌木状。树冠开展，呈球形。树皮暗灰色粗糙。老枝无毛。叶椭圆形或倒卵形，先端钝尖，基部宽楔形，下面初有垢鳞后脱落，两面网脉不明显。总状花序，长约2cm，花药红色。果密生星状毛，顶端有宿存花柱。花期4月，果熟期9月。

［变种与品种］　彩叶蚊母树（var. variegatum Sieb），叶面有白色或黄色条斑。

［分布］　产于我国台湾、浙江、福建、广东和海南岛，常生于海拔150～800m的地山丘陵阳坡、半阳坡的常绿阔叶林中。长江流域城市园林中栽培较多。

［习性］　喜光，能耐荫。喜温暖湿润气候，耐寒性不强，对土壤要求不严，耐贫瘠。萌芽力强，耐修剪，多虫瘿。对有害气体、烟尘均有较强抗性。寿命长。

［繁殖与栽培］　播种或扦插繁殖。注意在未形成虫瘿和产卵之前，应及时用农药乐果喷杀防治。注意修剪。

［用途］　蚊母树枝叶繁茂、四季常青、抗性强，园林上常用作基础种植、植篱墙或整形后孤植、丛植于草坪、园路转角、湖滨，也可栽培在庭荫树下，是工矿区绿化的优良树种。

蚊母树木材细致供雕刻，树皮提取栲胶。

檵木属　Loropetalum Br.

常绿或半常绿，灌木或小乔木。单叶互生，叶全缘、较小。两性花，头状花序顶生；花4数，花萼有星状毛，花瓣条形，子房半下位。蒴果有星状毛，4瓣裂。种子1、黑色有光泽。

本属有4种1变种；我国有3种1变种。

檵木（檵花、木莲子）

［学名］　Loropetalum chinense（R. Br.）Oliv.

［形态］　常绿灌木、小乔木，高达10m。树皮暗灰色，枝及花萼都有锈色星状短柔毛。叶革质，卵形、椭圆形，基部歪斜，先端锐尖，下面有星状毛。花3～8朵簇生，花瓣4，白色。花期4～5月，果熟期8月。

［变种与品种］　红花檵木（var. Rubrum Yieh）：叶暗紫色，花紫红色。是株州市市花。

［分布］　产于我国长江中下游及其以南至华南、西南各地。多生于低山丘陵荒坡灌丛

中，或者是马尾松、杉木林的下木。

[习性] 喜光，耐荫。适应性强，不耐寒，上海常呈半常绿状。喜土壤肥沃的酸性土，耐旱，不耐瘠薄，发枝力强，耐修剪。

[繁殖与栽培] 播种或嫁接繁殖。亦可挖掘山野中遭砍伐而残存的老桩，经整形制作古老奇特树桩盆景。

[用途] 檵木花繁密而显著，初夏开花如覆雪，颇为美丽，丛植于草坪、林缘、园路转角，与杜鹃等花灌木成片配置或植花篱，亦可用作风景林的下木。盆栽历史悠久，是制作盆景的优良材料。变种红花檵木观赏价值更高，应推广利用。

檵木根、叶、花、果入药。

图 79 檵木

杜仲科 Eucommiaceae

落叶乔木，植物体有丝状胶质。小枝髓片状分割，缺顶芽。单叶互生，羽状脉，无托叶。花单性异株，无花被，簇生或单生；雄蕊 4～10，雌蕊 2 心皮 1 室，子房上位。翅果。种子 1。

本科仅 1 属 1 种。我国特产。

杜仲属 Eucommia Oliv.

特征同科。

杜仲

[学名] Eucommia ulmoides Oliv.

[形态] 落叶乔木，高达 20m，胸径 1m。树冠球形或卵形。植物体有丝状胶质。叶椭圆状，卵形，先端渐尖，基部宽楔，近圆形，叶脉下陷，叶面皱，无毛，有锯齿。翅果扁平矩圆形。花期 4 月，叶前开放或与叶同放；果熟期 10 月。

[分布] 产于我国河南、陕西、甘肃南部、江苏、浙江、安徽、江西、湖南、湖北、四川、云南、贵州、广西、广东等省区。北京、河北、山西、山东有栽培。垂直分布海拔 1300～1500m。主产区为湖北西部，四川东部，陕西、湖南和贵州北部等地。作为药用树种栽培历史悠久。

[习性] 喜光，不耐庇荫。耐寒，可在−20℃低温下生长。喜土壤深厚肥沃，沙壤、粘壤都能生长，不耐干旱，过湿、过于贫瘠生长不良。生长较快，萌芽力强，深根性树种。

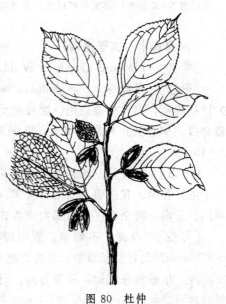

图 80 杜仲

［**繁殖与栽培**］ 以播种为主，亦可扦插、压条、分蘖、根插繁殖。应在 20 龄以上的母树上采种。树皮为著名的中药材，常因人为剥取而影响树势，甚至导致死亡，故需加强防范。

［**用途**］ 杜仲树冠圆满，叶绿荫浓，在园林中作庭荫树、行道树，风景区植风景林，在山坡、水畔、建筑周围、街道、孤植、丛植、列植、群植都可以。养护简单，适生性强，经济价值高，市郊、农村、山区绿化造林，发展多种经营都可栽植。

杜仲树体各部分都可以提炼优质硬橡胶，有高度的绝缘性、耐腐蚀，是工业上的优良材料。树皮是重要的药材。木材不翘不裂、无虫蛀、有光泽，供建筑、家具等用。种子榨油。

悬铃木科 Platanaceae

落叶乔木，树皮裂成薄片脱落。柄下芽；单叶互生，掌状分裂，托叶圆领状。枝叶有星状毛，花单性同株，头状花序，萼片、花瓣 3～8，雄蕊 3～8，离心皮雌蕊 3～8，子房上位 1 室，胚珠 1～2。果序球形、小坚果有棱角，基部有褐色长毛。种子 1。

本科仅 1 属 10 种，产于北美、欧洲东南部和印度。我国引入 3 种。

悬铃木属 Platanus Linn

特征同科。

分 种 检 索 表

1. 叶通常 3～5 裂，果序单个或 2～3 个生于总柄
  2. 叶深裂，中裂片长宽近相等，果序常 2 个生于总柄 ……………………………… 二球悬铃木
  2. 叶浅裂，中裂片宽大于长，果序常单个生于总柄 ……………………………… 一球悬铃木
1. 叶通常 5～7 裂至中部或中部以下，裂片窄长，果序 3（2～6）个生于总柄 ………… 三球悬铃木

二球悬铃木（英国梧桐）

［**学名**］ Platanus acerifolia Willd.

［**形态**］ 落叶乔木，高达 35m，胸径 1m。树冠广卵圆形。树皮灰绿色，裂成不规则的大块状脱落，内皮淡黄白色。嫩枝密生星状毛。叶基心形或截形，裂片三角状卵形，疏生粗锯齿，中部裂片长宽近相等。果序常 2 个生于总柄，花柱刺状。花期 4～5 月；果熟期 9～10 月。

［**分布**］ 本种是三球悬铃木与一球悬铃木的杂交种，1646 年在英国伦敦育成，广泛种植于世界各地。我国引入栽培百余年。北自大连、北京、河北，西至陕西、甘肃，西南至四川、云南，南至两广及东部沿海各省都有栽培。是上海等城市最主要的行道树种。

［**习性**］ 喜光，不耐荫。喜温暖湿润气候，在年平均气温 13～20℃、降水量 800～1200mm 的地区生长良好。北京幼树易受冻害，须防寒。对土壤要求不严，耐干旱、瘠薄，亦耐湿。根系浅易风倒，萌芽力强，耐修剪。抗烟尘、硫化氢等有害气体。对氯气、氯化氢抗性弱。生长迅速、成荫快，1～10 年高生长较快，10 年后胸径生长加快，100 龄左右渐

衰老。

[繁殖与栽培] 扦插繁殖,亦可播种繁殖。实生苗根系比扦插苗发达,抗风强,但扦插苗树皮较光滑悦目。若作为行道树必须有通直的主干,在树高 3.2～3.4m 处截干,促其分枝,培养树冠。由于根系浅,在台风频繁处栽植须立支柱扶持。每年要进行 3～4 次抹芽、修剪工作。使其生长旺盛,遮荫效果好。

[用途] 二球悬铃木树形优美,冠大荫浓,栽培容易,成荫快,耐污染,抗烟尘,对城市环境适应能力强,是世界著名的四大行道树种之一。可孤植、丛植作庭荫树。亦可列植于甬道两旁。但在应用时要注意其枝叶幼时具有大量星状毛,尤其是聚合果成熟后散落的小坚果上有褐色长毛,在空气中随风漂浮,污染环境,易引起呼吸道疾病,故在幼儿园、精密仪器车间等处不宜栽种。上海等地已培育出少果、少毛的悬铃木品种,并通过强修剪等技术措施来减少其污染。

图 81 悬铃木

蔷薇科 Rosaceae

乔木、灌木、藤本或草本,常有枝刺或皮刺。单叶或复叶,互生,稀对生,有托叶,稀无托叶。叶缘有锯齿稀全缘。花两性稀单性,通常辐射对称,单生或组成花序;花基数 5,花萼基部多少与花托愈合成碟状或坛状萼管,心皮 1～多数。离生或合生,胚珠 1～数个,子房上位或下位。核果、梨果、瘦果、蓇葖果、蒴果。

本科性状变化极其多样,种类繁多。分四个亚科约 124 属 3300 多种,分布于世界各地,北温带尤多。我国有 51 属 1000 多种,包括许多著名的果树及花木,是园林上特别重要的一科,产于全国各地。

分 属 检 索 表

1. 开裂的蓇葖果,稀蒴果;多无托叶(绣线菊亚科)
  2. 蓇葖果,种子无翅,花小
    3. 单叶,无托叶,伞形、伞形总状、伞房或圆锥花序,心皮离生 …………………… **绣线菊属**
    3. 一回羽状复叶,有托叶;大型圆锥花序,心皮基部连合 …………………… **珍珠梅属**
  2. 蒴果,种子有翅。花较大、花径 2cm 以上。单叶 …………………………………… **白鹃梅属**
1. 梨果、瘦果或核果,不开裂;有托叶
  4. 子房下位,心皮 2～5。梨果或浆果状(苹果亚科)
    5. 心皮成熟时坚硬骨质,果内有 1～5 个骨质小核
      6. 叶全缘,枝无刺 ………………………………………………………………… **枸子属**
      6. 叶缘锯齿或缺裂,枝常有刺

7. 常绿。心皮 5，每室胚珠 2。叶缘锯齿 ·· 火棘属

7. 落叶。心皮 1～5，每室胚珠 1。叶缘缺裂 ·· 山楂属

5. 心皮成熟时革质或纸质，梨果 1～5 室、每室 1 或多数种子

8. 伞房、复伞房或圆锥花序

9. 心皮合生，圆锥花序。种子大。常绿 ··· 枇杷属

9. 心皮成熟时顶端与萼筒分离，伞形、伞房或复伞房花序。梨果小。常绿或落叶 ······ 石楠属

8. 伞形或总状花序，有时花单生

10. 梨果每室有种子多粒。花单生或簇生 ······································ 木瓜属

10. 梨果每室有种子 1～2 粒

11. 花柱基部合生 ·· 苹果属

11. 花柱离生 ··· 梨属

4. 子房上位，少数下位（蔷薇属子房似下位）

12. 心皮多数，瘦果，萼宿存。多复叶（蔷薇亚科）

13. 瘦果多数，生于坛状肉质花托内。羽状复叶，有刺灌木或藤本 ··············· 蔷薇属

13. 瘦果或小坚果，生于扁平或微凹花托上。单叶，无刺

14. 叶互生。花黄色，5 基数，无副萼，心皮 5～8，每子房胚珠 1 ·········· 棣棠属

14. 叶对生。花白色，4 基数，有副萼，心皮 4，每子房胚珠 2 ············· 鸡麻属

12. 心皮常为 1，核果，萼脱落。单叶（李亚科）。乔木或灌木，无刺，单叶互生，有托叶 ·· 李属

绣线菊属 Spiraea Linn.

落叶灌木，芽小。单叶互生，羽状脉，叶缘有锯齿或裂，叶柄短，无托叶。花小，两性，组成伞形、伞形总状、伞房状或圆锥状花序；心皮 5，离生。蓇葖果，沿腹缝线开裂。种子细小。

本属约 100 种，分布于北温带至亚热带山区，我国有 50 多种，多数种类耐寒。

分 种 检 索 表

1. 伞形或总状花序，花白色，着生在去年生的短枝顶端

2. 伞形花序无总梗，有极小的叶状苞片位于花序基部

3. 叶椭圆形至卵形，下面有柔毛 ·· 李叶绣线菊

3. 叶线状披针形，无毛 ··· 珍珠绣线菊

2. 伞形总状花序有总梗，花序基部常有叶片

4. 叶先端急尖，菱状披针形或椭圆形，羽状脉 ··································· 麻叶绣线菊

4. 叶先端圆钝，近圆形，先端 3 裂，基部圆或近心形，3～5 出脉 ··············· 三桠绣线菊

1. 复伞房花序或圆锥花序，花粉红色，着生在当年生枝顶

5. 复伞房花序 ··· 粉花绣线菊

5. 圆锥花序 ·· 绣线菊

李叶绣线菊（笑靥花）

[学名] Spiraea prunifolia Sieb. et Zucc.

[形态] 落叶灌木，高 3m。叶小、椭圆形至卵圆形、长 2.5～5cm，叶缘中部以上有锐锯齿，叶背有细短柔毛或光滑，3～6 朵花组成伞形花序无总梗，花白色、重瓣，花朵平展，中心微凹如笑靥，花径约 1cm，花梗细长。花期 4～5 月。

[分布]　产于我国长江流域，日本、朝鲜亦有。

[习性]　喜光，稍耐荫，耐寒，耐旱，耐瘠薄，亦耐湿，对土壤要求不严，在肥沃湿润土壤中生长最为茂盛。萌蘖性、萌芽力强，耐修剪。

[繁殖与栽培]　扦插或分株繁殖。生长健壮，管理粗放。

[用途]　李叶绣线菊春天展花，色洁白，繁密似雪，如笑靥。可丛植池畔、山坡、路旁或树丛之边缘，亦可成片群植于草坪及建筑物角隅。

麻叶绣线菊（麻叶绣球）

[学名]　Spiraea cantoniensis Lour.

[形态]　落叶灌木，高 1.5m。枝细长拱形。叶菱状椭圆形至菱状披针形，长 3～5cm，缘有缺刻状锯齿，羽状脉，两面无毛，叶背青蓝色，花白色，伞形花序有总梗。花期 4～5 月，果熟期 10～11 月。

[分布]　原产于我国广东、广西、福建、浙江、江西等地，黄河中下游及以南各省都有栽培。

[习性]　喜光，耐荫，喜温暖湿润气候，耐寒。对土壤适应性强，耐瘠薄，萌芽力强，耐修剪。

[繁殖与栽培]　扦插、分株繁殖为主，亦可播种繁殖。花后宜疏剪老枝及过密枝。冬施基肥。

[用途]　麻叶绣线菊花繁密，盛开时枝条全被细小的白花覆盖，形似一条条拱形玉带，洁白可爱，叶清丽。可成片配置于草坪、路边、斜坡、池畔、庭园一隅、台阶两旁、山石悬崖附近、建筑周围，或植花篱，也可单株或数株点缀花坛。

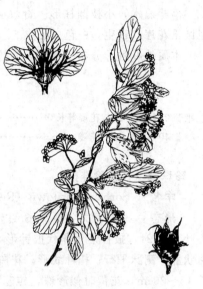

图 82　麻叶绣线菊

三桠绣线菊（三裂绣线菊）

[学名]　Spiraea trilobata Linn.

[形态]　落叶灌木，高 1.5m。叶近圆形，长 1.5～3cm，基部圆形，常 3 裂，叶缘中部以上有少数圆钝齿，具掌状脉，无毛。花小，白色，呈伞房花序。花期 5～6 月。

[分布]　产我国东北及华南各省。

[习性]　喜光，稍耐荫，耐严寒，对土壤要求不严，耐旱，耐修剪。性强健，生长迅速，栽培容易。

[繁殖与栽培]　播种、分株、扦插繁殖。

[用途]　三桠绣线菊晚春白花翠叶，是东北、华北庭园常见的花灌木，可植于岩石园、山坡、小路两旁。亦可作基础种植。

粉花绣线菊（日本绣线菊）

[学名]　Spiraea japonica Linn. f.

[形态]　落叶灌木，高 1.5m。叶卵形至卵状长椭圆形、长 2～8cm，先端尖，缘有缺刻状重锯齿，叶脉上常有短柔毛。花粉红色，成伞房花序。花期 6～7 月。

[分布]　原产日本，我国华东地区有引种栽培。

[习性]　喜光，耐荫，喜湿润环境，耐寒，对土壤要求不严，耐旱，耐瘠薄，分蘖能力强。

［繁殖与栽培］　分株、扦插或播种繁殖。花后应进行修剪，剪去残花。

［用途］　粉花绣线菊花色娇艳，甚为醒目，且花期正值少花的春末夏初，应大力推广应用。可成片配置于草坪、路边、花坛、花径，或丛植庭园一隅，亦可作绿篱，盛开时宛若锦带。

珍珠梅属　Sorbaria A. Br. ex Aschers.

落叶灌木，小枝圆柱形。奇数羽状复叶，互生，小叶有锯齿，有托叶。花小，组成大型圆锥花序，顶生，白色。心皮 5、基部合生。菁葖果成熟时腹缝线开裂，内有种子数粒。

本属约 9 种，分布于亚洲，我国有 5 种。

分 种 检 索 表

1. 雄蕊 20，短于或与花瓣等长 ·· 珍珠梅
1. 雄蕊 40～50，长于花瓣 ·· 东北珍珠梅

珍珠梅（吉氏珍珠梅）

［学名］　Sorbaria kirilowii (Regel) Maxim.

［形态］　落叶灌木，高 2～3m。奇数羽状复叶，小叶 13～21，披针形至卵状披针形，缘有重锯齿，羽状脉，侧脉平行；托叶线形。花白色、小，花序长 15～20cm，花蕾时似珍珠，雄蕊 20，短于或与花瓣等长。果矩圆形，果梗直立。花期 6～8 月；果熟期 9～10 月。

［分布］　主产我国北部晋、冀、鲁、豫、陕、甘、青、蒙等省区，生于海拔 200～1500m 的山坡、河谷及杂木林中。

［习性］　喜光，较耐荫。耐寒，对土壤要求不严。生长快，萌蘖强，耐修剪，花期长，可持续近 4 个月。

［繁殖与栽培］　分株、扦插为主。

图 83　珍珠梅

较少用播种繁殖。平时管理要注意控制根蘖，花后剪除枯花枝、老枝，宜 3～5 年更新一次。

［用途］　珍珠梅花、叶秀丽，花期长，是夏季少花季节很好的花灌木，北方庭园夏季主要的观花树种之一。丛植于草坪、林缘、墙边、街头绿地、水面旁，也可作花篱、作下木或在背阴处栽植。

白鹃梅属　Exochorda L.

落叶灌木。单叶互生，全缘或有齿，托叶无或小、早落。花白色，成顶生总状花序，花瓣、花萼各 5 枚，雄蕊 15～30，心皮 5，合生。蒴果具 5 棱，熟时 5 裂。

本属有 5 种，产于亚洲中部及东部，我国产 3 种。

白鹃梅

[学名] Exochorda racemosa (Lindl) Rehd.

[形态] 落叶灌木，高 3～5m。全株无毛，叶椭圆形或倒卵状椭圆形，长 3.5～6.5cm，全缘或仅先端有锯齿，叶背粉蓝色。花白色，径约 4cm，6～10 朵，成总状花序，花瓣基部有短爪，雄蕊 15～20 枚、每 3～4 枚一束、着生于花盘边缘。蒴果倒卵形。花期 4～5 月，果熟期 9 月。

[分布] 产于我国江苏、浙江、江西、湖北等省。北京以南可栽培。

[习性] 喜光，稍耐荫。耐寒，对土壤要求不严，耐干旱瘠薄，萌蘖性强。

[繁殖与栽培] 播种、扦插繁殖。管理简单。

[用途] 白鹃梅花洁白如雪，秀丽动人，适于草坪、林缘、路边及假山、岩石间配置，可在常绿树丛前栽植，似层林点雪，极有雅趣，可散植林间空地或庭园角隅，亦可作基础栽植。

图 84 白鹃梅

枸子属 Cotoneaster B. Ehrhart.

落叶、常绿或半常绿灌木。单叶互生，全缘，针形托叶早落。花两性，单生或成聚伞、伞房花序，腋生或生于短枝顶端；花基数 5，白色、粉红色或红色。小梨果红色或紫褐色，有宿存萼片，内含 2～5 小硬核。

本属约 90 种，分布于亚、欧及北非的温带地区。我国产 60 余种，分布中心在西部、西南部。

分 种 检 索 表

1. 花瓣小直立，倒卵形、粉红色
  2. 茎匍匐，花 1～2 朵，果红色
    3. 茎平铺地面不规则分枝，叶缘常波状 ·················· 匍匐枸子
    3. 枝水平成两列状分枝，叶缘不成波状 ·················· 平枝枸子
  2. 茎直立，花 2～5 朵，果黑色 ······························· 灰枸子
1. 花瓣开展，近圆形，白色，果红色
  4. 落叶直立灌木，伞房花序、花多数 ····················· 水枸子
  4. 常绿匍匐灌木，花 1～3 ································· 小叶枸子

平枝枸子（铺地蜈蚣）

[学名] Cotoneaster horizontalis Decne.

[形态] 落叶或半常绿匍匐灌木，高不过 0.5m。枝水平开展成整齐的两列。叶近圆形或宽椭圆形，长 0.5～1.5 (2) cm，先端急尖，叶面暗绿色，下面有柔毛。花粉红色，1～2 朵并生，径约 5～7mm，花瓣直立，倒卵形。果近球形，鲜红色，径 4～7mm，常含 3 小核。花期 5～6 月；果熟期 9～10 月。

[分布] 产于我国湘、鄂、陕、甘、川、滇、黔等省，多生于海拔 1000～3500m 的湿

润岩石坡，灌木丛中及路边，是西藏高原东南部亚高山灌木丛主要树种之一。

[习性]　喜半荫，光照充足亦能生长，喜空气湿润，耐寒。对土壤要求不严，耐干旱瘠薄，石灰质土壤也能生长。不耐水涝，华北地区栽培宜避风处或盆栽。

[繁殖与栽培]　扦插、播种繁殖为主，亦可秋季压条。注意树形修剪，使枝条分布均匀有层次。

[用途]　平枝栒子树姿低矮，春天粉红色小花星星点点嵌于墨绿色叶之中，入秋红果累累，经冬不落。最适宜作基础种植材料、地面覆盖材料，或装饰建筑物，尤其是纪念性建筑物的墙面。红果翠叶特别醒目，常丛植于斜坡、岩石园、水池旁或山石旁，或散植于草坪，是山石盆景的优良材料。全株可入药。

水栒子（多花栒子）

[学名]　Cotoneaster multiflora Bunge.

[形态]　落叶灌木，高 2～4m。小枝细长拱形，幼时有

图 85　平枝栒子

毛后光滑，紫色。叶卵形，长 2～5cm，幼时叶背有柔毛，后变光滑。花白色，径 1～1.2cm，花瓣近圆形，6～21 朵成聚伞花序；果近球形倒卵形，径约 8mm，红色。花期 5 月；果熟期 9 月。

[分布]　广布于我国东北、华北、西北和西南地区，生于海拔 1200～3000m 的沟谷或山坡杂木林中。

[习性]　喜光，稍耐荫。耐寒，对土壤要求不严，极耐干旱和瘠薄；萌芽力强，耐修剪，性强健。

[繁殖与栽培]　播种、扦插繁殖。

[用途]　水栒子花洁白，果艳丽繁盛，是北方地区常见的观花、观果树种；宜丛植于草坪边缘、园路转角、坡地观赏。

火棘属　Pyracantha Roem.

常绿灌木、小乔木，常有枝刺。芽小有柔毛。单叶互生，叶柄短，叶缘锯齿或全缘。花小白色，组成复伞房花序；心皮 5，胚珠 2。梨果小，内含 5 个骨质小核。

本属有 10 种，分布于亚洲东部至欧洲南部。我国产 7 种，西南地区最多。

火棘（火把果、救兵粮）

[学名]　Pyracantha fortuneane（Maxim）Li.

[形态]　常绿灌木，高 3m，有枝刺。嫩枝有锈色柔毛。叶倒卵形或倒卵状长圆形，先端圆钝

图 86　火棘

或微凹，有时有小尖头，基部渐狭、下延至叶柄，叶缘细钝锯齿、齿内弯无毛。花白色，径约 1cm，成复伞房花序。梨果深红或桔红色。花期 3～5 月；果熟期 8～11 月。

［分布］ 产于我国江苏、浙江、福建、广西、湖南、湖北、四川、贵州、云南、西藏、甘肃南部等省区，生于海拔 2800m 以下山区、溪边灌丛中。

［习性］ 喜光，稍耐荫。耐寒差，上海等地呈半常绿，但不影响开花结果。对土壤要求不严，但须排水良好。耐干旱力强，山地平原都能适应，萌芽力强，耐修剪。

［繁殖与栽培］ 扦插、播种繁殖。种子须沙藏处理。移植时须带土球，重修剪。定植后管理粗放。

［用途］ 火棘枝叶茂盛，初夏白花繁密，入秋红果满树，经久不落，是优良的观果树种。以常绿或落叶乔木为背景，在林缘丛植或作下木，配置岩石园或孤植草坪、庭院一角、路边、岩坡或水池边。可作绿篱或基础种植，宜作盆景。

山楂属　Crataegus L.

落叶乔木或灌木，稀半常绿，常有枝刺。单叶互生，叶缘有锯齿或裂，托叶较大。花白色，极少粉红色，伞房花序顶生；心皮大部与花托合生，仅顶端与腹面分离，熟时骨质。梨果，萼片宿存，含骨质小核 1～5，每核种子 1。

本属约 1000 余种，分布于北半球。我国约 17 种。

山楂

［学名］ Crataegus pinnatifida Bge.

［形态］ 落叶小乔木，高 6m，有枝刺或无枝刺。叶宽卵形至三角状卵形，基部楔形、宽楔形，两侧各有 3～5 羽状深裂，基部 1 对裂片分裂较深，缘有不规则锐齿，下面沿脉疏生毛，托叶大而有齿。复伞房花序有长柔毛，后渐落。梨果球形、深红色，有白色或褐色皮孔，径 1～1.5cm。花期 5～6 月；果熟期 9～10 月。

［变种与品种］ 山里红（var. major N. E. Br）：果径约 2.5cm。叶较大，羽状裂较浅。枝上无刺。树体较原种大而健壮，作果树栽培。

［分布］ 产于我国东北、华北等地；生于海拔 100～1500m 的溪边、山谷、林缘。在丘陵、平原均广为栽培。

［习性］ 喜光，喜侧方遮荫。喜干冷气候，耐寒、耐旱。在排水良好的湿润肥沃沙壤土上生长最好。根系发达，萌蘖性强，抗氯气、氟化氢污染。树性强健，产量稳定，10 龄左右进入盛果期，60～70 年不衰。

图 87　山楂

［繁殖与栽培］ 播种、嫁接、分株繁殖。种核坚硬需沙藏层积两冬一夏才能萌发。常用根蘖苗作砧木嫁接山里红。注意清除根蘖。

［用途］ 山楂自然树冠圆满，叶形秀丽，白花繁茂，红果艳丽可爱，是观果、观花、园

林结合生产的优良树种。也是优美的庭荫树。孤植或丛植于草坪边缘、园路转角，可作刺篱或基础种植材料。

山楂果实供鲜食或加工食品，亦可入药。

石楠属 Photinia Lindl.

常绿或落叶，乔木或灌木。单叶互生，叶缘有锯齿，有托叶。伞形、伞房或复伞房花序顶生；花两性，白色，5基数。梨果小，微肉质，成熟时仅顶端或上部约1/3与萼筒分离，花萼宿存。

本属约60余种，分布于亚洲东部及南部。我国约40余种，多分布于温暖的南方。

分 种 检 索 表

1. 鳞芽，冬芽鲜红色，全体无毛无刺，叶倒卵状椭圆形或矩圆形，叶柄长2～4cm ················· 石楠
1. 裸芽，芽、嫩枝有锈色平伏柔毛，树干、枝条有刺；叶长椭圆形至倒卵状披针形，叶柄短0.8～1.5cm
·· 椤木石楠

石楠（千年红）

[学名] Photinia serrulata Lindi.

[形态] 常绿小乔木，高6～15m。树冠自然圆满。小枝褐灰色，无毛，冬芽大，红色。叶革质，长8～12cm，倒卵状椭圆形至矩圆形，先端渐尖或急渐尖，叶缘细尖锯齿，叶面光泽，新叶红色。5～6月盛开白色小花；果球形、红色、径5～6mm，含1粒种子，10月成熟。

[分布] 产于我国秦岭南坡、淮河流域以南，西至甘肃南部、四川、云南、广东、广西，生于海拔2500m以下山坡、溪边的杂木林内。各地庭园多有栽培。

[习性] 喜光，耐半荫。喜温湿气候，耐-15℃的短期低温，在西安、济南可露地越冬。喜排水良好的肥沃壤土，耐干旱瘠薄，可在石缝中生长，不耐积水。生长慢，萌芽力强，耐修剪，分枝密，有减噪声、隔音功能。抗二氧化硫、氯气污染。

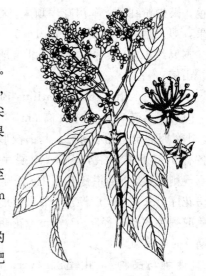

图88 石楠

[繁殖与栽培] 播种、扦插、压条繁殖。种子层积沙藏后春播。7～9月扦插。移植容易成活。如嫩叶展开后，移植应摘叶。树冠整齐，一般不需修剪。

[用途] 石楠树冠圆满，树姿优美，嫩叶红艳，老枝浓绿光亮，秋果累累，是优良的观叶、观果树种。可作庭荫树，整形后孤植或对植点缀建筑的门庭两侧、草坪、庭园墙边、路角、池畔、花坛中心。街头绿地、居民新村、厂矿绿化都可应用，也可作绿墙、绿屏栽种。幼苗可作嫁接枇杷的砧木。

枇杷属 Eriobotrya Lindl.

常绿小乔木或灌木。单叶互生，粗锯齿、羽状脉，侧脉直达齿尖，网脉明显；托叶早

落。顶生圆锥花序有绒毛。花白色，心皮合生。梨果，种子大。

本属约30种，分布于亚洲温带及亚热带。我国有13种。

枇杷

[学名] Eriobotrya japonica（Thunb.）Linl.

[形态] 常绿小乔木。小枝粗壮，密生锈黄色绒毛。叶革质，长12～30cm，倒披针形至长圆形，先端尖，基部全缘，上部锯齿粗钝，叶面褶皱、有光泽，下面及柄密生灰棕色绒毛。圆锥花序，在10～12月开花，花白色，芳香。梨果长圆形至球形，橙黄色或橙红色，翌年5～6月成熟。

[分布] 亚热带果树。现我国四川、湖北仍有野生，长江流域以南久经栽培，江苏洞庭、浙江塘栖、福建莆田、湖南沅江地区都是枇杷的著名产区。

[习性] 喜光照充足，稍耐侧荫。喜温暖湿润气候，不耐严寒。凡年平均温度在12～15℃以上，冬季低温不低于－5℃，花期、幼果期温度不低于0℃的地区，都能生长良好。喜肥沃、湿润土壤。不

图89 枇杷

耐积水，冬季干旱生长不良。一年发3次新梢，花期忌风，抗二氧化硫及烟尘。深根性，生长慢，寿命长。

[繁殖与栽培] 播种、嫁接繁殖为主，亦可高枝压条。可用实生苗或石楠苗作砧木。栽植要注意背风向阳。土壤应经常保持湿润，又应排水良好。果实采收后和入冬之初花发育成长期应注意施肥，通常不修剪，只须将紊乱枝剪去即可。但切不可将枝条顶端剪去，因其开花结果均在其上。

[用途] 枇杷树形整齐，叶大荫浓，冬日白花盛开，初夏果实金黄。多用于庭园中栽植。也可在草坪丛植，或公园列植作园路树，与各种落叶花灌木配置作背景。江南园林中，常配置于亭、台、院落之隅，点缀山石、花卉，富诗情画意。

枇杷为著名的果树。果熟期较早，可鲜食或加工罐头、酿酒，叶入药。

木瓜属 Chaenomeles Lindl.

落叶或半常绿灌木、小乔木。有刺或无刺，叶缘有锯齿，单叶互生，托叶大。花单生或数朵簇生，花柱基部合生。梨果大，有多数褐色种子。

本属约5种，我国产4种，日本产1种。

分 种 检 索 表

1. 枝无刺。花单生，叶后开放。叶缘芒状腺齿，托叶卵状披针形。树皮不规则薄片状剥落 ……… **木瓜**
1. 有枝刺。花簇生，先叶开放或与叶同放。叶与托叶不是腺齿，托叶肾形或耳形
　2. 小枝平滑，两年生枝无疣状突起。果径5～8cm
　　3. 叶卵形至椭圆形，下面无毛或稍有短柔毛，锯齿尖。花柱基部无毛或稍有毛 ………… **贴梗海棠**

3. 叶椭圆形至披针形，下面密生褐色柔毛，芒状锯齿。花柱基部常有柔毛或绵毛 ……… **木瓜海棠**

2. 小枝粗糙，幼时有绒毛，两年生枝有疣点。果径 3～4cm。叶倒卵形或匙形，无毛，锯齿钝圆 ………………………………………………………………………………… **日本木瓜**

贴梗海棠（贴梗木瓜、皱皮木瓜、铁角海棠）

［学名］ Chaenomeles speciosa（Sweet）Nakai.

［形态］ 落叶灌木，高 2m。小枝开展，无毛，有枝刺。叶卵形至椭圆形，先端尖，叶缘锯齿尖锐，两面无毛，有光泽；托叶肾形半圆形，有尖锐重锯齿。花红色、淡红色、白色，3～5 朵簇生在 2 年生枝上。花柱基部无毛或稍有柔毛，萼筒钟状，萼片直立。梨果卵形至球形，径 4～6cm，黄色、黄绿色，芳香，近无梗。花期 3～5 月；果熟期 9～10 月。

［分布］ 原产我国陕西、甘肃南部、四川、贵州、广东、湖南、湖北、江西、浙江、江苏、安徽等省区。各地均有栽培。北京小气候良好处可露地越冬。国外也广为引种栽培。

［习性］ 喜光，亦耐荫。适应性强，耐寒，耐旱。喜排水良好的肥沃壤土，耐瘠薄，不耐水涝。耐修剪。

［繁殖与栽培］ 扦插、压条或分株繁殖。花后应对上年枝条顶部适当短截，只留 30cm，以促使分枝，可增加翌年开花量。伏天施一次有机肥，实生苗 4～5 年后开花。

［用途］ 贴梗海棠繁花似锦，花色艳丽，是常用的早春花木。常丛植草坪一角、树丛边缘、池畔、花坛、庭院墙隅，也可与山石、劲松、翠竹配小景，种植花篱，作基础种植材料。是制作盆景的好材料，果供观赏闻香，泡药酒、制蜜饯。

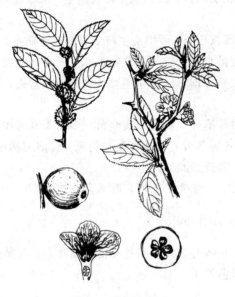

图 90 贴梗海棠

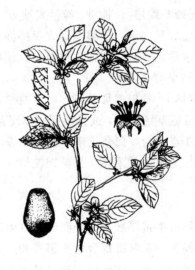

图 91 木瓜

木瓜

［学名］ Chaenomeles sinensis（Thouin）Koehne.

［形态］ 落叶小乔木，高 10m。树皮不规则薄片状剥落。嫩枝有毛，芽无毛。叶卵形、卵状椭圆形，先端急尖，叶缘芒状腺齿，嫩叶下面密生黄白色绒毛，后脱落，叶柄微有柔毛，有腺齿；托叶卵状披针形，有腺齿。花单生叶腋，粉红色，叶后开放。梨果椭球形，暗

黄色、木质、芳香。花期4~5月；果熟期8~10月。

[分布] 原产于我国山东、安徽、浙江、江苏、江西、河南、湖北、广东、广西、陕西等省区，各地常见栽培。

[习性] 喜光，耐侧荫。适应性强，北京可露地越冬。喜肥沃排水良好的轻壤或粘壤土，不耐积水或盐碱地，不易栽种在风口。生长较慢，约10年左右始开花。

[繁殖与栽培] 用榅桲、野海棠等作砧木嫁接繁殖，亦可播种繁殖。幼树耐寒不如贴梗海棠。为促进结实，可剪除主梢，促进侧枝生长，多开花结果。

[用途] 木瓜花艳果香，树皮斑驳，常孤植、丛植庭前院后，对植于建筑前、入口处；或以常绿树为背景丛植赏花观果。亦可与其他花木混植。在古建筑群中配置，古色古香，非常协调。

木瓜果实入药。

苹果属 Malus Mill.

落叶乔木或灌木，稀半常绿，常无刺。单叶互生，叶缘锯齿或缺裂；有托叶。伞形总状花序；花白色、粉红色、紫红色。花药黄色。花柱基部连合。梨果3~5室，每室有种子2，无或少石细胞。

本属约35种，分布于北温带。我国约20余种，多为果树、花灌木。

分 种 检 索 表

1. 萼片宿存，果实大，直径常在2cm及以上
  2. 果扁球形，径在2cm以上，萼洼、梗洼都下陷，果梗粗短。幼枝、芽、花梗及萼筒都密生绒毛。幼叶两面有柔毛，老叶上面无毛，锯齿钝 ･･････････････････････ 苹果
  2. 果近球形，径约2cm，梗洼隆起，果梗细长3~4cm。幼枝、芽有柔毛，后渐脱落。幼叶两面疏生柔毛，后脱落；锯齿紧贴叶缘 ････････････････････ 海棠花
1. 萼片脱落，果实较小，直径在1.5cm以下
  3. 树冠开展，枝斜展，多距形枝刺。花梗长2~4cm，花下垂状，萼筒、萼片红紫色，无毛 ･･････････････････････････････････････ 垂丝海棠
  3. 树冠紧抱，枝直立，无刺。花梗短，花不下垂，花梗、萼筒、萼片绿色有白色绒毛，萼片披针形比萼筒长。果径1~1.5cm ･･････････････････ 西府海棠

苹果

[学名] Malus Pumila Mill.

[形态] 落叶乔木，高达15m。小枝幼时密生绒毛，后光滑，紫褐色。叶椭圆形至卵形，长4.5~10cm，先端尖，缘有圆钝锯齿，幼时两面有毛，后表面光滑。花白色带红晕，径3~4cm。花梗与萼均具灰白色绒毛，萼片长尖，宿存。果为略扁之球形，径5cm以上。花期4~5月；果熟期7~11月。

[分布] 原产欧洲东南部，小亚细亚及南高加索一带，在欧洲久经栽培。1870年前后传入我国烟台，现东北南部及华北、西北广为栽培。作为重要水果，品种繁多。

[习性] 喜光照充足。要求比较冷凉和干燥的气候，耐寒，不耐湿热、多雨，对土壤要求不严，在富含有机制、土层深厚而排水良好的沙壤土中生长最好，不耐瘠薄。对有害

气体有一定的抗性。一般定植后 3～5 年始结果，树龄可达百年以上。

[繁殖与栽培]　嫁接繁殖，北方常用山荆子为砧木，华东则以湖北海棠为主。作为果树栽培，管理要求比较精细，且不同品种，技术要求有所不同。作为园林绿化栽培，宜选择适应性强、管理要求简单的品种栽种。

[用途]　苹果春季观花，白润晕红；秋时赏果，丰富色艳，是观赏结合食用的优良树种。在适宜栽培的地区可配置成"苹果村"式的观赏果园；可列植于道路两侧；在街头绿地、居民区、宅院可栽植一、二株，使人门更多一种回归自然的情趣。

图 92　苹果

海棠花

[学名]　Malus spectabilis Borkh.

[形态]　落叶乔木，高 8m。树形峭立。枝条直立，小枝红褐色，叶椭圆形至长椭圆形，长 5～8cm，缘具紧贴细锯齿，背面幼时有柔毛。花蕾色红颜，开放后呈淡粉红色，径 4～5cm，花梗长 2～3cm，果近球形，黄色，径 2cm。花期 4～5 月；果熟期 9 月。

[变种与品种]　重瓣粉海棠（cv. Riversii）：叶较宽大，花重瓣、较大、粉红色。为北京庭园常见的观赏树种。

重瓣白海棠（cv. Albi-plena）：花白色、重瓣。

[分布]　原产于我国北方，是久经栽培的观赏树种。

[习性]　喜光，不耐荫。耐寒，对土壤要求不严，耐旱，亦耐盐碱，不耐湿，萌蘖性强。

[繁殖与栽培]　播种、分株、嫁接繁殖。砧木以山荆子为主。

[用途]　海棠花花枝繁茂，美丽动人，是著名的观赏花木。宜配置在门庭入口两旁，亭台、院落角隅，堂前、栏外和窗边。在观花树丛中作主体树

图 93　海棠花

种，下配灌木类海棠，后衬以常绿之乔木，妩媚动人；亦可植于草坪边缘、水边池畔、园路两侧，可作盆景或切花材料。

垂丝海棠

[学名]　Malus halliana (Voss) Koehne.

[形态]　落叶小乔木，高 5m。树冠开展。小枝细，嫩枝有毛，后脱落。叶卵形至长卵形、长 3.5～8cm，先端渐尖，基部楔形或稍圆，锯齿细钝，中脉紫红色，幼叶疏被柔毛，后脱落。花 4～7 朵簇生于小枝顶端，粉花梗细长、下垂状，花梗与萼筒、萼片在向阳面紫红色，花粉红色有紫晕。果径 6～8mm、紫色。花期 4 月；果熟期 9～10 月。

[变种与品种]　重瓣垂丝海棠（var. paykmanii Rehd）：花复瓣。

白花垂丝海棠（var. spontanea Rehd）：花较小，花梗较短，花白色。

［分布］　原产于我国华东、华中、西南地区，野生在山坡丛林中，长江流域至西南各地多有栽培，在海棠类树种中分布偏南。

［习性］　喜光，亦耐荫。喜暖湿气候，耐寒、耐旱能力较差。北京须小气候条件好的地方才能露地栽培。喜肥沃湿润的土壤，稍耐湿，耐修剪，对有害气体抗性较强。

［繁殖与栽培］　嫁接繁殖，常用湖北海棠作砧木，也可扦插或压条。

［用途］　垂丝海棠春日繁花满树，娇艳美丽，是点缀春景的主要花木。常作主景树种，以常绿树丛为背景，配置各种花灌木装饰公园或庭园；或丛植于草坪、池畔、坡地，列植于园路旁；对植于门、厅出入处；窗前、墙边、阶前、院隅孤植效果都好。花枝可切花插瓶，树桩可制作盆景。

图 94　垂丝海棠

西府海棠（小果海棠）

［学名］　Malus micromaius Mak.

［形态］　落叶小乔木，高 5m。树姿峭立。枝条直伸，嫩枝有柔毛，后脱落。叶椭圆形、长 5～10cm，先端渐尖，基部楔形，锯齿尖，嫩叶有柔毛，背面较密，老时脱落。花梗及花萼有白色绒毛，花粉红色，花梗短，花序不下垂。果近球形，径 1～1.5cm，红色。花期 4 月；果熟期 8～9 月。

［分布］　原产于我国中部，为山荆子与海棠花的杂交种，各地有栽培。

［习性］　喜光，耐寒、耐旱，怕湿热，喜肥沃、排水良好的沙壤土。

［繁殖与栽培］　嫁接、压条繁殖。砧木用山荆子或海棠。

图 95　西府海棠

［用途］　西府海棠春花艳丽，秋果红妍，是花果并茂的观赏树种。北京常用。公园、街头绿地、居民新村可成片成丛栽植。也可丛植于草坪、假山旁，盆栽赏花亦美。果味酸甜可口，可鲜食或加工蜜饯。可作嫁接苹果的砧木。

梨属　Pyrus L.

落叶或半常绿乔木，稀灌木。有时具刺，单叶互生，有锯齿，有托叶，花先叶开放或与叶同放，伞形总状花序。花白色罕粉红色，花瓣具爪，花药红色，花柱 2～5 离生。子房下位，2～5室，梨果，富有石细胞，种子黑色。

本属约有30种，原产亚、欧及北美，我国有14种。

分 种 检 索 表

1. 叶缘锯齿尖锐或刺芒状
  2. 锯齿刺芒状，花柱4～5，果较大，黄白色 ·· **白梨**
  2. 锯齿尖锐，花柱2～3，果小，褐色 ··· **杜梨**
1. 叶缘锯齿钝或细钝
  3. 锯齿细钝，果黄绿色，径约5cm ··· **西洋梨**
  3. 锯齿钝，果褐色，径约1cm ··· **豆梨**

白梨

〔学名〕 Pyrus bretschneidei Rehd.

〔形态〕 落叶乔木，高5～8m。小枝粗壮，幼时有毛。叶卵形或卵状椭圆形、长5～11cm，有刺芒状尖锯齿，齿端微向内曲，幼时有毛，后变光滑。花白色。果卵形或近球形、黄色或黄白色。花斯4月；果熟期8～9月。

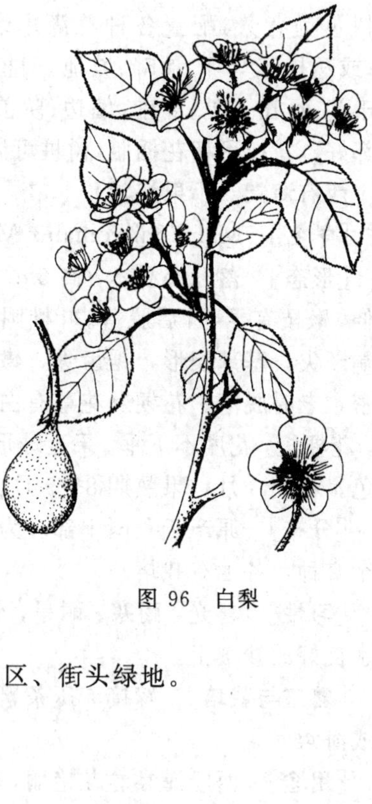

〔分布〕 原产于我国中部，栽培遍及华北、东北南部、西北及江苏北部、四川等地。

〔习性〕 喜光，喜干冷气候，耐寒，对土壤要求不严，耐干旱瘠薄。花期忌寒冷和阴雨。

〔繁殖与栽培〕 嫁接繁殖为主，砧木常用杜梨。作为果树栽培技术要求较高，有很多著名的品种，如：河北的"鸭梨"、山东莱阳的"茌梨"等。若作为园林观赏，一般用自然整枝法，栽种地应避免与圆柏混植。因梨树易得赤星病，其病菌寄主为圆柏类。

〔用途〕 白梨春季时节"千树万树梨花开"，一片雪白，是园林结合生产的好树种。宜成丛成片栽成观果园，可列植于道路两侧、池畔、篱边，亦可丛植于居民区、街头绿地。

白梨木材细密，可雕刻及各种细木工用料。

图96 白梨

杜梨（棠梨）

〔学名〕 Pyrus betulaefolia Bunge.

〔形态〕 落叶乔木，高达10m。小枝常棘刺状，幼时密生灰白色绒毛。叶菱状卵形或长圆形、长4～8cm，缘有粗尖齿，幼叶两面具灰白色绒毛，老时仅背面有毛。花白色。果实小、径1cm、褐色。花期4～5月；果熟期8～9月。

〔分布〕 主产我国北部，长江流域亦有。生于海拔50～1800m的平原或山坡。

〔习性〕 喜光，稍耐荫。耐寒，对土壤要求不严，耐干旱瘠薄，耐盐碱。抗病虫害能力强。深根性树种，生长较慢，寿命长。

[繁殖与栽培] 播种繁殖。

[用途] 杜梨春季白花繁茂、美丽，宜盐碱、干旱地区庭园种植，可丛植、列植于草坪边缘、路边。作北方栽培梨的砧木，是华北、西北防护林及沙荒造林树种。

蔷薇属　Rosa L.

落叶或常绿灌木，茎直立或蔓生。常有皮刺。奇数羽状复叶互生，托叶常与叶轴连合。花两性，单生或成花序。聚合瘦果，骨质，包在肉质的坛形花托内，亦称"蔷薇果"。

本属约 200～250 种，主产北半球温带及亚热带。我国约 70 余种，分布全国。

分 种 检 索 表

1. 托叶与叶轴合生，宿存
　2. 花柱伸出花托口外很长
　　3. 花柱合生成柱状，与雄蕊等长，圆锥状伞房花序。托叶齿状，小叶 5～9，叶面无光泽，两面有短柔毛，枝蔓性 ……………………………………………………………………………… 蔷薇
　　3. 花柱离生，长约为雄蕊之半，花单生或几朵集生成伞房状。托叶边缘有腺毛；小叶 3～5(7)，叶面光泽无毛。直立灌木 ………………………………………………………………………… 月季
　2. 花柱不伸出花托口外或微伸出，短于雄蕊
　　4. 小叶 5～9，叶面皱褶，背面有柔毛和刺毛；托叶两面有绒毛。花玫瑰红色或白色，花单生或几朵集生，枝有细刺及刺毛 …………………………………………………………………………… 玫瑰
　　4. 小叶 7～13，叶下面微有柔毛，托叶边缘有腺毛。花黄色，单生 ……………………… 黄刺玫
1. 托叶与叶轴离生，早落。半常绿、常绿蔓性灌木，皮刺少。花小，白色或淡黄色，芳香，伞形花序
…… 木香

蔷薇（野蔷薇、多花蔷薇、白玉棠）

[学名] Rosa multiflora Thunb.

[形态] 落叶蔓性灌木，枝细长，不直立，多皮刺，无毛。小叶 5～9，倒卵形、椭圆形，锯齿锐尖，两面有短柔毛，叶轴与柄都有短柔毛或腺毛；托叶与叶轴基部合生，边缘篦齿状分裂，有腺毛。圆锥状伞房花序，花白色或微有红晕，单瓣，芳香，径 2～3cm。果球形，暗红色，径约 6mm。花期 5～7 月；果熟期 9～10 月。

[变种与品种] 粉团蔷薇（红刺玫，var. cathayensis Rehd. et Wils.）：花粉红色，单瓣，小叶较大，通常 5～7枚。

十姊妹（七姊妹，var. Platyphylla Thory.）：小叶较大，花重瓣，深红紫色，7～10 朵成扁平伞房花序。

[分布] 产于我国黄河流域及以南地区的低山丘陵、溪边、林缘及灌木丛中。现全国普遍栽培，朝鲜、日本也有分布。

[习性] 喜光，耐半荫。耐寒，对土壤要求不严，可在粘重土壤上正常生长。喜肥，耐

图 97　蔷薇

瘠薄，耐旱，耐湿。萌蘖性强，耐修剪，抗污染。

[**繁殖与栽培**] 扦插、分株，压条或播种繁殖，都容易成活，养管简单。应及时剪除残花，以保持植株整洁。

[**用途**] 蔷薇繁华洁白，芳香，树性强健，可用于垂直绿化，布置花墙、花门、花廊、花架、花柱，点缀斜坡、水池坡岸，装饰建筑物墙面或植花篱。是嫁接月季的砧木。

蔷薇花、果、根入药。花可提取芳香油。

月季（月月红、长春花）

[**学名**] Rosa chinensis Jacg.

[**形态**] 直立灌木，具钩状皮刺，小叶 3～7 枚，广卵形至卵状椭圆形，缘有锯齿，叶柄和叶轴散生皮刺和短腺毛，托叶大部分附着在叶轴上。花数朵簇生，少数单生，粉红至白色。花从 4 月～11 月多次开放，以 5 月、10 月两次花大色艳。

[**变种与品种**] 月月红（var. semperflorens Koehne.）：茎较纤细，有刺或近无刺。小叶较薄，略带紫晕。花多单生，紫色至深粉红色，花梗细长而下垂。

小月季（var. minima Voss.）：植株矮小，多分枝，高一般不过 25cm，叶小而狭。花小，径约 3cm，玫瑰红色，单瓣或重瓣。

变色月季（f. mutabilis Rehd.）：花单瓣，初开时硫黄色，继变橙色、红色，最后呈暗红色。

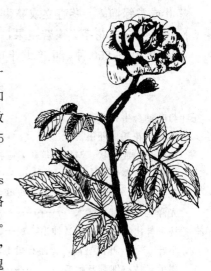

图 98 月季

[**分布**] 原产我国湖北、四川、云南、湖南、江苏、广东等地，现除高寒地区外各地普遍栽种。原种及多数变种在 18 世纪末、19 世纪初引至欧洲，通过杂交培育出了现代月季，目前品种已达万种以上。

[**习性**] 喜光。气温在 22～25℃时，生长最适宜。耐寒，对土壤要求不严，耐旱，怕涝，喜肥，耐修剪。在生长季可多次开花，但夏季高温对开花不利，故春、秋两季开花多而质量好。

[**繁殖与栽培**] 扦插、嫁接繁殖。砧木为蔷薇。华北地区应在 11 月中旬前后灌冻水，重剪后，在基部培土防寒，以利安全过冬。生长季节应加强管理，注意施肥和花后修剪，即时剪除砧木上的萌芽条，要防治病虫害，雨季注意即时排涝。

[**用途**] 月季花色艳丽，花型变化多，花期长，是重要的观花树种。常植于花坛、草坪、庭园、路边，也可布置花门、攀悬花廊，辟专类园，亦可盆栽观赏。

玫瑰（徘徊花）

[**学名**] Rosa rugosa Thunb.

[**形态**] 落叶直立灌木，高 2m。枝粗壮密生皮刺及刚毛。小叶 5～9，椭圆形、倒卵状椭圆形，锯齿钝，叶质厚，叶面皱褶，下面有柔毛及刺毛；托叶与叶轴基部合生有细齿，两面有绒毛。花单生或 3～6 朵集生，花常为紫红色，径 6～8cm，芳香。果扁球形、径 2～2.5cm，红色。花期 5～9 月；果熟期 9～10 月。

[**变种与品种**] 白玫瑰（var. Alba W. Robins.）：花白色。

紫玫瑰（var. typica Reg.）：花玫瑰紫色。

红玫瑰（var. rosea Rehd.）：花玫瑰红色。

重瓣玫瑰（var. plena Reg.）：花重瓣，紫色，浓香。

重瓣白玫瑰（var. alba plena Rehd.）：花白色，重瓣。

[分布]　原产于我国华北、西北、西南等地，各地都有栽培，以山东、北京、河北、河南、陕西、新疆、江苏、浙江、四川、广东最多。很多城市将其作为市花，如沈阳、银川、拉萨、兰州、乌鲁木齐等。山东省平阴为全国闻名的"玫瑰之乡"。据考证，平阴自明代起就栽培玫瑰、并用于酿酒；曾有"隙地生来千万枝，恰如红豆寄相思，玫瑰花放香如海，正是家家酒熟时。"的诗句。现栽培面积达二万余亩，成为我国玫瑰生产的重要基地。

[习性]　喜光照充足，阴处生长不良开花少。耐寒，耐旱，喜凉爽通风的环境，喜肥沃排水良好的壤土、砂壤土，忌粘土，忌地下水位过高或低洼地。萌蘖性强，生长迅速。

图 99　玫瑰

[繁殖与栽培]　分株、扦插、嫁接繁殖。砧木用多花蔷薇较好。每年秋分时节应进行一次松土培土，并进行修剪，冬季施有机肥，促使翌年萌发新枝多开花。但分蘖过多时应适当除去一部分。

[用途]　玫瑰花色艳香浓，是著名的观花闻香花木。在北方园林应用较多，江南庭园少有栽培。可植花篱、花境、花坛，也可丛植于草坪，点缀坡地，布置专类园。风景区结合水土保持可大量种植。

玫瑰花作香料、食品工业原料，可提炼香精，其价格昂贵，也可入药。

黄刺玫

[学名]　Rosa xanthina Lindl.

[形态]　落叶灌木，高 3m。小枝细长，散生硬刺。小叶 7～13，宽卵形近圆，先端钝或微凹，锯齿钝，叶背幼时稍有柔毛。花黄色，单生枝顶，半重瓣或单瓣，花柱离生，花径约 4cm。果红褐色，径约 1cm。花期 4～6 月，果熟期 7～9 月。

[分布]　产于我国东北、华北至西北，生于海拔 200～2400m 的向阳山坡及灌丛中。现栽培较广泛，北京很多。

[习性]　喜光。耐寒，对土壤要求不严。耐旱，耐瘠薄，忌涝，病虫害少。

[繁殖与栽培]　扦插、分株、压条繁殖。

[用途]　黄刺玫花色金黄，花期较长，是北方地区主要的早春花灌木。多在草坪、林缘、路边丛植，若筑花台种植，几年后即形成大丛，开花时金黄一片，光彩耀人，甚为壮观。亦可在高速公路及车行道旁，作花篱

图 100　黄刺玫

及基础种植。

木香

[学名] Rosa banksiae Ait.

[形态] 半常绿或常绿蔓性灌木。枝可长达 10m，攀援状拱形，疏生皮刺；老干树皮红褐色，条状剥落。小叶 3～5，卵状椭圆形至披针形，先端渐尖或微钝，叶缘细锯齿，托叶线形早落。花白色或淡黄色，芳香，3～7 朵组成伞形花序。果红色，球形。花期 4～7 月，果熟期 9～10 月。

[变种与品种] 重瓣白木香(var. albo-plena Rehd.)：花白色，重瓣，芳香，常为 3 小叶。重瓣黄木香 (var. lutea Lindl.)：花黄色，重瓣，微香，常为 5 小叶。

[分布] 原产于我国，秦岭南坡及大巴山以西的西南地区广泛分布，多生于河谷、林缘的湿润灌木丛中，喜攀附岩石、灌丛和枯树干上生长。

[习性] 喜光，亦耐半荫。喜温暖气候，较耐寒，北京可在背风向阳处栽种。对土壤要求不严，生长快，萌芽强，耐修剪，病虫害少，易管理。

[繁殖与栽培] 扦插、压条繁殖，成活率较高，也可用多花蔷薇作砧木嫁接。栽培时须搭花架，以利攀附生长，亦可修剪成灌木状，作观花灌木栽培。冬末春初修剪徒长枝、枯枝、病虫枝和过密枝。6 月花后应剪去残花和更新部分老枝。秋末施基肥，萌芽前施追肥。

[用途] 木香"高架万条，望如香雪"，是我国传统的垂直绿化材料。园林中常用于装饰棚架、花廊、花格墙、篱垣、岩壁，还可编花门、花篱、花亭、花墙或整形成直立灌木，孤植于草坪、园路转角处、林缘、坡地、水池边及庭园的天井、窗台外都可种植。北方常盆栽后编扎"拍子"形观赏。

木香花可提取芳香油，根、叶可入药。

棣棠属　Kerria DC.

落叶小灌木。枝细长，鳞芽小。单叶互生，重锯齿，托叶早落。花单生，5 基数，萼片全缘，萼筒碟形。花黄色，基数 5，雄蕊多数，心皮 5～8，胚珠 1，瘦果。

本属仅 1 种。产于我国及日本。

棣棠

[学名] Kerria japonica (L.) DC.

[形态] 丛生落叶小灌木，无刺，高 1～2m。小枝绿色有棱，光滑。叶卵形、卵状椭圆形，先端长渐尖，基部近圆，尖锐重锯齿，叶脉下陷。叶面皱褶。花单生侧枝顶端，花金黄色，径 3～4.5cm。果黑色，萼片宿存。花期 4～5 月，果熟期 7～8 月。

[变种与品种] 重瓣棣棠 (var. pleniflora Witte.)：花重瓣，北京、山东、南京等地栽培。

[分布] 产于我国秦岭以南各地，生于海拔 1000m 左右山地、平缓荒坡的灌丛中。

[习性] 喜半荫，忌炎日直射。喜温暖湿润气候，

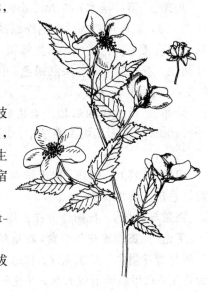

图 101　棣棠

不耐严寒，华北地区须选背风向阳处栽植。对土壤要求不严，耐湿，萌蘖强，病虫害少。

　　[繁殖与栽培]　分株、扦插或播种繁殖。宜2～3年更新一次老枝，以促进新枝萌发，使其多开花。秋冬施基肥。

　　[用途]　棣棠花色金黄，枝叶鲜绿，花期从春末到初夏，重瓣棣棠可陆续开花至秋季。适宜栽植花境、花篱或建筑物周围作基础种植材料，墙际、水边、坡地、路隅、草坪、山石旁丛植或成片配置，可作切花。

　　棣棠花、根可入药。

鸡麻属　Rhodotypos Sied. et Zucc.

　　灌木，单叶对生，重锯齿，托叶条形。花单生，白色，花基数4，萼片有锯齿，与副萼互生，萼筒碟形，胚珠2。聚合核果黑色，为宿存萼片包被。

　　本属仅1种，产日本及中国。

鸡麻

　　[学名]　Rhodotypos scandens（Thunb.）Makino.

　　[形态]　落叶灌木，高2～3m。小枝细，无毛。单叶对生，叶卵形、卵状椭圆形，锐重锯齿，叶面皱，疏生柔毛，下面有丝毛。花白色、单生新枝顶端，萼片卵形，副萼披针形。花期4～5月，果熟期9～10月。

　　[分布]　产于我国辽宁以南各地，多生于海拔800m上下的山坡疏林、林缘、溪旁及荒坡灌丛中。

　　[习性]　喜光，耐寒，喜湿润肥沃的壤土，耐旱，耐瘠薄。

　　[繁殖与栽培]　分株、扦插、压条或播种繁殖，栽培管理简单。

　　[用途]　鸡麻花洁白美丽，多种植于树丛周围。作花境、花篱，也可在园路转角、草坪边缘、墙隅丛植。

　　鸡麻果、根入药。

李属（樱属）Prunus L.

　　乔木或灌木，落叶、稀常绿。单叶互生，叶缘有锯齿，叶基部或叶柄上常有腺体，托叶早落。花两性，单生、簇生或组成花序。花叶同放或先叶开放，花5基数，子房上位，单雌蕊，胚珠2。核果，种子1。

　　本属约2000种，生产于北温滞。我国有140余种，大多是著名庭园观赏树种和栽培果树。

分　种　检　索　表

1. 果实一侧有沟槽
　2. 花梗长1～2cm，心皮、外果皮无毛
　　3. 叶卵形至倒卵形，叶、花梗、花萼都为紫红色，花淡粉红色，常单生 …………………… **红叶李**
　　3. 叶倒卵状及长椭圆形，绿色，花白色，常3朵簇生 …………………………………………… **李**
　2. 花几无梗，心皮、外果皮有毛
　　4. 乔木、小乔木

5. 叶卵形至椭圆形

  6. 小枝红褐色，叶广卵形至圆卵形，先端急尖。果肉离核，果核扁、平滑 ························· 杏

  6. 小枝青绿色，叶卵形至广卵形，先端尾尖。果肉粘核，果核球形略扁、有蜂窝状点穴 ······ 梅

5. 叶卵状披针形或椭圆状披针形

  7. 萼片有绒毛。叶中部以上最宽，叶柄较粗、顶端有腺体 ························· 桃

  7. 萼片无毛。叶中部以下最宽，基部有腺体，叶柄较细 ························· 山桃

4. 灌木或小乔木。叶宽，椭圆形至倒卵形，先端常 3 裂，粗重锯齿。核果球形、红色 ········ 榆叶梅

1. 果实无沟槽

8. 灌木

  9. 枝细密无毛。叶卵状椭圆形，先端渐尖，锐重锯齿，无毛或背脉有短柔毛。花有梗，核果无毛

  ··· 郁李

  9. 幼枝密生绒毛。叶倒卵形、卵状椭圆形，密生绒毛，锯齿不整齐，叶脉深凹。花无梗，核果有毛

  ··· 毛樱桃

8. 乔木小乔木

  10. 苞片小，脱落。叶缘腺齿。花白色，径 1.5～2.5cm。果红色，果肉厚 ······················· 樱桃

  10. 苞片大，不脱落。叶缘芒状锯齿。花白色或淡粉红色，径 2.5～4cm。果黑色，果肉很薄

  ··· 樱花

红叶李（紫叶李）

[学名]　Prunus cerasifera f. atropurea Jacq.

[形态]　落叶小乔木，高 8m。枝、叶片、花萼、花梗、雄蕊都呈紫红色。叶卵形至椭圆形，重锯齿尘细，背面中脉基部密生柔毛。花单生叶腋，淡粉红色，径约 2.5cm，与叶同放。果球形，暗红色。花期 4～5 月，果熟期 7～8 月。

[分布]　是樱李的变型。原产亚洲西南部及高加索。我国江、浙一带栽培较多，华北应选背风向阳处栽培。

[习性]　喜光，光照充足处叶色鲜艳。喜温暖湿润气候，稍耐寒，在北京栽培幼苗须保护过冬。对土壤要求不严，可在粘质土壤中生长，根系较浅，生长旺盛，萌芽力强。

[繁殖与栽培]　嫁接繁殖，用桃、李、杏、梅，或山桃作砧木，也可压条繁殖，应适当修剪长枝，以保持树冠圆满。

[用途]　红叶李叶常年红紫色，春秋更艳，是重要的观叶树种。园林中常孤植、丛植于草坪、园路旁、街头绿地、居民新村，也可配置在建筑前，但要求背景颜色稍浅，才能更好地衬托出丰富的色彩。更宜与其他树种配置，起到"万绿丛中一点红"的效果。

杏（杏花、杏树）

[学名]　Prunus armeniaca L.

[形态]　落叶乔木，高达 15m。树冠圆整。树皮黑褐色，不规则纵裂；小枝红褐色。叶宽卵形或卵状椭圆形，先端突渐尖，基部近圆或微心形，钝锯齿，背面中脉基部两侧疏生柔毛或簇生毛，叶柄带红色无毛。花两性，单生，白色至淡粉红色，径约 2.5cm，萼紫红色，先叶开放。果球形，杏黄色，一侧有红晕，径约 3cm，有沟槽及有细柔毛。核扁平光滑，花期 3～4 月，果熟期 6～7 月。

[变种与品种]　山杏（var. Ansu Maxim.）：花 2 朵并生，稀 3 朵簇生。果密生绒毛，红色橙红色，径约 2cm。

垂枝杏（var. penduia Jaeg.）：枝下垂，叶、果较小。

[**分布**] 我国长江流域以北各地都有栽培，是北方常见的果树。其栽培历史长达 2500 年以上，黄河流域各省为其分布中心。

[**习性**] 喜光，光照不足时枝叶徒长。耐寒，能抗 -40℃的低温，亦耐高温。喜干燥气候，忌水湿，湿度高时生长不良。对土壤要求不严，喜土层深厚排水良好的沙壤土、砾壤土。稍耐盐碱、耐旱。成枝力较差，不耐修剪。对氟化物污染敏感。根系发达，寿命长达 300 年。

[**繁殖与栽培**] 播种繁殖。优良品种要用实生苗或李、桃等作砧木嫁接繁殖。幼树每年长枝短剪，密枝疏剪，树冠形成后一般不修剪。老树可截枝更新，移植宜在秋季进行。

图 102 杏

[**用途**] 杏树"一枝红杏出墙来"，早春开花宛若烟霞，是我国北方主要的早春花木，又称"北梅"。宜群植或片植于山坡，则漫山遍野红霞尽染；于水畔、湖边则"万树江边杏，照在碧波中"。可作北方大面积荒山造林树种。

杏树木材是工艺美术用材。果鲜食或加工果酱、蜜饯，杏仁可入药。

梅（梅花、春梅）

[**学名**] Prunus mume Sieb. et Zucc.

[**形态**] 落叶乔木，高达 15m。树冠圆整。树皮灰褐色，小枝细长，绿色，先端刺状。叶宽卵形、卵形，先端尾状渐长尖，基部宽楔形，近圆，细尖锯齿，背面沿脉有短柔毛，叶柄顶端有 2 腺体，托叶早落。花单生或 2 朵并生，先叶开放，白色或淡粉红色，芳香。果球形，一侧有浅沟槽，径 2～3cm，绿黄色密生细毛，果肉粘核，味酸。核有蜂窝状穴孔。花期 1～3 月；果熟期 5～6 月。

[**变种与品种**] 梅花品种达 323 种，根据我国植物分类学家陈俊愉教授对我国梅花品种的分类，简单介绍如下：

一、真梅系：

1. 直脚梅类：是梅花的典型变种，枝直伸或斜展。花型、花色、单瓣、重瓣、花期迟早等有多种变化。常见的有：江梅、宫粉梅、朱砂梅、绿萼梅、玉碟梅等。

图 103 梅

2. 垂枝梅类：枝下垂，形成独特的伞形树冠，花开时花朵向下。宜植于水边，在水中，映出其花容，别有风趣。

3. 龙游梅类：不经人工扎制，枝条自然扭曲如游龙。为梅中之珍品，适合孤植或盆栽。

二、杏梅系：是梅与杏的天然杂交种。枝、叶都似山杏或杏，开杏花型复瓣花，色似杏花，花期较晚，春末开花，花托肿大，微香。抗寒较强。

三、樱李梅系：为19世纪末法国人用红叶李与宫粉型梅花远缘杂交而成，我国已引入栽培数个品种。

四、山桃梅系：是最新建立的系，1983年用山桃与梅花远缘杂交而成，现仅有"山桃白"梅一个品种，抗寒性强，花白色，单瓣。

〔分布〕 原产于我国西南，四川、湖北、广西等省，现西藏波密海拔2100m的山地沟谷还有成片野生梅树，横断山脉是梅花的中心原产地，秦岭以南至南岭各地都有分布。黄河以北盆栽，耐寒品种在北京可露地栽培。梅花是南京、武汉等城市的市花。

〔习性〕 喜光，稍耐荫，喜温暖湿润气候，不耐气候干燥，有一定的耐寒能力，早春开花时气温0℃以下仍可开放。对土壤要求不严，以表土疏松、底土稍带粘质的砾质粘土或砾质壤土生长好，枝条充实、花繁。耐瘠薄，喜排水良好，忌积水。萌芽力强，耐修剪。实生苗3~4年始花，7~8年后进入盛花期，花芽于7月份在当年新梢上形成。寿命长。浙江天台山国清寺有隋梅一株，相传已有1300年；云南昆明黑龙潭尚存唐梅；杭州超山有宋梅，传为苏东坡所植。

〔繁殖与栽培〕 以嫁接为主，亦可扦插、播种繁殖。砧木如用实生苗或杏，则生长好，寿命长。如选用桃、山桃作砧木嫁接后，则生长迅速，但寿命短，病虫害较多。扦插多在江南一带应用，播种则是为了培育砧木或培育新品种。梅花栽培管理技术要求较高，冬季疏剪过密枝、枯枝、徒长枝，对长枝要短剪，其叶芽萌发力和成枝力均较强。当花芽萌发时，要抹除不必要的萌芽，对新梢要予以摘心，促使其生长健壮，以有利于花芽分化。梅花花芽分化在6月份，此时需适当地"扣水"、"扣肥"，限制其营养生长，以促进花芽分化。梅树对农药乐果较敏感，须慎用。

〔用途〕 梅树苍劲古雅，疏枝横斜，傲霜斗雪，是我国传统名花。栽培历史在2500年以上。树姿、花色、花型、香味俱佳。自古以来就为人们所喜爱，留下许多咏梅佳句："疏影横斜水清浅，暗香浮动月黄昏"，"万花敢向雪中出，一树独先天下春"。梅花品种繁多，园林用途广泛，既可在公园、庭院配置"梅花绕屋"、"岁寒三友"的佳景，也可在风景区群植成"梅坞"、"梅岭"、"梅园"、"梅溪"等，构成"踏雪寻梅"的风景；还可盆栽室内观赏，制作树桩盆景，虬枝屈曲，风致古雅。花枝是插花的良好材料。

梅树木材供制名贵工艺品。果鲜食或制作蜜饯。鲜花可提取香料，干花、叶、根、核仁入药。

桃（桃花）

〔学名〕 Prunus persica (L.) Batsch.

〔形态〕 落叶小乔木，高8m。小枝红褐色或褐绿色，无毛，芽密生灰白色绒毛。叶椭圆状披针形，叶缘细钝锯齿，先端渐尖，基部宽楔形，叶柄顶端有腺体；托叶线形，有腺齿。花单生，先叶开放，粉红色，近无柄，花萼密生绒毛。果卵球形，径5~7cm，表面密生绒毛，肉质多汁。花期3~4月；果熟期6~8月。

〔变种与品种〕 桃树栽培历史悠久，品种多达3000种以上，我国约有1000个品种。按用途可分为食用桃和观赏桃两大类。观赏桃常见品种有：

碧桃（f. duplex Rehd.）：花粉红色，重瓣。

白碧桃（f. albo-plena Schneid.）：花白色，重瓣。

红碧桃（f. rubro-plena Schneid.）：花深红色，重瓣。

洒金碧桃（二乔碧桃，f. versicolor Voss.）：花红白两色相间或同一株上花两色，重瓣。

寿星桃（f densa Mak.）：树形矮小，枝紧密，节间短，花有红色、白色两个重瓣品种。

垂枝桃（f. pendula Dipp.）：枝下垂，花重瓣，有白、红、粉红、洒金等半重瓣、重瓣等不同品种。

紫叶桃（f. atropurpurea Schneid.）：叶常年紫红色，花淡红色，单瓣或重瓣。

图 104　桃

[分布]　原产于我国甘肃、陕西高原地带，全国都有栽培，栽培历史悠久。主产华北、华东、西北各地。公元前从甘肃、新疆传入波斯，并传到欧洲各地。

[习性]　喜光，不耐荫。耐干旱气候，有一定的耐寒力，冬季低温在－25℃以下容易发生冻害，幼苗在华北地区应稍保护。对土壤要求不严，耐贫瘠、盐碱、干旱，须排水良好，不耐积水及地下水位过高。在粘重土壤栽种易发生流胶病。通常2～3年始花，5年后进入盛花期，20～25年衰老。病虫害较多，对有害气体抗性强。7～8月份为花芽分化期。浅根性，根蘖性强，生长迅速，寿命短。

[繁殖与栽培]　嫁接、播种为主，亦可压条繁殖，用1～2龄实生苗或山桃苗作砧木。栽培时多整形成开心形树冠，控制树冠内部枝条，使其透光良好。北方应注意春灌，南方应注意梅雨季排水。冬施基肥，开花前、花芽分化前施追肥。应加强病虫害的防治，尤其是天牛的危害最甚。

[用途]　"桃之夭夭，灼灼其华"，桃花烂漫妩媚，品种繁多，栽培简易，是园林中重要的春季花木。弧植、丛植、列植、群植于山坡、池畔、山石旁、墙际、草坪、林缘，构成三月桃花满树红的春景。最宜与柳树配置于池边、湖畔，"绿丝映碧波，桃枝更妖艳"，形成"桃红柳绿"江南之动人春色。也可用各种品种配置成专类景点。可盆栽，制作桩景，切花观赏。

桃树木材供雕刻用：核仁榨油。

山桃

[学名]　Prunus davidiana (Carr.) Franch.

[形态]　落叶小乔木，高达10m。干皮紫褐色，有光泽，常具横向环纹，老时纸质剥落。叶狭卵状披针形，长6～10cm，锯齿细尖，稀有腺体。花淡粉红色或白色，果球形，径3cm，肉薄而干燥。花期3～4月，果熟期7月。

[分布]　主要分布于我国黄河流域、内蒙古及东北南部，西北也有，多生于向阳的石灰岩山地。

[习性]　喜光，耐寒，对土壤适应性强，耐干旱、瘠薄，怕涝。

［繁殖与栽培］ 播种繁殖。

［用途］ 山桃花期早,花繁茂,常植于庭院、墙际、草坪、山坡、岸边,与柳树配置效果更佳。

榆叶梅（小桃红、山樱桃）

［学名］ Prunus triloba Lindl.

［形态］ 落叶灌木,高 2～5m。小枝紫褐色,无毛或幼时有毛。叶宽椭圆形倒卵形,先端渐尖,常 3 浅裂,粗重锯齿,背面疏生短毛。花 1～2 朵腋生,先叶开放,粉红色,径 2～3cm。果球形,径 1～1.5cm,有长柔毛,果肉薄。花期 4～6 月,果熟期 6～7 月。

［变种与品种］ 重瓣榆叶梅 (f. plena Dipp.):花重瓣,粉红色。

红花重瓣榆叶梅 (cv. 'Roseo-plena'):红玫红色,重瓣,花期最晚。

鸾枝 (var. atropurpurea Hort.):花紫红色,以重瓣为多。

［分布］ 原产于我国华北及东北,生于海拔 2100m 以下山坡疏林中,南北各地都有栽培。

图 105　榆叶梅

［习性］ 喜光,耐寒,对土壤要求不严,耐土壤瘠薄,耐旱。喜排水良好,不耐积水,稍耐盐碱。根系发达,萌芽力强,耐修剪。

［繁殖与栽培］ 播种、嫁接繁殖,用桃、山桃或播种实生苗作砧木。若为了培养成乔木状单干观赏树,可用方块芽接法在山桃树干上高接。其花朵着生在一年生新枝上,栽培时应注意修剪。花后应及时将老弱枝剪除,并进行短截,留下约枝条的 1/5,并施肥、浇水促使萌发新枝,春季开花前再把枝条顶梢不充实部分剪除,以集中养分供应充实芽开花,雨季应注意排水。

［用途］ 山桃花团锦簇,灿若云霞,是北方春天的重要花木。常丛植于公园或庭园的草坪边缘、墙际、道路转角处。若与金钟花、迎春、连翘配置,红黄花朵争艳,更显得欣欣向荣,若在常绿树丛前配置最显娇艳。可盆栽或切花观赏。种子可榨油食用。

郁李

［学名］ Prunus japonica Thunb.

［形态］ 落叶灌木,高 1.5m。小枝细密,枝芽无毛。叶卵形、卵状披针形,先端渐尖,基部圆,叶缘锐重锯齿,下面脉上疏有短柔毛,托叶条形有腺齿。花单生或 2～3 朵簇生,粉红色或白色,径 1.5～2cm,花梗长 5～10mm。果近球形,深红色,径约 1cm。花期 4～5 月,果熟期 6 月。

［变种与品种］ 重瓣郁李(南郁李,var. kerii Koehn.):叶较狭长,无毛。花重瓣,梗短。分布偏南,又名"南郁李"。

［分布］ 产于我国华北、华中、华南,生于海拔 800m 以下山区之路旁、溪畔、林缘。各地都有栽培。日本、朝鲜也有。

［习性］ 喜光,耐寒,耐旱。对土壤要求不严,以石灰岩山地生长最盛,耐瘠薄,耐

湿。极蘖性强，萌芽力强。

[繁殖与栽培] 播种、分株或扦插繁殖。重瓣郁李常用桃作砧木嫁接。

[用途] 郁李花果兼美的春季花木。常和棣棠、迎春、榆叶梅等春季花木成丛、成片配置在路边、林缘、草坪、坡地、水畔、园路交叉口或花篱、花境。可盆栽、制作桩景、切花观赏。

郁李果可食，核仁入药。

樱桃

[学名] Prunus pseudocensus Lindl.

[形态] 落叶小乔木，高8m。叶卵形至卵状椭圆形，长7～12cm，先端锐尖，缘有大小不等重锯齿，齿尖有腺点，叶背有毛。花白色，3～6朵成总状花序。核果球形，径1～1.5cm鲜红色，多汁。花期4月，果熟期5～6月。

[分布] 原产于我国中部，为温带、亚热带树种。

[习性] 喜光，耐寒，耐旱。对土壤要求不严，萌蘖性强，生长迅速。

[繁殖与栽培] 分株、扦插或嫁接繁殖。修剪伤口不易愈合，故不宜强修剪。

[用途] 樱桃花如云霞，果若珊瑚，"红了樱桃，绿了芭蕉"，极具诗情画意，宜孤植、列植、丛植于路旁、草坪、林缘、窗前，或与芭蕉配置，极富情趣。

樱花

[学名] Prunus serrulala Lindl.

[形态] 落叶乔木，高达15m。树皮栗褐色，光滑，小枝赤褐色，无毛，有锈色唇形皮孔。叶卵形至卵状椭圆形，长6～12cm，先端尾尖，缘芒状单或重锯齿，两面无毛，叶柄端有2～4腺体。花3～5朵成短伞房总状花序，花白色或淡红色，单瓣，花梗与萼无毛。果卵形，由红变紫褐色。花期4月，与叶同放，果熟期7月。

[变种与品种] 重瓣白樱花（f. albo-plena Schneid.）：花白色，重瓣。在华南有悠久的栽培历史。

垂枝樱（f. pendula Bean.）：枝开展而下垂，花粉红色，重瓣。

重瓣红樱花（f. rosea Wils.）：花粉红色，重瓣。

瑰丽樱花（f. superba Wils.）：花淡红色，重瓣，花型大，有长梗。

图 106 郁李

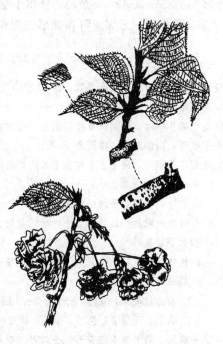

图 107 樱花

177

［分布］　产于我国长江流域，东北南部亦有，朝鲜、日本有分布，生于海拔 1500m 以上的山谷、疏林内。

［习性］　喜光，稍耐荫，喜凉爽、通风的环境，不耐炎热，耐寒。喜深厚肥沃、排水良好的土壤，过湿、过粘处不易种植，不耐旱，不耐盐碱。根系浅，不耐移植，不耐修剪，对海潮风及有害气体抗性较弱。

［繁殖与栽培］　播种、扦插繁殖，但栽培中一般以嫁接为主，砧木用樱桃、桃、杏和其实生苗。移植要带土球，因其根系浅不能栽种得太深，否则不利根系生长。种植地一定要排水良好，可选择坡地种植。若地下水位高，可考虑堆土种植。一般不修剪，中耕除草时注意勿伤根系。对部分农药，如乐果等较敏感，易造成落叶，要慎用。

［用途］　樱花春日繁花竞放，轻盈娇艳，宜成片群植，落英缤纷，能充分展现其既幽雅又艳丽之观赏效果。亦可散植于草坪、溪边、林缘、坡地、路旁，花时艳丽多姿，醉人心扉，花枝可作切花欣赏。

樱花为日本国花，樱花类重要的树种有东京樱花（日本樱花、江户樱花 P. yedoensis Matsum.）、日本早樱（P. subhirtella Miq.）、日本晚樱（P. lannesiana Wils.）、大山樱（P. sargentii Rehd.）等，栽培品种更有数百种之多。

豆科　Leguminosae

乔木、灌木、藤本或草本。多为复叶、罕单叶，互生，有托叶。花多两性，萼、瓣各 5，多为两侧对称的蝶形花或假蝶形花，少数为辐射对称；雄蕊 10、常呈 2 体、单心皮、子房上位，花序总状、穗状或头状，荚果。

本科约 550 属 13000 余种，分布于全世界。我国产 120 属 1200 种。本科可分为 3 个亚科（含羞草亚科、云实亚科和蝶形花亚科），有分类学家提议将亚科提升为科。

分　属　检　索　表

1. 花整齐，辐射对称。雄蕊多数，常 10 枚以上（含羞草亚科）
　2. 花丛略合生。叶 2 回羽状复叶 ·· 合欢属
　2. 花丛离生。叶 2 回羽状复叶或退化为 1 叶柄 ···························· 金合欢属
1. 花不整齐，两侧对称。雄蕊常 10 枚
　3. 花冠不为蝶形，最上方 1 枚位于最内，各瓣多少有差异（云实亚科）
　　4. 单叶或分裂成 2 小叶
　　　5. 单叶，全缘，假蝶形花冠 ·· 紫荆属
　　　5. 叶两列或沿中脉分为 2 小叶状，花瓣稍不等，但不成蝶形 ·········· 羊蹄甲属
　　4. 偶数羽状复叶
　　　6. 植株无刺。花两性，大而显著，近整齐。2 回羽状复叶 ············· 凤凰木属
　　　6. 植株有刺
　　　　7. 有分枝硬刺。花小，杂性。1～2 回羽状复叶 ····················· 皂荚属
　　　　7. 有刺。花显著，两性。2 回羽状复叶 ······························· 云实属
　3. 花冠蝶形，最上方 1 枚花瓣位于最外（蝶形花亚科）
　　8. 雄蕊 10 枚，合生成 1、2 体

178

9. 3 小叶复叶
　　10. 枝有皮刺。小叶全缘。花大，花冠红色 ·· **刺桐属**
　　10. 枝无刺。小叶先端芒状。花小，花冠白色、黄色或红紫色 ························· **胡枝子属**
9. 羽状复叶
　　11. 小叶互生，奇数羽状复叶。荚果扁平，不裂 ······································ **黄檀属**
　　11. 小叶对生，奇数或偶数羽状复叶
　　　　12. 偶数羽状复叶，叶轴先端成刺。花黄色稀带红色，单生或簇生 ········· **锦鸡儿属**
　　　　12. 奇数羽状复叶
　　　　　　13. 乔木。柄下芽。托叶刺化 ··· **刺槐属**
　　　　　　13. 直立灌木或藤本
　　　　　　　　14. 直立丛生灌木。花冠退化，仅有旗瓣；花序直立 ············· **紫穗槐属**
　　　　　　　　14. 藤本，茎缠绕它物攀援。蝶形花冠完整；花序下垂 ········· **紫藤属**
8. 雄蕊 10 枚，分离或仅基部合生
　　15. 常绿乔木。裸芽，有顶芽。荚果开裂常露出鲜红色或黑褐色的种子 ·········· **红豆树属**
　　15. 落叶乔木或灌木。鳞芽小，无顶芽。荚果念珠状 ··································· **槐属**

合欢属　**Albizzia Durazz.**

　　落叶乔木或灌木。2 回羽状复叶，叶轴有腺体，小叶全缘，中脉偏生一边，近无柄。头状或穗状花序，总梗细长，花冠小，萼筒状，先端 5 齿裂；雄蕊多数，花丝细长，基部合生。荚果带状，常不开裂，宿存。

　　本属约 150 种，产亚洲、澳洲、非洲之热带、亚热带地区，我国约 15 种。

分 种 检 索 表

1. 羽片 4～12 对，小叶 10～30 对。花丝粉红色 ·· **合欢**
1. 羽片 2～3 对，小叶 5～14 对。花丝白色 ··································· **山合欢（山槐）**

合欢（绒花树、夜合树、马缨花）

　　[学名]　Albizzia julibrissin Durazz.

　　[形态]　落叶乔木，高达 16m。树冠伞形。小枝有棱无毛。2 回羽状复叶，羽片 4～12 对，小叶镰刀形，中脉明显偏上缘，仅叶缘及下面中脉有毛。头状花序，总梗细长，排成伞房状，萼及花冠均黄绿色。雄蕊多数，长 25～40mm，伸出花冠。荚果扁条形。花期 6～7 月，果熟期 9～10 月。

　　[分布]　产于我国黄河流域以南，常生于温暖湿润的山谷林缘。大连、北京等地有栽培。

　　[习性]　喜光，耐侧荫。稍耐寒，华北地区应选平原或低山小气候较好的地方种植。对土壤适应性强，喜排水良好的肥沃土壤，耐干旱瘠薄，不耐积水。浅根性，有根瘤菌，抗污染能力强，不耐修剪，生长快。树冠易偏斜，分枝点低，复叶朝开暮

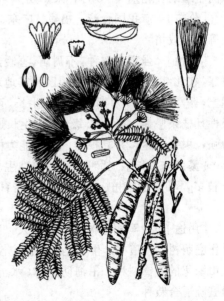

图 108　合欢

合，雨天亦闭合。

[繁殖与栽培] 播种繁殖。为培育通直的主干，育苗期应适当密植，及时剪侧枝，弱苗可截干，应注意防治天牛及树干溃疡。

[用途] 合欢树冠开阔，绿荫浓密，叶清丽纤秀，夏日绒花满树，是优良的庭院观赏树种。可用作行道树、庭荫树，宜在庭园、公园、居民新村、工矿区、郊区"四旁"及风景区种植。配置在山坡、林缘、草坪、池畔、瀑口最为相宜。可孤植、列植、群植、姿态自然潇洒。合欢有固土作用，可作江河两岸护堤林。

合欢木材经久耐用。茎皮纤维可制人造棉，树皮、花入药。

金合欢属 Acacia Willa.

乔木、灌木或藤本，具托叶刺或皮孔，罕无刺。偶数 2，回羽状复叶互生，或退化成叶柄状。花序头状或圆柱形穗状，花黄色或白色，雄蕊多数，荚果。

本属约 500 种，产于热带和亚热带，以澳洲和非洲为多，我国产 10 种。

分 种 检 索 表

1. 无刺乔木。叶退化为 1 个扁平的叶状柄 ·· 台湾相思
1. 有刺灌木。有托叶刺，羽状复叶 ··· 金合欢

台湾相思（相思树）

[学名] Acacia confusa Merr.

[形态] 常绿乔木，高 15m。幼苗具羽状复叶，长大后小叶退化仅在 1 叶状柄、狭披针形、长 6～10cm。花黄色、微香。荚果扁带状、长 5～10cm。种子间略缢缩。花期 4～6 月，果熟期 7～8 月。

[分布] 产我国台湾，福建、广东、广西、云南等地有栽培。

[习性] 强喜光树种，不耐荫，喜暖热气候，不耐寒，在北纬 26°左右及以南地区可露地栽培。喜酸性土，耐旱又耐湿，短期水淹亦能生长，耐瘠薄。深根性且枝条坚韧，能耐 12 级台风。生长迅速，萌芽力强，根系发达，并具根瘤，固土能力极强。

[繁殖与栽培] 播种繁殖。自然生长易歪斜，分枝多，可通过密植、修枝等途径培育通直的主干。

[用途] 台湾相思树冠婆娑可人，四季常青，可作庭荫树、行道树。生长迅速，适应性强，适作荒山绿化的先锋树种、沿海防风林、水土保持林等。华南地区常用作公路两旁的行道树，海岸庭院适合栽种。

图 109 台湾相思树

紫荆属　Cercis L.

落叶乔木或灌木。芽叠生，单叶互生，全缘。掌状脉，托叶早落。花冠假蝶形，上部1瓣较小，下部2瓣较大。子房有柄。荚果扁平。

本属约11种，产于北美、南欧及东亚，我国有7种。

紫荆（满条红）

[学名]　Cercis chinensis Bunge.

[形态]　落叶乔木，高15m，栽培时通常呈丛生灌木状。小枝"之"形，密生皮孔，单叶互生，叶近圆形，先端骤尖，基部心形。花5～8朵，簇生于2年生以上的老枝上，萼红色，花冠紫红色，荚果扁，腹缝线有窄翅，网脉明显。花期4月，果熟期9～10月。

[变种与品种]　白花紫荆（var. alba Hsu.）：花白色。

[分布]　产于我国黄河流域以南，湖北有野生大树，陕西、甘肃南部、新疆伊宁、辽宁南部亦有栽培。

[习性]　喜光，稍耐侧荫。有一定的耐寒性，京、津地区需栽植在背风向阳处。对土壤要求不严，耐寒忌涝。萌蘖性强，深根性，耐修剪，对烟尘、有害气体抗性强。

[繁殖与栽培]　播种繁殖为主，亦可分株、压条、扦插繁殖，实生苗3年后开花。根的韧皮部坚韧，不易截断，因此移植时宜用锋利的铁锹断根，并带土球。冬季要修剪、更新部分老枯枝。

[用途]　紫荆叶大花密，早春繁花簇生，满枝嫣红，绮丽可爱。适宜在庭院建筑前、门旁、窗外、墙角点缀1～2丛，也可在草坪边缘、建筑物周围和林缘片植、丛植；也可与连翘、金钟花、黄刺玫等配置，花时金紫相映更显艳丽；亦可列植成花篱，前以常绿小灌木衬托。

图110　紫荆

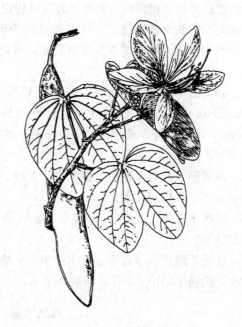

图111　洋紫荆

<h2 style="text-align:center">羊蹄甲属　Bauhinia L.</h2>

乔木、灌木或藤本。单叶互生，顶端常 2 深裂或 2 小叶。花单生或成伞房，总状、圆锥花序，萼全缘呈佛焰苞状或 2～5 齿裂。花瓣 5，稍有差异，雄蕊 10 或退化成 5，花丝分离。

本属约 250 种，产于热带。我国有 6 种。

洋紫荆（红花羊蹄甲、艳紫荆）

［学名］　Bauhinia blakeana L.

［形态］　常绿小乔木，高达 10m。单叶互生，革质，阔心形，长 9～13cm，宽 9～14cm。先端 2 裂深约为全叶的 1/3 左右、似羊蹄状。花为总状花序，花大，盛开的花直径几乎与叶相等，花瓣 5 枚鲜紫红色，间以白色脉状彩纹，中间花瓣较大，其余 4 瓣两侧对成排列。花极清香。发育雄蕊 5，退化雄蕊 2～5，子房有柄，被黄色柔毛。雄蕊雌蕊等长，雄蕊花丝紫红色，花药黄色，雌蕊黄色。由于洋紫荆花不孕性，所以花后无果实，花期 11 月至翌年 4 月。

［分布］　分布于我国香港地区，广东、广西等地。在华南地区常见，热带地区广为栽培。洋紫荆是香港特别行政区区花。

［习性］　喜光，喜暖热湿润气候，不耐寒。喜酸性肥沃的土壤。成活容易，生长较快。

［繁殖与栽培］　扦插或压条繁殖，小苗须遮荫。

［用途］　洋紫荆树冠雅致，花大而艳丽，叶形如牛、羊之蹄甲，极为奇特，是热带、亚热带观赏树种之佳品。宜作行道树、庭荫风景树。该花单朵花期 4～5 天，整株花期长达近半年，洋紫荆花以行道树在香港地区广为栽培，该花具有花期长，花朵大，花形美，花色鲜，花香浓五大特点。盛开时节，仿佛成千上万的红色蝴蝶在树上翩翩起舞，与热闹繁华的街道、大楼交相辉映，显得极为瑰丽壮观，深受港人的喜爱。洋紫荆于 1908 年发现于港岛西南部薄扶林道海边，1965 年被定为香港市花。曾有一段时期，香港有关当局规定，凡大中型的绿化工程必定要配置紫荆花，否则不准施工。现在洋紫荆花已成为香港的重要标志。

香港的羊蹄甲属植物有 11 种，栽作行道树的有 4 种，按其普遍性排列为洋紫荆（Bauhinia blakeana）、宫粉羊蹄甲（Bauhinia variegata）、红花羊蹄甲（Bauhinia purpurea）和白花羊蹄甲（是红花羊蹄甲的变种）。主要是前三种，现将这三种羊蹄甲树种比较如下：

洋紫荆（红花羊蹄甲、艳紫荆）常绿，高 10m，发育雄蕊 5，花紫红色，花期 11 月～翌年 4 月，花后不结果。

宫粉羊蹄甲（洋紫荆、羊蹄甲）落叶，高 6m，发育雄蕊 5，花粉红色，花期 2 月～4 月，花后结果。

红花羊蹄甲（羊蹄甲、紫羊蹄甲）常绿，高 10m，发育雄蕊 3～4，花淡红色，花瓣有皱纹，花期 10 月～11 月，花后结果多。

<h2 style="text-align:center">凤凰木属　Delonix Raf.</h2>

大乔木。2 回羽状复叶，小叶小，多数。花大而显著，成伞房总状花序，萼 5 深裂，花

瓣 5,圆形,具长爪。雄蕊 10,花丝分离。荚果大,扁带形,木质。

本属约 3 种,产于非洲热带地区,我国华南引入 1 种。

凤凰木（红棉、金凤花、火树）

[学名] Delonix regia（Bojer）Raf.

[形态] 落叶乔木,高达 20m。树冠伞形。复叶具羽片 10～24 对,对生,小叶 20～40 对,对生,近圆形,长 5～8mm,宽 2～3mm,基部歪斜,表面中脉下陷,两面均有毛。花萼绿色,花冠鲜红色,上部的花瓣有黄色条纹。花期 5～8月,在广州一年可开花 3～4 次。

[分布] 原产马达加斯加及非洲热带地区,现广植于热带各地,广东、广西、台湾、云南、福建南部等地有引种栽培。是汕头市市花,厦门市市树。

图 112　凤凰木

[习性] 喜光,喜暖热湿润气候,不耐寒。对土壤要求不严,根系发达,生长快。不耐烟尘,对病虫害抗性较强。

[繁殖与栽培] 播种繁殖。种子成熟后干藏至翌年春播。播前须浸种。若培育大苗,可采取截干的方法。

[用途] 凤凰木树冠开阔,绿荫覆地,叶形似羽毛,秀丽柔美,花大而色艳,初夏开放,如火如荼,与绿叶相映更显灿烂。宜在华南地区作行道树、庭荫树。

皂荚属　Gleditsia L.

落叶乔木,有分枝刺。枝无顶芽,芽叠生。1～2 回偶数羽状复叶互生,小叶偏斜,有锯齿,托叶早落。总状花序,花杂性,近整齐。荚果带状。种子有角质胚乳。

本属约 15 种,分布于美洲、中亚、东亚和热带非洲,我国约 9 种。

分 种 检 索 表

1. 枝刺圆柱形,基部圆。果木质,两面隆起,不扭曲。1 回羽状复叶 …………………………………… 皂荚
1. 枝刺扁,基部扁。果革质、扭曲。1 回羽状复叶生于短枝或长枝基部,长枝上是 2 回羽状复叶
…… 山皂荚

皂荚（皂角）

[学名] Gleditsia sinesis Lam.

[形态] 落叶乔木,高达 30m,树冠扁球形。分枝刺圆。小叶 6～14 枚,卵形至卵状长椭圆形,先端钝有短尖头,锯齿细钝,中脉有毛,叶轴与小叶柄有柔毛。1 回羽状复叶,总状花序腋生,花序轴、花梗、花萼有柔毛。果带形,弯或直,木质,经冬不落。种子扁平,亮棕色,花期 4～5 月,果熟期 10 月。

［分布］　产于我国黄河流域以南，西至陕西、甘肃、四川、贵州、云南，南至福建、广东、广西。太行山、桐柏山、大别山、伏牛山有野生。多栽培在低山丘陵，平原地区，农村常见。

［习性］　喜光，稍耐荫。喜温暖湿润气候，有一定的耐寒能力。对土壤要求不严，耐盐碱，干燥瘠薄的地方生长不良。深根性，生长慢，寿命较长。

［繁殖与栽培］　播种繁殖。因种皮厚，发芽慢且不整齐，故在播种前须浸种，然后湿沙层积催芽。幼苗出土前，应注意防治蝼蛄等地下害虫。

［用途］　皂荚树冠圆满宽阔，浓荫蔽日，适宜作庭荫树、行道树、风景区、丘陵地作造林树种。农村、郊区"四旁"绿化作防护林或截干作刺篱。

皂荚木材坚硬，有光泽，是工艺品用材。果有皂荚素可洗涤。种子、树皮、枝刺入药。

图 113　皂荚

苏木属　Caesalpinia L.

落叶乔木、灌木或藤本，常有刺。2 回羽状复叶互生，小叶全缘。总状或圆锥花序，花黄色、橙色，稀白色，两性花，不整齐，花瓣 5 枚，有爪，最上的一瓣最小，花丝基部有毛。荚果常不裂，种子无胚乳。

本属约 100 种，分布于热带、亚热带，我国约 20 种，主产于长江以南，另引种 5 种。

云实（倒钩刺、药王子）

［学名］　Caesalpinia decapetala (Roth) Alston.

［形态］　落叶攀援性灌木。干皮密生倒钩刺。裸芽叠生，枝、叶轴及花序密生灰色或褐色柔毛。复叶有羽片 3～10 对，小叶 7～15 对，长圆形，两端圆钝，两面有柔毛，后脱落。总状花序顶生，花黄色，最内一片有红色条纹。花期 4～5 月，果熟期 9～10 月。

［分布］　产于我国长江流域及以南各地，生于平原、丘陵、溪边、山地岩石缝中。

［习性］　喜光，略耐荫。不耐寒，在上海生长小枝先端冬天常枯。对土壤要求不严，耐瘠薄，在石灰岩发育的山地黄壤上生长最好。生长快，萌蘖性强。

［繁殖与栽培］　播种繁殖。种子要用 80℃热水浸种 24 小时再播种。一年生苗高 1m 左右。须设置棚架，供攀援生长。

［用途］　云实似藤非藤，别有风姿，花金黄

图 114　云实

184

色，繁盛，既可攀援花架、花廊，也可修成刺篱作屏障，或修成灌木状孤植于山坡或草坪一角。

云实种子榨油，根、果入药。

刺桐属　Erythrina L.

乔木或灌木。小枝有皮刺。羽状 3 小叶，叶柄长，小叶全缘。小托叶腺体状，托叶早落。总状花序，花冠红艳，花大，旗瓣最长。荚果肿胀。

本属约 200 种，分布于热带、亚热带，我国约 9 种。

分 种 检 索 表

1. 萼截头形，钟状；花盛开时旗瓣与翼瓣及龙骨瓣近平行 ························· 龙牙花
1. 萼佛焰形，萼口偏斜，由背开裂至基部；花盛开时旗瓣与翼瓣及龙滑瓣成直角 ·········· 刺桐

龙牙花

［学名］ Erythrina corallodendron L.

［形态］ 落叶小乔木，高 3～5m。干有粗刺，小叶 3 枚，长 5～10cm，阔卵形，叶端尖，无毛，有时柄上及中脉上有刺。总状花序腋生，长达 30cm，花深红色，长 4～6cm，花冠狭而近于闭合，旗瓣大常将龙骨瓣包围。荚果长约 10cm。种子深红色。花期 6 月。

图 115　龙牙花

［分布］ 原产美洲热带地区，我国华南庭院有引种栽培，北方盆栽观赏。

［习性］ 喜光，喜暖热湿润气候，不耐寒，在上海、杭州等地可露地栽培，能正常开花，呈亚灌木状。对土壤要求不严，耐旱，耐湿，亦耐瘠薄。生长迅速，萌芽力强。

［繁殖与栽培］ 播种、扦插繁殖。在受冻地区栽培时，入冬前须将地上部分平茬，以增强抗寒能力。

［用途］ 龙牙花花繁盛、艳丽，花期长。华南地区常植于路边、河畔、草坪、林缘以及建筑前。

胡枝子属　Lespedeza Michx.

落叶灌木。3 小叶复叶，小叶有芒尖，全缘，无小托叶，托叶钻形。总状或头状花序，小花双生苞腋，花梗顶端无关节，花两型，有花冠的结实或不结实，无花冠的都结实。果扁平有网脉。

本属约 90 种，分布于欧洲东北部、亚洲及大洋洲，我国约 65 种。

胡枝子（山扫帚）

［学名］ Lespedeza bicolor Turcz.

［形态］ 落叶灌木，高 3m。分枝细，嫩枝有柔毛，后脱落。3 小叶复叶，小叶卵状椭圆形、宽椭圆形，先端圆钝或凹，有小尖头，两面疏生平伏毛，叶柄密生柔毛，花紫红色。荚果斜卵形，长 1cm，有柔毛。花期 7～8 月，果熟期 9～10 月。

［分布］ 产于我国东北、内蒙古、黄河流域，生于平原、低山区。

［习性］ 喜光，稍耐荫。耐寒，对土壤要求不严，耐旱，耐瘠薄。根系发达，生长快，萌芽力强，耐刈割。

［繁殖与栽培］ 播种、分株繁殖。

［用途］ 胡枝子花繁色艳，姿态优美。宜丛植于庭院的草坪边缘、水边、假山旁。常用于防护林，是优良的水土保持改良土壤树种。

胡枝子花为蜜源，嫩叶作绿肥或饲料，枝条编筐，根入药。种子可食。

黄檀属　Dalbergia L.

乔木、灌木或藤本。奇数羽状复叶，小叶互生，全缘。圆锥花序，花小，白色或黄白色。雄蕊 10 或 9，单体或 2 体，罕多体。荚果短带状，基部渐窄成短柄状，不开裂。种子 1 或 2～3。

本属约 20 种，分布于热带、亚热带，我国产 30 种。

黄檀（不知春）

［学名］ Dalbergia hupeana Hance.

［形态］ 落叶乔木，高达 20m。树皮呈窄条状剥落。奇数羽状复叶，小叶互生，7～11 枚，卵状长椭圆形至长圆形，长 3～6cm，叶端钝或微凹。花序顶生或生于小枝上部叶腋，花黄白色。荚果扁。种子 1～3 粒。

［分布］ 我国秦岭、淮河以南有分布。

［习性］ 喜光，较耐寒，对土壤要求不严，耐干旱瘠薄，稍耐湿。生长慢，叶萌发晚，上海一般 5 月始萌叶，根系发达。

［繁殖与栽培］ 播种繁殖。

［用途］ 黄檀树冠开阔，树荫浓密，宜作庭荫树，孤植或丛植于草坪、路边。适应性强，为荒山绿化的先锋树种。

黄檀木材富韧性，供车轴、农具柄等用。

锦鸡儿属　Caragana Lam.

落叶灌木，偶数羽状复叶，叶轴先端刺化，小叶对生，先端有针尖头，无小托叶。托叶刺状宿存或脱落，花单生或簇生，黄色、稀淡紫色或桔红色。雄体两体(9＋1)，果先端尖，开裂。

图 116　胡枝子

图 117　黄檀

本属约百余种，分布于亚洲中部或东部，欧洲也有，我国约 60 余种。

分 种 检 索 表

1. 4 小叶羽状排列。花冠黄色带红色。荚果长约 3～3.5cm ·········· 锦鸡儿
1. 4 小叶掌状排列。花冠黄色带紫红色或淡红色，凋时红色。荚果长约 6cm ·········· 金雀儿

锦鸡儿

［学名］ Caragana sinica Rehd.

［形态］ 落叶灌木，高 1～5m。枝细长有棱脊线。托叶针刺状，小叶 4 枚，羽状排列，叶轴先端成刺。花单生，红黄色，长 2.5～3cm，下垂。花期 4～5 月，果熟期 10 月。

［分布］ 主产于我国北部及中部，西南也有分布，各地有栽培。

［习性］ 喜光，稍耐荫。耐寒，对土壤要求不严，耐干旱瘠薄，亦耐湿。萌芽力强，耐修剪。

［繁殖与栽培］ 播种、分株、压条繁殖。

［用途］ 锦鸡儿叶色秀丽，花形美，花色艳，可植于岩石旁、坡地、小路边，亦可作绿篱，尤其适合作树桩盆景。

刺槐属　Robinia L.

落叶乔木或灌木。柄下芽。奇数羽状复叶，小叶对生，托叶常刺化，有小托叶。总状花序下垂，雄蕊 2 体。荚果带状，开裂。

本属约 20 种，分布于北美及墨西哥，我国引入 3 种。

分 种 检 索 表

1. 茎、枝无毛无刺。花白色，托叶刺状。乔木 ·········· 刺槐
1. 茎、枝密生硬刺毛。花粉红色或紫红色，托叶不为刺状。灌木 ·········· 毛刺槐

刺槐（洋槐、德国槐）

［学名］ Robinia pseudoacacia L.

［形态］ 落叶乔木，高达 25m，胸径 80cm。树冠椭圆状倒卵形。树皮灰褐色交叉深纵裂。小叶 7～19 枚，椭圆形至卵状长圆形，先端圆或微凹，有小芒尖，基部圆。花白色、芳香，旗瓣基部有黄斑。荚果腹缝线有窄翅。花期 4～5 月，果熟期 9～10 月。

［变种与品种］ 红花刺槐［f. decaisneana (Carr) Voss.］：花冠红色。原产北美，南京、上海、济南等地引入栽培。

无刺槐［f. inermis (Mirbel) Rehd.］：无托叶刺，树形美观。原产北美，青岛引入作行道树、庭荫树。

［分布］ 原产北美，20 世纪初引入我国青岛，现遍布全国，以黄河、淮河流域最为普遍。

［习性］ 强喜光，不耐遮荫。喜干燥而凉爽气候，不耐湿热气候。在年平均温度 8～14℃以下，降雨量 500～900mm 地区生长良好，树干通直。若年降雨量增至 900mm 以上时，生长虽快但树干易弯曲、主干低矮。在年平均温度 5℃以下，降雨量 400mm 以下常成灌木状。

对土壤适应性强,耐干旱瘠薄,耐含盐量0.3%以下的盐碱土。忌低洼积水或地下水位过高。浅根性,在风口易风倒、风折。萌芽力、萌蘖性强,抗烟尘能力强。20龄以前生长较快,以后生长渐衰。寿命短。

[繁殖与栽培] 播种繁殖,也可分蘖或插根繁殖。苗期应注意抹芽,剪除徒长枝,及时除去根蘖,以培育通直的主干。

[用途] 刺槐花芳香、洁白,花期长,树荫浓密。刺槐是各地郊区"四旁"绿化,铁路、公路沿线绿化常用的树种,优良的水土保持、土壤改良树种,荒山造林树种。宜作庭荫树、行道树。

刺槐花蜜丰富,是上等蜜源树种。

毛刺槐（江南槐）

[学名] Robinia hispida L.

[形态] 落叶灌木,高2m。茎、小枝、叶柄、花梗均有红色刺毛。小叶7～13,广椭圆形,花冠粉红色或紫红色。花期5～6月。

图118 刺槐

[分布] 原产北美,我国东北南部及华北园林中常有栽培。

[习性] 喜光,较耐寒,在京、津地区常种植于背风向阳处。喜排水良好土壤。

[繁殖与栽培] 嫁接繁殖,以刺槐为砧木。

[用途] 毛刺槐花大色美,常植于庭院、草坪观赏。用刺槐高接繁殖,能形成小乔木,可作小干道的行道树。

紫穗槐属 Amorpha L.

落叶灌木,奇数羽状复叶互生,小叶有油腺点,小托叶钻形。总状花序顶生、直立,旗瓣包被雄蕊,翼瓣、龙骨瓣均退化。萼有油腺点,雄蕊10、花丝基部合生。

本属约25种,分布于北美、墨西哥,我国引入1种。

紫穗槐（紫花槐、棉槐）

[学名] Amorpha fruticosa L.

[形态] 丛生落叶灌木,高4m。嫩枝密生毛,后脱落。小叶窄椭圆形至椭圆形,先端圆或微凹,有芒尖,幼叶有毛、后渐脱落。花小,蓝紫色。果小,短镰形,密生瘤状油腺点。花期5～6月,果熟期9～10月。

[分布] 原产北美,20世纪初我国引入栽培,自东北以南广泛栽培。

[习性] 喜光,耐干冷气候,在年降水量

图119 紫穗槐

200mm 地区能生长。耐－40℃低温,当冻土层达 1.2m,地面部分完全冻结后,仍能从根际处萌发新株。水淹 45 天或沙漠地带干沙层厚 30cm,沙层含水量 2.7%,地面温度 70℃或土壤含盐量 0.3%～0.5%,都可以正常生长。根系发达,生长迅速。萌芽力强。抗污染。

[繁殖与栽培] 播种繁殖,亦可分株或扦插繁殖。

[用途] 紫穗槐是荒山、低洼地、盐碱地、沙荒地及农田防护林的主要造林树种。河岸、公路、铁路绿化,水土保持都用。园林中常配置于陡坡、湖边、堤岸易冲刷处及厂矿、居民区。

紫穗槐枝皮作造纸原料,花是蜜源,叶为饲料,种子榨油,枝条编筐。是良好的绿肥植物。

紫藤属　Wisteria Nutt

落叶藤本,靠茎缠绕攀援,奇数羽状复叶互生,小叶对生,有小托叶,托叶早落。总状花序下垂,花冠蝶形,旗瓣大而反卷,紫色或白色。荚果长条形。

本属约 9 种,分布于东亚、北美,我国约 3 种。

紫藤（藤萝）

[学名] Wisteria sinensis (Sims) Sweet.

[形态] 落叶藤本,靠茎缠绕攀援。茎枝为左旋性。小枝有柔毛。小叶 7～13,卵形及卵状披针形,先端渐尖,基部圆或宽楔形,幼叶两面密被平伏毛,老叶近无毛。花序长 15～30cm,下垂,花序轴、花梗与花萼都有白色柔毛。花紫堇色、芳香,果密生黄色绒毛。花期 4～5 月,与叶同放,果熟期 9～10 月。

图 120　紫藤

[变种与品种] 银藤 (var. alba Lindl.):花白色,耐寒性较差。

[分布] 产于我国辽宁、内蒙古、河北、河南、山西、山东、江苏、浙江、安徽、湖南、湖北、广东、陕西、甘肃、四川等地。生于阳坡、林缘、溪边、旷地及灌丛中。

[习性] 喜光,稍耐荫。对气候和土壤适应性强,较耐寒。喜深厚肥沃排水良好的土壤。有一定的耐干旱、瘠薄、水湿的能力,忌低洼积水。抗二氧化硫、氟化氢和氯气等有害气体能力强。主根深,侧根少,不耐移植,生长快。寿命长。

[繁殖与栽培] 播种、扦插、压条、嫁接繁殖。种植前须先设立棚架,由于紫藤寿命长,枝粗叶茂,重量大,棚架应坚实耐久。落叶后可剪除过密植、细弱枝,以调节生长,利于开花。移植须带土球。

[用途] 紫藤古藤蟠曲,紫花烂漫,枝叶茂密,遮荫效果好,是优良的垂直绿化树种。适宜花架、绿廊、枯树、凉亭、大门入口处垂直绿化,也可以修剪成灌木状孤植,丛植于草坪、入口两侧、坡地、山石旁、湖滨。配乳白色的建筑、棚架,特别调和优美。常盆栽观赏或制桩景室内装饰,花枝可以插花。

紫藤树皮纤维作纺织原料，花瓣糖渍后制糕点，种子入药。

红豆树属 Ormosia Jacks.

乔木。叶为单叶或奇数羽状复叶，常为革质。总状花序或圆锥花序顶生或腋生，花瓣5枚，有爪，雄蕊5～10枚，全分离，长短不一，开花时略突出于花冠。荚果革质、木质或肉质，2瓣裂。种子1～数粒，种皮多呈鲜红色。

本属约60种以上，主产于热带、亚热带。我国有26种。

软荚红豆（相思豆、红豆）

［**学名**］ Ormosia semicastrata Hance.

［**形态**］ 常绿乔木，高达12m。裸芽，小枝疏生黄色柔毛。羽状复叶互生，小叶3～9，革质，长椭圆形，长4～14cm。圆锥花序腋生，花瓣白色。荚果革质，小而呈圆形，长1.5～2cm。种子1粒，鲜红色，有光泽，扁圆形，种脐处有1黑色条纹。花期5月，果熟期9～10月。

［**分布**］ 分布于我国江西、福建、广东、广西等地。

［**习性**］ 喜光，喜暖热气候，不耐寒。喜肥沃湿润土壤，不耐旱。萌芽力强，根系发达，寿命长。

［**繁殖与栽培**］ 播种繁殖。播种前应浸种，管理上应注意培育主干，否则分枝低。

［**用途**］ 软荚红豆枝叶繁茂，树冠开阔，是南方著名的观赏树种。宜作庭荫树、行道树。种子红色可供装饰用，或制作纪念品。该树因唐代著名诗人王维的相思诗："红豆生南国，春来发几枝；愿君多采撷，此物最相思"而出名。在园林中宜孤植、丛植于草坪、林缘、建筑前，当游人漫步其下，拾得几粒红豆时，亦别有情趣，多几分浪漫。实际上还有不少具美丽的种子的树木，例如：海红豆（孔雀豆）（Adenanthera pavonina）的种子亮红色，种脐处有1黑斑，极美丽，常用作佛教徒念珠用。

图 121 软荚红豆

相思豆（Abrus precatorius L.）种子椭圆形，上部2/3鲜红色，下部1/3黑色，种脐凹陷。

软荚红豆树木材材质极好，可用于家具、建筑内部装饰等。

槐属 Sophora L.

乔木或灌木。芽小，芽鳞不明显。奇数羽状复叶，小叶对生，近对生，托叶小。总状或圆锥花序顶生，萼宽钟状，雄蕊分离或基部稍合生，荚果念珠状。

本属约50种，主产于东亚、北美，我国有16种。

槐树（国槐、家槐、豆槐）

［**学名**］ Sophora japonica L.

[形态]　落叶乔木，高达 25m，胸径 1m。树冠广卵形。树皮灰黑色，深纵裂。顶芽缺，柄下芽、有毛。1～2 年生枝绿色，皮孔明显。小叶 7～17，卵形、卵状椭圆形，先端尖，基部圆或宽楔形，背面苍白色，有平伏毛，托叶钻形，早落。圆锥花序，花黄白色，荚果肉质不裂，种子间溢缩成念珠状，宿存。种子肾形。花期 6～8 月，果熟期 9～10 月。

[变种与品种]　龙爪槐（var. pendula Loud.）：又称盘槐、垂槐，小枝屈曲下垂，树冠如伞，是园林中重要的观赏树种。

堇花槐（var. violacea Carr.）：花的翼瓣、龙骨瓣呈玫瑰紫色，花期较迟。

五叶槐（f. oligophylla Franch.）：3～5 小叶簇生状，顶生小叶常 3 裂，侧生小叶下侧常有大裂片。

金枝槐：枝条金黄色，冬季效果更为明显。是从槐树播种苗中选育的，属自然变异。

图 122　槐树

[分布]　原产我国北方，各地都有栽培，是华北平原、黄土高原常见树种，是北京市的市树。

[习性]　喜光，稍耐荫。喜干冷气候，但在炎热多湿的华南地区也能生长。适生于肥沃深厚湿润排水良好的沙壤土。稍耐盐碱，在含盐量 0.15％的土壤中能正常生长。抗烟尘及二氧化硫、氯气、氯化氢等有害气体能力强。深根性，根系发达，萌芽力强，生长中等，寿命长。

[繁殖与栽培]　播种繁殖，品种须嫁接繁殖，用实生苗作砧木。一年生幼苗树干易弯曲，应于落叶后截干，次年培育直干壮苗，要注意剪除下层分枝，以促使向上生长。大树移植时需要重剪，成活率较高。

[用途]　槐树枝叶茂密，浓荫葱郁，是北方城市中主要的行道树、庭荫树，但在江南一带作行道树，则易衰老，效果不佳。可配置于公园绿地、建筑物周围、居住区及农村"四旁"绿化。变种龙爪槐，蟠曲下垂，姿态古雅，最宜在古园林中应用，可对植于门前、庭前两侧或孤植于亭、台、山石一隅，亦可列植于甬道两侧。

槐树木材优良，花芽可食，花是优良的蜜源，花、果、根皮入药。

芸香科　Rutaceae

常绿或落叶乔木、灌木或藤本，稀草本，有挥发性芳香油。复叶稀单叶，互生稀对生，有透明油腺点，无托叶。花两性，稀单性，常整齐，单生或成花序。萼 4～5 裂，花瓣 4～5，常内生花盘。雄蕊与花瓣同数或为其倍数，花丝分离或中部以下连合。子房上位，心皮 2～多数、离生或合生。果实类型有柑果、蒴果、蓇葖果、核果或翅果。

本科约 150 属 1700 种，分布于热带、亚热带，少数温带，我国有 28 属约 150 种。

分 属 检 索 表

1. 花单性。蓇葖果。有皮刺；奇数羽状复叶 ………………………………………………… 花椒属
1. 花两性。柑果。常有枝刺；3 小叶或单身复叶
  2. 3 小叶复叶。落叶。果密生绒毛 ………………………………………………… 枳属（枸桔属）
  2. 单身复叶。常绿。果无毛
    3. 子房 8～14 室，胚珠 4～12。果皮不能鲜食。乔木 …………………………………… 柑橘属
    3. 子房 2～5 室，胚珠 2。果皮可鲜食。灌木 …………………………………………… 金柑属

花椒属　Zanthoxylum Linn.

落叶或常绿灌木、小乔木，稀藤本，植株有皮刺。奇数羽状复叶互生，有透明油腺点，有锯齿，稀全缘。花单性异株或杂性，花小，簇生或聚伞、圆锥花序。萼 3～5 裂，花瓣 3～5 稀无，雄花的雄蕊 3～5，雌花心皮 1～5 分离或连合，每室并生胚珠 2。聚合蓇葖果，外果皮革质，红色、紫红色，外有油腺点，种子黑色有光泽。

本属约 250 种，我国约 45 种。

分 种 检 索 表

1. 花序顶生。落叶灌木、小乔木。小叶 5～11、纸质、卵形或卵状椭圆形 …………………… 花椒
1. 花序腋生。半常绿或常绿灌木。小叶 3～7、革质、披针形或椭圆状披针形 ……………… 竹叶椒

花椒

[学名]　Zanthoxylum bungeanum Maxim.

[形态]　落叶小乔木，高 7m 或灌木状。枝具宽扁而尖锐的皮刺。小叶 5～9，卵形、卵状矩圆形或椭圆形，先端尖，基部近圆或宽楔形，锯齿细钝，叶轴有窄翼。圆锥花序顶生，花期 3～4 月，果熟期 7～10 月。

[分布]　分布于我国辽宁南部、河北、河南、山东、山西、陕西至长江流域各地，西南各地有栽培，华北、西北南部、四川是主要产区。

[习性]　喜光，遮荫下生长细弱，结实少。有一定耐寒性，不耐严寒，幼苗在约 -18℃ 时受冻害，15 年生植株在 -25℃ 低温时冻死，北方常种植在背风向阳处。喜深厚肥沃、湿润的沙壤土或钙质土，对土壤 pH 值要求不严。过分干旱瘠薄生长不良，忌积水。根系发达，萌芽力强，耐修剪。通常 3～5 龄开始结果，10 龄后进入盛果期，寿命长。

[繁殖与栽培]　播种繁殖。种子宜室内晾干，切勿曝晒。

[用途]　花椒金秋红果美丽，是重要的香料树种。公园的山坡、郊区"四旁"、居民区绿化美化都可以种植，也可以作刺篱。

花椒的果皮、种子是著名的调味香料，重要的出口物资，种子榨油。

枳属（枸桔属）　Poncirus Raf.

落叶灌木、小乔木。枝青绿色，有枝刺。3 小叶复叶，叶柄有翼。先花后叶，花两性单生叶腋，萼片、花瓣 5，离生雄蕊 8～多数，子房 6～8 室，胚珠 4～8，柑果球形，密生毛。

本属仅 1 种。我国特产。

图 123 花椒   图 124 枸桔

枸桔（枳）

［学名］ Poncirus trifoliata (L.) Raf.

［形态］ 落叶灌木或小乔木，高 7m。小枝有棱，绿色。3 小叶复叶，小叶椭圆形或倒卵形，先端圆或凹缺，基部楔形，锯齿钝。花白色，芳香。果熟时黄色，径 3～5cm，花期 4 月，果熟期 10 月。

［分布］ 原产我国长江流域，现黄河流域以南有栽培，多生于海拔 1000m 以下的向阳山坡或平地。

［习性］ 喜光，耐荫。喜温暖气候，较耐寒，能耐 -20℃低温，北京可露地栽培。略耐盐碱，在土壤干燥、瘠薄、低洼积水处生长不良。深根性，发枝力强，耐修剪，主根浅，须根多，对有害气体抗性强。

［繁殖与栽培］ 以播种繁殖为主，也可扦插繁殖，种子须同果肉一起贮藏。

［用途］ 枸桔春闻香花，秋赏黄果，宜作刺篱及屏障树，公园、庭院、居民区、工厂、街头绿地都可应用。是嫁接柑橘类的砧木。

枸桔的果实入药，种子榨油工业用。

柑橘属　Citrus L.

常绿小乔木或灌木，常有枝刺。小枝有纵棱脊，绿色。单身复叶。花两性，单生或簇生叶腋，有时成聚伞花序。花 5 基数，雄蕊 15～60，花丝基部合生成数束，子房无毛 8～14 室，胚珠 4～12。柑果较大，球形、扁球形。

本属约 20 种，产于东南亚，我国约 10 种。

分 种 检 索 表

1. 叶柄无翅，只有狭边缘。花里面白色，外面淡紫色。果极酸 ……………………………… **柠檬**

1. 叶柄多少有翅。花白色

2. 小枝有毛。果特大，径 10cm 以上，中果皮厚海绵质。叶柄有宽大倒心形的翅 ……………… **柚**

2. 小枝无毛。果较小，果皮多少粗糙

   3. 叶柄翅大。果味酸苦，果宿存枝梢供观赏，冬季果色橙黄色，翌年夏季又变青绿，经 4～5 年不落

    …… **代代**

   3. 叶柄翅狭不及 5mm 近无翅。果味甘美

      4. 果心充实，果皮与果瓣不易剥离，果近球形。叶柄翅宽 2～5mm ……………… **甜橙**

      4. 果心中空，果皮与果瓣容易剥离，果扁球形。叶柄翅很窄近无翅 ……………… **柑橘**

柑橘（橘子）

[**学名**] Citrus reticulata Blanco.

[**形态**] 常绿小乔木，高约 3m。小枝较细弱，常有短刺。叶椭圆状卵形、披针形，先端钝，常凹缺，基部楔形，钝锯齿不明显，叶柄的翅很窄近无翅。花白色，芳香，单生或簇生叶腋。果扁球形，径 5～7cm，橙红色或橙黄色，果皮与果瓣易剥离，果瓣 10，果心中空。花期 5 月，果熟期 10～12 月。

柑橘在果树园艺上常分为二类：

柑类：果较大，径 5cm 以上，果皮较粗糙而稍厚，剥皮难。分布偏南。

橘类：果较小，径 5cm 以下，果皮光滑而薄，剥皮易。分布偏北。

以上二类各又有很多品种。

[**分布**] 我国是柑橘的原产地，有四千多年的栽

图 125 柑橘

培历史，长江以南各省区广泛栽培，南起海南岛，北至河南、陕西、甘肃等省的南部、东南部，东自长江入海口的长兴岛，西至雅鲁藏布江河谷。主产区有四川、湖南、广东、广西、福建、江西、浙江、湖北、台湾等。

[**习性**] 喜光，稍耐侧荫，光照不足只长枝叶，不开花。喜通风良好、温暖的气候，不耐寒，不能低于 −9℃，但比柚子、甜橙耐寒，江苏南部太湖一带可露地过冬，但须小气候好，有防风林。适生于疏松肥沃、腐殖质丰富、排水良好的沙壤土，切忌积水，根系有菌根共生。耐修剪，一年可抽生枝条 3～4 次，果实主要结在当年生春梢上，抗二氧化硫等有害气体能力强。

[**繁殖与栽培**] 以嫁接为主，亦可播种或压条繁殖，嫁接用枸桔或实生苗作砧木。

平时管理要注意以下几个方面：

1. 施肥

柑橘生长量大，结果多，须及时补充肥料。所谓"冬肥重施，春肥早施，夏秋肥及时施"。冬肥保暖、保叶，恢复树势，促进花芽分化，应在采果后进行，以有机肥为主。春肥主要是为了促进萌芽、长梢，提高开花枝条质量，应在 2 月下旬到 3 月上旬进行，以速效的氮、磷肥为主。夏秋肥指 5 月中下旬和 7 月中旬 2 次，前者是为了防止幼果落果，以速效的氮、磷肥为主。后者是为了加速果实生长和提高品质，同时又要促进秋梢的发生，以氮、磷、钾肥混施。此次施肥一定要及时，晚了易发生晚秋梢而造成冻害。

2. 促梢与控梢

柑橘在不同地区生长新梢萌发次数不同，一般为 3～4 次。不同时期萌发的新梢作用不同，故要根据其特点有利的要促进，不利的要控制。以上海为例，一般是"促春、早秋梢，控夏、晚秋梢"。春梢是结果枝或第二年为结果母枝；早秋梢第二年为结果母枝，可通过及时施肥来促进其生长。夏梢发生时正值幼果形成，故其发生易造成落果；晚秋梢发生较晚，组织不充实，较嫩弱，易发生冻害，可通过抹芽来控制其发生。

3. 防寒

柑橘耐寒性不强，故对栽培分布偏北地区而言，防寒极为重要，可采取以下措施：

（1）充分利用和创造小气候，宜在大面积水域边建立果园，如上海之长兴岛上、无锡之太湖边、长江之两岸均是较好的利用了地理条件，成为较成功的柑桔栽培基地。其次要设立防风林等设施。

（2）培育和选用早熟品种，以提高耐寒能力。

（3）冬季要进行防寒技术措施，如浇水、松土、根颈培土、施肥、抹芽等。

4. 病虫害防治

主要有溃疡病、流胶病及天牛、介壳虫等的危害，要注意及时防治。

〔用途〕 柑橘树姿浑圆，四季常青，春季白花芳香，秋季果实累累，是著名的果树。"一年好景君须记，正是橙黄橘绿时"。可辟果园供人们游玩尝鲜；亦可丛植于草坪、林缘；宜在庭园、门旁、屋边、窗前种植；亦是春节传统的盆栽观果树种。

苦木科　Simarubaceae

乔木或灌木。树皮味苦。羽状复叶互生，无托叶。花单性或杂性，花小，整齐，圆锥或总状花序。萼 3～5 裂，花瓣 3～5，稀无花瓣，雄蕊与花瓣同数或为其倍数，内生花盘，子房上位，心皮 2～5 离生或合生，胚珠 1。核果、蓇葖果或翅果。

本科有 30 属约 200 种，分布于热带、亚热带，少数产于温带，我国有 4 属 10 种。

臭椿属（樗属）　**Ailanthus Desf.**

落叶乔木。小枝粗壮。小叶基部常有 1～4 对腺齿。圆锥花序，花杂性或单性异株。萼5 裂，花瓣 5～6，雄蕊 10，花盘 10 裂，子房 2～6 深裂。翅果椭圆状、矩圆形。种子在翅果中部。

本属约 10 种，产于亚洲、澳洲，我国有 6 种。

臭椿（樗、椿树）

〔学名〕 Ailanthus altissima Swingle.

〔形态〕 落叶乔木，高达 30m，胸径 1m。树冠开阔平顶形，无顶芽。树皮灰色，粗糙不裂。小枝粗壮，叶痕大，有 7～9 个维管束痕。1 回奇数羽状复叶，小叶 13～25，卵状披针形，先端渐长尖，基部近圆或宽楔形，腺齿 1～2 对，小叶上部全缘，缘有细毛，下面有白粉，无毛或仅沿中脉有毛。翅果淡褐色，纺锤形。花期 4～5 月，果熟期 9～10 月。

〔变种与品种〕 红果臭椿：果实红色，观赏价值高。

〔分布〕 原产于我国，西至陕西汉水流域、甘肃东部、青海东南部，南至长江流域各地、广东、广西北部，华北各省、内蒙古大青山南麓、东北南部都有分布。

［习性］　强喜光，适应干冷气候，能耐−35℃低温。对土壤适应性强，耐干旱、瘠薄，能在石缝中生长，是石灰岩山地常见的树种。耐含盐量0.6%的盐碱土，不耐积水。生长快，深根性，根蘖性强，抗风沙，耐烟尘及有害气体能力极强，寿命可达200年。

［繁殖与栽培］　播种繁殖，分蘖或插根繁殖成活率也很高，但苗期须注意及时抹侧芽，除萌蘖，以培育良好的主干。

［用途］　臭椿树干通直高大，树冠开阔，叶大荫浓，新春嫩叶红色，秋季翅果红黄相间，是适应性强、管理简便的优良庭荫树、行道树、公路树。孤植或与其他树种混植都可，尤其适合与常绿树种混植，可增加色彩及

图126　臭椿

空间线条之变化。臭椿适应性强，适于荒山造林和盐碱地绿化，更适于污染严重的工矿区、街头绿化。臭椿树已引种至英、法、德、意、美、日等国，法国巴黎市铁塔两旁及堤岸上密植臭椿；英国伦敦街头常见，很受欢迎。

臭椿木材耐腐，木纤维是优良的造纸原料，叶可饲蚕，种子榨油供工业用。

楝科　Meliaceae

乔木或灌木稀草本。羽状复叶稀单叶，互生稀对生，无托叶。花两性，整齐，常成复聚伞花序；萼小4～5裂，花瓣4～5，分离或基部连合；雄蕊4～12，花丝联合成筒状，内生花盘，子房上位，常2～5室，胚珠2。蒴果、核果或浆果，种子有翅或无翅。

本科有47属约800余种，产于热带、亚热带，少数产于温带，我国有14属约49种，产于长江流域及以南各地。

分　属　检　索　表

1. 2～3回奇数羽状复叶，小叶有锯齿，稀近全缘。花较大淡红紫色或白色。核果 …………………… 楝属
1. 1回羽状复叶或3小叶复叶，小叶全缘或有不明显的钝锯齿。花小白色或黄色。蒴果或浆果
　　2. 浆果。羽状复叶或3小叶复叶 …………………………………………………………… 米子兰属
　　2. 蒴果。偶数或奇数复叶 ……………………………………………………………………… 香椿属

楝属　Melia Linn.

落叶或常绿乔木。2～3回奇数羽状复叶，小叶有锯齿或缺齿、稀近全缘。花较大，淡紫色或白色，花序腋生。萼5～6裂，花瓣5～6，分离，雄蕊10～12，花丝连合成筒状，顶端有10～12齿，子房3～6室，核果。

本属约20种，主产于东南亚及大洋洲。我国有3种。

楝树（苦楝、紫花树）

［学名］　Melia azedarach Linn.

［形态］　落叶乔木，高达 30m，胸径 1m。树冠开阔平顶形。小叶卵形、卵状椭圆形，先端渐尖，基部楔形或圆，锯齿粗钝，老叶无毛。花芳香，淡紫色，成圆锥状复聚伞花序。核果球形，熟时黄色，经冬不落。花期 4～5 月，果熟期 10～11 月。

图 127　楝树

［分布］　分布于我国山西、河南、河北南部，山东海拔 200m 以下地带，陕西、甘肃南部，长江流域各地，福建、广东、广西、台湾及海南岛，多生于低山及平原。

［习性］　喜光，喜温暖气候，小苗不耐寒，大树稍耐寒，经驯化已能在北京小气候好的地方过冬，正常生长、开花结果。对土壤要求不严，酸性、中性、石灰岩山地、含盐量 0.45％的盐碱地都能生长。稍耐干旱瘠薄，也能生于水边，耐湿。浅根性，侧根发达，主根不明显，耐烟尘，对二氧化硫抗性强。萌芽力强，生长快，俗称："3 年椽材，6 年柱，9 年可成栋梁材。"但寿命短，30～40 年即衰老。

［繁殖与栽培］　播种繁殖，也可插根育苗。幼苗树干易歪，须通过"斩梢抹芽"等措施，以培育良好的主干。其做法是：应连续 2、3 年在早春萌芽前用利刀斩去梢部1/3～1/2，并在芽萌发后，仅保留近切口处 1 个壮芽，使其延长生长作主干，余芽全部抹去。

［用途］　楝树羽叶清秀，紫花芳香，树形优美，是优良的庭荫树、行道树。宜配置在草坪边缘、水边、园路两侧、山坡、墙角，可孤植、列植或丛植。居民新村、街头绿地、工厂单位都可以用。是江南农村"四旁"绿化常用的树种，黄河以南低山平原地区速生用材树种。

楝树木材供建筑、家具、乐器用，树皮、根制杀虫药剂。鲜果酿酒。花是优良的蜜源。

香椿属　Toona Roem.

落叶或常绿乔木。偶数或奇数羽状复叶，小叶全缘或有不明显的粗齿。花小，白色，复聚伞花序，花 5 基数，花丝分离，有花盘，胚珠 8～12。蒴果 5 裂。种子多数，上部有翅。

本属有 15 种，我国产 4 种。

香椿（椿树、椿芽）

［学名］　Toona sinensis（A. Juss）Rocm.

［形态］　落叶乔木，高达 25m，胸径近 1m。树冠宽卵形，但树形常因采枝叶而被破坏。树皮浅纵裂。有顶芽，小枝粗壮，叶痕大，内有 5 个维管束痕。偶数稀奇数羽状复叶，有香气。小叶 10～20，矩圆形或矩圆状披针形，基部歪斜，先端渐长尖。花白色，芳香。蒴果倒卵状椭圆形。种子上端具翅，矩圆形，红褐色。花期 6 月，果熟期 10～11 月。

［分布］　产于我国，辽宁南部、黄河及长江流域，各地普遍栽培。

［习性］　喜光，有一定的耐寒性，幼苗、幼树在河北地区易受冻害，长大后耐寒性增强。对土壤要求不严，稍耐盐碱，耐水湿。萌蘖性、萌芽力都强，耐修剪，深根性。对有害气体抗性强。

［**繁殖与栽培**］ 播种为主,也可分蘖或插根繁殖。可根据用途培育成通直主干,供园林绿化用,或灌木状以利采摘嫩叶。

［**用途**］ 香椿树干通直,树冠开阔,枝叶浓密,嫩叶红艳,常用作庭荫树、行道树,园林中配置于疏林,作上层骨干树种,其下栽以耐阴花木。香椿是华北、华东、华中低山丘陵或平原地区土层肥厚的重要用材树种,"四旁"绿化树种。

香椿木材优良,有"中国桃花心木"之称。嫩芽、嫩叶可食,种子榨油食用或工业用,根、皮、果入药。

图 128　香椿

大戟科　Euphorbiaceae

乔木、灌木、藤本或草本,大多有乳汁。单叶,稀3小叶复叶,互生,有托叶。花单性,聚伞、总状或圆锥花序,花单被,萼片3～5,雄蕊1～多数,子房上位,常3室,胚珠1～2。蒴果、核果或浆果。种子有胚乳。

本科约300属8000余种,广布于全世界,我国有61属约375种,主产于长江流域及以南各地。

分 属 检 索 表

1. 3出复叶;小叶有锯齿。浆果 ·· **重阳木属**
1. 单叶;核果或蒴果
  2. 核果;花大,有花瓣及萼片 ·· **油桐属**
  2. 蒴果;花小,无花瓣
    3. 植株全体无毛;有乳汁 ··· **乌桕属**
    3. 植株全体有毛;无乳汁 ··· **山麻杆属**

乌桕属　Sapium P. Br.

乔木或灌木,全体无毛,含有毒的乳汁。单叶互生,羽状脉,全缘,叶柄顶端有腺体2。花单性同株,雄花3朵呈小聚伞花序,生于花序上部;雌花1～数朵,生于花序下部。萼2～3裂,雄蕊2～3,子房3室,每室1胚珠,无花盘,蒴果3裂。

本属约120种,广布于全世界,多产于热带,我国有10余种。

乌桕（蜡子树、木油树）

［**学名**］ Sapium sebiferum Roxb.

［**形态**］ 落叶乔木,高达15m,胸径60cm。树冠近球形。小枝细,叶菱形、菱状卵形,先端突渐尖,基部宽楔形,全缘。叶柄细长,顶端有2腺体。花序顶生,花黄绿色。果扁球形,黑褐色,熟时开裂。种子黑色,外被白蜡,宿存在果轴上经冬不落。花期5～7月,果熟期10～11月。

［**分布**］ 产于我国秦岭、淮河流域以南,东至台湾,南至海南岛,西至四川中部海拔1000m以下,西南至贵州、云南等地海拔2000m以下,主要栽培区在长江流域以南浙江、湖

北、四川、贵州、安徽、云南、江西、福建等省。

[习性]　喜光，耐寒性不强，年平均温度15℃以上，年降雨量750mm以上地区都可生长。对土壤适应性较强，沿河两岸冲积土、平原水稻土、低山丘陵粘质红壤、山地红黄壤都能生长。以深厚湿润肥沃的冲积土生长最好。土壤水分条件好生长旺盛。能耐短期积水，亦耐旱，含盐量在0.3%以下的盐碱土能生长。抗二氧化硫和氯化氢的污染能力强。深根性，抗风，寿命长。

[繁殖与栽培]　播种繁殖，种子脱蜡后须催芽，优良品种用嫁接繁殖。自然条件下树干不易长直，小苗要加强管理，可适当密植、剥侧芽、施肥，以培育通直的大苗。

[用途]　乌桕秋叶深红、紫红或杏黄，娇艳夺目；落叶后满树白色种子似小白花，经冬不落，"偶看柏树梢头白，凝是江梅小着花"。乌桕是长江流域主要的秋

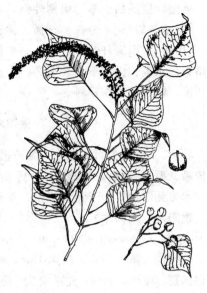

图129　乌桕

景树种。宜庭园、公园、绿地孤植、丛植或群植，亦于池畔、溪流旁、建筑周围作庭荫树。与各种常绿或落叶的秋景树种混植风景林点缀秋景，列植于堤岸或行道旁作护堤树、行道树。

乌桕是南方重要的经济树种。柏蜡供制蜡纸、蜡烛等。柏油制油漆、油墨等。花是蜜源，根皮、种子及嫩枝的乳汁入药，叶可杀虫或沤肥。

山麻杆属　Alchornea Sw.

灌木或小乔木，有细柔毛。叶基部有2个以上腺体，全缘或有齿，叶脉基出3主脉或羽状，托叶早落。花单性同株或异株，穗状或总状花序顶生或侧生，花小，萼2～4裂，雄蕊3～9或更多，子房2～3室，胚珠1。蒴果球形，常有柔毛，胚乳肉质。

本属约50种，产于热带、亚热带地区，我国有6种。

山麻杆（桂圆树、大叶泡）

[学名]　Alchornea davidii Franch.

[形态]　落叶灌木，高1～2m。嫩枝有柔毛，老枝光滑。叶宽卵形近圆，长7～17cm，先端短尖，基部圆或微心形，3出脉，脉间有腺点1对，边缘粗齿，两面有毛；初生幼叶红色、紫红色。穗状花序，雌雄同株。蒴果扁球形、密生毛。花期4～5月，果熟期6～8月。

[分布]　我国长江流域及以南都有分布。生于低山区、河谷两岸、山野阳坡的灌丛中。

[习性]　喜光，能耐荫，抗寒性差，对土壤适应性

图130　山麻杆

强，喜湿润肥沃的土壤。萌蘖性强，易更新，生长强健。

[繁殖与栽培]　分株、扦插、播种繁殖。秋后疏剪，更新老枝。

[用途]　山麻杆幼叶红艳，是极佳的观春色叶树种。宜丛植于庭园、公园、各类绿地的路旁、水滨、山坡下、岩石旁。山麻杆的茎皮纤维是造纸、纺人造棉的材料。种子榨油工业用。叶药用或作饲料。

重阳木属　Bischoffia Bl.

乔木。3 小叶复叶，互生，缘钝锯齿。花单性异株，总状或复总状花序下垂，腋生，风媒传粉。萼 5～6 裂，雄蕊 5，子房 2～4 室。浆果球形。

本属约 5 种，产于亚洲热带、亚热带。我国有 2 种。

重阳木（端阳木）

[学名]　Bischoffia racemosa Cheng et C. D. Chu.

[形态]　落叶乔木，高达 15m，胸径 50cm。树冠伞形。大枝斜展，树皮褐色纵裂。小叶卵圆形、椭圆状卵形，先端突尖、突渐尖，基部圆或近心形，细钝齿，每 1cm 约 4～5 个。总状花序，雌花有 2 个花柱。浆果小、径 5～7mm，熟时红褐色。花期 4～5 月，与叶同放，果熟期 10～11 月。

[分布]　产于我国，秦岭、淮河流域以南，至两广北部，长江流域中、下游平原常见，生于海拔 300～1000m 的地山区。

[习性]　喜光，略耐荫。喜温暖气候，耐寒性差。对土壤要求不严，喜生于湿地，在积水处仍能正常生长发育，在湿润肥沃的沙壤土中生长快。根系发达，抗风强。

[繁殖与栽培]　播种繁殖。园林用 4 龄以上大苗。小苗分枝低，培育中应注意修剪，抹芽，以培养通直的主干，同时小苗不耐寒，须注意防寒。

[用途]　重阳木树姿优美，秋叶红艳，浓荫如盖，是优良的行道树、庭荫树，也可列植保护堤岸。在草坪、湖边丛植点缀，亦很有特点，尤其适合与秋色叶树种配置。

重阳木果肉酿酒，种子榨油供工业用，根、叶入药，树皮可提取栲胶。

油桐属　Aleuorites Forst.

乔木。单叶互生，全缘或 3～5 掌状裂，叶基部具 2 腺体。花单性，同株或异株，圆锥花序顶生，花萼 2～3 裂，花瓣 5，雄蕊 8～20，子房 2～5 室。核果大，种子富油脂。

本属有 50 种，产于亚洲南部及大洋洲诸岛，我国产 2 种，引入 1 种，分布于长江以南各地。

油桐（桐油树、三年桐）

[学名]　Aleuorites forclii Hemsl.

[形态]　落叶乔木，高达 12m。树冠扁球形。小枝粗壮。叶卵形、长 7～18cm，全缘，有时 3 浅裂，叶基具 2 紫红色扁平腺体。雌雄同株，花大，径约 3cm，花瓣白色，基部有淡红褐色条纹。核果大，球形，径 4～6cm，表面平滑。种子 3～5 粒。

[分布]　分布于我国长江流域及以南地区，垂直分布在海拔 1000m 以下之低山丘陵地区。

[习性]　喜光，亦耐荫，在侧荫处能枝繁叶茂，但开花结实很少。稍耐寒，栽培区之

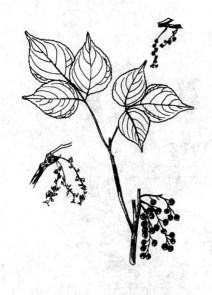

图 131　重阳木　　　　　　　　　　　　　　　图 132　油桐

北缘以秦岭、淮河为界。喜肥沃排水良好的土壤，不耐干旱瘠薄及水湿。不耐移植，对二氧化硫污染较为敏感。根系浅，生长快，寿命短，若管理好，树龄可达百年以上。

〔繁殖与栽培〕　播种繁殖。种子采收后贮藏至翌年春播，播前须用温水浸种催芽。

〔用途〕　油桐树冠宽广，叶大荫浓，花大而秀丽，宜作庭荫树、行道树。若孤植、丛植于坡地、草坪，则浓荫覆地，极具特色。

油桐树为著名的油料树种。种子榨油，即为桐油，供工业用，是我国特产，已有千年以上的应用历史。

黄杨科　Buxaceae

常绿灌木、小乔木。单叶，无托叶。花单性，花序总状、穗状或簇生，萼片 4～12 或无，花瓣无，雄蕊 4、6，子房上位 3（2～4）室，蒴果或核果状浆果。

本属约 100 种，分布于热带、亚热带，少数至温带，我国有 3 属约 40 余种。

黄杨属　Buxus L.

常绿灌木或小乔木。单叶对生，叶小，全缘，革质，羽状脉，叶柄短。花序头状、短总状，腋生，顶端生 1 雌花，其余为雄花，蒴果花柱宿存，3 瓣裂。

本属约 70 种，我国约 30 种，主产长江流域以南。

分 种 检 索 表

1. 叶较宽、卵状椭圆形至倒卵状椭圆形
　　2. 叶最宽在中部以上。枝叶较疏散 ……………………………………… 黄杨
　　2. 叶最宽在中部、中部以下。小枝密集 …………………………… 锦熟黄杨
1. 叶狭长，倒披针形 …………………………………………………… 雀舌黄杨

黄杨（瓜子黄杨、小叶黄杨）

[学名] Buxus sinica (Rehd. et Wils) Cheng et M. Cheng.

[形态] 常绿灌木或小乔木，高 7m。树皮淡灰褐色，浅纵裂，小枝有四棱及柔毛。叶倒卵形或椭圆形，先端钝圆或微凹，基部楔形，叶长 2～3.5cm，叶柄长 1～2cm，有毛。花黄绿色。蒴果卵圆形，长约 1cm，花柱宿存，呈三角鼎立状。花期 4 月，果熟期 10～11 月。

[变种与品种] 小叶黄杨（var. parvifalia M.Cheng.）：分枝密集，小枝节间短。叶椭圆形，长不及 1cm，宽不及 5mm，基部宽楔形。可制作盆景。

[分布] 原产我国中部，长江流域及以南地区有栽培。生于多石山地、石灰岩山地和溪谷湿润地。

[习性] 喜半荫，喜温暖湿润气候，稍耐寒。在上海栽培冬天叶易受冻变红，华北地区南部尚可栽种。喜肥沃湿润排水良好的土壤，耐旱，稍耐湿，忌积水。耐修剪，抗烟尘及有害气体。浅根性树种，生长慢，寿命长。

图 133　黄杨

[繁殖与栽培] 播种、扦插繁殖。宜作 1m 以下的绿篱，植绿篱用 3～4 年生苗。南方春秋两季进行整形修剪，偏北地区宜在发芽前或生长完全停止后修剪，移植须带土球。

[用途] 黄杨枝叶茂密，叶光亮、常青，是常用的观叶树种。园林中多用作绿篱、基础种植或修剪整形后孤植、丛植在草坪、建筑周围、路边，亦可点缀山石，可盆栽室内装饰或制作盆景。

黄杨的木材是雕刻工艺用材，全株入药。

锦熟黄杨

[学名] Buxus sempervirens L.

[形态] 常绿灌木或小乔木，高 6m。小枝密集，四棱形。叶椭圆形至卵状长椭圆形，最宽部在中部或中部以下，长 1.5～3cm，先端钝或微凹。花簇生叶腋。蒴果三角鼎状。花期 4 月，果熟期 7 月。

[分布] 原产南欧、北非及西亚，我国华北园林有栽培。较黄杨耐寒能力强，北京能露地种植。

雀舌黄杨（细叶黄杨）

[学名] Buxus bodinieri Lerl.

[形态] 常绿小灌木，高不及 1m。分枝多而密集。叶狭长，倒披针形或倒卵状长椭圆形，长 2～4cm，先端钝圆或微凹，革质，两面中脉均明显隆起。花黄绿色。蒴果卵圆形。花期 4 月，果熟期 7 月。

[分布] 产于我国华南。枝叶茂密，植株低矮，耐修剪，最适宜作高 50cm 左右的矮绿篱，组成模纹图案或文字。耐寒性不强，生长极慢。

漆树科 Anacardiaceae

乔木或灌木。树皮有树脂。羽状复叶、3 小叶复叶或单叶，互生稀对生，无托叶。花小，单性异珠，杂性同株或两性，整齐，圆锥花序。萼 3～5 深裂，花瓣 3～5 或无，雄蕊与花瓣互生，内生花盘，子房上位 1 室，胚珠 1。核果或坚果。种子无胚乳，胚弯曲。

本科有 66 属 500 余种，产于热带、亚热带，少数产于温带，我国产 16 属 34 种，引入栽培 2 属 4 种。

分 属 检 索 表

1. 单叶互生，全缘
  2. 常绿乔木。核果大，长 6～20cm。果序上无不育花之伸长花梗 ……………………………… 杧果属
  2. 常绿灌木或小乔木。核果小，长 3～4mm。果序上有多数不育花之花梗伸长成羽毛状 ……… 黄栌属
1. 羽状复叶互生，小叶全缘或有锯齿
  3. 奇数羽状复叶，小叶常有锯齿。花瓣 5，覆瓦状排列
    4. 子房 5 室。无乳汁。落叶。核果核顶端有 5 个大小相等的小孔 ……………………… 南酸枣属
    4. 子房 1 室。有乳汁。常绿或落叶。核果小。种子扁球形 ……………………………… 漆树属
  3. 偶数羽状复叶，小叶全缘。无花瓣，雌雄异株 ……………………………………………… 黄连木属

杧果属 Mangifera Linn.

常绿乔木。单叶互生，革质，全缘，羽状脉。花杂性，花序顶生，萼、花瓣都是 4～5，覆瓦状排列，分离或与花盘合生，雄蕊 1～5，通常只 1～2 发育。核果大，肉质，内果皮有纤维。种子扁，大型。

本属有 30 种，产于亚洲热带地区，我国有 2 种。

杧果（檬果）

[学名] Mangifera indica Linn.

[形态] 常绿乔木，高达 27m，树冠浓密球形。叶矩圆状或卵状披针形，长 7～30cm，先端渐尖或钝尖，基部楔形或近圆形，边缘波状，叶脉特别明显，无毛，叶柄长 2～5cm，叶常集生枝端。花淡黄色，芳香。果长卵形微扁，长 8～15cm，熟时黄色、橙黄色，芳香。花期 2～4 月，果熟期 5～9 月。

[分布] 原产于亚洲南部印度、马来西亚群岛一带。我国于公元七世纪自印度引种栽培，现台湾、广东、广西、福建南部、海南岛和云南南部等地栽培，栽培品种很多。近年来资源调查发现我国广西、云南也有野生芒果分布，被定名为云南芒果，但食用价值不高。

[习性] 喜光，幼苗喜荫，喜温暖，耐高温，能耐 43℃ 高温；不耐寒，5℃ 以下低温时间过长会使枝叶受冻，因此最冷月平均温度 10℃ 以下地区不能种植，生长适宜温度在 15～35℃ 之间。对土壤要求不严，除土质特别粘重，土层太薄外，几乎各种土壤都能栽培，以深厚肥沃、排水良好的壤土最好。耐湿、忌积水，喜肥。抗风，耐烟尘。生长迅速，结果早，寿命长。

[繁殖与栽培] 播种、嫁接、压条繁殖。种子不耐贮藏，果肉剥离后应立即播种，1～2 天内播完，成活高。观果用则将幼树留骨干枝 3～5 条，以后疏剪过密枝，使之通风透光，

应注意施肥，冬季5℃以下应防寒，实生苗较嫁接苗耐寒性稍强。

[用途]　杧果嫩叶红紫鲜艳，老叶绿色浓郁，树冠端正，树荫浓密，花果都很美丽，是著名的果树，有热带"果王"之美称。宜作庭荫树遮荫、观花、观果，也可作行道树、公路树；栽培管理容易。广州、海南岛、云南西双版纳等地园林常用，也是郊区"四旁"绿化树种。在热带、亚热带风景区山地可以与其他树种配置风景林或种植热带果园。

杧果果实可鲜食或加工，果皮、树脂入药，树叶、树皮可提取黄色染料，花为优良的蜜源。

黄栌属　Cotinus Mill.

落叶灌木、小乔木，汁液有强烈气味。单叶互生，全缘，叶柄细长，无托叶。花杂性或单性异株，花序顶生；萼片、花瓣、雄蕊皆为5数。果穗上有许多羽毛状不育花，核果歪斜、扁。

本属有3种，分布于北温带，我国有2种3变种。

黄栌（红叶树、栌木）

[学名]　Cotinus coggygria Scop.

[形态]　落叶乔木、小灌木，高8m。树冠圆球形。树皮暗灰褐色，嫩枝紫褐色，有蜡粉。叶倒卵形，先端圆或微凹，无毛或仅下面脉上有短柔毛，叶柄细长，花黄绿色。果序长5～20cm，许多不孕花的花梗伸长成粉红色羽毛状，果肾形。花期4～5月，果熟期6～7月。

[分布]　原产我国中部及北部地区，遍布山西、陕西、甘肃、四川、云南、河北、河南、山东、湖北、湖南、浙江等省，多生于海拔600～1500m向阳山林中，北京香山及长江三峡之红叶，即以此黄栌为主。

[习性]　喜光，耐侧荫，耐寒、耐旱，对土壤要求不严，耐干旱瘠薄，耐轻度盐碱，不耐水湿及粘土。对二氧

图 134　黄栌

化硫有较强的抗性，滞尘能力强。萌蘖性强，耐修剪，根系发达，生长快。秋季温度降至5℃，日温差在10℃以上时，4～5天叶可转红。在低海拔平原地区，因温差不够，秋叶难以转红变艳。

[繁殖与栽培]　常用播种繁殖，亦可压条、分株或插根繁殖。春季播种，当年苗高80～100cm，三年后出圃定植。管理简单，每年早春疏剪枯枝、过密枝，雨季注意防治白粉病。

[用途]　黄栌秋叶红艳，是北方著名的观秋叶树种。初夏开花后，花序上羽毛状粉红色不孕花梗缭绕树间，宛如炊烟万缕，引人入胜。北京香山是著名的观红叶区，入秋，山峦叠嶂、层林尽染，成为北京著名的风景游览区。宜公园内、庭园中植片林或丛植草坪一角，假山一侧点缀秋景。或山地、水库周围营造风景林，也是荒山造林的先锋树种。

黄栌木材供雕刻，树皮、叶可提取栲胶。

漆树属　Rhus Linn.

常绿或落叶，乔木或灌木，有乳汁。奇数羽状复叶或3小叶复叶互生，小叶对生近对

生，全缘或有锯齿，无托叶。单性异株或杂性同株，萼5裂，宿存，花瓣、雄蕊5，花柱3。核果小。种子扁球形。

本属约150种，我国有13种引入栽培1种。

火炬树（火炬漆、加拿大盐肤木）

[学名]　Rhus typhina Linn.

[形态]　落叶小乔木，高达12m。柄下芽。小枝密生灰色茸毛。奇数羽状复叶，小叶11～23枚，有锯齿，长圆形至披针形，先端渐尖，基部圆或宽楔形，上面深绿色，下面苍白色，两面有茸毛，老时脱落。花序顶生、密生茸毛，花淡绿色，雌花花柱有红色刺毛。核果红色，花柱宿存、密集成红色火炬状果穗。花期5～7月，果熟期9月。

[分布]　原产北美，常在开阔的沙土或砾质土上生长。我国于1959年开始引种，山东、河北、山西、陕西、宁夏、上海等20多个省市区试种表现良好。

[习性]　喜光。耐寒，对土壤适应性强，耐干旱瘠薄，耐水湿，耐盐碱。根系发达，萌蘖性强，四年内可萌发30～50萌蘖株。浅根性，生长快，寿命短。

[繁殖与栽培]　分株、播种繁殖。应用时需注意其根蘖蔓延极强，不宜与其他树种配置，否则不久即会火炬树所覆盖，取代。

[用途]　火炬树果穗红艳似火炬，秋叶鲜红色，是优良的秋景树种。宜丛植于坡地、公园角落，以吸引鸟类觅食，增加园林野趣。也是固堤、固沙、保持水土的好树种。

火炬树树皮、根皮入药，果味酸可制饮料，种子榨油工业用。

黄连木属　Pistacia Linn.

乔木或灌木。偶数羽状复叶或3小叶复叶互生，小叶全缘。花单性异株，花序腋生，无花瓣，雄蕊3～5，花柱3裂。核果近球形。种子扁。

本属约20种，我国有2种引入栽培1种。

黄连木（楷木）

[学名]　Pistacia chinensis Bunge.

[形态]　落叶乔木，高达25m，胸径1m。树冠近圆球形。偶数羽状复叶互生，小叶10～14枚，披针形、卵状披针形，全缘，先端渐尖，基部歪斜。雌雄异株，圆锥花序，先花后叶，雄花淡绿色，雌花紫红色。核果扁球形，紫蓝色或红色。花期4月，果熟期9～11月。

[分布]　我国黄河流域以南均有分布，散生于低山丘陵及平原，常与黄檀、化香、栎类树种混生。

[习性]　喜光，幼时耐荫。不耐严寒，对土壤要求不严，耐干旱瘠薄。幼树生长较慢，华北地区幼苗越冬需适当保护，约10龄左右才能正常越冬。病虫害少，抗污染，耐烟尘。深根性，抗风力强，生长较慢，寿命长。

[繁殖与栽培]　播种繁殖。红果是空粒，播种用紫蓝色果内的种子。种子须沙藏3个月以上或秋播。

[用途]　黄连木树干通直，树冠开阔，春秋两季红

图135　黄连木

叶，园林上常用作庭荫树、行道树；亦适于草坪、山坡、墓地、寺庙中栽植；可与常绿树种配置点缀秋景；更宜与槭类、枫香等色叶树种混植成风景林，效果更佳；亦可为"四旁"绿化或低山造林树种。

黄连木木材细致供雕刻、建筑用。种子榨油工业用，根、枝、叶、皮可制农药。嫩叶宜代茶。

冬青科 Aquifoliaceae

乔木或灌木，多为常绿。单叶互生，托叶小或无。花小，整齐，杂性或单性异株，萼3～6裂，花瓣4～5，分离或基部连合，雄蕊4～5，子房上位，3～多室，胚珠1～2。核果，种子有胚乳。

本科共3属400余种，以南美洲为分布中心，我国产1属约118种，分布于长江以南。

冬青属 Ilex Linn.

乔木或灌木。单叶互生，叶常有锯齿或刺状锯齿，托叶小、早落。聚伞、伞形或圆锥花序腋生，花常4基数，花瓣基部连合。核果球形，红色或黑色，萼宿存，果核4。

本属约400种，我国约118种。

分 种 检 索 表

1. 叶全缘。幼枝及叶柄常带紫黑色。伞形花序。核果小，4～5mm ·················· 铁冬青
1. 叶有锯齿或刺齿
  2. 刺齿状锯齿，叶缘常向下反卷。花簇生 ································· 构骨
  2. 非刺齿锯齿，叶平展。聚伞花序
    3. 叶椭圆形，长5～11cm，薄革质 ···························· 冬青
    3. 叶矩圆形，长8～20cm，厚革质 ························· 大叶冬青

构骨（鸟不宿、猫儿刺）

［学名］ Ilex cornuta Lindl.

［形态］ 常绿灌木、小乔木，高3～4m。树皮灰白色，平滑。小枝无毛。叶硬革质，矩圆形，先端3枚尖硬刺齿，基部平截，两侧各有1～2枚尖硬刺齿，叶缘向下反卷，上面深绿色，有光泽，背面淡绿色。花黄绿色，簇生于二年生枝叶腋，雌雄异株。核果球形，鲜红色。花期4～5月；果熟期9月。

［变种与品种］ 黄果构骨（cv. 'Luteocarpa'）：核果熟时暗黄色。

无刺构骨［var. fortumel (Lindl) S. Y. Hu.］：叶全缘，仅先端1枚刺齿。

［分布］ 产于我国长江流域及以南各地，生于山坡、谷地、溪边杂木林或灌丛中。山东青岛、济南有栽培。

［习性］ 喜光，耐荫。喜温暖湿润气候，稍耐寒。喜排水良好肥沃深厚的酸性土，中性或微碱性土壤亦能生长。耐湿，萌芽力强，耐修剪。生长缓慢，深根性，须根少，移植较困难。耐烟尘，抗二氧化硫和氯气。

［繁殖与栽培］ 播种繁殖容易，也可扦插繁殖。幼苗须遮荫。可修剪造型培育各种树形。移植需带土球，应重修剪以确保成活。栽植时要注意雌、雄株的配植，以利结果。在阴处种植时，红蜡蚧虱危害严重并产生霉污，须注意防治。

［用途］ 构骨红果鲜艳，叶形奇特，浓绿光亮，是优良的观果、观叶树种。孤植配假山石或花坛中心，丛植于草坪或道路转角处，也可在建筑的门庭两帝或路口对植。宜作刺绿篱，兼有防护与观赏效果。盆栽作室内装饰，老桩作盆景，即可观赏自然树形，也可修剪造型。叶、果枝可插花。构骨形态与圣诞树（I.aquifolium L.）相似，故基督教堂中种植很多。构骨树皮、枝叶、果实入药，种子榨油。

图 136　构骨

冬青

［学名］ Ilex Chinensis Sims （l. Purpurea Hassk.）

［形态］ 常绿乔木，高达 20m。树形整齐。树干通直。树皮灰青色，平滑不裂。单叶互生，叶薄革质，长椭圆形、长 5～11cm，先端渐尖，疏生浅齿，叶柄常淡紫红色，叶面深绿色，有光泽，雌雄异株。聚伞花序生于当年生枝叶腋，花淡紫红色。核果椭圆形、深红色。花期 5～6 月，果熟期 10～11 月。

［分布］ 产于我国长江流域及以南地区，常生于山坡杂林中。

［习性］ 喜光，耐荫，不耐寒，喜肥沃的酸性土，较耐湿，但不耐积水。深根性，抗风能力强，萌芽力强，耐修剪。对有害气体有一定的抗性。

［繁殖与栽培］ 播种繁殖，但种子有隔年发芽之特性，故要低温湿沙层积一年后再播种。亦可扦插，但生长较慢。

［用途］ 冬青树冠高大，四季常青，秋冬红果累累，宜作庭荫树、园景树，亦可孤植于草坪、水边，列植于门庭、墙际、甬道。可作绿篱、盆景，果枝可插瓶观赏。

大叶冬青（波罗树、苦丁茶）

［学名］ Ilex latifolia Thunb.

［形态］ 常绿乔木，高达 20m，胸径 60cm。树冠阔卵形。小枝粗壮有棱。叶厚革质，矩圆形、椭圆状矩圆形，长 8～24cm，锯齿细尖而硬，基部宽楔形或圆形，表面光绿色，下面黄绿色，叶柄粗。聚伞花序生于 2 年生枝叶腋，花淡绿色。核果球形，熟时深红色。花期 4～5 月，果熟期 11 月。

［分布］ 产于我国安徽南部，浙江中南部、福建、

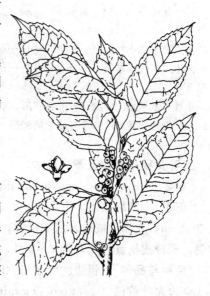

图 137　大叶冬青

江西、湖南、四川、云南、广东、广西皆有分布。生于低山阔叶林中或溪边。

[习性] 喜光，亦耐荫，喜暖湿气候，耐寒性不强，上海可正常生长。喜深厚肥沃的土壤，不耐积水。生长缓慢，适应性较强。

[繁殖与栽培] 播种或扦插繁殖。

[用途] 大叶冬青冠大荫浓，枝叶亮泽，红果艳丽。大树可孤植于道路转角、草坪、水边，亦可配置于建筑物北面或假山的背阴处。若在门庭、墙际、甬道两侧列植，则葱郁可观。

卫矛科 Celastraceae

乔木、灌木或藤本。单叶，羽状脉；托叶小、早落或无托叶。花单性或两性，花小，多聚伞花序；萼片4~5宿存，花瓣4~5分离，雄蕊4~5，有花盘，子房上位、2~5室，胚珠1~2。蒴果、浆果或翅果。种子常有假种皮。

本科约50属近800种。我国有12属约200种，分布于全国。

分 属 检 索 表

1. 叶对生。聚伞或复聚伞花序腋生，花盘平。蒴果4~5室 ···················· 卫矛属
1. 叶互生。圆锥、总状或聚伞花序顶生或腋生，花盘杯状。蒴果1~3室 ··········· 南蛇藤属

卫矛属 Euonymus Linn.

乔木或灌木，稀藤本。小枝常绿色、有四棱。叶对生、稀互生或轮生。聚伞或复聚伞花序，花两性，花盘平，子房与花盘结合。蒴果，假种皮桔红色或桔黄色。

本属约200种。我国约120种，全国都有。

分 种 检 索 表

1. 常绿性
  2. 直立灌木或小乔木 ·· 大叶黄杨
  2. 藤木，靠气根攀援 ·· 扶芳藤
1. 落叶性
  3. 小枝有木栓翅。叶倒卵形或椭圆形。果瓣裂至近基部 ···························· 卫矛
  3. 小枝无木栓翅。叶卵形至卵状椭圆形。果瓣裂至中部 ························· 丝绵木

大叶黄杨（冬青卫矛、正木）

[学名] Euonymus japonica Thunb.

[形态] 常绿灌木、小乔木，高5~8m。小枝绿色，稍有四棱形。叶倒卵形或椭圆形，长3~6cm，先端尖或钝，基部楔形，锯齿钝，叶柄短。花绿白色、小。果近球形，熟时四瓣裂，假种皮桔红色。花期6~7月，果熟期10月。

[变种与品种] 银边大叶黄杨（f. allomarginatus.）：叶缘白色。

金边大叶黄杨（f. aureo~marginatus.）：叶缘黄色。

金心大叶黄杨（f. aureo~variegatus.）：叶中部黄色。

［分布］　原产我国与日本南部。我国南北各地庭院普遍栽培，长江流域各城市尤多。黄河流域以南露地种植，北京在避风的小环境中能露地越冬。

［习性］　喜光，亦耐荫，喜温暖气候，稍耐寒，−17℃即受冻。北京幼苗、幼树冬季须防寒。对土壤要求不严，耐干旱瘠薄，亦耐湿。抗各种有毒气体，耐烟尘。萌芽力强，耐修剪整形，生长慢，寿命长。

［繁殖与栽培］　扦插极易成活，亦可播种繁殖。绿篱用2～3龄苗，宜作1m左右的绿篱。每年春、夏季要进行一次修剪。

［用途］　大叶黄杨叶色秀美，新叶青翠，是美丽的观叶树种。主要用作绿篱或基础种植。也可修剪成球形等形体在花坛中心植，入口处对植，街头绿地、行道树下列植。并宜作盆栽室内装饰。

大叶黄杨木材供雕刻，树皮、根入药。

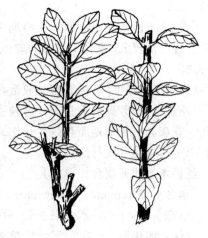

图138　大叶黄杨

卫矛（鬼箭羽、四棱树）

［学名］　Euonymus alatus (Thunb) Sieb.

［形态］　落叶灌木，高3m。小枝有2～4条木栓质翅。叶对生，倒卵形或倒卵状椭圆形，先端渐尖或突尖，基部楔形，叶柄短，锯齿细尖。花黄绿色。蒴果紫色，深1～4瓣裂，假种皮桔红色。花期5～6月，果熟期9～10月。

［分布］　我国东北、华北、华中、华东、西北都有分布，常生于湿润的山谷疏林中。

［习性］　喜光，亦能耐荫，耐寒，对土壤适应性强，耐干旱瘠薄。萌芽力强，耐修剪整形，抗二氧化硫污染。

［繁殖与栽培］　播种、扦插繁殖，幼苗在阴湿环境下生长正常。培育4～5年，出圃供绿化用。

［用途］　卫矛早春嫩叶，秋天霜叶均红艳，蒴果紫色，假种皮桔红色，枝翅奇特，是优美的观果、观叶、观枝条树种。可丛植于草坪、水边，亦可植篱，3～5株与槭树混植，为园林秋色争艳。若在亭阁、山石间偶植1、2，亦有奇趣，可制作盆景。

卫矛根、皮可提取硬性橡胶，种子榨油工业用。

图139　卫矛

扶芳藤

［学名］　Euonymus fortunei (Turcz) Hand-Mazz.

［形态］　常绿藤本，靠气生根攀援生长，长可达10m。叶薄革质，长卵形至椭圆状倒卵形，长2～7cm，缘有钝齿。聚伞花序，花绿白色，径约4mm，花4基数。蒴果近球形，径约1cm，黄红色，种子有桔黄色假种皮。花期6～7月，果熟期10月。

［分布］　我国长江流域及以南有栽培，多生于林缘和乡村，攀树、爬墙或匍匐石块上

生长。

［习性］ 耐荫。不耐寒，上海地区栽种冬季叶常受冻变红。喜湿润气候，对土壤要求不严，适应性较强。耐湿，萌芽力较强。在干旱瘠薄处，叶质增厚，色黄绿，气根增多，以适应之。

［繁殖与栽培］ 扦插繁殖易成活，管理粗放。

［用途］ 扶芳藤四季常青，有较强的攀缘能力，在园林中可掩覆墙面、山石；可攀缘枯树、花架；可匍匐地面蔓延生长作地被，亦可种植于阳台、花栏等处，任其枝条自然垂挂，以丰富绿化形式与层次。

丝棉木（明开夜合、白杜）

［学名］ Euonymus bungeana Maxim.

［形态］ 落叶小乔木，高 6m。树冠卵圆形。小枝细长，色绿，四棱形。叶卵形至卵状椭圆形，先端急长尖，缘有细锯齿，叶柄细，长 2～3.5cm。花淡绿色。蒴果粉红色，4 裂。种子具红色假种皮。花期 5 月，果熟期 10 月。

［分布］ 我国东北南部以南均有分布。

［习性］ 喜光，稍耐荫，耐寒，对土壤要求不严。耐干旱，也耐水湿。根系深而发达，根蘖强，对有害气体有一定的抗性。

［繁殖与栽培］ 播种繁殖，亦可分株、扦插繁殖。

［用途］ 丝棉木枝叶秀丽，秋叶红艳，果实繁密，宜丛植于草坪、坡地、林缘、石隙、溪边、湖畔，还可作嫁接大叶黄杨的砧木。

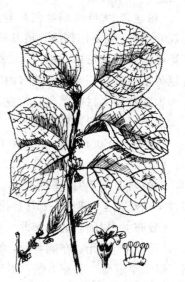

图 140 南蛇藤

南蛇藤属 Celastrus L.

多为落叶藤本。叶互生，有锯齿。花杂性异株，总状、圆锥或聚伞花序腋生或顶生，花 5 基数，内生花盘杯状。蒴果，室背 3 裂。种子 1～2，假种皮红色或桔红色。

本属有 50 种，我国有 20 种。

南蛇藤（蔓性落霜红）

［学名］ Celastrus orbiculata Thunb.

［形态］ 落叶藤本，长达 12m。小枝圆，皮孔粗大而隆起。髓充实。叶近圆形、倒卵形，先端突短尖或钝尖，基部楔形或圆，锯齿细钝。短总状花序腋生，花小，黄绿色。果橙黄色、球形，假种皮红色。花期 5～6 月，果熟期 9～10 月。

［分布］ 我国北自内蒙古东部、吉林东部、辽宁南部（哈尔滨有栽培），南至广东，西至四川，全国几乎都有分布。垂直分布在海拔 1500m 以下的山坡、沟谷或丘陵的灌丛中或林缘。

［习性］ 喜光，耐侧荫。耐寒，喜气候湿润。喜肥沃疏松湿润的土壤，一般土壤都可适应，耐旱，生长强健。

［繁殖与栽培］ 播种、扦插、压条繁殖，管理粗放。

［**用途**］　南蛇藤秋叶红艳，蒴果橙黄，假种皮鲜红色。宜配置在湖畔、坡地作地被或覆盖假山石或作小棚架绿化材料。果枝可插瓶观赏。

南蛇藤茎皮纤维供纺织、造纸，种子榨油，果、叶、茎、根入药。

槭树科　Aceraceae

大多为落叶乔木或灌木。单叶或复叶对生，无托叶。花单性、杂性或两性，花小、整齐；萼 4～5，花瓣 4～5 或无，花盘常环状内生或外生，雄蕊 4～10，2 心皮合成雌蕊，子房上位 2 室，胚珠 2。双翅果。种子无胚乳。

本科有 2 属约 200 余种，我国有 2 属约 140 余种。

槭树属　Acer Linn.

大多为落叶乔木或灌木。单叶、常掌状裂，或奇数羽状复叶、3 小叶复叶。花杂性或单性异株，总状、圆锥或伞房花序。果核两侧各有一长翅，成熟时由中间一分为二，各具 1 果翅和 1 种子。

本属约 200 种，我国约 140 种。

分 种 检 索 表

1. 常绿乔木。叶卵状椭圆形，全缘，近 3 出脉 ……………………………………………… 樟叶槭
1. 落叶
 2. 单叶
  3. 叶裂片全缘或疏生浅齿
   4. 叶 5～7 掌状裂，裂片全缘或裂片上再有裂
    5. 叶基部通常平截，叶两面无毛。果翅等于或略长于果核 ……………… 元宝枫
    5. 叶基部常心形，叶下面脉腋簇生毛。果翅比果核长 1.5～2 倍 ……………… 五角枫
   4. 叶掌状 3 裂，裂片全缘或疏生浅齿，叶下面幼时有毛后脱落 ……………… 三角枫
  3. 叶裂片或叶缘有单锯齿或重锯齿
   6. 叶卵圆形或椭圆状卵形，通常不裂，羽状脉，侧脉 8～10 对，基部心形或圆。叶缘细尖锯齿，下面粉绿色，叶柄长 1.5～5cm。总状花序顶生 ……………… 青榨槭
   6. 叶掌状 3 裂或 5 裂以上
    7. 叶 3 裂，中间裂片特别大，有时不明显 5 裂，叶缘有不整齐缺刻或重锯齿。果翅近于平行 ……………………………………………………………………… 茶条槭
    7. 叶 5 裂以上
     8. 5～9 深裂，缘重锯齿。伞房花序 ……………………………………… 鸡爪槭
     8. 5 深裂，缘具密锯齿。圆锥花序 ……………………………………… 中华槭
2. 3～7 羽状复叶，有不规则粗锯齿或缺刻 ……………………………………………… 复叶槭

元宝枫（平基槭）

［**学名**］　Acer truncatum Bunge.

［**形态**］　落叶乔木，高 8～12m。树冠伞形或倒广卵形。树皮深灰色，浅纵裂。叶掌状 5 裂，长 5～10cm，中裂片有时又 3 小裂，基部平截或近心形，两面无毛，叶柄细长。花序

顶生，花黄色。果翅与果核近等长，两翅展开约呈直角。花期5月，果熟期9月。

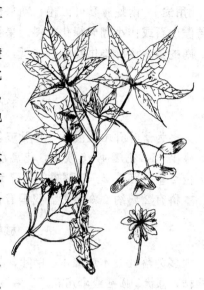

[分布]　主要分布于我国北方、辽宁南部、内蒙古、河北、山西、陕西、甘肃、河南、山东、安徽北部、江苏北部都有分布。华北山区海拔1000～1800m，常与白桦、山杨混生，海拔500m以下低山、平原地区常见。多生于阴坡、半阴坡及沟底。

[习性]　喜侧方庇荫，耐寒，喜凉爽湿润气候，亦耐干燥气候，喜湿润肥沃排水良好的土壤，耐旱，不耐积水。抗风雪，耐烟尘及有害气体。深根性，寿命长。

[繁殖与栽培]　播种繁殖。

[用途]　元宝枫树冠圆满，叶形秀丽，嫩叶红艳，秋叶金黄或红艳，是我国北方地区著名的风景树种。常用作庭荫树、行道树，宜配置于公园的草坪、湖边、建筑旁；居民新村、街道绿地、工矿区绿化亦可以栽植；与黄栌、油松配置风景林色彩绚丽、相得益彰。

图 141　元宝枫

元宝枫木材是优良的家具、雕刻用材，种子榨油工业用。

五角枫（色木、地锦槭）

[学名]　Acer mono Maxim.

[形态]　落叶乔木，高达20m。树冠广卵形。叶掌状5裂，基部心形，裂片全缘，两面无毛或仅背面脉腋簇生毛。花杂性，黄绿色，成顶生伞房花序。双翅果，两翅展开呈钝角、长约果核的2倍。花期4月，果熟期9～10月。

[分布]　是我国槭树属中分布最广的一种，东北、华北及长江流域均有分布，多生于山谷疏林中。

[习性]　喜侧方庇荫，耐寒，喜凉爽湿润的气候，过于干冷及高温生长不良，对土壤要求不严，稍耐湿。深根性，生长速度中等，寿命长。

[繁殖与栽培]　播种繁殖。

[用途]　五角枫树形优美，叶、果秀丽，尤以秋叶为美，或红、或黄，堪与春花媲美。宜作庭荫树、行道树，与其他秋色叶树种或常绿树种配置，则彼此交相辉映、争艳，为秋色增美。

三角枫（丫枫、鸡枫树）

[学名]　Acer buergerianum Miq.

[形态]　落叶乔木，高达20m。树皮灰褐色，裂成薄条片状剥落，有顶芽。叶常3浅裂或不裂，先端渐尖，基部圆或宽楔形，3出脉，全缘，幼树及萌蘖枝之叶3深裂，锯齿粗钝。花黄绿色，伞房

图·142　三角枫

花序顶生。果翅呈锐角。花期 5 月，果熟期 9～10 月。

　　[分布]　原产我国秦岭以南陕西、甘肃、山东、江苏、安徽、浙江、江西、台湾、湖南、湖北、广东等地。常生于山坡、路旁、山谷及溪沟两边。

　　[习性]　喜光，耐侧荫。喜温暖湿润气候，有一定耐寒性，北京可露地越冬。喜深厚肥沃湿润的土壤，耐水湿，萌芽力强，耐剪扎造型。根系发达，生长尚快，寿命达 100 年左右。

　　[繁殖与栽培]　播种繁殖，幼苗喜阴湿。

　　[用途]　三角枫树姿优美，树荫浓郁，秋叶暗红，常用作庭荫树、行道树。配置于草坪、路边、湖滨、建筑旁。也可与松、枫香、银杏等各种观叶树种组成风景林。三角枫根系发达，可沿红堤岸种植护岸林。幼树可植篱，枝条连接年久成绿墙。老桩作盆景。

　　三角枫木材可作装饰用材，叶可饲家畜。

鸡爪槭（青枫）

　　[学名]　Acer palmatum Thunb

　　[形态]　落叶小乔木，高 8m。枝细长光滑，绿色，受光面常红色。叶 5～9 掌状深裂，基部心形，裂片卵状椭圆形至披针形，先端锐长尖，重锯齿，下面脉腋有白色簇生毛。花序顶生，花小、紫色。果翅开展呈钝角。花期 4～5 月，果熟期 10 月。

　　[变种与品种]　红枫 [f. atropurpureum (Vanh.) Schwer.]：叶常年红色、紫红色，又名紫红鸡爪槭。

　　细叶鸡爪槭 [var. Dissectum (Thunb.) Maxim]：叶掌状近全裂，裂片狭长又羽裂。树冠开展，树姿矮小，小枝略下垂。又名红羽毛枫、塔枫。

　　红细叶鸡爪槭 (f. ornatum Andre.)：叶常年紫红色，又名红羽毛枫、红塔枫。

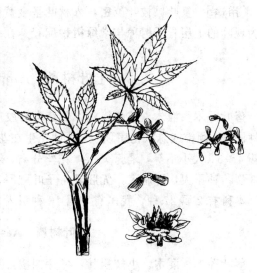

图 143　鸡爪槭

　　深裂鸡爪槭 (var. thunbergii Pax.)：叶较小，径约 4cm，掌状 7 裂，裂片长尖。果小，翅短，又名蓑衣槭。

　　[分布]　主产我国长江中下游，北至河南大别山、伏牛山，常生于海拔 1200m 以下林缘及路旁。北京、天津、河北、山东有栽培。

　　[习性]　喜半荫，忌烈日直射，喜温暖湿润气候，稍耐寒，北京可在小气候良好条件栽植，越冬需要保护。喜湿润肥沃排水良好的土壤，土壤条件好生长较快。不耐湿，稍耐旱，不耐海潮风。

　　[繁殖与栽培]　播种繁殖，各变种品种须嫁接繁殖。嫁接时用 2～3 年生实生苗作砧木。定植点须有遮荫条件，否则夏季易日灼及叶枯焦。若地势较平坦，且地下水位较高，应堆土种植。生长季要适当灌水，保持湿润，入秋后土壤可适当偏干。

　　[用途]　鸡爪槭树姿优美，叶形清秀，秋叶红艳，并有多种园艺品种，是著名的观叶树种，园林用途广泛。最宜与常绿树种配置于水池边、粉墙前、山石旁。在古园林中常点

缀于亭台楼阁间，飞檐与婆娑的树姿、秀丽的红叶，相互衬托、掩映，自然和谐。可盆栽室内布置或制作树桩盆景。

鸡爪槭木材供造纸用，枝叶入药。

复叶槭（梣叶槭）

[学名] Acer negunndo L.

[形态] 落叶乔木，高达20m。树冠圆球形。奇数羽状复叶对生，小叶3～5稀7～9，卵形或卵状披针形，叶缘有粗锯齿，顶生小叶有时3裂。雌雄异株，雄花伞房花序、雌花总状花序，均下垂。双翅果。花期3～4月；果熟期9月。

[分布] 原产北美，我国东北、华北、内蒙古、新疆至长江流域均有栽培。

[习性] 喜光，喜干冷气候，暖湿地区生长不良，耐寒。对土壤要求不严，耐干旱，稍耐湿，耐烟尘能力强。生长较快，但寿命短。

[繁殖与栽培] 播种繁殖为主，在暖湿地区病虫害较多。

[用途] 复叶槭枝叶茂密，入秋叶呈金黄色，宜作庭荫树、行道树，亦可丛植于草坪作为观叶的上层骨干树种与常绿树种配置。在北方常作为"四旁"绿化树种用。

七叶树科 Hippocastanaceae

落叶乔木稀灌木。枝条粗壮，冬芽常有胶质。掌状复叶对生，小叶3～9，无托叶。花杂性同株，圆锥或总状花序顶生，两性花生在花序基部，雄花生在上部，萼4～5裂或不裂，花瓣4～5，大小不等，雄蕊7～9，花丝分离，外生花盘，子房上位3室，胚珠2。蒴果，室背3裂。种子大，种脐大，无胚乳，子叶肥厚，不出土。

本科有2属27种，我国有1属10种引入栽培1种。

七叶树属 Aesculus Linn.

落叶乔木稀灌木。小枝粗壮，冬芽四棱，芽鳞交互对生。掌状复叶，有长柄，小叶有锯齿。花序直立，萼管状，花瓣有长爪，雄蕊5～9。果皮薄革质，种子1～3。

本属约26种，我国有10种引入1种。

七叶树（梭罗树、天师栗、娑罗树）

[学名] Aesculus chinensis Bunge.

[形态] 落叶乔木，高达25m。小枝无毛。小叶5～7，倒卵状椭圆形或矩圆状椭圆形，先端渐尖，基部楔形，细锯齿，下面沿叶脉疏生毛，小叶柄长0.4～1.7cm，总叶柄长7～18cm，无毛。顶生圆锥花序长20～25cm，花白色有红晕。果扁球形、顶端扁平。种子扁球形，种脐占底部一半以上。花期5～7月，果熟期9～10月。

[分布] 原产我国，黄河流域各省、陕西、甘肃、河南、山西、河北、江苏、浙江都有，垂直分布在海拔800m

图 144 七叶树

214

以下的低山溪谷。

[习性] 喜侧荫，幼树喜荫，酷日直射易发生日灼，故夏季炎热地区须遮荫。较耐寒，喜肥沃湿润排水良好的土壤，不耐干旱。深根性，主根深，不耐移植。萌芽力不强，不耐修剪，生长缓慢，寿命长。

[繁殖与栽培] 播种繁殖。种子不耐贮藏，易丧失发芽力，故应采后即播。亦可以贮藏至翌年春播，播种时种脐向下，幼苗出土能力弱，故覆土要薄，且出苗之前勿灌水以免表土板结。北京幼苗入冬前须包草防寒。南方庭院应配植在建筑物的东面或树丛中，孤植时应注意配植防西晒的伴生树种，免受曝晒，还可将树皮刷白。

[用途] 七叶树树干高耸，树冠庞大，树形整齐，叶大形美，花序大而洁白，初夏开放，是世界著名的四大行道树种之一。公园、庭园可作庭荫树、园路树。七叶树喜凉爽、畏干热，在傍山近水处生长良好，在幽深的古刹名寺更适合其生长。我国杭州、北京的古寺庙都有七叶树大树，树体高大，雄伟壮观，自然和谐，宜配置于开阔的大草坪、广场上。

七叶树种子入药或榨油、制淀粉。

无患子科　Sapindaceae

乔木或灌木。叶常互生，羽状复叶、稀掌状复叶或单叶，常无托叶、稀有托叶。花单性或杂性，整齐或不整齐，圆锥、总状或伞房花序；萼4～5裂，花瓣4～5，稀无花瓣，雄蕊花丝常有毛，外生花盘，子房上位常3室，胚珠1～2。蒴果、坚果、浆果、核果、翅果。种子无胚乳。

本科约140属1000种，产于热带、亚热带，少数产于温带。我国有24属41种，主产长江流域以南。

分 属 检 索 表

1. 偶数羽状复叶，小叶全缘。核果，每室胚珠1
　2. 种子无假种皮，果皮肉质。小叶下面无白粉，小叶8～14 ……………………… 无患子属
　2. 种子有肉质假种皮，果皮革质或脆革质。小叶下面多少有白粉
　　3. 小叶3～5对，上面侧脉明显。有花瓣。果皮平滑、黄褐色…………………… 龙眼属
　　3. 小叶2～4对，上面侧脉不明显。无花瓣。果皮有小瘤状凸起，青色、暗红色………… 荔枝属
1. 奇数羽状复叶，小叶常有锯齿。蒴果，每室胚珠2～8
　4. 每室胚珠2，果皮膜质。1～2回复叶 ……………………………………………… 栾树属
　4. 每室胚珠7～8，果皮木质。1回复叶 ……………………………………………… 文冠果属

无患子属　Sapindus Linn.

常绿或落叶，乔木或灌木。树皮灰色。偶数羽状复叶互生，小叶全缘。花小、杂性，整齐，圆锥花序，萼片、花瓣4～5，雄蕊8～10，子房3室，胚珠1，通常只1室发育。核果球形，种子无假种皮。

本属有5种，我国有4种，分布于淮河流域以南。

无患子（圆皂角、皮皂子）

[学名] Sapindus mukorossi Gaeytn.

［形态］ 落叶乔木,高达20m,胸径40cm。树冠广卵形或扁球形。树皮灰白色,光滑,枝开展。芽2个叠生,一年生枝灰绿色,多皮孔。小叶8～14,卵状或椭圆状披针形,基部歪斜,先端渐尖,无毛。核果球形,熟时褐黄色,有光泽,中果皮肉质。花期5～6月,果熟期9～10月。

［分布］ 原产于我国淮河流域以南各地,低山丘陵及石灰岩山地疏林中常见。

［习性］ 喜光,稍耐荫,喜温暖气候,稍耐寒。对土壤要求不严,在深厚肥沃排水良好的土壤中生长较快,稍耐湿。对二氧化硫抗性强。深根性,不耐修剪,寿命长。

［繁殖与栽培］ 播种繁殖。

［用途］ 无患子秋叶金黄,羽叶秀丽,树冠开展,常用于公园作庭荫树、园路树,亦可作行道树。

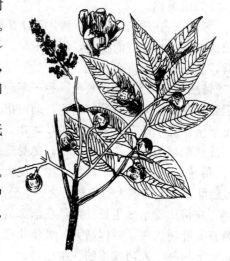

图145 无患子

孤植或丛植于草坪、路旁或建筑物附近。宜与枫香、乌桕等秋色叶树种混植,点缀秋景,丰富秋色。

无患子种子入药,种仁榨油工业用,果肉代肥皂或制农药。

栾树属 **Koelreuteria Laxm.**

落叶乔木。芽鳞2。1～2回奇数羽状复叶,小叶有粗锯齿、缺裂,稀全缘。圆锥花序,花杂性,不整齐,萼5深裂,花瓣5或4大小不等,鲜黄色,花盘偏在一侧。雄蕊5～8,子房3室,胚珠2。蒴果中空,果皮膜质,膨大如膀胱状,成熟时3瓣开裂。种子3,黑色。

本属有6种。我国产4种。

分 种 检 索 表

1.1回羽状复叶或因部分小叶深裂而成不完全2回羽状复叶,小叶有粗锯齿、缺裂。蒴果先端尖
·· 栾树

1.2回羽状复叶,小叶全缘稀有粗钝锯齿。蒴果先端通常钝圆·················· **全缘叶栾树**

栾树 (灯笼花)

［学名］ Koelreuteria paniculata laxm.

［形态］ 落叶乔木,高达15m。树冠近球形。树皮细纵裂。小枝有柔毛。1回羽状复叶或部分小叶深裂而成不完全的2回羽状复叶,小叶7～15,卵形或卵状椭圆形,先端尖或渐尖,缘有不规则粗齿,下面沿脉有毛。花黄色,顶生圆锥花序。蒴果三角状卵形,先端尖,黄褐色或红褐色。花期6～7月,果熟期9～10月。

［分布］ 产于我国黄河流域,北至东北南部,西至甘肃东南部、四川中部,南至长江流域各地及福建省均有分布。多生于石灰岩山地、山谷及平原。

［习性］ 喜光,耐侧荫。较耐寒,喜石灰性土壤,耐干旱瘠薄,耐轻微盐碱及短期水

淹。深根性,萌芽力强,生长速度中等,耐烟尘及有害气体。

[繁殖与栽培] 播种繁殖为主,亦可分蘖或插根繁殖。

[用途] 栾树树冠开展,枝叶茂密,春天嫩叶红艳,夏季黄花满树,秋叶金黄,果似灯笼,绮丽多姿,季相变化大,是北方理想的观赏树种。常作庭荫树、行道树;可丛植、孤植于草坪、林缘、池畔,亦可作防护林、水土保持林及荒山绿化、"四旁"绿化树种。

栾树叶可提制栲胶,花可作黄色染料。种子榨油后可制肥皂及润滑油。

图 146 栾树

全缘叶栾树（黄山栾树、山膀胱）

[学名] Koelreuteria integrifolia Merr.

[形态] 落叶乔木,高达 17m。树冠广卵形。树皮片状剥落。小枝暗棕色,密生皮孔。2 回羽状复叶,小叶全缘,偶有锯齿。花黄色,顶生圆锥花序。蒴果椭球形,淡红色,长 4~5cm,顶端钝而有短尖。花期 7~9 月,果熟期 10~11 月。

[分布] 产于我国长江流域及以南,多生于丘陵、山麓,分布较栾树偏南。喜温暖湿润气候。耐寒性不强,萌芽力不强,不耐修剪。

文冠果属 Xanthoceras Bunge.

本属仅 1 种,我国特产。

文冠果（文官果、木瓜）

[学名] Xanthoceras sorbifolia Bunge.

[形态] 落叶灌木或小乔木,高 8m,常见多为 3~5m。树皮灰褐色,粗糙。奇数羽状复叶互生,小叶 9~19 对,对生或近对生,披针形,缘有锐锯齿。总状花序,花杂性,整齐,花径约 2cm。花瓣 5,白色,基部有由黄变红之斑晕。花盘 5 裂,裂片背面各有一橙黄色角状附属物。花期 4~5 月,果熟期 8~9 月。

[分布] 产于我国北部,河北、山东、山西、陕西、河南、甘肃、内蒙古均有分布。

[习性] 喜光,耐半荫。耐寒,对土壤适应性强,耐干旱瘠薄,耐盐碱,怕涝。根系发达,萌蘖性强,生长较快,3~4 年生即可开花结果。

[繁殖与栽培] 播种、分蘖繁殖。

[用途] 文冠果花序大而花朵密,春天白花满树且有秀丽、光洁的绿叶相衬,更显美丽,花期可持续 20

图 147 文冠果

余天，并有紫花品种，是珍贵的观赏兼重要的木本油料树种。常配置于草坪、路边、山坡，亦适于风景区大面积栽种，绿化效果好、固土能力强。

文冠果种仁含油 50%～70%，油质好，可供食用和医药、化工用。种子嫩时白色、香甜可食，味如莲子。木材坚实致密，褐色，可制作家具等。花为蜜源，嫩叶代茶。

鼠李科　Rhamnaceae

灌木或乔木，稀藤本或草本，常有枝刺或托叶刺。小枝常"之"形，顶芽缺。单叶互生，稀对生。花小，两性或杂性异株，花序腋生，聚伞花序成簇或成圆锥花序。萼 4～5 裂，镊合状排列，花瓣 4～5 或缺，雄蕊 4～5 与花瓣对生，内生花盘，子房上位或下位，基底胎座。核果、蒴果或翅状坚果。

本科约 50 属 600 种，主产温带、热带，我国有 14 属约 130 种。

分 属 检 索 表

1. 叶基 3 出脉，叶互生。乔木
　2. 果梗肥大肉质可食。叶基部歪斜。植株无刺 ……………………………………………… **枳椇属**
　2. 果梗木质。叶形对称整齐。植株常有托叶刺 ……………………………………………… **枣属**
1. 叶羽状脉，叶对生近对生。灌木。落叶或常绿。小枝常刺化 ……………………………… **雀梅藤属**

枳椇属　Hovenia Thunb.

落叶乔木。小枝粗、质脆。叶柄长，叶基 3 出脉，有锯齿。花两性，聚伞花序，花 5 数，花盘有毛，子房上位，3 室。核果，果序分枝，肥厚肉质，并扭曲。

本属有 7 种，分布于东亚温暖地区，我国有 6 种。

枳椇（拐枣、金钩子、鸡爪树）

[学名]　Hovenia acerba Lindl.

[形态]　落叶乔木，高达 15m。树皮灰褐色纵裂。叶宽卵形，长 15～25cm，先端渐尖或突尖，基部圆，锯齿细尖，下面无毛，叶柄长 2～4cm。花序顶生或腋生。果径 5～7mm，果梗肥大肉质，粗 5mm，成熟后可食。花期 6 月，果熟期 9～10 月。

[分布]　我国长江流域及以南，华北南部亦有分布。多生于阳光充足的沟边、山谷、路旁。

[习性]　喜光，有一定的耐寒能力，喜温暖气候。对土壤要求不严，耐旱，耐湿。深根性，萌芽力强。

[繁殖与栽培]　播种、扦插、分蘖繁殖。

[用途]　枳椇树势强盛，枝繁叶茂，宜作庭荫树、行道树、农村"四旁"绿化树种。宜与喜

图 148　枳椇

荫花灌木配置作上层遮荫树。枳椇果梗酿酒、制醋、熬糖。种子、树皮、叶入药。

枣属　Zizyphus Mill.

乔木或灌木。单叶互生，叶 3 出脉，柄短，托叶刺化。花两性，短聚伞花序腋生，花小，黄色，5 数。子房上位，埋于花盘内，花柱 2 裂。核果，果核 1，1~3 室，每室种子 1。

本属约 45 种，我国有 12 种，南北都有分布。

枣树

［学名］ Zizyphus jujuba Mill.

［形态］ 落叶乔木，高 10m。枝有长枝、短枝和脱落性小枝三种：长枝呈"之"字形曲折，红褐色，光滑，有托叶刺或不明显；短枝俗称"枣股"，在 2 年生以上的长枝上互生；脱落性小枝俗称"枣吊"，为纤细的无芽枝，簇生于短枝上，冬季与叶同落。单叶对生，3 出脉，叶卵状椭圆形至披针形，长 3~8cm，先端钝尖，基部宽楔形近圆，钝锯齿，叶柄 2~7mm。核果长 1.5~5cm，椭圆形，淡黄绿色，熟时红褐色，核锐尖。花期 6 月，果熟期 8~10 月。

图 149　枣树

［变种与品种］ 品种多，主要是果树的优良品种，约近 500 种，园林上常见的有：

龙爪枣 (cv. Tortuosa.)：枝、叶柄卷曲，生长缓慢，以园林观赏为主。

酸枣 (var. spinosa Hu.)：常呈灌木状，但也可长成高达 10 余米的大树。托叶刺明显，一长一短，长者直伸，短者向后钩曲。叶较小。核果小，近球形，味酸，果核两端钝。

［分布］ 我国东北南部、黄河、长江流域各地，南至广东，海拔 500~1000m 以下地带都有分布，常生于平原或丘陵。华北、西北地区是枣的主要产区。为我国最早的栽培果树，栽培历史已有 3000 年，产量居世界第一位，并引种到欧、亚各地。

［习性］ 喜光，耐寒、耐热、耐干旱气候，空气湿度大的地区病虫害较多。对土壤适应性强，耐瘠薄、干旱、水湿，在轻度盐碱土上生长，枣的糖度增加，耐烟尘及有害气体。根系发达、深广，根蘖性强，抗风沙。结果早，栽后十几年达盛果期，延续 50 多年左右，寿命长约二、三百年。

［繁殖与栽培］ 分蘖、根插、嫁接繁殖。嫁接时用酸枣或实生苗作砧木。管理上应注意修剪，使树冠内部通风透光。

［用途］ 枣叶垂荫，红果挂枝，老树干枝屈曲古朴，是我国栽培历史悠久的果树，自古就用作庭荫树、园路树，是园林结合生产的好树种。适宜在公园的水边、建筑旁群植，居民区新村的房前屋后丛植几株，宅院堂前或山石隙间点缀一、二，亦自有佳趣。

枣树果实营养丰富，富含维生素 C，被人们称为"铁杆庄稼"，鲜食或加工成多种食品。是优良的蜜源树种。果可入药，木材是雕刻、细木工良材。

雀梅藤属　Sageretia Brongn.

攀援灌木，常有刺。单叶对生或近对生，羽状脉，有锯齿，托叶小，早落。花小，子房埋在花盘内，2～3室，穗状或圆锥花序，核果。

本属约35种，我国约产14种。

雀梅藤（雀梅）

[学名]　Sageretia thea (Osbeck) Johnst.

[形态]　半常绿攀援灌木。小枝细长密生短柔毛，具刺状短枝。单叶近对生，卵形或椭圆形，长1～3cm，缘有细锯齿。穗状花序密生短柔毛，花小，绿白色。核果近球形，熟时紫黑色。花期9～10月，果熟期翌年4～5月。

[分布]　产于我国长江流域及以南地区，多生于山坡、路旁。

[习性]　喜半荫，喜温暖湿润气候，有一定耐寒性。对土壤要求不严，耐干旱、耐瘠薄。萌芽、萌蘖性强，耐修剪整形。

[繁殖与栽培]　播种、扦插繁殖，或直接从野外挖掘树桩栽种。可修剪成直立灌木露地栽种，亦可作树桩盆景，通过不断摘心，促使其分枝密，叶小，观赏价值更高。

[用途]　雀梅藤藤蔓绕石攀崖，疏密有致，宜配置于山坡、陡壁、岩石间覆盖、绿化；或适当修剪作绿篱、基础种植，尤其适合作盆景，老根古枝、蟠织纵横，颇有情趣。

葡萄科　Vitaceae

藤本，常有卷须，稀灌木或小乔木。单叶或复叶互生，有托叶。花小，两性或单性，聚伞或圆锥花序，常与叶对生，萼4～5裂或全缘，花瓣4～5，镊合状排列、分离或粘合，雄蕊4～5与花瓣对生，内生花盘，子房上位2～6室，胚珠1～2，中轴胎座。浆果，种子有胚乳，胚小。

本科约12属700种，分布于热带至温带，我国有7属100余种。

分 属 检 索 表

1. 圆锥花序。卷须顶端不扩大成吸盘 ·· 葡萄属
1. 聚伞花序。卷须顶端扩大成吸盘 ·· 爬山虎属

葡萄属　Vitis Linn.

落叶藤本。卷须与叶对生。单叶掌状裂，稀掌状复叶。花杂性或雌雄异株，圆锥花序与叶对生，花5数，花冠帽状，开花时脱落，子房2室。浆果，种子2～4，种皮坚硬。

本属约70种，我国约35种，绝大多数呈野生状态。

葡萄

[学名]　Vitis vinifera Linn.

[形态]　落叶藤本，长达30m。树皮长片状剥落。芽有褐色毛。叶近圆形，长7～20cm，先端渐尖，基部心形，3～5裂，裂片粗锯齿有缺刻，掌状脉，幼叶有毛后脱落，老叶近无毛，叶柄长。圆锥花序，长10～20cm。果球形或椭圆形，熟时黄白色或红紫色，有白粉。花期5～6月，果熟期8～9月。葡萄品种繁多，全世界有近8000个以上。

〔分布〕 我国野生葡萄分布较广，从西北到东北，至长江流域均有。但栽培品种是在二千多年以前，汉代张骞出使西域后引入新疆又传入内地的。现栽培地区广泛，主要分布在长江以北地区，栽培品种大多以欧亚种及欧美杂交种为主，他们对雨量要求不同，欧亚种喜干燥少雨气候，故在北方及西北地区栽培较多，如牛奶、玫瑰香、龙眼等品种。而欧美杂交种则在较湿润地区生长较好，南方以此为主，如巨峰、玫瑰露等品种。

图 150　葡萄

〔习性〕 喜光，不耐荫。喜干燥及夏季高温的大陆性气候，果实成熟期若昼夜温差大则有利于养分积累。对土壤适应性较强，耐干旱，忌过湿，喜肥沃。深根性，根系发达，萌芽力强，耐修剪，生长快，结果早，栽后2～3年即可开花结实，但病虫害较多，寿命长。

〔繁殖与栽培〕 以扦插、压条繁殖为主，北方较寒冷地区为增强植株的抗寒能力，常用野生山葡萄作砧木嫁接。修剪对葡萄的生长至关重要，凡不修剪的往往枝叶郁闭，病虫害多，不开花或只开花不结果。修剪在秋季落叶后进行，原则是："幼年树长剪，老年树短剪；同一树上强枝（春梢）长剪，弱枝（秋梢）短剪。"夏季还须摘心，对夏梢要予以控制。葡萄喜肥，冬季要施积肥，花后要施以磷、钾肥为主的追肥，防止落果，以促进果实的生长。病虫害较多，要注意防治。

〔用途〕 葡萄绿叶成荫，硕果晶莹可爱，是传统的观果、观叶棚架绿化材料，是著名的水果树种，深受人们的喜爱。适合棚架、栏栅、屋顶、阳台绿化，亦可盆栽，可辟专类果园。

葡萄果实味鲜美，供鲜食，亦可制葡萄干、果酱，是酿酒的良好原料，经济价值极高。

爬山虎属　Parthenocissus Plaanch.

落叶藤本。卷须顶端常扩大成吸盘。掌状复叶或单叶互生，叶柄长。花两性稀杂性，聚伞花序与叶对生。花5数，花盘不明显或无，花瓣离生，子房2室，胚珠2。浆果，蓝黑色。种子1～4粒。

本属约15种，分布于东亚及北美，我国约9种。

分 种 检 索 表

1. 单叶常3浅裂，老叶常深裂成3小叶 ·· 爬山虎
1. 掌状复叶，小叶5 ·· 美国地锦

爬山虎（地锦）

〔学名〕 Parthenocissus toicuspidata Plaanch.

〔形态〕 落叶藤本，卷须短，分枝多，先端成吸盘。叶广卵形，先端常3裂，基部心

形，粗锯齿，叶面无毛，下面脉上有柔毛，下部枝上的叶常3深裂。花淡黄绿色，浆果，蓝黑色，有白粉。花期6～7月，果熟期9～10月。

[分布] 原产我国，分布极广，北起吉林省，南到广东省都有，多生于岩壁、墙垣。

[习性] 喜半荫，能耐阳光直射，耐寒，对土壤适应性强，耐瘠薄，耐湿，耐干旱，耐烟尘及有害气体。生长快，一株根径粗2cm的爬山虎，种植2年后可覆盖墙面30～50m^2。

[繁殖与栽培] 扦插、播种、压条繁殖。攀援方式是藤本中最优的，占地少，覆盖面广，攀得高，爬得远，绿化效果好。若墙脚边遇水沟不易攀援，可用石板、绳网、木板等先靠墙引导，待其攀援上墙后再将引导物去除，可通过施肥加速其生长。

[用途] 爬山虎蔓茎纵横，翠叶如屏，嫩叶娇艳，霜叶红染，如绿色挂毯覆于墙面，是优良的垂直绿化树种。常用于建筑物墙面绿化，可以攀援假山石、老树干，可覆盖地面作地被，尤其适合建筑物西边墙面的覆盖，不仅绿化效果好，而且降温效果明显。可盆栽制作盆景。全株入药。

图151 爬山虎

美国地锦（五叶地锦）

[学名] Parthenocissus quinquefolia Plaanch.

[形态] 落叶藤本，靠卷须攀援生长。掌状复叶互生，小叶5，质较厚，卵状长椭圆形至倒卵形，缘具齿。花期7～8月，果熟期9～10月。

[分布] 原产美国东部，我国引种栽培。较爬山虎更耐寒，沈阳可露地栽培，但攀援能力、吸附能力较逊色，在北方墙面上的植株常被大风刮掉。

椴树科 Tiliaceae

乔木或灌木，稀草本，常有星状毛。髓心、皮层有粘液细胞。树皮富纤维。单叶互生，托叶早落，花两性，整齐，聚伞花序或由小聚伞花序组成复花序。萼片3～5镊合状排列，花瓣5，基部有腺体，雄蕊10～多数，花丝基部合生成5或10束，子房上位，2～10室，胚珠1～数个，蒴果、核果、坚果或浆果。

本科约60属400种，我国有9属80余种。

分 属 检 索 表

1. 叶有长柄。花瓣基部无腺体，花序梗有贴生的大型舌状苞片。坚果 ……………………………… 椴树属
1. 叶柄短。花瓣基部有腺体，花序梗无贴生苞片。核果 ……………………………… 扁担木属

椴树属 Tilia L.

落叶乔木，无顶芽。叶有锯齿，基部不对称，常心形或截形，叶柄较长，掌状脉。花

222

序梗基部有一长带状苞片，聚伞花序下垂。花小，芳香，萼片 5，花瓣 5，常有退化雄蕊与花瓣对生，雄蕊多数分离成 5 束，花丝顶端分叉，子房 5 室，胚珠 2。核果，种子 1～3。

本属有 50 种，我国有 32 种。

分 种 检 索 表

1. 小枝有毛
  2. 叶缘粗锯齿、有毛刺状尖头，叶下面有淡褐色星状毛。花序有花 20～多数。果椭圆状球形、有 5 纵脊 ·· 糯米椴
  2. 叶缘粗锯齿呈短刺尖，叶下面有灰白色星状毛
    3. 花序有花 7～12 朵。叶缘锯齿粗疏、有长尖头。小枝、苞片密生绒毛。果近球形密生黄色星状毛，有不明显 5 纵脊 ·································· 糠椴
    3. 花序有花 10～20 朵。叶缘锯齿细密、尖头较短，小枝无毛或微有毛。果卵球形、无纵脊或基部有不明显 5 纵脊、密生星状毛及瘤点 ················ 南京椴
1. 小枝无毛
  4. 叶阔卵形近圆，粗锯齿三角状有小尖头，偶有大裂片。花无退化雄蕊 ·········· 紫椴
  4. 叶卵形或三角状卵形，粗锯齿不整齐，常呈 1～3 浅裂状。花有退化雄蕊 ········ 蒙椴

糠椴（大叶椴、辽椴）

[学名] Tilia mandshurica Rupr. et Maxim.

[形态] 落叶乔木，高达 20m，胸径 50cm。树冠广卵形、扁球形。小枝，芽密生，淡褐色，星状毛。叶卵圆形，基部歪斜，长 7～15cm，先端渐长尖或上部有浅裂，粗锯齿有长尖头，下面密生灰色星状毛，无簇生毛，叶柄有毛。聚伞花序有 7～12 朵花，花黄色，芳香，苞片倒披针形。果球形或椭球形，长 7～9mm，密生灰褐黄色星状毛，有不明显 5 纵脊，果皮较厚。花期 7～8 月，果熟期 9 月。

[分布] 我国东北小兴安岭、长白山林区海拔 200～500m 落叶阔叶林中常见。内蒙古、北京、河北、河南、山东、江苏、江西等省都有分布，喜生长在开阔的沟谷地和低山丘陵。

[习性] 喜光，能耐荫。耐寒，喜湿润气候，夏季干旱时易落叶。适生于深厚肥沃湿润的土壤，不耐干旱瘠薄，不耐盐碱。萌蘖强，耐烟尘及有毒气体。深根性，生长尚快，寿命长达 200 年。

[繁殖与栽培] 播种繁殖，种子有隔年发芽的特点，须沙藏一年，幼苗须遮荫，亦可分株繁殖。

[用途] 糠椴树叶美丽，树姿清幽，夏日浓荫铺地，黄花满树，芳香，是很好的庭荫树、行道树，优良的蜜源树种，北方园林应推广应用。

糠椴树皮纤维代麻，可综合利用，种子榨油，

图 152 糠椴

花入药。

南京椴（密克椴、白椴）

[学名] Tilia miqueliana Maxim.

[形态] 落叶乔木，高达 15m。小枝及芽密被星状毛。叶卵圆形或三角状卵形，长 4～11cm，先端短渐尖，基部偏斜，心形或截形，叶缘有细锯齿，具短尖头。叶面无毛，背面密被星状毛。苞片舌状带形，果卵状球形。花期 7 月，果熟期 9～10 月。

[分布] 产于我国江苏、浙江、安徽、江西等省。较糠椴分布偏南。耐寒性不强，生长较慢。

扁担杆属 Grewia L.

落叶乔木或灌木，有星状毛。单叶互生，基脉 3～5 条，托叶小。花单生或成聚伞花序，花萼显著，花瓣基部有腺体，雄蕊多数，子房 5 室，每室 2～多数胚珠。核果，2～4 裂，1～4 核。

本属约 150 种，我国约 30 种，主产于长江流域及以南。

扁担杆

[学名] Grewia biloba G. Don.

[形态] 落叶灌木，高 3m。小枝有星状毛。叶狭菱状卵形，长 4～10cm，先端尖，基部 3 出脉，广楔形至近圆形，缘有细重锯齿，表面几无毛，背面疏生星状毛。花序与叶对生，花绿黄色，径不足 1cm。果橙黄至橙红色，径约 1cm，无毛，2 裂。花期 6～7 月，果熟期 9～10 月。

[变种与品种] 扁担木（娃娃拳头 var. parviflora Hand. -Mazz.）：叶较宽大，两面均有星状短柔毛，叶背毛更甚。花径约 2cm。主产我国北部，华东、西南亦有。

[分布] 产于我国长江流域及以南各地，常生于平原、丘陵或低山灌丛中。

[习性] 喜光，稍耐荫。较耐寒，对土壤适应性强，耐干旱瘠薄，萌芽力较强。

[繁殖与栽培] 播种或分株繁殖。

[用途] 扁担杆枝叶粗放，果实鲜艳，宿存枝头达数月之久。宜丛植于坡地、山石旁、水池边，极具野趣。

锦葵科 Malvaceae

草本、灌木或乔木，有星状毛。单叶互生，掌状脉，常有缺裂，有托叶。花大，两性，单生或成蝎尾状聚伞花序。常有副萼，萼 5 裂，花瓣 5，在芽内旋卷，雄蕊多数，花丝连合成筒状与花瓣基部多少连合，为单体雄蕊。花药 1 室，花粉较大，有刺毛，子房上位 2～多数，中轴胎座。蒴果，室背分裂成数果瓣。种子多有油脂胚乳。

本科约 50 属 1000 种，我国有 16 属 50 余种。

木槿属 Hibiscus L.

草本或灌木，稀乔木。花两性，通常单生于叶腋，副萼较小，萼宿存，花瓣 5，基部与雄蕊筒合生，子房 5 室。

本属约 200 种，我国有 24 种。

分 种 检 索 表

1. 叶卵形、宽卵形，基部心形，掌状脉 5～7，叶柄较长
   2. 常绿性。叶全缘或略有钝齿 ··· **黄槿**
   2. 落叶性。叶 3～5 裂，裂片锯齿粗钝 ································· **木芙蓉**
1. 叶菱状卵形，基部楔形，3 出脉，叶柄较短
   3. 雄蕊柱长，远伸出花冠的外面；花通常鲜红色。叶端常 3 浅裂。常绿灌木 ················· **扶桑**
   3. 雄蕊柱短，不超出花冠；花通常白色、堇色、淡红色。叶不裂。落叶灌木、小乔木 ·········· **木槿**

木芙蓉（醉芙蓉、芙蓉花、拒霜花）

[学名] Hibiscus mutabilis Linn.

[形态] 落叶大灌木或小乔木，高 25m。茎有星状毛及短柔毛。叶广卵形，掌状 3～5 深裂，基部心形，锯齿粗钝，两面有星状毛。花大，径约 8cm，单生枝端叶腋，白色或淡红色，后变深红色，单瓣或重瓣。果扁球形，有黄色刚毛及绵毛。种子肾形，有长毛，花期 8～10 月，果熟期 11 月。

[分布] 我国黄河流域以南各地广为栽培，四川省成都地区栽培最盛，有"蓉城"之美称。

[习性] 喜光，略耐荫。耐寒性差，上海、南京以北地区都呈亚灌木状丛生。对土壤适应性强，耐干旱、水湿，耐瘠薄，生长快，萌蘖强。耐修剪，耐烟尘及有害气体。

[繁殖与栽培] 以扦插为主也可分株、压条或播种繁殖。在长江流域及以北附近地区栽培时，每当入冬前须平茬并适当培土防寒，翌年春暖后去土即会从根部萌发新枝，秋季则能开

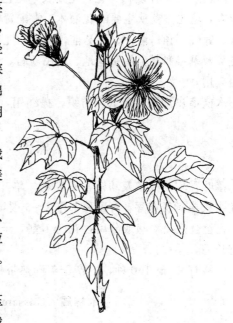

图 153　木芙蓉

花。在华南等暖和地区则可培育成小乔木，成都能长至 7～8m 高。

[用途] 木芙蓉花大艳丽，秋季开放，品种多花色，花型变化丰富，为深秋名花。宜配置于水边，波光花影，景色妖媚。苏东坡有"溪边野芙蓉，花水相媚好"的诗句。也可丛植于草坪或庭园一隅，建筑周围，或列植于道路两侧栽作花篱，或在工矿区、街头绿地绿化。木芙蓉茎皮纤维洁白柔韧，供纺织、造纸等用，城镇地区应广泛综合利用。

木槿（槿树、篱障花）

[学名] Hibiscus syriacus Linn.

[形态] 落叶灌木或小乔木，高 2～6m。有长短枝，短枝密生绒毛，后脱落。单叶互

生，叶菱状卵形，基部楔形，3 主脉，叶先端常 3 浅裂，叶缘有钝齿，下部全缘，下面脉上稍有毛。花单生叶腋，红、白、淡紫色，单瓣或重瓣。花期 6～9 月，果熟期 9～11 月。

［分布］　原产于我国中部，东北南部以南各省区都有栽培。

［习性］　喜光，略耐荫。耐寒，能耐－20℃低温。对土壤适应性强，耐干旱瘠薄，亦耐湿。萌蘖强，耐修剪，耐烟尘，抗污染。

［繁殖与栽培］　插条极易成活，也可播种繁殖。

［用途］　木槿夏秋开花，花期长，花色、花型变化多，是北方夏秋主要的花灌木。常配置于草坪边缘、庭院一角、墙下、树丛前、池畔，尤其适合作花篱及基础种植，街头绿地、居民新村、厂矿可普遍应用。

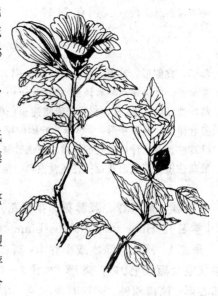

图 154　木槿

木槿茎皮纤维供造纸、纺织、搓绳用，全株入药。

木棉科　Bombacaceae

落叶乔木。枝条及幼树常有皮刺。单叶或掌状复叶互生，托叶早落。花两性，大而美丽单生或成圆锥花序。有副萼，萼 3～5 裂，镊合状排列。花瓣 5，覆瓦状排列，雄蕊 5～多数，花丝合生成筒状或分离，花药 1 室，子房上位 2～5 室，胚珠 2～多数。蒴果，果皮内壁有长毛。

本科有 20 属 150 种，主产于美洲热带地区，我国有 1 属 2 种，引入 2 属 2 种。

木棉属　Gossampinus Buch. -Ham.

落叶乔木。掌状复叶，小叶全缘，无毛。先花后叶，花单生，花萼杯形，不规则裂，雄蕊 5 体，子房 5 室。蒴果木质，室间开裂。

本属有 6 种。我国有 2 种。

木棉（攀枝花、英雄树）

［学名］　Gossampinus malabarica（DC.）Merr.

［形态］　落叶大乔木，高可达 30 多米，胸径 1m 以上。树干端直，大枝轮生平展，幼树树干有皮刺。掌状复叶互生，小叶 5～7，椭圆形、椭圆状披针形，先端尾尖状，基部楔形，小叶有柄，全缘，无毛。花红色，簇生枝顶，径约 10cm，花萼厚，杯状，5 浅裂。蒴果长椭球形，5 瓣裂，内有棉毛。种子光滑。花期 2～3 月，果熟期 6～7 月。

［分布］　原产于我国海南岛和福建、广东、四川、贵州、云南各省南部。多生于干热河谷、低山丘陵次生林中，也散生于村边、路旁，是广州市的市树。

［习性］　喜光，喜温暖气候，不耐寒。喜深厚肥沃土壤，耐干旱，稍耐湿，忌积水，贫

226

瘠地生长不良。萌芽力强，深根性。树皮厚，耐火烧。抗风力强，抗污染能力强。生长快，寿命长。

[繁殖与栽培] 播种繁殖，也可分蘖或扦插繁殖，蒴果成熟后易爆裂，种子随棉絮飞散，故要在果实开裂前采收。种子与棉絮毛容易分开，但种子容易丧失发芽力，须随采随播。

[用途] 木棉树体高大雄伟，先花后叶，花大红艳，如火如荼，是华南地区主要的园林树种。宜作庭荫树、行道树，也是华南"四旁"绿化的主要树种，干热地区重要的造林树种。

木棉树木材轻软，供板料、炊具等用，可作枕芯、垫褥。种子榨油工业用。幼根、花、叶入药。茎皮纤维造纸。

梧桐科 Sterculiaceae

图 155　木棉

乔木或灌木，稀草本或藤本。单叶互生、稀掌状复叶，托叶早落。花两性或单性，常整齐，聚伞或圆锥花序。花萼 3～5 裂，花瓣 5 或无，雄蕊 5 多数，2 轮，外轮常退化，花丝常结合成筒状或柱状。子房上位，5 室，中轴胎座，胚珠 1～多数。蒴果或蓇葖果。

本科约 68 属 1100 种，主产热带、亚热带。我国约 19 属 82 种，多分布于华南及西南地区。

梧桐属 Firmiana Mars.

落叶乔木。单叶，掌状裂，互生。圆锥花序顶生，花单性同株，萼 5 深裂，无花瓣，雄蕊 10～15 合成筒状，雌蕊 5 心皮，基部离生，花柱连合，子房在柄，基部有退化雄蕊的花药。蓇葖果沿腹缝线开裂。种子球形，3～4 生于果皮边缘。

本属约 30 种，主产亚洲，我国约 6 种。

梧桐（青桐）

[学名] Firmiana simplex W. F. Wight.

[形态] 落叶乔木，高达 16m，胸径 50cm。树冠卵圆形，主干通直。幼树皮青绿色，平滑。小枝粗壮，主枝轮生状。叶掌状 3～5 裂，基部心形，裂片全缘，下面密生或疏生星状毛，叶柄长与叶片近相等。萼裂片线形，淡黄色，反曲，密生短柔毛。花后心皮分离成 5 蓇葖果，蓇葖开裂成舟形，网脉明显，有星状毛。花期 6～7 月，果熟期 9～10 月。

[分布] 产于我国黄河流域以南，北京、河北、山西有栽培，是石灰岩山地常见树种，常与青檀、榉树混生。

[习性] 喜光，耐侧荫，喜温暖气候，稍耐寒，在北京幼树嫩枝常受冻。喜肥沃湿润的钙质土，酸性土、中性土亦能生长。不耐盐碱，忌低洼积水。深根性，顶芽发达，侧芽萌芽弱，故不宜短截，对有害气体有较强的抗性。每年萌发迟，落叶早，"梧桐一叶落，天

下尽知秋"。生长快，寿命不长。

[繁殖与栽培] 播种繁殖，亦可扦插或分根繁殖，管理简便。

[用途] 梧桐树干挺秀，叶大荫浓，光洁清丽，果形奇特。既可作庭荫树、行道树，又可作园路树或配置于建筑、围墙、草坪、坡地、池畔等地，观赏效果都好。与棕榈、竹类、芭蕉配植，既协调又有民族风格。"屋前栽桐，屋后种竹"，是我国传统的种植方法，公园、庭院、校园、居民新村都可以种植。

梧桐木材轻韧，纹理美观，可供乐器、箱盒、家具制作。种子炒食或榨油。叶、花、种子、树皮入药。树皮纤维造纸。树皮及刨花浸水有粘液，可润发。

图 156 梧桐

猕猴桃科 Actinidiaceae

乔木、灌木或藤本。单叶互生，羽状脉，叶有粗毛或星状毛，无托叶。花两性或单性，同株或异株，单生或成聚伞花序。萼片、花瓣 5，覆瓦状排列，雄蕊 10 或多数，离生或成束，子房上位（3）5～多室，胚珠 10 多数。浆果或蒴果。

本科有 13 属约 370 余种，主产于温带、亚热带或热带，我国有 4 属约 90 余种，主要分布于黄河流域以南各地。

猕猴桃属 Actinidia Lindl.

落叶藤本，靠茎缠绕攀援生长。冬芽小，包于膨大的叶柄内，叶柄长。花单性异株或杂性，单生或聚伞花序腋生，雄蕊多数离生，子房多室，胚珠多数。浆果，种子细小。

本属约 56 种，我国有 50 余种。

猕猴桃（中华猕猴桃）

[学名] Actinidia chinensis Plach.

[形态] 落叶藤本，靠茎缠绕攀援生长，长达 8m。幼枝密生灰棕色柔毛，老时渐脱落。髓大，白色，片状。单叶互生，叶纸质，圆形、卵圆形或倒卵形，先端突尖或平截，缘有刺毛状细齿，上面暗绿色，沿脉疏生毛，下面灰白色密生星状绒毛，叶柄密生绒毛。花 3～6 朵成聚伞花序，花乳白色，后变黄、芳香，径 3.5～5cm。浆果椭球形，有茸毛，熟时橙黄色。花期 6 月，果熟期 9～10 月。

[分布] 我国甘肃、陕西、江苏、安徽、浙江、福建、江西、河南、山西、湖北、湖南、广东、四川、贵州、云南等省区都有分布。生于山坡林缘或灌丛中，海拔 2200m 上下。北京有栽培。猕猴桃本属野生，1906 年传至新西兰，第二次世界大战后对其的研究，取得突破性成果而名扬四海，成为知名果树。

[习性] 喜光，耐半荫，光照不足影响花芽分化。在温暖湿润处生长较好，较耐寒。喜湿润肥沃土壤。根系肉质，不耐涝，不耐旱，主侧根发达，萌蘖性强，能自然更新，寿命

长。

[**繁殖与栽培**]　播种、扦插、嫁接繁殖。播种繁殖实生苗会大量出现雄株而不结实，既使是雌株也需要5～6年才能开花结实，且果质不一，故一般以无性繁殖为主。栽培时须搭棚架攀援，移植小苗须带宿土，大苗带土球。

[**用途**]　猕猴桃花淡雅、芳香，果橙黄，供棚架、绿廊攀缘绿化，也可攀附在树上或山石陡壁上。是花、果并茂的优良棚架材料。

猕猴桃果实营养丰富，味酸甜，鲜食或制果酱、果脯。茎皮和枝髓含胶质，可作造纸胶料。花是蜜源也可提取香料，根、茎、叶入药。

图 157　猕猴桃

山茶科　Theaceae

常绿，稀落叶，乔木或灌木。单叶互生，羽状脉，无托叶。花两性，稀单性，单生叶腋，花被覆瓦状排列，萼片5～7，常宿存，花瓣5，稀4或多数，雄蕊多数，有时基部连合成束。子房上位，2～10室，胚珠2～多数，中轴胎座。蒴果，室背开裂，浆果或核果状不裂。

本科约20属250种，分布于热带、亚热带，我国有15属190余种，主产于长江流域以南。

分　属　检　索　表

1. 果为开裂的木质蒴果
　　2. 种子大，近圆形或有棱角，无翅。芽鳞多数 ……………………………………………… 山茶属
　　2. 种子小而扁，有翅。芽鳞少数 …………………………………………………………… 木荷属
1. 果为浆果状，果皮革质，不开裂。叶集生枝端，侧脉不明显 ………………………………… 厚皮香属

山茶属　Camellia L.

常绿小乔木或灌木。芽鳞多数，小枝有浅裂纹。叶有锯齿，叶柄短。两性花，单生叶腋，花白色或红色，稀黄色。萼片大小不等，雄蕊2轮，外轮花丝连合、着生在花瓣基部，内轮花丝分离，子房3～5室，悬垂胚珠4～6。种子1多数，无翅，富油脂。

本属约220种，主产于亚洲热带、亚热带，我国有60余种，产于西南至东南部。

分　种　检　索　表

1. 花无梗，萼片多数、果时脱落
　　2. 花径5～14cm 全株无毛
　　　　3. 叶表面有光泽
　　　　　　4. 叶两面网脉不显著；叶卵形至椭圆状卵形。花红色或白色，花瓣5～7枚。蒴果球形。子叶2片
　　　　　　　　………………………………………………………………………………………… 山茶

4. 叶背脉突出；叶长卵形至长卵状椭圆形。花金黄色，花瓣9～11枚。蒴果球形或扁。子叶3～4
　　　片 ·· **金花茶**
　　　3. 叶表面无光泽，网脉显著。蒴果扁圆形 ·································· **南山茶**
　2. 花径3～6.5cm。芽鳞、叶柄、子房、果皮都有毛
　　　5. 芽鳞有粗长毛。叶卵状椭圆形 ·· **油茶**
　　　5. 芽鳞有倒生柔毛。叶椭圆形至长椭圆状卵形 ······················ **茶梅**
1. 花梗下弯，花小，萼片5，果时宿存。叶较薄，叶脉明显、下凹 ·················· **茶**

山茶（耐冬、曼陀罗树）

[**学名**] Camellia japonica L.

[**形态**] 常绿小乔木或灌木，高可达15m，全株无毛。叶革质，卵形至椭圆形，先端渐尖，基部楔形，锯齿细，上面暗绿色，有光泽，下面淡绿色。花单生叶腋或枝顶，无梗，通常红色，花瓣5～7，近圆形，顶端微凹。萼密生短毛，花径6～12cm。蒴果近球形，无毛。种子有棱。花期2～4月，果熟期10～11月。

[**变种与品种**] 品种多达15000个，我国约有300个。品种分类主要以花型为依据，参考花色等条件，习惯上分为：

　1. 单瓣型　花单瓣，花瓣5～7，覆瓦状排列，雌雄蕊发育正常，结实力强，如大花金心、垂枝金心、尖叶金心、圆叶金心、早花金心、紫花金心等。

　2. 半文瓣型　花重瓣，花瓣2～5轮、排列整齐，中心有许多细瓣卷曲或平伸，雄蕊多少不等，如六角宝塔、松子、石榴红、星红牡丹等。

图158　山茶

　3. 全文瓣型　花重瓣，雄蕊完全瓣化，花瓣有10轮，从外轮大花瓣起向内渐小、排列整齐，如十八学士、白宝塔、广东粉、九曲、东方亮、粉三学士、红六角、小桃红等。

　4. 托桂型　花瓣有1～2轮，花中心部分雄蕊瓣化成小花瓣，与未瓣化的雄蕊混生成球形，如白宝珠、荔枝茶、何郎粉、白唐子等。

　5. 武瓣型　花重瓣，花瓣曲折起伏不规则，排列不整齐。雄蕊混生于卷曲的花瓣中，花型大小不一，如关西黑龙、早春、佛顶茶、粉红裳、白芙蓉、花宝珠等。

[**分布**] 原产我国，日本也有分布。秦岭、淮河以南常露地栽培。山东沿海一带有分布。山东省崂山庙宇太清宫院内，有树高9m，胸径达80cm的古树。枝干盘曲，树冠如盖，每年入冬繁花满树，花自10月开至翌年3月，观赏游客络绎不绝。是重庆、宁波、衡阳、青岛等市的市花。

[**习性**] 喜半荫，适宜在疏林下生长。喜温暖湿润气候，严寒、炎热、干燥气候都不适宜生长。适温18～25℃，始花温度2℃。耐寒能力因品种不同有差异。耐寒品种能耐−10℃、甚至更低，西安、青岛小气候好的地方，可露地越冬。喜肥沃湿润排水良好的酸性沙壤土，pH值5～6.5最好，不耐碱性土，土壤粘重或过湿会烂根。抗氯气、二氧化碳等

230

有害气体能力较强。对海潮风有一定抗性，不耐修剪，寿命长。华东地区通常1～3月开花，花后由花下腋芽萌发新枝，5月初停止生长，在枝顶及枝上部叶腋形成新芽，枝顶逐渐分化为肥大而圆的花芽。

[繁殖与栽培]　播种、扦插、嫁接繁殖。种子多油脂，不易久藏，应随采随播。实生苗生长缓慢，约4～5龄后可开花结实。园艺品种以嫁接或扦插繁殖为主，嫁接用实生苗或扦插容易成活的品种作砧木，通常秋季11月前带土球移植。施肥不能过浓，应薄肥多施。2～3月施以氮肥为主的追肥，以促进春梢生长；5～6月施以磷肥为主的液肥，以利花芽分化和形成；10～11月施以钾肥为主的追肥，以提高植株的抗寒能力。8月份应疏蕾，以每枝留1～2个为好，可采用"留肥大，去弱小；留中蕾，去侧蕾；留冠外，去冠内"的原则进行。

[用途]　山茶树姿优美，四季常青，花大色艳，花期长，是冬末春初装饰园林的名贵花木，有"世界名花"的美称。既可在庭院、公园、街头绿地、居民新村、厂矿绿地配置，也可配置于假山点缀小景，或在"牡丹园"、"玉兰园"中种植，与牡丹、玉兰交相辉映，丰富花型，花色，构成绚丽多彩的园林景观。亦可种植在落叶乔木下，既满足其生长习性，又丰富植物景观。可盆栽置于室内观赏，花枝作切花插瓶或作襟花。

山茶木材供细木工用，种子榨油，花入药。

金花茶（金茶花、黄茶花）

[学名]　Camellia chrysantha (Hu) Tnyama.

[形态]　常绿灌木，高2～6m，冠幅1～2。树皮灰黄至黄褐色，嫩枝淡紫色。单叶互生，椭圆形至长椭圆形，稀为倒披针状椭圆形，长8～18cm，革质，锯齿端有黑褐色腺点，正面深绿色，有光泽；背面黄绿色，散生褐色腺点。花单生叶腋或近顶生，花梗长约1cm，下弯；花金黄色，茎3～5.5cm，花瓣肉质，具蜡质光泽。蒴果，花期11月至翌年3月，果熟期10～12月。

[分布]　产我国广西，20世纪30年代初在广西西南部发现，70年代初引种至云南成功。现上海、广州、长沙、成都等城市均有引种栽培，是培育黄色山茶新品种的理想亲本，是我国一类保护植物。喜半荫，喜温暖湿润气候，喜肥沃的微酸性至中性土壤，耐湿、耐瘠薄，主根发达，侧根少，长江流域以南可露地栽植。

厚皮香属　Ternstroemia Linn. f.

常绿乔木或灌木。单叶互生，常集生枝顶，全缘，侧脉不明显。花两性，单生叶腋，萼片5，宿存，花瓣5，雄蕊1～2轮，花丝连合，花药基部着生，子房2～4室。浆果状，果皮近革质，不开裂，种子扁。

本属约150种，我国约20种。

厚皮香

[学名]　Ternstroemia gymnanthera (Wightet Arn.) Sprague.

[形态]　常绿小乔木或灌木，高3～8m。枝叶无毛。牙鳞多数。叶厚革质，深绿色，有光泽，倒卵状椭圆形，先端钝，基部窄楔形，下延，中脉显著凹下，侧脉不明显。花单生叶腋，黄色，径约2cm。果球形，平滑，宿存花柱及萼片。花期7～8月，果熟期10月。

[分布]　产于我国华东、华中、华南、西南等各省区。印度、朝鲜、日本亦产。多生于酸性黄壤、黄棕壤的常绿阔叶林中或林缘，垂直分布海拔 700～3500m 之间。

[习性]　喜光，较耐荫，耐寒，能忍受－10℃低温。喜湿润肥沃排水良好的酸性土壤。亦能适应中性，偏碱性土壤。根系发达，抗风力强。病虫害较少，对有害气体抗性强。生长缓慢，寿命长。

[繁殖与栽培]　播种、扦插繁殖。移植，容易成活，不耐强度修剪。

[用途]　厚皮香枝叶繁茂，叶色光亮，大树可配植于门庭两旁、道路转角处。小树可植篱或丛植于草坪一角，亦可作下木。居民新村、街道绿地、厂矿绿化都可以用。

厚皮香木材供雕刻，种子榨油，树皮可提制栲胶。

图 159　厚皮香

藤黄科　Guttiferae

灌木或乔木，有黄色或白色胶液。单叶对生，全缘，羽状脉，叶柄短，无托叶。花单性或两性，整齐，通常为聚伞花序，萼片、花瓣通常 2～6，雄蕊常多数，花丝分离或基部连合，子房上位，1～15 室，胚珠多数。浆果、核果或蒴果，种子无胚乳。

本科约 45 属 1000 余种，主产于热带、少数亚热带，我国有 8 属 60 余种。

金丝桃属　Hypericum Linn.

草本或灌木。叶有透明油腺点，叶无柄或有短柄。花单生或聚伞花序顶生或腋生，花黄色，萼片、花瓣 5，花瓣旋卷状，雄蕊分离或合生成 3～5 束，与花瓣对生，子房 1～5 室，有 3～5 侧膜胎座，花柱 3～5。蒴果室间开裂，种子圆柱形。

本属约 300 种，我国有 50 余种。本属植株低矮，观花效果好，宜在园林中栽培，作下木、地被。

分 种 检 索 表

1. 雄蕊花丝与花瓣等长或略长于花瓣，花柱连合、细长，仅顶端 5 裂 ……………………………… 金丝桃
1. 雄蕊花丝短于花瓣，花柱 5 枚，离生 ……………………………………………………………… 金丝梅

金丝桃（金丝海棠）

[学名]　Hypericum chinense L.

[形态]　半常绿灌木，高 1m。全株光滑，无毛。小枝圆柱形，红褐色。单叶对生，长椭圆形，长 4～8cm，先端钝，基部渐狭稍抱茎，无叶柄，上面绿色，下面灰绿色。花单朵

顶生或 3～7 朵成聚伞花序，萼片 5，卵状长圆形，花瓣 5，雄蕊 5 束，均为黄色。花丝长于或等于花瓣，花柱细长，顶端 5 裂。花期 6～7 月，果熟期 8～9 月。

[分布] 我国北京、河北、山西、河南、湖北、江苏、浙江、福建、台湾、广西、四川、云南等省区都有分布，常生于湿润河谷，在长江流域以北呈落叶状。

[习性] 喜光，亦耐荫，有一定耐寒能力，对土壤适应性强，耐旱，耐瘠薄，忌低洼积水。根系发达，萌芽力强，耐修剪。

[繁殖与栽培] 播种、扦插、或分株繁殖。种子细小，播种时覆土要薄，注意保湿。实生幼苗须短期遮荫。扦插用枝的下段成活最好，中段次之。每年花后，应剪去残花，有利于翌年开花。

图 160　金丝桃

[用途] 金丝桃枝叶清秀，花色鹅黄，形似桃花，雄蕊纤细，灿若金丝，是重要的夏季观花树种。常配置于公园或庭院的路旁、草坪边缘、门庭两旁、庭园角落、假山旁，也可丛植于林缘、山坡或植花篱，作地被效果亦佳。北方盆栽观赏，也可作切花材料。

金丝梅

[学名] Hypericum patulum Thunb.

[形态] 半常绿灌木，高不及 1m。小枝拱曲。单叶对生，卵形至卵状披针形，长 2.5～5cm，无柄。花金黄色，雄蕊多数，连合成 5 束，短于花瓣。花期 4～8 月，果熟期 6～10 月。

[分布] 我国长江流域及以南有分布，耐寒性不及金丝桃，花期较早，但不及前者繁盛，生长不及前者强健。

柽柳科　Tamaricaceae

落叶小乔木或灌木。小枝纤细。单叶互生，鳞形叶细小，无托叶。花两性，花小，整齐，单生或集成总状、圆锥花序；萼片、花瓣 4～5，覆瓦状排列，雄蕊 4、5～多数，有花盘，子房上位，1 室，侧膜或基底胎座，胚珠多数。蒴果 3～5 裂。种子小，有毛。

本科有 5 属 100 种，产于东亚、印度、非洲及地中海区域，我国 4 属约 30 种。本科树种能耐干旱气候及盐碱地。

柽柳属　Tamarix Linn.

小乔木或灌木。枝细长。叶鳞形，先端尖。无芽小枝与叶一起凋落。总状花序或再集生成圆锥状复花序，雄蕊 5（8～10），花丝分离，比花瓣长，花盘有缺裂，花柱 2～5。蒴果 3 瓣裂，种子顶端有簇生毛。

本属约 54 种，我国约 16 种。

柽柳（西湖柳、三春柳、观音柳）

[**学名**]　Tamarix chinensis Lour.

[**形态**]　落叶小乔木或灌木，高 7m，胸径 30cm。树皮红褐色。小枝细长下垂。鳞叶蓝绿色。花序顶生，花粉红色，分别在 4 月、6～9 月三次开花，果熟期 10 月。

[**分布**]　产于我国黄河流域至长江流域、华南、西南地区，分布极广，多生于平原沙地及盐碱地。

[**习性**]　喜光，略耐荫。耐烈日曝晒，耐寒，耐干旱，对土壤适应性强。根系发达，一年生苗主根可深达 1m，耐沙荒及低湿，耐含盐量在 1‰ 的盐碱土。抗风强，生长快，萌芽力强，耐刈割。

图 161　柽柳

[**繁殖与栽培**]　播种、扦插繁殖，扦插容易成活。柽柳不仅耐盐碱，而且能改良土壤，据江苏防护林试验站测定，盐碱地经种植柽柳后，土壤含盐量可从 1.45％ 降至 0.33％。

[**用途**]　柽柳枝叶纤细，叶蓝绿色，清雅，夏秋花红艳，常配置于水池边、海滩、堤岸。最适宜在沿海风景区营造防护林，沙荒地、盐碱地造风景林、防风固沙林，宜对新围海涂进行土壤改良。

柽柳枝条编筐，制农具，嫩枝叶是中药材。

瑞香科　Thymelaeaceae

灌木或乔木、稀草本。单叶互生或对生，全缘，叶柄短，无托叶。花两性，常香味浓烈，整齐，组成花序，萼筒花冠状 4～5 裂，花瓣常缺或被鳞片所代替，雄蕊 2～10，花药着生于花被筒内壁。子房上位 1 室，胚珠 1，柱头头状或盘状。坚果或核果。

本科约 42 属 460 种，广布于温带至热带。我国有 9 属约 90 种。

分　属　检　索　表

1. 花序头状或短总状；花柱很短、柱头大、头状 ……………………………………………… 瑞香属
1. 花序头状；花柱很长、柱头圆柱状 …………………………………………………………… 结香属

瑞香属　Daphne Linn.

落叶或常绿灌木。冬芽小，叶互生。花芳香，头状或短总状花序，有总苞，萼筒钟形，雄蕊 8～10，2 轮，花柱很短，柱头大，头状。核果革质或肉质，种子 1。

本属约 95 种，我国约 37 种，主产于西南及西北部。

瑞香（睡香、风流树）

[**学名**]　Daphne odora Thunb.

[**形态**]　常绿灌木，高 1～2m。枝细长，无毛。叶互生，常集生于枝顶，叶长椭圆形

至倒披针形，长5～8cm，先端钝或短尖，全缘，无毛，质较厚，表面深绿色，有光泽。顶生头状花序，有总梗，花白色至淡紫色，先端4裂，花径1.5cm，浓香。花期3～5月。

[变种与品种] 金边瑞香
(var. marginata Thunb.)：叶缘金黄色。不耐寒。是南昌市市花。

[分布] 原产我国长江流域，江西、湖南、湖北、四川、浙江、安徽等省都有分布。

[习性] 喜荫，忌阳光直射。耐寒性差，北方盆栽须温室过冬。喜肥沃排水良好的酸性土。萌芽力强，耐修剪。

[繁殖与栽培] 通常用压条或扦插繁殖。苗床须搭棚遮荫，入冬防寒不能低于5℃。移植时须带土球，春秋季均可。最忌高温时湿度过大，极易萎蔫，尤以金边瑞香为甚。

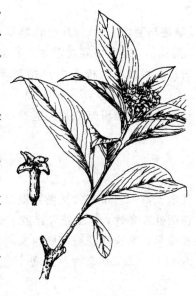

图162 瑞香

[用途] 瑞香株形矮小秀丽，花浓香，四季常青，是优良的花灌木。宜散植于林下，丛植于林缘或建筑、塑像周围，如与假山、岩石配置更富情趣，可盆栽供室内观赏。

瑞香茎皮纤维造纸，花提取香精，根入药。

结香属 Edgeworthia Meisn.

落叶灌木。枝粗壮，叶常集生枝端，两面都有灰黄色柔毛。头状花序聚生枝顶，花萼筒先端4裂，雄蕊8、2轮，花盘环状有裂，子房有长柔毛，花柱长，柱头圆柱状。核果、果皮革质。

本属有5种，产于亚洲，我国有4种。

结香（打结树、黄瑞香）

[学名] Edgeworthia chrysantha Lindl.

[形态] 落叶灌木，高2m。枝常三叉状分枝，棕红色，有叶枕，枝条柔韧易弯曲打结。叶长椭圆形至倒披针形，先端急尖，基部楔形，下延，下面有长硬毛。花黄白色，芳香，花萼通常瓶状，外有绢状长柔毛。花期3～4月；先叶开放，果熟期9～10月。

[分布] 产我国陕西、江苏、安徽、浙江、江西、河南、湖南、湖北、广东、广西、四川、云南等省区。多生于山坡、山谷林下灌丛中，或栽培在村边田埂上。

[习性] 喜半荫，光照强亦能生长，喜温暖气候，耐寒性不强。喜湿润肥沃排水良好的沙壤土。肉质根。过于干旱或积水，生长都不良。萌蘖性强，不

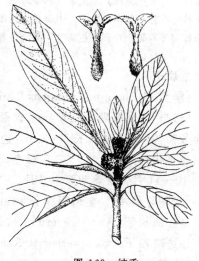

图163 结香

耐修剪。

[繁殖与栽培]　扦插或分株繁植，植株衰老时应修剪更新。

[用途]　结香早春花灌木，花繁香浓，多栽种在公园或庭院的林下、水边、墙隅、岩石间、草坪边缘。枝条可打结整形供观赏，亦可丛植于路边，供游人把玩，增加情趣。

结香茎皮纤维可造纸及人造棉，全株入药。

胡颓子科　Elaeagnaceae

灌木或乔木，常有黄褐色或银白色的鳞片或星状毛。单叶互生、稀对生，全缘，无托叶。花两性或单性，单被花，花被4裂，雄蕊4或8，子房上位，1室，胚珠1，基底胎座。坚果或瘦果，为肉质花被筒所包被，呈浆果状或核果状。

本科有3属50余种，分布于北温带至亚热带，我国有2属约42种，各地都有分布。

分 属 检 索 表

1. 叶形较宽。花单生或簇生，花被筒长，4裂，花两性或杂性同株。果椭圆形 ……………… 胡颓子属
1. 叶线形或线状披针形。短总状或荑黄花序，花被筒短，2裂，雌雄异株。果球形 ……………… 沙棘属

胡颓子属　Elaeagnus Linn.

灌木或小乔木，常有枝刺与鳞片。叶柄短。花两性或杂性，单生或簇生叶腋。花被筒长，4裂，雄蕊4，有蜜腺，虫媒传粉，果椭圆形。

本属约50种，分布于欧洲南部、亚洲、北美洲。我国约40种，多为固沙树种。

分 种 检 索 表

1. 常绿性。秋季开花。果实翌年成熟。小枝褐色，有刺。叶背银白色，有褐色鳞片 …………… 胡颓子
1. 落叶性。春季开花。果实当年秋季成熟
2. 小枝与叶只有银白色鳞片。果黄色、椭圆形 ●●●●●●●●●●●●●●●●●●●●●●●●●●●●●●●●●●●●●● 沙枣
2. 小枝与叶有银白色和褐色鳞片。果红色或橙红色、圆球形 ●●●●●●●●●●●●●●●●●●● 秋胡颓子

胡颓子

[学名]　Elaeagnus pungens Thunb.

[形态]　常绿灌木，高4m。树冠圆满。枝条开展，有枝刺，小枝有褐色鳞片。叶椭圆形至长椭圆形，革质，长5～7cm，边缘波状，反卷；表面初有鳞片后平滑，有光泽，背面银白色被褐色鳞片。花1～3朵腋生，银白色，下垂，芳香。果椭球形，红色，有褐色鳞片。花期10～11月，果熟期翌年5月。

[变种与品种]　金边胡颓子（var. aurea Serv.）：叶缘深黄色。

金心胡颓子（var. frederici Bean.）：叶中央深黄色。

银边胡颓子（var. variegata Rehd.）：叶缘黄白色。

[分布]　原产我国江苏、浙江、江西、安徽、福建、湖南、湖北、四川、贵州、陕西

等省区，长生在山坡疏林下或林缘灌丛的阴湿环境中。

[习性]　喜光，亦能耐荫。喜温暖气候，较耐寒，北京露地种植，过冬前需培土裹草防寒。对土壤要求不严，耐干旱，亦耐湿，有根瘤菌。对多种有害气体有较强的抗性，耐烟尘，耐修剪，寿命较长。

[繁殖与栽培]　播种、扦插繁殖，小苗须遮荫，移植时要带宿土或土球，大树移植可强修剪。

[用途]　胡颓子枝叶茂密，花香果红，双色叶在阳光下闪闪发光，是公园、街头绿地、庭院常用的观叶观果灌木。常修剪成球形丛植于草坪，亦可孤植、对植于假山石旁、入口处。可作刺篱栽植及盆栽或制作盆景供室内观赏。

胡颓子茎皮纤维造纸、制纤维板，果酿酒，根、叶、果入药。

图 164　胡颓子

沙枣（桂香柳、银柳）

[学名]　Elaeagnus angustifolia Linn.

[形态]　落叶乔木，高达 15m，胸径 1m，常呈小乔木、灌木状，有时有枝刺。小枝、花序、果、叶背与叶柄密生银白色鳞片，二年生枝红褐色。叶椭圆状披针形、线状披针形，先端钝尖，基部楔形。花黄色，芳香，1～3 朵腋生。果椭圆形，熟时黄色。花期 5～6 月，果熟期 9～10 月。

[分布]　分布于我国内蒙古西部、宁夏、甘肃、新疆、河北、河南、陕西、山西，东北南部有栽培。

[习性]　喜光，耐寒，喜干冷气候，对土壤适应性强。根系深而发达，有根瘤菌。耐旱，亦耐湿，可在含盐量 1‰～2‰的盐碱地上及瘠薄沙荒地上生长。幼树生长较快，通常 4 龄开始结果，寿命达 60～80 年。

[繁殖与栽培]　播种为主，亦可扦插或分株繁殖。

图 165　沙枣

[用途]　沙枣是西北沙荒、盐碱地区防护林及城镇绿化的主要树种，常作行道树，可植篱，也可与小叶杨、山杏、白榆、刺槐、紫穗槐、柽柳等树种配置。花枝可切花插瓶，沙枣花是优良的蜜源，果肉酿酒。

沙棘属　Hippohae L.

落叶灌木或小乔木，具枝刺，幼时有银白色或锈色盾状鳞或星状毛。叶互生、狭窄，花单性异株，排成短总状或荑荑花序，腋生；花被筒短 2 裂，雄蕊 4；果球形。

本属有 3 种，我国产 2 种。

沙棘（醋柳、醋刺）

［学名］ Hippohae rhamnoides Linn.

［形态］ 落叶灌木或小乔木，高 10m。枝有刺。叶互生或近对生，线形或线状披针形，长 2～6cm，叶背密被银白色鳞片。花小，淡黄色。果球形或卵圆形，长 0.6～0.8cm。花期 3～4 月，果熟期 9～10 月。

［分布］ 产于我国华北、西北、西南各省区海拔 1000～4000m 的地区。

［习性］ 喜光，耐寒，耐酷热，耐风沙及干旱气候。对土壤适应性强，耐旱、耐湿、耐瘠薄，耐含盐量 1.1％的盐碱地。生长快，根系发达，萌蘖性强，有根瘤菌，可改良土壤。

［繁殖与栽培］ 播种、扦插、压条及分蘖繁殖，管理粗放。对生长差的沙棘可平茬，以促其发生新枝，达到复壮目的。

［用途］ 沙棘是防风固沙、保持水土、改良土壤的优良树种；又是干旱风沙地区进行绿化的先锋树种。宜作刺篱、果篱。沙棘果实富含维生素 C，可生食、制果酱、饮料。

图 166 沙棘

千屈菜科 Lythraceae

草本、灌木或乔木。单叶对生，稀轮生或互生，全缘；托叶小或无。花两性，单生或成花序，顶生或腋生；萼 4～8 裂，萼筒宿存，花瓣与萼片同数，花艳丽、稀无花瓣，雄蕊 4～多数，花丝在芽内内折，子房上位，胚珠多数。蒴果。种子变异很大，无胚乳。

本科约 24 属 500 种。我国有 9 属约 30 种。

紫薇属 Lagerstroemia Linn.

常绿或落叶，灌木或乔木。冬芽先端尖，芽鳞 2，植株常有簇生毛。叶对生、近对生，常椭圆形，叶柄短，托叶小，早落。圆锥花序，萼陀螺状或半球形，6 裂，花瓣 5～8，边缘常有皱，波状有爪，雄蕊 6～多数，子房 6 室。果室背开裂，种子顶端有翅。

本属约 55 种，分布于东亚及澳洲，我国有 16 种。

分 种 检 索 表

1. 叶较小，长 2.5～7cm，叶柄短，约 1mm。萼筒无毛，无纵棱，雄蕊 36～42，花径约 3cm。落叶小乔木 ·· **紫薇**

1. 叶较大，长 10～25cm，叶柄长，约 1cm。萼筒有 1～2 条纵棱，密生灰棕色毛；雄蕊 100～200，花径约 5cm。常绿乔木 ·· **大花紫薇**

紫薇（百日红、痒痒树）

［学名］ Lagerstroemia indica L.

［形态］ 落叶小乔木，高 8m，胸径 30cm。树干多扭曲。树皮不规则薄片脱落，内皮光滑，淡棕色。小枝四棱形，较长。叶椭圆形、倒卵状椭圆形，在小枝基部对生，在小枝顶端常互生。叶长 2.5～7cm，先端钝或钝圆，基部楔形或圆，叶柄约 1mm。花序顶生，萼筒无毛，无纵棱，花径约 3cm，花瓣皱褶，绛红或粉红色。果椭球形，6 瓣裂，基部有宿存花萼。花期 6～9 月，果熟期 11 月。

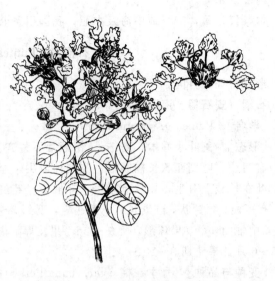

［变种与品种］ 银薇（var. alba Nichols.）：花白色，叶色淡绿。

翠薇（var. rubra Lav.）：花紫堇色，叶暗绿色。

图 167 紫薇

［分布］ 产于我国长江流域、华东、华中、华南和西南各省区，多生于海拔 500～1200m 的向阳湿润的溪旁及缓坡林缘。在我国已有 1500 年的栽培历史。

［习性］ 喜光，亦耐半荫，喜温暖湿润气候，有一定的耐寒力，在北京等华北地区可露地栽培，安全越冬很少枯梢。喜肥沃深厚排水良好的土壤，耐旱怕涝。萌芽力、萌蘖性都强，耐修剪易整形。耐烟尘及有害气体。生长缓慢，开花早，寿命长。

［繁殖与栽培］ 播种、扦插、压条、分株繁殖，都容易成活。播种苗初期应当遮荫，华北地区冬季幼苗需培土防寒，实生苗第一次开花后应按花色分类，移植和淘汰以保持花色艳丽纯净。花开在当年生枝顶端，各地栽培习惯于秋季落叶后强修剪，促进翌年萌发更多的新枝，花可更繁盛。亦可以培养成乔木状，使其树冠逐渐开展，虽然花开的少一些，但树形较自然适合在小道旁种植。枝条柔软，能随意蟠曲，枝干交接处易愈合，常扎编成花瓶、花篮、牌坊等造型。

［用途］ 紫薇盛夏开花，花色艳丽，花期长，树姿古趣盎然，"盛夏绿遮眼，此花红满堂"，是夏季园林的优良花木。多与常绿树种配置可丰富夏季庭园的色彩，适宜配置于古建筑的门厅前、窗下、堂前，尤其适合配置在池畔、水滨，落英缤纷，"花底池小水泙泙，花落池心片片轻"，极具幽美之趣。也是街头绿地、机关单位、居民新村绿化常用树种，还可以盆栽观赏或制作桩景。

紫薇根、枝、叶入药。

安石榴科　Punicaceae

落叶灌木或小乔木。小枝先端常呈刺尖状，有短枝。单叶对生或簇生，全缘，无托叶。花两性，花大，1～5 朵生在小枝顶端或叶腋，萼筒肉质，有色彩，端 5～8 裂，宿存。花瓣

5～7，雄蕊多数，花药被生，子房下位。浆果，外果皮革质。种子多数，外种皮肉质，多汁，内种皮木质。

本科仅1属，产于地中海及中亚，我国引种栽培。

安石榴属 Punica Linn.

形态特征与科同。

石榴（安石榴、海石榴）

［学名］ Punica granatum Linn.

［形态］ 落叶小乔木，高7m。树冠常不整齐。小枝有四棱。叶倒卵状长椭圆形，先端钝或尖，全缘。叶在长枝上对生，短枝上簇生，叶柄短。花红色，有短梗，萼钟状，红紫色；子房迭生，下部3～7室，中轴胎座。浆果球形，径6～8cm，果皮厚。花期5～6月，果熟期9～10月。

図168　石榴

［变种与品种］ 月季石榴（var. nana Pers.）；矮灌木，高约1m，叶线状披针形，花红色，花重瓣或单瓣，花期长，又称四季石榴。

白石榴（var. albeseeens DC.）：花白色，单瓣。

黄石榴（var. flavescens Sweet.）：花黄色，单瓣。

千瓣白（var. multiplex Sweet.）：花白色，重瓣。

千瓣红（var. pleniflorum Hayne.）：花红色，重瓣。

玛瑙石榴（var. legelliae Vanh.）：花红色有黄白色条纹，重瓣。

［分布］ 原产伊朗、阿富汗、土耳其等地区，约在公元前2世纪传入我国。黄河流域以南栽培，西至湖北西部（海拔1000m以下）、四川、云南、南至广东。安徽怀远的玉石子石榴、陕西临潼的甜石榴、山东枣庄的软核石榴、云南猛自的酸石榴都是著名的品种。山东枣庄峄城区有万亩石榴园，园中200年以上的老树比比皆是，每年5月中旬，出现"千顷石榴花似火，映红天阁，滚滚醉人波。"的胜景。据《峄县志》载，峄县（今枣庄）栽培石榴历史有400多年，明、清两代常将石榴为贡品进奉皇室。现被山东省人民政府定为重点自然保护区和旅游区，该景点被誉为齐鲁一绝。是合肥、西安等市市花。

［习性］ 喜光，光照、通风不良时，只长叶，开花少。较耐寒，北京在背风向阳处可露地过冬，最低能耐－20℃低温。喜湿润肥沃排水良好的石灰质壤土、沙壤土。耐旱，稍耐湿，萌芽力强，耐修剪，抗污染能力强，生长速度中等，10年生进入盛果期。江南一带一年有2、3次新梢生长，春梢上的花最易结果。花期最怕连绵阴雨，花瓣易烂，影响结果。寿命可达200年以上。

［繁殖与栽培］ 压条、分株、播种繁殖。如要多开花结果应该注意肥水管理，春季萌芽前应将枯弱枝、萌蘗枝剪去，并对二年生以上的老枝进行短剪。生长季应适当摘心，剪

除根蘖，以促进树形整齐、枝条健壮、花芽分化。注意防治蚜虫、蚧壳虫。

［用途］ 石榴树干苍劲，虬枝石朴，绿叶繁茂，花红似火，浓艳夺目，"风翻火焰欲烧天"，硕果挂枝点缀秋景，既是著名的果树，又是夏季少花季节优美的观花灌木和秋季观果树种。常配置于公园、庭院的茶室、亭旁、墙隅、窗前、路旁、山坡、阶前、草坪一角；在竹丛、常绿树丛中种植，则红花绿叶，分外妖娆，可盆栽或制作盆景观赏。

石榴果味酸甜可口，可生食或酿酒、制果汁等饮料。果皮、树皮可作鞣料染料，果皮、根入药。

珙桐科　Nyssaceae

落叶乔木。单叶互生，羽状脉，无托叶。花单性异株或杂性同株，伞形或头状花序，萼小，花瓣常为5，雄蕊是花瓣的2倍，子房下位1（6～10）室，胚珠1。核果或坚果。

分 属 检 索 表

1. 坚果。叶全缘。花序无叶状苞片，花瓣小 ………………………………………… 喜树属
1. 核果。叶缘粗齿。头状花序基部有2片乳白色叶状纸质、大型叶状苞片 …………… 珙桐属

喜树属　Camptotheca Decne.

本属仅1种，我国特产。

喜树（旱莲木、千丈树）

［学名］ Camptotheca acuminata Decne.

［形态］ 落叶乔木，高达30m。树干通直，树皮灰色浅纵裂。小枝绿色，髓心片状分隔。叶椭圆形、椭圆状卵形，长12～28cm、宽6～12cm，先端突渐尖，基部圆或宽楔形，全缘，叶脉深凹，叶柄常带红色。花单性异株，均为头状花序。坚果，有2～3条纵脊。花期5～7月；果熟期9～11月。

［分布］ 产于我国长江流域及以南各省区，生于海拔1000m以下的低山、谷地、林缘、溪边，南京栽培后生长尚可，但当年生枝顶梢常受冻。

［习性］ 喜光，耐侧荫，喜温暖湿润气候，不耐寒，不耐干旱气候。喜肥沃湿润的土壤，不耐旱，较耐水湿，在河岸、溪边生长较旺盛。萌芽力强，生长较快，病虫害较少，不耐烟尘，对二氧化硫抗性强。

［繁殖与栽培］ 播种繁殖，也可利用萌芽更新。

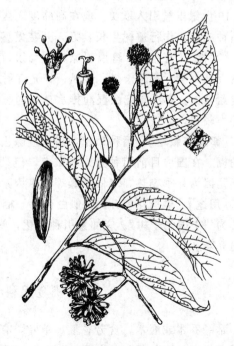

图169　喜树

［用途］　喜树树荫浓郁，树姿端直，花朵清雅，生长较快，栽培简便，是优良的行道树，可供公园、庭园、居民新村绿化美化，亦可 3～5 株丛植于池畔、湖滨作背景，根系发达，树冠窄，可营造防风林或供农村"四旁"绿化。

喜树叶入药，可治癌症。

珙桐属　Davidia Baill.

本属仅 1 种，我国特产，是国家一类保护植物。

珙桐（鸽子树）

［学名］　Davidia involucrata Baill.

［形态］　落叶乔木，高达 20m。树冠圆锥形。树皮灰色薄片状脱落。冬芽紫色。单叶互生，广卵形、长 7～16cm，先端渐长尖，基部心形，缘有粗尖锯齿，背面密生绒毛。花杂性同株，由多数雄花和 1 朵两性花组成顶生头状花序，花序下有 2 片大型白色苞片，苞片卵状椭圆形，长 8～15cm，中上部有疏浅齿，常下垂，花后脱落。开花时满树如群鸽栖于枝头，微风时满树如群鸽振翅飞翔，绮丽无比。核果，椭球形，青紫色。花期 4～5 月，果熟期 10 月。

［分布］　产于我国湖北西部、四川、贵州及云南北部，生于海拔 1300～2500m 的山地林中，在湖南省桑植县天平山原始森林里发现万余株珙桐，实为罕见。19 世纪末被引入欧美。现在高纬度之西欧、北美已引种成功，作行道树生长良好，开花繁盛。

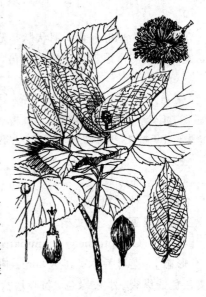

图 170　珙桐

［习性］　喜半荫。喜温暖凉爽的气候，尤以空气湿度大处为佳。不耐干燥、多风、日光直射之处。有一定耐寒力。喜深厚肥沃湿润排水良好的土壤，忌碱性土和干燥土壤。浅根性，侧根发达，萌芽力较强。

［繁殖与栽培］　播种繁殖，播前应除去果肉，春播后之翌年春天始能发芽，出苗后应搭荫棚。在国内目前引种至许多城市，但只限于盆栽，尚无露地人工栽植成功的经验。主要还是因为夏季炎热，气候干燥等诸多因素，即使高纬度的昆明亦是如此。

［用途］　珙桐花盛开时，似白色鸽子栖息于树端，蔚为奇观，是世界著名的珍贵树种，被称为"中国鸽子树"。应加紧引种驯化，使"鸽子"尽快飞遍神州大地，为绿化祖国增添一份光彩。

桃金娘科　Myrtaceae

常绿乔木或灌木，含芳香油。单叶，有透明油腺点，对生或互生，全缘，无托叶。花两性，整齐，单生或集成花序，萼片 4～5 裂，花瓣 4～5，雄蕊多数、分离或成簇与花瓣对生，花丝细长，子房下位，1～10 室，胚珠 1～多数，中轴胎座。浆果、蒴果、稀核果，种子常有棱，无胚乳。

本科约 75 属 3000 种，分布于热带、亚热带南部，我国有 8 属约 65 种，引入 6 属 50 种。

分 属 检 索 表

1. 叶互生。果实为蒴果
 2. 花萼与花瓣合生成花盖，开花时横裂脱落 ·································· **桉属**
 2. 花萼与花瓣分离，不连合成花盖
  3. 雄蕊分离，稀在基部合生。树皮不易剥落 ·················· **红千层属**
  3. 雄蕊合生成束，与花瓣对生。树皮呈薄纸片状剥落 ·········· **百千层属**
1. 叶对生。花单生，子房 2～3 室。浆果，青黑色或白色················· **香桃木属**

桉属　Eucalyptus L'Her.

常绿乔木，稀灌木。叶两面形，色近似，互生，常下垂，侧脉在叶缘连合成边脉。花单生或成伞形、伞房或圆锥花序腋生。萼片与花瓣连合成一帽状花盖，开花时花盖横裂脱落，雄蕊多数，分离，子房下位，3～6 室，每室多数胚珠。蒴果，顶部 3～6 瓣裂。种子多数，细小有棱。

本属约 500 余种，主产澳洲，我国引入栽培。

分 种 检 索 表

1. 花单生。蒴果倒圆锥形。叶异型，萌芽枝与幼苗上的叶对生，卵状矩圆形，多白粉；大树上的叶镰状披针形 ·· **蓝桉**
1. 花成伞形或再聚成圆锥花序
 2. 伞形花序。蒴果碗状。叶大，卵状长椭圆形至广披针形，基部圆形，先端渐尖或渐长尖
   ··· **大叶桉**
 2. 复圆锥花序。蒴果坛状或壶状。大树上的叶狭披针形；幼树及萌蘗枝的叶卵状披针形，密生，棕红色腺毛，叶柄在叶片基部盾状着生。树皮薄片剥落后光滑，白色或淡红灰色················· **柠檬桉**

大叶桉（桉树、大叶有加力）

[学名]　Eucalyptus robusta Smith.

[形态]　常绿乔木，高达 30m。树干挺拔。树皮暗褐色，粗糙纵裂不剥落。叶卵状披针形、卵形，长 8～18cm，革质，先端渐尖或渐长尖，基部楔形或近圆，侧脉多而细。4～12 朵花组成伞形花序，白色。蒴果碗状，花期 4～5 月和 8～9 月，花后约三个月果熟。

[分布]　原产澳大利亚南纬 32°以北，生于滨海地区。我国长江流域以南有引种，西南地区栽培最多，引种最北地区是陕西汉中地区。

[习性]　强喜光，自然整枝良好，枝下高很高。喜暖热湿润气候，不耐寒，是桉属中比较耐寒的树种，能耐短期−5℃低温。在杭州、上海引种栽培，冬季叶易受冻变红，小枝先端常枯死，植株低矮。喜深厚湿润的土壤，极耐水湿，干燥贫瘠地生长不良。萌芽力强，不易倒伏，但枝脆易折。枝叶有杀菌、净化空气的功能。生长较快，寿命长约 200 年。

[繁殖与栽培]　播种繁殖。种子细小，每公斤有种子 28～42 万粒。撒播后覆盖松针或稻草，5～7 天出芽，也可以扦插繁殖。

［用途］　大叶桉树干挺直，枝叶芳香，具杀菌、洁净空气之效，在适生地区常用作行道树，配置在城市人行道或公路、铁路两侧。也可作庭荫树，是公园、庭园、疗养区、居民新村绿化优良的上层乔木树种，是华南沿海低湿地区优良的防风林树种。

大叶桉枝叶提炼桉油供香料工业及药用，树皮提制栲胶，木材作电杆、坑木，花可供蜜源。

香桃木属　Myrtus L.

常绿灌木。单叶对生，稀互生、轮生，羽状叶，全缘。花单生叶腋或成聚伞花序，雄蕊多数，成数组，分离，较花瓣为长，子房 2～3 室。浆果，萼宿存，种子 1～数个，肉质。

我国引种。

香桃木（茂树、香叶树）

［学名］　Myrtus communis L.

［形态］　常绿灌木，高 1～3m。小枝灰褐色，有锈色毛。单叶对生，卵状椭圆形至披针形，全缘，柄短，在枝上部常轮生，革质，有光泽，叶片撕碎后有浓烈的香气。花

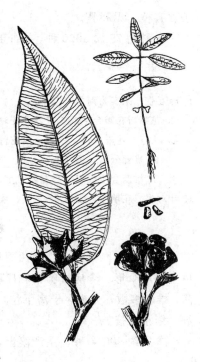

图 171　大叶桉

白色或有红晕，径 1.5～2cm，花丝红色多数较花瓣长，花梗细长腋生。果扁球形，紫褐色，花期 5 月，果熟期 10 月。

［分布］　原产亚洲西部及地中海地区，上海较早引种栽培。

［习性］　喜光，耐半荫。耐寒差，上海栽种冬天叶端稍受冻。对土壤要求不严，耐旱，耐湿，萌芽力强，耐修剪，抗烟尘及有害气体。

［繁殖与栽培］　播种、扦插繁殖。

［用途］　香桃木枝叶繁茂，四季常青，花色素雅，宜修剪整形植于花坛中心、路旁、墙际、林缘，也可植篱或自然生长于草坪、池畔、假山旁。

五加科　Araliaceae

乔木、灌木或藤本。枝髓较粗大，常有皮刺。单叶、掌状或羽状复叶互生，常集生枝顶，托叶与叶柄基部常合生成鞘状。花整齐，两性或杂性，伞形或头状花序或再组成复花序。萼不显，花瓣 5～10，分离，雄蕊与花瓣同数或更多，生于花盘外缘，子房下位，2～15 室，倒生胚珠 1，浆果或核果。

本科约 60 属 800 余种，分布于热带至温带，我国有 20 属约 135 种。

分 属 检 索 表

1. 单叶，掌状分裂

　2. 藤本，常绿。借气生根攀援。植株无刺 ……………………………………………… 常春藤属

2. 乔木或直立灌木，常绿或落叶

   3. 落叶乔木。树干与枝都生有宽扁皮刺，有长短枝之分。叶5～7裂 ·················· 刺楸属

   3. 常绿灌木或小乔木。植株无刺 ·································· 八角金盘属

1. 掌状复叶

   4. 枝与叶轴常有皮刺。小叶3～5枚 ·································· 五加属

   4. 无刺。小叶5～10枚 ·································· 鹅掌柴属

常春藤属　Hedera L.

常绿藤本，借气生根攀援生长。单叶，全缘或分裂，无托叶。花两性，单生或总状伞形花序，顶生，花5数，子房5室，花柱合生。浆果状核果，种子3～5。

本属约5种，我国野生1变种，引入1种。

分 种 检 索 表

1. 叶全缘或3裂，较小，三角状卵形或卵状披针形。果红色或橙黄色。嫩枝有锈色鳞片 ········· 常春藤

1. 叶3～5裂，较大，卵状菱形或宽卵形。果黑色。嫩枝有星状柔毛 ·················· 洋常春藤

常春藤（中华常春藤）

[学名] Hedera nepalensiv K. Koch var. sinensis (Tobl.) Rehd.

[形态]　常绿藤本，长达30m，借气生根攀援生长，小枝有锈色鳞片。叶革质，具2型：营养枝之叶三角状卵形，全缘或3裂，基部平截；生殖枝之叶椭圆形或卵状披针形，全缘，叶柄细长有锈色鳞片。花序单生或2～7簇生，花黄色或绿白色，芳香。果球形，橙红或橙黄色。花期8～9月，果熟期翌年3月。

[分布]　原产于我国秦岭以南，东自山东崂山至沿海各省，西至甘肃东南部、陕西南部，常生于较阴湿处攀援树木或岩石上。

[习性]　喜荫，喜温暖湿润气候，稍耐寒。对土壤要求不严，喜湿润肥沃的壤土。生长快，萌芽力强，对烟尘有一定的抗性。

[繁殖与栽培]　扦插繁殖为主，极易生根成活，也可播种或压条繁殖。管理简便，夏季剪除过密处的部分枝蔓，使枝叶覆盖均匀。

[用途]　常春藤四季常青，枝叶浓密，栽培

图172　常春藤

管理简易，极耐荫，是优良的垂直绿化材料。公园、庭园、居民区可用来覆盖假山、岩石、围墙或建筑的背荫面，若植于屋顶、阳台等高处，让其枝叶自然垂落，则似"绿瀑"飞流而下，蔚为壮观。亦可攀援枯树、石柱上，或覆盖地面作地被。宜盆栽室内装饰或宾馆、厅

堂室内绿化，

常春藤全株入药。

洋常春藤（长春藤）

[学名] Hedera helix L.

[形态] 常绿乔木，借气生根攀援生长。小枝有星状柔毛。单叶互生，叶柄长，叶两型：着生在营养枝上的叶 3～5 浅裂，叶面深绿色，叶脉色浅；着生在生殖枝之叶为卵形或菱形，全缘。果球形，径 6mm，黑色，花期 10 月。

[变种与品种] 花叶常春藤（var. tricolor Hibbed.）：叶缘有黄白色斑纹，耐寒性较差，常盆栽观赏，另有多种变种、品种。

[分布] 原产欧洲至高加索地区，在我国长江以南地区引种栽培，城市园林多以此为主，观赏变种以盆栽为主，各地均有。

刺楸属　Kalopanax Miq.

木属仅 1 种，产于东亚。

刺楸（刺桐、棘楸）

[学名] Kalopanax septemlobus (Thunb.) Koidz.

[形态] 落叶乔木，高达 30m，胸径 1m。树皮灰黑色，纵裂，有长短枝。小枝及树干密生皮刺。单叶，在长枝上互生；短枝上簇生。叶近圆形、5～7 掌状裂，先端渐尖，基部心形或圆，裂片三角状卵形，缘有细齿，无毛。叶柄长于叶片。伞形花序顶生，花小，白色。核果熟时黑色、近球形，花柱宿存。花期 7～8 月；果熟期 9～10 月。

[分布] 北自我国辽宁南部，南至两广，西至四川、云南都有生长，西南地区可达海拔 1200～2500m。常生长在山谷或山腹的阔叶林内。

[习性] 喜光，耐荫。对气候适应性强，能耐约−32℃低温，又能适应炎暑酷夏。喜深厚肥沃的土壤，耐旱，忌低洼积水。深根性，生长快，寿命长。

图 173　刺楸

[繁殖与栽培] 播种或分根繁殖。小苗须遮荫。

[用途] 刺楸树冠伞形，叶大枝粗，颇为壮观，宜作庭荫树。在公园、庭园的草坪、墙角、道路拐角、湖畔、山边均可孤植、丛植，在风景区与常绿阔叶树种混交成林，更有"林壑幽美"之效果。是低山区的重要造林树种。枝叶不易引火，适宜在油库或加油站周围种植绿化美化。

刺楸树皮、根皮入药，种子榨油。

八角金盘属　Fatsia Dene. et Planch.

常绿灌木或小乔木。单叶，大，掌状5~9裂，托叶不明显。花两性或杂性，花序顶生，花5数，子房5或10室，花柱分离，花盘隆起。果卵形。

本属有2种，我国产1种，日本产1种。

八角金盘

〔学名〕　Fatsia japonica（Thunb.）Decne. et Planch.

〔形态〕　常绿灌木，高5m。叶大，长20~40cm，7~9深裂，裂片有锯齿，叶面光亮，两面无毛，叶柄长10~30cm。花小、白色，伞形花序再集成大型圆锥花序、顶生。浆果球形、黑色。花期9~11月，果熟期翌年4~5月。

〔分布〕　原产于我国台湾和日本。我国长江流域以南栽培，华北地区温室盆栽。

〔习性〕　喜荫湿或半荫环境。喜温暖的气候，稍耐寒，南京可露地栽培，生长良好。不耐干旱。喜湿润肥沃土壤，耐湿。萌蘖性强。耐烟尘等有害气体，抗二氧化硫能力强。

〔繁殖与栽培〕　播种或扦插繁殖，亦可分株繁殖。移植时要带土球。

〔用途〕　八角金盘绿叶扶疏，形似金盘，是优美的观叶树种。极耐荫，被誉为"下木之王"。公园、庭园、居民区、街头常配置于墙边、林缘、建筑背阴面、树丛下；也可点缀山石、瀑口；盆栽布置会场或宾馆、饭店室内绿化，效果都好。

图174　八角金盘

山茱萸科　Cornaceae

乔木或灌木。单叶对生，稀互生，常大多全缘；无托叶。花两性，稀单性，聚伞、伞形、伞房、头状或圆锥花序，萼4~5齿裂，或不裂，花瓣4~5，雄蕊常与花瓣同数互生，花盘内生。核果或浆果状核果。种子有胚乳。

本科有14属约160种，分布于北半球温带及亚热带，我国有6属约50种。

分 属 检 索 表

1. 花两性。叶全缘。核果
　2. 伞房状聚伞花序、无总苞。叶对生，稀互生。核果近球形 ………………………… 梾木属
　2. 头状或伞形花序、有总苞。叶对生
　　3. 头状花序，总苞苞片花瓣状，白色。核果多数集合成球形肉质的聚花果 ………… 四照花属
　　3. 伞形花序，总苞苞片鳞片状，黄绿色。核果长椭圆形 ……………………………… 山茱萸属

1. 花单性异株。叶常有锯齿。浆果状核果 ·· **桃叶珊瑚属**

梾木属　Cornus L.

落叶乔木或灌木。枝叶常有丁字毛。叶对生，稀互生，全缘。花两性，伞房状复聚伞花序顶生，花 4 数，花盘垫状，子房 2 室。核果。

本属约 33 种，分布于北温带，我国约 20 种。

分 种 检 索 表

1. 叶互生，侧脉 6～8 对。核果蓝黑色，果核顶端有近四角形深孔 ·································· **灯台树**
1. 叶对生，侧脉 4～5（6）对
　2. 灌木。枝鲜红色，无毛。果乳白色或浅蓝白色 ································· **红瑞木**
　2. 乔木。枝、叶、花序密生白色柔毛。果黑色 ································· **毛梾**

灯台树（瑞木、六角树）

[**学名**] Cornus controversa Hemsl.

[**形态**] 落叶乔木，高达 20m，胸径 60cm。树冠圆锥状。大枝平展，层次分明，呈阶梯状。树皮暗灰色，老时浅纵裂。叶互生，广卵形，先端骤渐尖，基部楔形或圆，上面无毛，下面灰绿色，密生白色丁字毛，侧脉 6～8 对，叶柄无毛。花序微有平伏毛，花小、白色。核果球形、紫红至蓝黑色。花期 5～6 月，果熟期 7～9 月。

[**分布**] 产于我国辽宁、陕西、甘肃、华北各省，南至两广及台湾，东自华东沿海，西至西南各省区，生于海拔 400～1600m（西南可达 2500m）混交林中，与喜树、刺楸、香椿等混生。

[**习性**] 喜光，耐侧荫。喜湿润环境，耐热、耐寒，北京地区若种植在风口处易枯枝。喜肥沃湿润排水良好的土壤。适应性强。

图 175　灯台树

[**繁殖与栽培**] 播种、扦插繁殖。以播种为主。

[**用途**] 灯台树主枝层层似灯台，树姿整齐，花色洁白，是优良的庭荫树、行道树。可供公园、庭园、住宅区的草坪、广场、庭院一隅孤植或列植。

灯台树木材材质好，可供雕刻制作文具用。种子榨油。

红瑞木（凉子木）

[**学名**] Cornus alba L.

[**形态**] 落叶灌木，高 3m。树皮暗红色。小枝血红色，幼时常有白粉，无毛。叶对生，卵形或椭圆形、长 4～9cm，先端骤尖，基部楔形、宽楔形，下面粉绿色，侧脉 4～5（6）对，脉下凹，两面疏生柔毛。花小、黄白色。核果长圆形微扁、乳白色或蓝白色。花期 6 月，果熟期 8～10 月。

[**变种与品种**] 银边红瑞木（cv. 'Argenteo-marginata'.）：叶边缘白色。

花叶红瑞木（cv. 'Gonchanltii'.）：叶黄白色或有粉红色斑。

金边红瑞木（cv. 'Spaethii'.）：叶边缘黄色。

[**分布**] 产于我国东北、华北、西北及江西、江苏、浙江、上海等地有栽培。生于海拔600～1700m（甘肃可达2700m）的山地溪边，阔叶林及针阔叶混交林内。

[**习性**] 喜光，耐半荫。耐严寒。喜湿润肥沃的土壤，耐湿，耐干旱。根系发达，萌蘖强。病虫害少。

[**繁殖与栽培**] 播种、扦插、压条、分株繁殖。苗木生长2年即可定植。衰老枝或植株可于基部留1～2芽全部剪除，萌发新枝后适当剥芽疏剪，当年即可恢复。

[**用途**] 红瑞木秋叶变红，枝条红艳，越严寒越显红艳，是理想的冬景树种。宜丛植于河边、池畔、常绿树前及建筑旁。

红瑞木种子榨油。

四照花属　Dendrobenthamia Hutch.

小乔木或灌木。叶对生。头状花序，总苞苞片4，白色，花瓣状，花两性4数，花盘环状或垫状。核果长圆形，多数集合成球形肉质聚花果。

本属有10种，分布于东亚。我国有8种1变种。

四照花（小荔枝、小车轴木）

[**学名**] Dendrobenthamia japonica var. chinensis (Osborn) Fang.

[**形态**] 落叶小乔木，高8m。嫩枝有白色柔毛，后脱落。叶卵形、卵状椭圆形，先端渐尖，基部宽楔形或圆，两面有柔毛，下面粉绿色，脉腋有淡褐色绢毛簇生，侧脉4～5对，弧形弯曲。小花20～30朵聚成头状花序，黄色。花序基部有4枚花瓣状总苞片，白色。聚花果橙红色或紫红色，梗细。花期5～6月，果熟期9～10月。

[**分布**] 我国山西、河南、陕西、江苏、浙江、福建、台湾、安徽、江西、湖南、湖北、四川、贵州、云南等地有分布，生于海拔740～2100m山地杂木林间及溪流边。

[**习性**] 喜光，耐半荫。较耐寒，北京在背风向阳处可露地种植,喜湿润肥沃排水良好的土壤。萌芽力差，不耐重修剪。

图176　四照花

[**繁殖与栽培**] 播种繁殖为主，亦可扦插或用梾木作砧木嫁接繁殖。

[**用途**] 四照花四枚苞片大而洁白，点缀于光亮的绿叶丛中光彩四照，秋叶红艳，果紫红，是一种观赏价值很高的树种。可孤植在堂前、亭边、榭旁；也可丛植于草坪、园路转角、湖滨池畔。

四照花木材制车轴，果酿酒。

桃叶珊瑚属　Aucuba Thunb.

常绿乔木或灌木。单叶互生，有锯齿或全缘。花单性异株，顶生圆锥花序，花小，花盘大。浆果状核果。种子1。

本属约11种。我国有10种。

分 种 检 索 表

1. 小枝有毛。叶长椭圆形至倒卵状披针形，全缘或中上部有锯齿 ································· **桃叶珊瑚**
1. 小枝无毛。叶椭圆状卵形至椭圆状披针形，有锯齿 ·· **东瀛珊瑚**

东瀛珊瑚（青木、日本桃叶珊瑚）

［**学名**］ Aucuba japonica Thunb.

［**形态**］ 常绿灌木。小枝粗圆。叶椭圆状卵形至椭圆状披针形，长8～20cm，深绿色，有光泽，先端渐尖，基部楔形，叶缘疏生锯齿，革质。花小，紫色。浆果状核果，长圆形，鲜红色。花期3～4月，果熟期10～11月。

［**变种与品种**］ 洒金东瀛珊瑚（var. variegata D Ombr.）：叶面有不规则黄色斑点。

［**分布**］ 产于我国台湾及日本。

［**习性**］ 喜荫。太阳直射时，叶易焦枯。耐寒性不强，上海能露地栽培，但新种植株冬天常受冻。不耐干旱。喜湿润肥沃排水良好的土壤。耐修剪。对烟尘及有害气体抗性较强。

图 177 东瀛珊瑚

［**繁殖与栽培**］ 播种、扦插或嫁接繁殖。以实生苗作砧木。栽植时要注意雌雄株比例，通常3：1，可结实累累，否则须人工授粉。应及时修剪徒长枝，以保持树形整齐。

［**用途**］ 东瀛珊瑚枝繁叶茂，果实红艳，是珍贵的耐荫观叶观果树种。宜作下木，也可丛植于庭园一角、假山石背阴面或庭前、院中点缀几株，四季观赏。华南地区可作观赏绿篱。北方盆栽作室内装饰。

Ⅱ. 合瓣花亚纲 Metachlamydeae

合瓣花亚纲是较进化的被子植物。花有花被，通常花瓣合生为其主要特征。花瓣合生成花冠筒，上部有花冠裂片。

杜鹃花科 Ericaceae

常绿或落叶灌木，稀为小乔木、乔木。单叶互生，叶常集生枝顶，全缘，很少有锯齿，无托叶。花两性，辐射对称，单生或簇生，常组成花序，花萼宿存，4～5裂，花冠合瓣，4～5裂，雄蕊是花冠裂片的2倍，花药孔裂，有花盘，子房上位2～5室。蒴果，种子细小。

本科有75属约1350余种，我国有20属约800余种。

<h1 style="text-align:center">杜鹃花属　Rhododendron L.</h1>

常绿或落叶灌木，稀小乔木。常顶生伞形总状花序，稀单生或簇生，萼 5 裂，花冠钟形、漏斗形或管状，5 裂，雄蕊 5～10，子房 5～10 室，胚珠多数。

本属约 800 种。我国约有 600 种，分布于全国，西南各省最多，是世界杜鹃花分布中心。

<h3 style="text-align:center">分 种 检 索 表</h3>

1. 落叶或半常绿灌木
 2. 落叶灌木
  3. 雄蕊 5；花橙黄色，顶生伞形总状花序 ………………………………… 羊踯躅
  3. 雄蕊 10
   4. 叶常 3 枚轮生于枝顶。花双生于枝顶，罕 3 朵 …………………… 满山红
   4. 叶互生，常集生于枝顶。花 2～6 朵，簇生枝顶 ………………… 杜鹃
 2. 半常绿灌木
  5. 花白色，花梗、枝、叶密生柔毛、刚毛及腺毛 ………………… 毛白杜鹃
  5. 花蔷薇红色，有深紫色斑点；花梗、枝、叶密生淡棕色扁平伏毛 … 锦绣杜鹃
1. 常绿灌木
 6. 雄蕊 5
  7. 花单生枝顶叶腋。叶卵形、全缘、端有凸尖头。枝叶光滑，无毛 ……… 马银花
  7. 花 2～3 朵于新梢同放。叶椭圆形，缘有睫毛。枝叶有毛 ……… 石岩杜鹃
 6. 雄蕊 10 以上
  8. 雄蕊 14～16；顶生伞形总状花序，花大、粉红色。叶矩圆形，无毛 … 云锦杜鹃
  8. 雄蕊 10：顶生总状花序，花小、白色。叶倒披针形，枝叶有短毛及腺鳞 ……… 照山白

杜鹃花属树种种类繁多，品种更多，目前已多达数千种，是我国闻名于世的三大名花之一。常根据习性、花期等的不同而有不同的分类方法。在欧美及日本等国常将杜鹃分为落叶与常绿两大类。在我国则较多的是根据花期和来源分成春鹃、夏鹃、春夏鹃及西洋鹃等。花期 4 月为春鹃，5 月下旬至 6 月下旬为夏鹃，春夏鹃则从春至夏开花不绝，花期最长，几乎全是春、夏鹃的杂交种。西洋杜鹃并非产于欧洲，而是由欧洲用原产日本的东亚杜鹃和产于我国的杜鹃进行杂交育种而得到的新品种，所谓的"比利时杜鹃"即是由于当时此项工作的中心在比利时进行，而将育成的新品种称之为"比利时杜鹃"。

杜鹃花在我国一般可根据其分布及生态习性分成三类：

1. 北方耐寒杜鹃类：分布在东北、西北及华北北部，均耐寒，要求光照充足、夏季较凉爽，畏热。如：照山白、迎红杜鹃等。

2. 温暖地带低山丘陵、中山地区杜鹃类：主要分布在中纬度的温暖地带，耐寒性较强，亦耐旱，畏烈日，喜半荫，多生于丘陵、山坡疏林中，如杜鹃、满山红、羊踯躅等。

3. 亚热带高原、山地杜鹃类：主要分布于西南较低纬度地区，以常绿的高山杜鹃为主，要求空气湿度较高的环境，如云锦杜鹃、马缨杜鹃等。

杜鹃花（映山红、山踯躅）

［学名］Rhododendron simsii Planch.

［形态］ 落叶灌木,高1~3m。分枝多,枝细直,老枝灰黄色、无毛,幼枝有棕色扁平的糙伏毛。叶纸质、卵形或椭圆形,叶面疏生糙伏毛,背面密生棕色糙伏毛。花2~6朵簇生枝端,花蔷薇色、鲜红色或深红色,有紫斑,雄蕊10,花药紫色,花萼小,5深裂,密生棕色扁平的糙伏毛。子房、蒴果都密生棕色扁平的糙伏毛。种子细小。花期4~6月,果熟期10月。

［分布］ 分布于我国长江流域各省,东至台湾,西达四川、云南、北至陕西南部。山东沂蒙山及河南南部山地、江西庐山低山坡、峨眉山海拔1000m以下的路旁、林缘常见。

［习性］ 喜半荫。稍耐寒,喜凉爽湿润通风良好的气候。是酸性土的指示树种,土壤pH值4.5~6.0左右最好,中性土也能适应。喜土壤疏松、排水良好,耐瘠薄干燥,忌石灰质土壤和粘重过湿的土壤。萌芽力不强,根系浅、纤细、有菌根,忌浓肥。

图178 杜鹃花

［繁殖与栽培］ 扦插为主,亦可播种、嫁接、压条、分株繁殖。扦插后要立架、盖塑料薄膜,以保持空气相对湿度;并搭棚遮荫。移植时要带土球。花落后移植最好。宜用酸性肥料,忌浓肥。

［用途］ 杜鹃花花繁色艳,盛开时烂漫似锦。杜鹃花种类繁多,春、夏开花,花色丰富,花型多样,宜在针叶树下、疏林下成片种植。园林中常设杜鹃专类园;可配置于路边、林缘、溪边、石隙、池畔、草坪上用各种花色点缀春夏景色。庭园中常配置在建筑的台阶前、庭荫树下、墙角、岩际。盆栽观赏,也可制作盆景,是室内摆花的好材料。

杜鹃花全株入药。

锦绣杜鹃

［学名］ Rhododendron pulchrum Sweet.

［形态］ 半常绿灌木,高1~2m。叶纸质,椭圆形,长3~6cm,被有淡棕色扁平伏毛。花1~3朵生于顶芽,花冠宽漏斗状、蔷薇紫色,有紫斑,裂片5,雄蕊10枚、长短不一、较花冠略短。花期5月。

［分布］ 原产我国,华东地区栽培较多,花色艳丽,是当地主要的春天开花杜鹃类。

毛白杜鹃 (白花杜鹃)

［学名］ Rhododendron mucronatum G. Don.

［形态］ 半常绿灌木,高1~2m。分枝密,枝叶密生灰柔毛及粘质腺毛。叶长椭圆形,长3~6cm。花白色,1~3朵簇生于枝顶。花期4~5月。

［分布］ 原产我国中部。花色洁白,生长强健,宜庭园栽种,亦是杜鹃花属树种嫁接繁殖常用的砧木。

蓝荆子 (迎红杜鹃)

［学名］ Rhododendron mucronulatum T. urcz

［形态］ 落叶灌木,高1.5m。分枝多,小枝细长,疏生鳞片。花淡红紫色,径3~4cm,2~5朵簇生枝顶,先叶开放。雄蕊10。花期4~5月。

［分布］ 产于我国东北、华北、山东等地。耐寒能力很强,是北方主要的杜鹃花属树种。

云锦杜鹃（天目杜鹃）

[学名] Rhododendron fortunei Lindl.

[形态] 常绿乔木，高 3～4m。叶厚革质，簇生枝顶，长椭圆形，长 10～20cm，全缘，叶背有白粉，枝叶均无毛。花大，粉红色，6～12 朵排成顶生伞形总状花序，花冠 7 裂。花期 5 月。

[分布] 分布于我国浙江、江西、安徽、湖南等山区，喜湿润气候，是常绿杜鹃中较耐寒且较适宜平原地区栽培的树种。

羊踯躅（闹羊花、黄杜鹃）

[学名] Rhododendron molle G. Don.

[形态] 落叶灌木，高 1.5m。分枝稀疏，直立。叶长椭圆形或椭圆状倒披针形，长 6～12cm，缘有睫毛，叶两面有毛，纸质。顶生伞形总状花序，花金黄色，径 5～6cm。花期 4～5 月。

[分布] 原产于我国长江流域及以南各地，多生于海拔 200～2000m 的山坡上。是杜鹃花属中极少开黄花的树种；全株有剧毒，须慎用。

柿树科 Ebenaceae

乔木或灌木。单叶互生，稀对生，全缘，无托叶。花单性异株或杂性，整齐，单生或成聚伞花序，腋生，萼 3～7 裂，宿存，花冠 3～7 裂，雄花有退化雌蕊，雄蕊为花冠裂片的 2～4 倍，罕同数，生于花冠管的基部，花丝短，花药 2 室，药隔显著，纵裂，雌花有退化雄蕊 4～8，花柱 2～8 枚，子房上位，2～16 室，每室胚珠 1～2。浆果多肉质。种子有硬质胚乳，子叶大，种脐大。

本科有 7 属 450 余种，主产于热带，我国有 2 属 41 种。

柿树属 Diospyros L.

落叶或常绿，乔木或灌木。无顶芽，芽鳞 2～3。花单性异株，稀杂性，雄花聚伞花序，雌花常单生叶腋，花 4～5 数，萼 4 裂，果熟时宿存并增大，花冠壶形或钟形，白色，雄蕊 4～16，子房 4～12 室。种子大，扁平。

本属约 200 种，我国约 40 种。

分 种 检 索 表

1. 小枝有明显的短柔毛
  2. 枝有刺。叶椭圆形、倒卵状长椭圆形。果柱状球形，径约 2cm。常绿灌木、小乔木 ……… 瓶兰
  2. 枝无刺
    3. 萼全裂。果小，径约 2cm；果梗长 4cm。叶长圆状披针形。常绿灌木 ………………… 乌柿
    3. 萼深裂。果大，径 3.5～8cm；果梗较短。叶大，矩圆状或卵状椭圆形。落叶乔木 ……… 柿树
1. 小枝平滑无毛，稀疏生短柔毛
  4. 果小，蓝黑色，球形，有白色蜡层。叶椭圆形，表面密生绒毛后脱落。无刺乔木 ………… 君迁子
  4. 果橙红色，卵球形，有短柔毛。叶卵状菱形倒卵形，表面沿脉有黄褐色毛后脱落，背面多少有毛。多
    枝刺，落叶灌木……………………………………………………………………………… 老鸦柿

柿树

[学名] Diospyros kaki Linn. f.

[形态] 落叶乔木，高达15m。树冠扁球形。树皮深灰色、裂成长方形小块。幼枝、嫩叶密生锈黄色毛，后渐脱落。叶卵状或矩圆状椭圆形，长6～14cm，先端尖或渐尖，基部圆或宽楔形，老叶上面光绿色，下面沿脉有毛，叶柄多毛。花黄白色。浆果扁球形，径3.5～8cm，熟时橙黄红色。花期5～6月，果熟期9～10月。

图179 柿树

[分布] 原产我国长江流域，栽培历史悠久，分布广泛，自东北南部、黄河流域海拔500m以下至长江流域各地，西北至陕西、甘肃南部，西至四川中部、云南省，南至广东、广西，东至台湾省。以山东、河北、北京、河南、陕西、山西产量最多，是我国北方主要的果树之一。我国约有300个品种，从分布而言，可分为南、北二类。南方品种耐寒能力弱，不耐旱，果实小，红色；北方品种则耐寒能力强，且耐旱，果实大，橙黄色。

[习性] 喜光，耐寒，能耐-20℃低温。喜土壤深厚肥沃，耐干旱瘠薄，耐湿，不耐盐碱。对二氧化硫等有害气体抗性较强。深根性，根系发达。萌芽力强，寿命长。

[繁殖与栽培] 嫁接繁殖。北方用君迁子，南方用野柿、油柿、老雅柿作砧木。砧木苗定植3～4年后，春季树液流动时枝接最好；开花时芽接成活最好。接后4～5年开始结果，10年后进入盛果期，300年以上大树仍能丰产。应及时施肥，注意修枝整形。

[用途] 柿树树形优美，夏季浓荫似盖，入秋红果累累，秋叶红艳，观果、观叶、遮荫俱佳。可孤植作庭荫树，或与常绿、落叶的秋景树种混植风景林；丛植于草坪或庭园点缀秋景。居民新村、机关单位、宾馆都适合栽培。

柿树的果实去涩后供鲜食，亦可加工柿饼、制醋、酿酒。果蒂、根、叶入药。

君迁子（黑枣、软枣）

[学名] Diospyros loeus L.

[形态] 落叶乔木，高达14m。干皮灰色，呈方块状深裂。小枝及叶背面具灰色毛，叶椭圆形或长椭圆形，长6～13cm，全缘，具波状起伏，叶面无光泽，背面灰绿色。花淡黄至红色。果球形、小，径1.2～1.8cm，初为橙色，熟时蓝黑色，外被白粉。

[分布] 同柿树。其适应性较柿树更强，常用作嫁接柿树的砧木。

乌柿

[学名] Diospyros sinensis Hemsl.

[形态] 常绿、半常绿或落叶灌木。枝纤细暗褐色，有长短枝。叶椭圆状卵形至披针形，背面有短柔毛。花淡绿色。浆果深红色，散生黑色小斑点，有短柔毛，可孤雌结实。花期4月，果熟期9月。

[分布] 原产于我国长江流域，生于海拔800m以下湿润疏林中及沟谷、林缘。

[习性] 喜阴湿。耐旱，耐寒，北京避风处可以越冬。喜肥沃排水良好的土壤。萌蘖性强，耐修剪。

［**繁殖与栽培**］　分株、压条繁殖，亦可播种或以雄株为砧木嫁接繁殖。加强水肥管理则花多果多。华北地区幼苗需保护，4～5 年后可安全越冬。

［**用途**］　乌柿果实殷红可爱，秋冬常挂枝头，是优良的观果树种。宜配置在庭园角隅、亭台阶前、岩石旁、林缘；与不同颜色的观果树种配置，则更显色彩丰富，其景观不逊色于百花齐放之春色。是制作盆景的重要树种，"川派"盆景的主要树种"金弹子"，即柿树科之乌柿、瓶兰、老雅柿等的泛称。

木犀科　Oleaceae

乔木或灌木，稀藤木，常假 2 叉分枝。叶对生，稀互生，羽状脉，稀 3 出脉，无托叶。花两性，整齐，圆锥、总状或聚伞花序：萼小，4 齿裂，花冠 4 裂，稀无花被，雄蕊通常 2，着生在花冠筒上，称为"冠生雄蕊"；子房上位 2 室，胚珠 2。蒴果、浆果、核果或翅果。

本科有 29 属约 600 种，分布于北半球温带至热带。我国有 13 属 200 余种，多为观赏树种。

分 属 检 索 表

1. 翅果或蒴果
　2. 翅果
　　3. 单叶。花序间有叶。翅在卵形果实周围 ┄┄┄┄┄┄┄┄┄┄┄┄┄┄┄┄┄┄ **雪柳属**
　　3. 复叶。花序间无叶或有叶状小苞片。种子长圆形，顶端有翅 ┄┄┄┄┄┄┄┄ **白蜡树属**
　2. 蒴果
　　4. 枝髓中空或片状。花黄色簇生，先叶开放 ┄┄┄┄┄┄┄┄┄┄┄┄┄┄┄┄ **连翘属**
　　4. 枝髓充实。花紫蓝色、白色，圆锥花序顶生，与叶同放 ┄┄┄┄┄┄┄┄┄┄ **丁香属**
1. 核果或浆果
　5. 核果
　　6. 花序簇生或腋生。常绿性
　　　7. 花两性或单性：花冠 4 裂达中部。枝叶常有银色皮屑状鳞片 ┄┄┄┄ **木犀榄属**
　　　7. 花杂性或两性或雌雄异株：花冠 4 深裂，花芳香 ┄┄┄┄┄┄┄┄┄┄┄ **木犀属**
　　6. 花序顶生。常绿或落叶
　　　8. 花冠裂片长、线形。核果肉质。落叶性 ┄┄┄┄┄┄┄┄┄┄┄┄┄┄┄ **流苏树属**
　　　8. 花冠裂片短，花小。浆果状核果。常绿或落叶性 ┄┄┄┄┄┄┄┄┄┄┄ **女贞属**
　5. 浆果、常成对着生。花大，高脚碟形 ┄┄┄┄┄┄┄┄┄┄┄┄┄┄┄┄┄┄┄┄ **茉莉属**

雪柳属　Fontanesia Labill.

落叶小乔木、灌木。单叶对生，全缘或有细锯齿。圆锥花序，花瓣 4、分离，雄蕊比花瓣长。翅果，翅着生于果核周围。

本属有 2 种。我国与亚洲西部各产 1 种。

雪柳（五谷柳、过街柳）

［**学名**］　Fontanesia fortunei Carr.

［形态］　落叶小乔木、或灌木状，高 9m。树皮薄片状剥落。小枝细，四棱形，各部无毛。叶披针形、卵状披针形，先端渐尖，基部楔形，全缘，叶柄短，不及 5mm。圆锥花序顶生，花绿白色。翅果小，倒卵形。花期 5～6 月；果熟期 9～10 月。

［分布］　原产于我国，河北、山西、陕西、甘肃、山东、江苏、安徽、浙江、河南、湖北、广东、辽宁、内蒙古等地都有栽培。多生于山沟、溪边湿润处。

［习性］　喜光，稍耐荫。较耐寒，喜湿润肥沃的土壤，亦耐干旱，除盐碱地外各种土壤都能生长。萌芽力强，生长快，耐烟尘及有害气体能力较强，防风能力强，虫害较多。

［繁殖与栽培］　扦插为主，亦可播种或压条。插穗如有 3 个节，则成活率高。

［用途］　雪柳繁花似雪，枝叶密生，枝条柔软易弯曲，耐修剪，是优良的绿篱树种。可配置于河岸边、水池旁、草坪边缘或绿化居民新村和街道，保护环境。

雪柳茎皮纤维供制人造棉，枝条编筐，嫩叶代茶，花是优良蜜源。

白蜡属　Fraxinus L.

落叶乔木、稀灌木。奇数羽状复叶，小叶对生。花两性或单性异株，圆锥花序，萼小或缺、裂或不裂，花瓣 2～6 或无、分离或基部合生。翅果、果核先端有长翅。种子 1，有胚乳。

本属有 70 余种，主要分布于温带、亚热带。我国有 27 种引入 1 种。

分　种　检　索　表

1. 花序生于当年生枝顶及叶腋。叶后开放
　2. 单被花：萼钟形、4 深裂或不整齐分裂。乔木。小叶 7，基部 1 对较小，叶背沿脉有短柔毛
　　 ………………………………………………………………………………………… 白蜡
　2. 双被花：萼小、裂片尖。小乔木、灌木。小叶 5，基部 1 对略小或相等，光滑无毛。花瓣条形
　　 ………………………………………………………………………………… 小叶白蜡
1. 花序生于去年生枝的叶腋。先叶开放
　3. 单被花：翅果上有宿存萼
　　4. 果翅长于果核。叶无毛或中脉基部疏毛，小叶 7 (5～13)，小叶柄长 0.5～2cm …… 美国白蜡
　　4. 果翅等于或短于果核。叶下面常有短柔毛，小叶 5 (3～9)，小叶柄短在 0.5cm 以内或无柄。
　　　小枝有茸毛 ……………………………………………………………………… 绒毛白蜡
　3. 无被花：翅果扭曲，萼早落。小叶 7～11，矩圆状披针形或卵状披针形、顶端小叶特大，下面沿脉密生锈色毛 ………………………………………………………………………… 水曲柳

白蜡树（梣、白荆树）

［学名］　Fraxinus chinensis Roxb.

［形态］　落叶乔木，高达 15m。树冠卵圆形。树皮黄褐色。小枝光滑无毛。小叶通常 7 (5～9)，椭圆形或椭圆状卵形、长 3～10cm，先端渐尖，基部楔形，顶端小叶常倒卵形，细尖锯齿；下面沿中脉有毛或无毛。花序大、长 8～15cm，单被花，花萼钟形，不规则缺裂。翅果倒披针形、长 3～4.5cm。花期 4 月，果熟期 8～9 月。

［变种与品种］　大叶白蜡 ［var. rhynchophylla (Hance) Hemsl.］：小叶通常 5 (3～

7）宽卵形或倒卵形、长 4～16cm，先端小叶特宽大，基部 1 对较小，齿粗钝或波状，下面沿中脉和花轴节上有锈色柔毛。

图 180　白蜡

［分布］　分布于我国黄河流域、长江流域各省区，生于海拔 800～1600m 的山沟、山坡及河岸。

［习性］　喜光，稍耐荫。适应性强，耐寒，耐干旱，对土壤适应性强，耐水湿。喜深厚肥沃土壤。对烟尘及有害气体抗性强。根系发达，萌蘖力强，生长快，寿命长。

［繁殖与栽培］　扦插繁殖为主。种子发芽率很低，生产上很少播种繁殖。在南方栽培虫害较多，尤以天牛危害为甚。

［用途］　白蜡树姿挺秀，叶繁荫浓，秋叶金黄，宜作行道树、庭荫树，街头绿地、人行道、湖畔、河岸都可以种植。可与其他树种配置风景林绿化山坡和水库堤岸。

白蜡材质优良，北方农村常用白蜡杆作农具，枝条编筐，枝叶放养白蜡虫、制取白蜡。

绒毛白蜡（津白蜡）

［学名］　Fraxinus velutina torr.

［形态］　落叶乔木，高达 18m。树冠阔卵形。分枝点不高，干形匀称。树皮灰褐色，浅纵裂。幼枝、冬芽上均具绒毛。小叶 3～7 枚，以 5 枚为多。顶生小叶较大，狭卵形，叶缘有锯齿，叶背有绒毛。花序生于 2 年生枝上。翅果长圆形，果比翅长或与翅等长。花期 4 月；果熟期 10 月。

［分布］　原产于北美，我国华北、内蒙古南部、辽宁南部、长江下游均有栽培。

［习性］　喜光。耐寒，对土壤适应性强，耐含盐量 0.3％～0.5％的盐碱土，耐干旱瘠薄，也耐水涝。病虫害较少，耐修剪，对烟尘及有害气体抗性强。

［繁殖与栽培］　播种繁殖。

［用途］　绒毛白蜡冠大荫浓，对城市环境适应性强，尤其是土壤含盐量高的沿海城市绿化的优良树种。常植作行道树、庭荫树及防护林，是工矿区绿化树种。

水曲柳

［学名］　Fraxinus mandshurica Rupr.

［形态］　落叶乔木，高达 30m。树干通直。小枝略呈四棱形。小叶 7～13、无柄，叶轴具狭翅，椭圆状披针形或卵状披针形，长 8～16cm，缘有细尖锯齿，叶背沿脉及叶轴有黄褐色毛。圆锥花序腋生，雌雄异株，无花被。翅果扭曲。花期 5～6 月，果熟期 10 月。

［分布］　我国东北、华北，以小兴安岭为最多，是东北林区主要的用材树种；亦是阔叶树中生长较快、材质好的珍贵树种。耐严寒，稍耐盐碱，适应性强，宜在东北、华北园林中作庭荫树、行道树。

连翘属　Forsythia Vahl.

落叶灌木。枝中空或片状髓。单叶、稀 3 小叶或深裂，全缘或有齿。花 1～6 朵腋生，先叶开放；萼4深裂，宿存，花冠黄色钟形，裂片长于筒部，雄蕊着生在花冠基部，花柱细长。蒴果2室。种子多数。

本属约6种，我国有5种。

分 种 检 索 表

1. 枝中空。叶常3裂或3小叶。花萼裂片长圆形与花冠筒等长。果多瘤点、萼宿存 ················· **连翘**
1. 枝片状髓。单叶卵状披针形。花萼裂片卵圆形，常为花冠筒之半。果瘤点少，萼脱落 ········· **金钟花**

连翘

〔学名〕 Forsythia suspensa (thunb.) Vahl.

〔形态〕 丛生落叶灌木，高4m。枝条开展。小枝稍有四棱、髓心中空或只节部为片状。单叶或3小叶，叶卵形、宽卵形或长椭圆状卵形，缘有粗锯齿。花色金黄，常单生叶腋。果卵圆形，表面散生疣点。花期4月，先叶开放，果熟期7～9月。

〔分布〕 产于我国东北，河北、内蒙古、陕西、山西、甘肃、山东、江苏、河南、湖北、四川、云南等省区都有分布，生于海拔400～2000m的山坡溪谷的疏林或灌丛中。

〔习性〕 喜光，略耐荫。耐寒，对土壤适应性强，喜肥，耐瘠薄，耐干旱，忌积水。对烟尘及有害气体抗性强。根系发达，生长快，萌蘖性强，病虫害少。

〔繁殖与栽培〕 扦插、压条、分株、播种繁殖。

〔用途〕 连翘枝条拱形开展，花色金黄，灿烂可爱，是北方早春观花树种。可丛植于草坪、池畔、假山旁、角隅、台阶前或篱下，还可以植自然式花篱，常与紫荆、榆叶梅等各种花灌木配植点缀春景。根系发达可固堤护岸。

连翘果实是重要的中药材，种子榨油工业用。

图181 连翘

金钟花（黄金条、单叶连翘）

〔学名〕 Forsythia viridissima Lindl.

〔形态〕 丛生落叶灌木，高3m。小枝四棱状，髓心薄片状。单叶对生，叶椭圆形或椭圆状披针形，中部以上粗锯齿。花金黄色，1～3朵簇生叶腋。果卵圆状。花期3～4月，先叶开放。果熟期7～8月。

〔分布〕 分布较连翘偏南。生长强健，适应性强。耐寒性、耐旱力较前者稍差，但耐湿能力很强。花繁盛，是长江流域南北较大范围内主要的早春花木。

丁香属 Syringa L.

落叶灌木、小乔木。无顶芽，假二叉分枝。单叶对生，全缘、稀有裂，稀复叶。圆锥花序，花萼宿存，花冠漏斗状4裂，裂片开展镊合状排列。蒴果2裂。种子有翅。

本属约40种，我国约30种，分布于东北至西南各地。

分 种 检 索 表

1. 花冠筒比萼长，花丝短或无
  2. 通常无顶芽。花序发自侧芽
    3. 叶卵圆形、宽略小于长，先端渐尖；秋季落叶时仍绿色。花冠通长约 10mm ………… 欧洲丁香
    3. 叶宽卵形、宽大于长，先端短尖；秋季落叶时橙黄色。花冠通长约 10~15mm ………… 紫丁香
  2. 有顶芽。花序大而松散顶生。叶大，长 10~16cm，卵状矩圆形至倒卵状矩圆形，先端突尖、短渐尖，
    下面灰绿色 ……………………………………………………………………… 辽东丁香
1. 花冠筒不长于萼长或略长，花丝细长
  4. 叶先端长渐尖，基部狭窄楔形或近圆，下面无毛。花黄白色，雄蕊与花冠裂片等长 …… 北京丁香
  4. 叶先端突渐尖或钝尖，基部楔形圆形近心形或宽楔形，下面有时疏生短柔毛。花白色，雄蕊长为花
    冠裂片的 2 倍，伸出冠外 …………………………………………………………… 暴马丁香

紫丁香（丁香、华北紫丁香）

[学名] Syringa oblata Lindl.

[形态] 落叶灌木、小乔木，高 5m。小枝粗状无毛，灰色。叶卵圆形至肾形，通常宽大于长，先端短渐尖，基部心形至截形，全缘，无毛，薄革质或厚纸质。花序疏松顶生，长 10~15cm，疏生或密生腺状毛或无毛；花堇色、淡紫色，芳香。果椭圆状稍扁，先端尖。花期 4~5 月，果熟期 9~10 月。

[变种与品种] 白丁香（var. alba Rehd.）：叶较小，下面稍有短柔毛。花白色、芳香、单瓣。

佛手丁香（var. plena Hort.）：花白色、重瓣。

紫萼丁香（var. giraldii Rehd.）：花萼、花瓣轴都为紫色。

[分布] 分布于我国吉林、辽宁、河北、内蒙古、山西、陕西、甘肃、新疆、山东、四川等省区。生于海拔 1500m 以下的山地阳坡、石缝及山谷间。

[习性] 喜光，稍耐荫。耐寒、耐旱。喜湿润肥沃的土壤，在排水良好的干爽环境下生长良好。忌低洼地栽种。对有害气体有一定的抗性。

图 182 丁香

[繁殖与栽培] 播种、分株、压条、扦插、嫁接繁殖。砧木用女贞、小叶女贞、流苏等。春季枝接，夏季芽接均可。华东偏南地区一般在女贞上高接；若以赏花闻香为主，栽培时宜截顶"压高"，保持株高在 2m 左右，要随时除去根蘖；花谢后除去残花，以利养分积累，翌年叶繁花盛。

[用途] 丁香叶形秀丽，赏花闻香皆宜，是北方园林中最常用的春季花木之一。常丛植于路边、草坪一角、墙角、窗前、林缘，幽香宜人。可由各种丁香配置成专类园。盆栽观赏或作切花。

丁香种子入药，嫩叶代茶。

暴马丁香（暴马子）

[学名] Syringa amurensis Rupr.

[形态] 落叶灌木至小乔木，高 8m。树冠近圆形。树皮粗糙，多有灰白色斑。小枝较细。叶卵形至宽卵形，长 5～10cm，全缘，先端突尖，基部通常圆或截形，叶背网脉隆起。花序大而疏散，长 10～15cm，花冠白色，筒短；花丝细长，雄蕊几乎为花冠裂片的 2 倍。果矩圆形、先端钝。花期 5～6 月。

[分布] 分布于我国东北、华北及西北东部。适应性强，是北方丁香属树种嫁接繁殖的砧木。花期较晚，亦适合与丁香配植，以延长树丛的花期。

垂丝丁香

[学名] Syringa reflexa Schneid.

[形态] 落叶灌木，高 4m。枝粗大。叶卵状长椭圆形至长椭圆状披针形，长 8～15cm，先端渐尖，基部楔形，叶背有绒毛。花序下垂，长 10～18cm，花冠表面粉红色至淡紫色，里面白色，香味不明显。花期 5～6 月。

[分布] 原产于我国湖北山区。喜凉爽湿润气候，是丁香属中最为艳丽、观花效果最好的一种，惜香味较逊色；若能育成香艳兼佳的品种，则更为人们所推崇。

欧洲丁香（洋丁香）

[学名] Syringa vulgaris L.

[形态] 落叶灌木或小乔木，高 7m。枝挺直。叶卵圆形，叶基多为宽楔形或平截，叶长大于宽。花冠淡紫色。花期 4～5 月。

[分布] 原产于欧洲东南部，是欧洲栽培最普遍的花木，品种很多。我国北京、上海、青岛、南京等大城市有引种栽培。

木犀榄属（油橄榄属）　　Olea L.

常绿小乔木或灌木。单叶，对生，全缘或具齿。圆锥花序通常腋生，有时为总状花序或伞形花序；花小，两性或单性，雌雄异株或杂性异株。核果，内果皮骨质或硬壳质。

本属约 40 余种，分布于非洲南部、欧洲南部、亚洲。我国约 13 种，多分布于云南和广东南部、引入 1 种。

油橄榄（洋橄榄、齐墩果）

[学名] Olea europaea L.

[形态] 常绿小乔木，高 15m。树皮粗糙，老时深纵裂并生有树瘤，嫩枝四棱形。叶对生、披针形至窄椭圆形，先端稍钝、具小凸头、革质，全缘。叶背面密生银白色皮屑状鳞毛、呈灰白色。圆锥花序、腋生，花小、黄白色，芳香，花萼钟状。核果，椭圆形、卵形，因品种而异，熟时紫黑色或黑色，光亮。花期 5 月，果熟期 8～12 月。

[分布] 原产地中海沿岸，是地中海型的亚热带树种。要求冬季温暖湿润，夏季干燥炎热的气候条件。我国引种至长江流域及以南栽培。

[习性] 喜光，喜温暖，稍耐寒，个别品种可耐短期－16℃低温。对土壤适应性强，最宜土层深厚、排水良好、pH 值 6～7.5 的沙壤土，稍耐干旱，对盐分有较强的抵抗力，不耐积水。无主根，侧根发达。一年内枝条可抽梢 2、3 次。发枝力强，一般情况下腋芽均可形成侧枝，潜伏芽和不定芽在一定条件下也可抽生成枝条。寿命长。结实年龄可达 400 年

之久。因此有"穷地上的富树"之称。

[繁殖与栽培] 播种、嫁接、扦插繁殖。个别不耐寒品种，冬季要注意防冻。

[用途] 油橄榄枝叶茂密，叶背银白色、阳光下熠熠生辉，秋季果实紫红色，有光泽，挂满枝头。是良好的观叶观果树种。在庭园中可孤植、丛植、群植于草坪、墙隅，亦可作高篱、修剪成球形供观赏。

油橄榄是一种适应性强且高产的木本油料树种。其果实可榨油，为高级食用油或供工业、卫生医疗事业用。果实可盐渍或糖渍，制蜜饯。

木犀属 Osmanthus Lour.

常绿乔木或灌木。单叶对生，全缘或有锯齿。花两性、单性或杂性，簇生或短圆锥、总状花序，腋生；花冠4深裂，裂片圆、覆瓦状排列。核果。

本属约40种，分布于亚洲和美洲，我国约27种。

分 种 检 索 表

1. 叶全缘或上半部疏生细锯齿 ··· 桂花
1. 叶缘每边有1~4刺状锯齿·· 刺桂

桂花（木犀、岩桂）

[学名] Osmanthus fragrans Lour.

[形态] 常绿小乔木，高10m。侧芽迭生。叶矩圆形、椭圆形或卵状披针形，长5~12cm，先端渐尖，基部楔形、宽楔形，革质，全缘或中部以上疏生细齿，叶柄长0.5~1.5cm。聚伞花序簇生叶腋，花小、黄色或白色，香味浓郁，花梗细长。果椭圆形，紫黑色。花期8~10月，果翌年成熟。

[变种与品种] 丹桂（var. aurantiacus Mak.）：花橙红色、较香。

金桂（var. thunbergii Mak.）：花金黄色、香味最为浓郁，花期较早。

银桂（var. latifolius Mak.）：花白色、香味宜人。

四季桂（var. semperflorens Hort.）：花白色或淡黄色，淡香，一年多次开花。花期5~9月。

图183 桂花

[分布] 原产我国西南部，已有两千多年的栽培历史，长江流域及以南各省都有栽培。主要分布于广西、湖南、贵州、浙江、湖北、安徽南部、江苏南部、福建、台湾等各省区，山东崂山也有栽培。是杭州、苏州、桂林等城市的市花。

[习性] 喜光，稍耐荫；但强日照或过分荫蔽对生长都不利。喜温暖湿润气候，要求年降雨量1000mm左右，年平均温度14~18℃，7月份平均温度24~28℃，1月份平均0℃

以上，能耐短期−13℃左右的低温，空气湿润对生长发育极为有利，干旱、高温则影响开花。喜肥沃排水良好的中性或微酸性的沙壤土，碱性土、重粘土或洼地都不宜种植。花芽着生在当年的春梢上，隔年枝条花芽少质差。实生苗需 15 年以上开花。对有毒气体有一定的抗性，但不耐烟尘。根系发达，萌芽力强，寿命长。

[繁殖与栽培] 扦插、嫁接或压条繁殖。春插用一年生发育充实的枝条，夏插用当年生的嫩枝扦插。嫁接用女贞、流苏或小叶女贞作砧木，接口要低。生长期应加强肥水管理，中耕除草宜勤，夏伏期遇天旱应灌溉培土，成年树每年至少应施肥 3 次，花后修剪过密枝和夏秋徒长枝，春季萌发前应修剪病虫枝、枯弱枝。栽植地应避免烟尘的危害，否则难以开花。

[用途] 桂花赏花闻香，树姿丰满，四季常青，是我国珍贵的传统香花树种。可孤植、丛植于庭园或公园的草坪、窗前、亭旁、水滨、花坛、树坛。庭前对植是传统的配置手法，即所谓"两桂当庭"、"双桂流芳"、"桂花迎贵人"。广西桂林用桂花作行道树，还可成片栽植成专类园，如上海的"桂林公园"就是以赏桂花为主的公园。尤宜在中秋赏月的景点种植桂花，如杭州之"平湖秋月"、"三潭映月"种植大量的桂花，每当中秋月圆时，赏月闻香，别有一番情趣。长江以北地区宜盆栽观赏。花枝可切花插瓶。

桂花的花粉可制香精，是食品、化妆品工业的优良香料，也可以糖渍，种子榨油。

刺桂（柊树）

[学名] Osmanthus heterophyllus (G. Don.) P. S. Green.

图 184　刺桂

[形态] 常绿灌木或小乔木，高 6m。单叶对生，卵形至长椭圆形，缘有 1～4 对刺状锯齿、偶全缘，硬革质。花簇生叶腋、白色、香味较淡。核果卵圆形。花期 10～11 月，果翌年成熟。

[分布] 原产于我国华南及台湾，长江以南有栽培。适应性较强，花较桂花稍晚开放。

流苏树属　Chionanthus L.

落叶乔木或灌木。侧芽迭生。单叶对生，全缘或有锯齿，有托叶。圆锥花序排列较疏散，花两性或单性异株；花冠白色，4 深裂，裂片狭窄，花丝短或无，花柱短。核果肉质，卵圆形。种子 1。

本属有 2 种，北美 1 种，我国产 1 种。

流苏树（白花茶、油筋子）

[学名] Chionanthus retusa Lindl. et Paxt.

[形态] 落叶乔木或灌木状，高达 20m。树冠平展。树皮灰色，大枝皮常纸质剥裂，嫩枝有短柔毛。叶革质，椭圆形、倒卵状椭圆形，先端钝圆，基部楔形或圆，全缘（幼树叶缘有细锯齿），叶柄基部带紫色、有毛，叶背脉上密生短柔毛、后无毛。聚伞状圆锥花序顶

生，花白色、芳香，花冠裂片狭长、长 1～2cm，花冠筒极短，单性异株。核果蓝黑色，长 1～1.5cm。花期 4～5 月；果熟期 7～8 月。

[分布]　原产于我国，分布于河北、山西、陕西、山东、甘肃、河南、江苏、浙江、江西、福建、广东、四川、云南等省区，东北南部有栽种；生于海拔 650～1500m 的向阳山坡、山沟或河边。常采嫩叶代茶，故称"白花茶"。

[习性]　喜光，耐荫。对土壤适应性强，喜湿润肥沃的沙壤土。耐寒，耐旱，不耐涝。生长较慢，寿命长。

[繁殖与栽培]　播种、扦插或嫁接繁殖。用白蜡属树种作砧木嫁接容易成活。作丛植宜保持树型的自然完整，下部侧枝不宜修剪过度。若列植，则应在苗期培养主干。

图 185　流苏树

[用途]　流苏树盛花时，似白雪压树，蔚为奇观；花冠裂片狭长，宛若流苏，清秀典雅。宜作庭荫树或植于草坪、园路旁，也可以丛植于安静的休息小区，遮荫，赏花，闻香，幽静宜人。

流苏木材质硬可制器具，根入药，种子榨油。

女贞属　Ligustrum L.

落叶或常绿，灌木或乔木。单叶对生、全缘。复聚伞花序顶生，萼钟形，4 齿或全缘，花冠裂片镊合状排列。浆果状核果，黑色、蓝黑色。种子 1～4。

本属约 50 种，我国约 38 种，南北都有。本属树种宜修剪整形，作绿篱。

分 种 检 索 表

1. 常绿。叶革质。小枝及花序光滑
　2. 乔木。叶先端渐尖，侧脉 5～8 对，两面明显 ················· 女贞
　2. 灌木。叶先端短尖或稍钝，侧脉 4～5 对，不明显，花冠裂片稍短于花冠筒 ·········· 日本女贞
1. 落叶或半常绿。叶近革质或纸质
　3. 花序长 4cm 以上，花冠筒等于或短于花冠裂片，圆锥花序
　　4. 花无梗，花序长 7～20cm，花冠筒和花冠裂片等长。叶两面无毛 ·········· 小叶女贞
　　4. 花有梗，花序长 4～10cm，花冠筒短于花冠裂片。叶下面沿中脉有短柔毛 ········· 小蜡
　3. 花序短、仅 2～3.5cm，花冠筒比花冠裂片长 2 倍以上，花梗有短柔毛 ·········· 水蜡

女贞（冬青、白蜡树）

[学名]　Ligustrum lucidum Ait.

[形态]　常绿乔木，高达 15m。树皮灰色，平滑不裂，各部无毛。叶革质，卵形、卵状披针形、长 6～12cm，先端渐尖，基部宽楔形近圆。花白色，芳香。果肾形，熟时蓝黑色，有白粉。花期 6 月；果熟期 11～12 月。

［分布］ 产于我国秦岭、淮河流域以南至广东、广西，西至四川、贵州、云南。生于海拔 300～1300m 间的山林中、村边或路旁。山西、河北、山东的南部有栽培。

［习性］ 喜光，能耐荫。耐寒性不强，淮河以北冬季常落叶。喜深厚肥沃湿润的土壤，较耐湿，不耐干旱瘠薄，沙地不宜种植。深根性，须根发达。生长快，萌蘖性，萌芽力都强，耐修剪，耐烟尘，抗二氧化硫能力强，对氯化氢等有害气体有一定的抗性。

［繁殖与栽培］ 播种为主，亦可扦插或压条繁殖。绿篱用一年生苗，离地面 15～20cm 处截干，以促进侧枝生长。庭园绿化应培育 3 年生以上大苗，作行道树应培育主干。

［用途］ 女贞四季常青，枝叶繁密，夏日白花满树，耐修剪，常密植成绿篱、绿墙。成都市在较窄道路处作行道树，也可孤植作庭荫树。是工矿区、街头绿地、居民新村绿化的常用树种。是木犀科树种嫁接繁殖的砧木。

女贞果实、叶、树皮、根入药。种子榨油，木材供细木工用。

小叶女贞

［学名］ Ligustrum quihoui Carr.

［形态］ 落叶或半常绿灌木，高 2～3m。小枝具短柔毛。叶椭圆形至倒卵状长圆形、长 1.5～5cm，无毛，半革质，叶柄具短柔毛。圆锥花序，长 7～20cm，花白色，无梗，花冠裂片与花冠筒等长。花期 7～8 月，果熟期 11月。

图 186　女贞

［分布］ 产于我国中部、东部及西南部。较女贞适应性更强。耐寒，北京可露地栽培，主要用作绿篱，或修剪成各种几何形体、动物等。

金叶女贞（Ligustrum vicaryi.）：为欧洲女贞和加州金边女贞杂交培育而成。是一种优良的观叶灌木，高 3m。叶对生、椭圆形或卵状椭圆形，全缘，先端渐尖，叶色为鲜黄色，从 4 月底至秋末叶子一片金黄，具有较高的观赏价值。适宜于在绿地大片栽植，镶边，并可组球、作绿篱。还可组成文字、图案，装饰景点。萌芽力强，耐盐碱，并吸收有害气体，较耐寒。1984 年引进，经驯化在北京及山东济南已能安全过冬。应在适生地大力推广。

茉莉属　Jasminum L.

直立或攀缘状灌木。小枝青绿色有四棱。单叶、3 小叶或奇数羽状复叶，对生、稀互生或轮生，全缘；无托叶。花簇生或成聚伞、圆锥花序，稀单生，花黄色或白色，花冠高脚碟形，筒部细长，4～9 裂，雄蕊内藏。浆果有宿萼。种子无胚乳。

本属约 300 种，分布于温带至热带。我国有 44 种。

分 种 检 索 表

1. 单叶、薄革质。花白色，浓香 ……………………………………………………………… 茉莉
1. 复叶。花黄色

2. 羽状复叶互生，小叶 3～5（7）。半常绿灌木。聚伞花序顶生 ················· **探春花**
2. 3 小叶复叶对生。花单朵腋生。落叶或常绿灌木
 3. 落叶性。花单瓣。叶缘有睫毛 ······················· **迎春**
 3. 常绿性。花常复瓣。叶光滑无毛 ················· **云南黄馨**

迎春（金腰带、金梅）

[学名] Jasminum nudiflorum Lindl.

[形态] 落叶灌木，高 0.4～4m。枝细长拱形，有四棱，绿色。3 小叶复叶对生，小叶卵形、椭圆状卵形，先端急尖，叶缘有短睫毛。花单生叶腋，花萼 5～6，花冠裂片常 6 枚。花期 2～4 月，先叶开放；栽培一般不结果。

[分布] 原产于我国北部和西南部山区，分布于辽宁、河北、陕西、山东、山西、甘肃、江苏、湖北、福建、四川、贵州、云南等省区。

[习性] 喜光，耐荫。耐寒，不择土壤，喜湿润肥沃，耐盐碱，耐干旱，忌积水。生长较快，栽培容易，适应性强，萌芽力强。耐修剪易整形。对烟尘及有害气体抗性强。

[繁殖与栽培] 分株，扦插，压条都容易成苗。管理简单。花在 2 年生枝上，故须在花后修剪，勿落叶后修剪。

图 187 迎春

[用途] 迎春花色金黄，开花早，与梅花、山茶、水仙同誉为"雪中四友"。公园、庭院中常丛植于池畔、园路转角、路旁、林缘、草坪一角，配假山石、悬崖、石隙；可与同期开花的紫荆、蜡梅、山茶、山桃等配置，以丰富春色。还可以配置成自然式花篱。可盆栽或作盆景，花枝可作切花瓶插。

云南黄馨（南迎春）

[学名] Jasminum mesnyi Hance.

[形态] 常绿灌木，高 3m。树冠圆整。枝细长拱垂，小枝四棱。3 小叶复叶对生，纸质，小叶椭圆状披针形，光滑无毛。花黄色单生于总苞状单叶的小枝端，花冠常复瓣。花期 3～4 月。

[分布] 原产于我国云南，长江流域以南各地多栽培。

[习性] 喜光，稍耐荫。喜温暖湿润气候，稍耐寒，上海呈半常绿状。对土壤适应性强，耐湿，萌蘖性强，耐修剪，耐烟尘及有害气体。

[繁殖与栽培] 扦插为主，亦可分株、压条繁殖。

[用途] 云南黄馨树冠圆整，小枝柔软下垂，别具风姿。可丛植于树坛、花坛、路旁、草坪边缘，与假山石配置。最宜配置于岸边、水旁，枝叶垂于水面，自然和谐。

云南黄馨全株入药。

探春（迎夏）

[学名] Jasminum floridum Bunge.

[形态] 半常绿灌木，高 1～3m。小枝绿色，有棱。奇数羽状复叶互生，小叶 3～5，偶有单叶。枝叶光滑无毛。聚伞花序顶生，花黄色。花期 5～6 月。

[分布] 原产于我国中部。耐寒性不强。花期较晚，春末初夏开放，宜与同属的迎春、云南黄馨等配置，使树丛的花期从迎春开在的 2 月起，此谢彼开，持续到夏季探春的花谢，可长达数月。

马钱科 Loganiaceae

灌木、乔木或藤本、稀草本。单叶对生，少有互生或轮生。花两性，整齐，成聚伞花序或圆锥花序、有时为穗状或单生，花萼、花冠均 4～5 裂，雄蕊与花冠裂片同数并与之互生，子房上位，常 2 室。蒴果、浆果或核果。

本科约 35 属 600 种，我国有 9 属约 60 种。

醉鱼草属 Buddieja L.

多为灌木。单叶对生，罕互生。花两性，整齐，花萼、花冠均 4 裂，雄蕊 4。蒴果，2瓣裂。种子多数。

本属约 100 种。我国有 45 种。

醉鱼草（闹鱼花）

[学名] Buddieja lindleyana Fort.

[形态] 落叶灌木，高 2m。小枝具四棱而略有翅，嫩枝、叶背及花序均有棕黄色的星状毛及鳞片。单叶对生，卵形或长椭圆状披针形，长 5～10cm，全缘或疏生波状锯齿。穗状花序顶生，扭向一侧，稍下垂；花冠紫色。蒴果长圆形。种子无翅。花期 6～8 月；果熟期 10 月。

[分布] 原产我国，分布以长江以南为主。

[习性] 喜光，耐荫。耐寒性不强，对土壤适应性强，耐旱，稍耐湿，萌蘖性、萌芽力都强。

[繁殖与栽培] 播种，分株，扦插繁殖均可。管理简单，适应性强。因其花、叶对鱼类有毒，故应避免种植在水池边。

[用途] 醉鱼草叶茂花繁，紫花开在少花的夏季，尤其可贵，宜在路旁、墙隅、草坪边缘、坡地丛植，亦可植自然式花篱。

图 188 醉鱼草

夹竹桃科 Apocynaceae

藤本或乔、灌木，稀多年生草本，有乳汁。单叶对生或轮生，稀互生，全缘，羽状脉；无托叶。花两性，整齐，花萼内常有腺体、5 深裂，花冠漏斗状、常覆瓦状排列，喉部常有毛或副冠，5裂；雄蕊5，生在花冠筒上，花丝短，有花盘，子房上位，2心皮形成1～2室的复雌蕊，胚珠2～多数。核果、浆果或蓇葖果、蒴果。种子有毛或有翅。

本科有248属约2000余种，主产于热带、亚热带。我国有46属200余种，主要分布在长江以南各地。本科植物花美丽，观赏价值高，但一般有毒，尤以种子与乳汁为甚。

分 属 检 索 表

1. 叶互生
  2. 叶椭圆形、宽4～7cm，侧脉显著，有边脉。蓇葖果 ················· 鸡蛋花属
  2. 叶线形、宽不及1cm，侧脉不显著。核果 ······················· 黄花夹竹桃属
1. 叶对生或轮生
  3. 叶对生。藤本。花冠高脚碟形，喉部无鳞片；聚伞花序顶生或腋生 ········· 络石属
  3. 叶轮生。灌木
    4. 蒴果有刺。总状花序，花大黄色或紫色，花冠阔漏斗状，喉部有毛或毛状鳞片。
    叶背脉腋内常有腺；羽状脉 ·································
    ··· 黄蝉属
    4. 蓇葖果。聚伞花序，花红色或白色，花冠漏斗状，喉部有副冠 ·········· 夹竹桃属

夹竹桃属　Nerium L.

常绿灌木。叶窄长，革质，3枚轮生，侧脉纤细密生。花大美丽，复聚伞花序顶生；花萼内有腺体，花冠喉部有5枚鳞片状副冠，花冠裂片右旋，雄蕊着生在花冠筒的膨大部分，胚珠多数。蓇葖果，长柱形。种子有毛。

本属有4种，分布于地中海沿岸及亚洲热带、亚热带地区。我国引入栽培2种。

夹竹桃（柳叶桃）

［学名］　Nerium indicum Mill.

［形态］　常绿大灌木，高5m。枝斜展。叶线状披针形，长10～18cm，宽1.5～2.5cm，全缘，先端渐尖，侧脉纤细平行，叶柄粗短。花桃红色、粉红色，常重瓣，花径4～5cm、芳香。花期6～10月。

［变种与品种］　白花夹竹桃（cv. Baihua.）：花白色。较原种耐寒性稍强。

［分布］　原产于地中海地区、伊朗等地，传入我国已有悠久的历史，长江流域以南各地广泛栽植。

［习性］　喜光，能耐荫。喜温暖气候，耐寒性不强，在南京栽植受冻害。对土壤适应性强，耐旱，耐碱，较耐湿，喜肥沃疏松的壤土。生长快，萌蘖性强。抗烟尘及有毒气体能力极强，病虫害少。

［繁殖与栽培］　扦插繁殖为主，发根容易，成活率高。播种在春末进行，温度保持在18～21℃可以发芽。

图189　夹竹桃

［用途］　夹竹桃叶狭长似竹叶，花色娇艳、花期长，繁殖容易，适应性强，是净化环境的优良花灌木，是公园、庭院、街头绿地、居民新村、厂矿单位常见的多用途花灌木。宜列植于道路两旁、丛植于草坪、墙隅、池畔、建筑周围。北方盆栽，初夏出房露地摆花。花

枝可切花插瓶。

夹竹桃全株有毒，在幼儿等活动场所须慎用。其叶、花、树皮供药用，茎皮纤维是优良的混纺原料。

络石属　Trachelospermum Lem.

常绿藤本，具乳汁。单叶对生。聚伞花序腋生或顶生，花萼小，内有鳞片或腺体 5～10，花冠高脚碟形，裂片右旋，喉部无鳞片，雄蕊着生在花冠筒中部以上，花药合生。蓇葖果，长圆柱形。种子线形有长毛。

本属约 30 种，主产于亚洲热带、亚热带，我国有 10 种 6 变种。

络石（白花藤、万字茉莉）

[学名]　Trachelospermum jasminoides Lem.

[形态]　常绿藤本，茎长达 10m。有气生根，嫩枝有柔毛。叶椭圆形、卵状椭圆形，长 2～10cm，下面有短柔毛，革质，柄短。花白色，浓香，花瓣右旋，风车状。果紫黑色。花期 3～7 月，果熟期 7～12 月。

[变种与品种]　石血（var. heterophyllum Tsiang.）：叶片线状披针形。

[分布]　原产我国东南部，黄河流域以南各地都有分布，生于山野、河边、林缘、杂木林中，常缠绕树上或攀援墙上、岩石上。

[习性]　喜半荫。喜温暖湿润，稍耐寒，华北地区盆栽、冬季室内越冬。对土壤要求不严，耐旱，稍耐湿。萌蘖性强，耐修剪，花开在一年生枝上。

[繁殖与栽培]　扦插为主，亦可播种、压条繁殖。幼苗须搭棚遮荫。

图 190　络石

[用途]　络石藤蔓缠绕，花皓如雪，幽香阵阵，是优美的垂直绿化树种。常攀附装饰墙面、枯树、小型花架，点缀覆盖山石、陡坡或配置假山旁或常绿的孤立木下，亦是优良的常绿地被植物。可盆栽，作盆景。

络石带叶的茎藤入药，花可提制香料浸膏，茎皮纤维造纸及人造棉。

萝藦科　Asclepiadaceae

多年生草本，直立或攀援灌木，具乳汁。叶对生或轮生，全缘，无托叶。聚伞花序常伞形，花两性，整齐，常具花冠，雄蕊 5，与雌蕊粘生成中心柱，称为"合蕊柱"；子房上位，为 2 个离生心皮所组成。蓇葖果双生或 1 个不发育。种子多数，顶端具白毛。

本科约 180 属 2200 种。我国产 44 属 245 种，西南及东南部较多。本科植物常有毒，尤以乳汁、根部为甚。

杠柳属　Peripioca L.

蔓性灌木。枝叶光滑无毛。叶对生。花冠辐射状，花冠筒短，裂片5、常被柔毛，副冠杯状5～10裂，着生在花冠基部，花丝短，花药顶端合生。菁荚果2，长圆柱状。

本属约12种。我国有4种。

杠柳（羊奶条、山五加皮、香加皮）

[**学名**]　Peripioca sepium Bunge.

[**形态**]　落叶蔓性灌木，茎长6m。小枝有细条纹、具皮孔。幼嫩部分具乳汁。单叶对生，叶椭圆状披针形、长5～9cm。花紫红色，花冠裂片外卷，中间加厚，被柔毛，副冠裂片线形，先端弯钩状。菁荚果2，圆柱形，稍弯曲。花期7～8月，果熟期8～9月。

[**分布**]　原产于我国，东北、华北、西北、华东、西南各地都有。

[**习性**]　喜光，耐荫。耐寒，对土壤适应性强，耐瘠薄。在干旱或稍湿环境中都能生长。根系发达，萌蘖性强，生长快。

[**繁殖与栽培**]　播种或分株繁殖。

[**用途**]　杠柳枝条柔美，叶深绿色，有光泽，夏季紫花点点，宜植于水边、池畔，亦可作地被植物或遮掩劣景、污地。

图191　杠柳

马鞭草科　Verbenaceae

草本、灌木或乔木。小枝常四棱形。单叶或复叶对生，稀轮生；无托叶。花两性或杂性，组成花序；花两侧对称，稀辐射对称，花萼常杯状、钟状或筒状，4～5深裂或齿裂，花后增大宿存，花冠筒圆筒形，花冠4～5裂，雄蕊4，2长2短，子房上位，2室或4～10室，胚珠1。核果、浆果。

本科约80属3000余种，分布于热带、亚热带。我国有21属约175种，主产于长江流域及以南。

分 属 检 索 表

1. 花辐射对称，通常4数，雄蕊4～6近等长；聚伞花序腋生，花萼有果时不增大。浆果状核果
   ……………………………………………………………………………………………… 紫珠属
1. 花两侧对称或偏斜，雄蕊4、多少2强
   2. 花萼绿色，果时不增大；花冠5裂，2唇形。掌状复叶 ……………………………… 牡荆属
   2. 花萼在果时增大并有各种美丽的颜色。果常有4分核
      3. 花冠筒通常不弯曲，花萼钟状或杯状。夏秋开花 ………………………………… 赪桐属
      3. 花冠筒显著弯曲，花萼由基部向上扩展成喇叭状或碟状，冬末春初开花。聚伞花序顶生或腋生。单叶对生，叶全缘或有齿缺。灌木 ……………………………………………… 冬红属

牡荆属　Vitex L.

乔木或灌木。掌状复叶对生，小叶 3～8，稀单叶。圆锥花序顶生或腋生；花小，白色、浅蓝色或黄色；花萼钟状 5 齿裂，花冠 5 裂，2 强雄蕊伸出筒外，子房 4 室。核果小。种子无胚乳。

本属约 250 种，分布于热带、亚热带，少数温带。我国约 14 余种。

牡荆（荆条、五指枫）

［学名］　Vitex negundo Linn. var. cannabifolia Hand-Mazz.

［形态］　落叶灌木、小乔木，有香气。小枝密生灰白色绒毛。掌状复叶，小叶 5、有时 3，卵状椭圆形至披针形、缘有粗锯齿，上面绿色，下面淡绿色、灰白色，无毛或有毛。花淡堇色。花期 7～8 月；果熟期 10 月。

［分布］　原产于我国，分布于华北、华东、华南山区；生于山坡、路旁、石隙、林缘及河滩。

［习性］　喜光，耐荫。耐寒，对土壤适应性强，耐干旱瘠薄。萌芽力强，耐修剪，耐刈割。

［繁殖与栽培］　播种、分株繁殖。不耐移植。

［用途］　牡荆花色淡雅，花期长。常丛植于山坡、假山或水池旁，为夏季庭院增添野趣。是树桩盆景的好材料。

牡荆枝条编筐，叶、果入药。

紫珠属　Callicarpa L.

灌木稀乔木。有柔毛、星状毛，稀无毛。单叶对生，全缘或锯齿。聚伞花序腋生；花小，萼杯状或钟状，顶端截形或 4 浅裂，花冠筒短，裂片 4，子房 4 室，胚珠 4。浆果状核果、球形、淡紫色，核 2～4。

本属约 190 种，我国有 40 余种。

分 种 检 索 表

1. 叶长 3～7cm、中部以上钝锯齿，叶柄短 2～5mm。枝略有星状毛 ………………………… **白棠子树**
1. 叶长 7～15cm，基部起有细锯齿，叶柄长 5～10mm。枝无毛 ……………………………………… **紫珠**

紫珠（日本紫珠）

［学名］　Callicarpa japonica Thunb.

［形态］　落叶灌木，高约 2m。小枝紫红色，幼时有粗糙短柔毛和黄色腺点，后变光滑。叶卵形、倒卵形，长 7～15cm，先端急尖，边缘自基部起有细锯齿，两面无毛，叶柄长 5～10mm。聚伞花序总梗与叶柄等长或短于叶柄；花淡紫色。果蓝紫色。花期 8 月；果熟期 9～11 月。

［分布］　原产于我国，分布于山西西部、山东、河南海拔 500m 以下低山区的溪边和山坡灌丛中。长江流域及以南亦有分布。北京、河北有栽培。

［习性］　喜光，耐荫，喜温暖湿润气候，较耐寒，喜深厚肥沃的土壤，萌芽力强。

［繁殖与栽培］　扦插、播种繁植。冬季应疏剪、施基肥。

［用途］　紫珠秋季果实累累，紫堇色明亮如珠，果期长，是优良的观果灌木。庭院或公园可丛植于园路旁、小型建筑前、草坪边缘、假山旁、常绿树丛前，临水种植观赏效果更好。成熟果枝可插瓶水养或作插花材料，也可以盆栽观赏。

赪桐属　Clerodendrum L.

落叶或常绿乔木、灌木、藤本。单叶对生，稀轮生，全缘或锯齿。聚伞花序组成圆锥状、总状、伞房状或头状花序，顶生或腋生，萼钟状宿存，果时有颜色，顶端平截至深裂，花冠 5 裂，冠筒细长，雄蕊伸出冠外弯曲。核果包在萼内，外果皮肉质，成熟后裂成 4 小坚果。

本属约 300 余种。我国约 30 种。

分 种 检 索 表

1. 大灌木至小乔木，高可达 8m。叶基截形、宽楔形，很少心形，全缘或波状齿。枝髓片状，
   淡黄色 ·· **海州常山**
1. 灌木，高不过 2m。叶基心形近截形，叶缘锯齿。枝髓充实白色。叶有强烈臭味 ··············· **臭牡丹**

海州常山（臭梧桐、泡花桐）

［学名］　Clerodendron trichato Thunb.

［形态］　落叶灌木、小乔木，高 3～8m。嫩枝有黄褐色短柔毛，枝的白色髓中有淡黄色片状横隔。叶宽卵形、三角状卵形，先端渐尖，基部宽楔形至截形、很少心形；全缘或波状齿，两面疏生短柔毛或近无毛，叶柄有毛。花序长 10cm 以上，花萼红色，宿存，花冠白色带粉红色，微香。果蓝紫色，球形。花期 6～10 月，果熟期 9～11 月。

图 192　海州常山

［分布］　原产于我国华东、华中至东北地区，多生于山坡、路旁和溪边、村旁。

［习性］　喜光，耐荫。适应性强，不择土壤，耐寒，耐旱，耐湿。萌蘖性强。耐烟尘，抗有害气体能力极强。

［繁殖与栽培］　分株、插根或播种繁殖。

［用途］　海州常山花白色、萼红色、果蓝色，色彩丰富，观赏期长，抗性强，可丛植于路边、山坡、林缘、树丛旁，供厂矿及污染严重区绿化用。

海州常山根、茎、叶、花入药，叶作饲料，压高效绿肥。

茄科　Solanaceae

草本或灌木。单叶或羽状复叶互生，全缘或分裂，无托叶。花两性，整齐，聚伞花序

簇生或单生；萼 5 裂，花后宿存有时增大，花冠 5 裂，雄蕊 5 与花冠裂片互生在花冠筒部，子房上位 2 室，胚珠多数，有花盘。浆果或蒴果。种子有胚乳。

本科有 80 属 3000 余种，分布于热带至温带，我国有 25 属 100 余种。

分 属 检 索 表

1. 雄蕊通常 5、非两两成对
  2. 花单生叶腋或 2～数朵同叶簇生，花冠漏斗状 ·························· 枸杞属
  2. 聚伞花序，花冠狭长筒形 ·································· 夜香树属
1. 雄蕊 4、两两成对。花冠高脚碟形 ························· 鸳鸯茉莉属

枸杞属 Lycium L.

灌木，常有刺。单叶，形小，互生或在短枝上簇生，全缘，柄短。花单生或簇生叶腋，萼钟形宿存、3～5 齿裂、花后不增大，花冠漏斗状、裂片在芽内镊合状排列。浆果红色。种子多数。

本属约 100 种，产于温带。我国有 7 种，主产于西北、华北地区。

分 种 检 索 表

1. 萼常 3 中裂或 4～5 齿裂，花冠裂片有缘毛，花冠筒与裂片近等长。果长 5～15mm。叶卵形、卵状披针形，宽 5～25mm。灌木高 1m ·································· 枸杞
1. 萼常 2 中裂，花冠裂片无缘毛，花冠筒比裂片稍长。果长 10～20mm。叶椭圆状披针形，宽 2～6mm。粗壮灌木高达 2.5m ·································· 宁夏枸杞

枸杞（地骨皮、枸杞菜）

[学名] Lycium chinense Mill.

[形态] 落叶灌木，高 1m 多。枝细长拱形，有纵棱和针状枝刺。单叶互生或簇生，卵形、棱状卵形、卵状披针形，宽 5～25mm，先端钝或尖，基部楔形，叶柄 3～8mm。花紫堇色，1～4 朵腋生。果卵形、长 1～1.5cm、亮红色或橙红色。花期 6～9 月，果熟期 9～10 月。

[分布] 原产于我国，自辽宁西南部、陕西、甘肃、青海、黄河流域至长江流域，西至四川、贵州、云南，南至广东、广西、海南岛、台湾，南北各地都有分布。多生于山坡荒地、路旁。

[习性] 喜光，耐荫。树性健壮，适应性强，喜凉爽气候，耐寒，耐旱。喜肥沃排水良好的钙质沙壤土，耐盐碱，忌积水。萌蘖性、萌芽力都强，根系发达，生长快，寿命长。实生苗 2～3 年开始开花结实。

[繁殖与栽培] 扦插或分株繁殖。方法简单，成活率高。也可播种或压条繁殖。种子出苗容易，覆土宜细薄。观果为主，应冬季施基肥，花期追施 2 次以磷为主的液肥；冬季疏剪枯落枝，短剪侧枝，逐年修剪进行造型，以提高观赏价值。每年夏初可行摘叶，以促使花蕾与叶同放，新叶和红果相互衬托，更为美观。雨季应注意排涝。

[用途] 枸杞入秋红果累累，挂满枝条，观赏期长且花果并存，是秋季优良的观果树种。堤岸、悬崖、石隙、林下、山坡、园路转角都可以种植。老桩枝干弯曲多姿，宜造型

培育树桩盆景，还可以植篱或攀援在篱笆上观果。在古庭园中常把枸杞培育成伞形庭荫树，观果、遮荫、树姿优美。

枸杞嫩茎、叶作蔬菜，果入药或酿酒。叶代茶，根皮入药，名为"地骨皮"。

玄参科 Sorophulariaceae

草本、灌木、稀乔木。叶互生、对生或轮生，无托叶。花两性，常两侧对称，单生或成花序；萼4～5裂，宿存，花冠4～5裂，常2唇形，裂片在芽内覆瓦状排列，雄蕊4、2强，着生在花冠筒上，子房上位、2室，胚珠多数。蒴果。

本科约200属3000种，分布于全球，我国约59属600余种。

泡桐属 Paulownia Sieb. et Zucc.

落叶乔木。假2叉分枝。小枝粗壮。单叶互生，全缘、3～5浅裂，叶大、柄长。圆锥状复聚伞花序顶生；萼钟状，5裂，唇形花冠，花冠筒长5裂，花紫色或白色，喉部有紫色斑点。果室背开裂。种子细小，两侧有薄翅。

本属约12种，产东亚，我国都有。

分 种 检 索 表

1. 花序宽大、侧生花枝较长而柔软，花紫堇色，萼深裂密生毛。果卵形，长3～4cm。叶下面密生长分枝状毛 ………………………………………………………………………………… 毛泡桐
1. 花序狭窄、侧生花枝较短，花白色，萼浅裂、仅裂片先端有毛或无毛。果椭圆形，长6～7cm。叶下面密生短分枝状毛 …………………………………………………………………… 泡桐

泡桐（白花泡桐、大果泡桐）

[学名] Paulownia fortunei (Seem) Hemsl.

[形态] 落叶乔木，高达27m；树冠广卵形近圆形。小枝灰褐色，幼时有分枝毛、腺毛。叶长卵形、卵形，长12～25cm，先端渐尖，基部心形，全缘、稀浅裂。幼叶两面与叶柄都密生分枝状毛，后上面脱落；叶柄长6～12cm。花白色有紫斑，萼浅裂，仅裂片先端有毛或无毛。果椭圆形，长6～7cm，果皮木质较厚。花期3～4月，先叶开放，果熟期9～10月。

[分布] 原产于我国黄河流域以南，西至湖北，南至广东、广西、云南东南部、台湾。在河南、山东平原地区生长最好，北京有栽培。垂直分布通常在海拔500m以下。

[习性] 强阳性树种。喜温暖气候，较耐寒，耐干旱气候。喜深厚肥沃湿润的沙壤土，耐干旱，稍耐盐碱，忌积水和地下水位过高。对粘重瘠薄土壤适应性较同属其他种要强。吸收烟尘、抗有毒气体能力强。根系发达，生长快，7～8年即可成材。但寿命短。

[繁殖与栽培] 埋根及播种繁殖。埋根或春播育苗后，5～6月是幼苗蹲苗培土发根时期。移植宜深挖浅植、栽后3～4年用接干法培育通直高大的树干。

[用途] 泡桐树荫浓密，树干通直，早春白花满树，常用作庭荫树、行道树、公路树。也是居民新村、厂矿、郊区"四旁"绿化、营造农田防护林的常用树种。

泡桐木材用途广泛、价值高,是我国出口物资之一。叶、花、果、皮入药。叶、花作饲料和肥料。种子榨油制肥皂。

毛泡桐（紫花泡桐）

［学名］ Paulownia tomentosa （Thunb.） Steud.

［形态］ 落叶乔木,高达 15m。树冠宽大圆形。嫩枝常有粘质短腺毛。叶阔卵形或卵形,长 20～29cm,宽 15～28cm,先端渐尖或锐尖,基部心形,全缘或 3～5 裂,叶表面有长柔毛、腺毛及分枝毛,背面密被具长柄的白色树枝状毛。花蕾近圆形、密被黄色毛,花萼浅钟形,裂至中部或过中部、外面绒毛不脱落;花鲜紫色或蓝紫色。果宿存萼不反卷。花期 4～5 月;果熟期 8～9 月。

图 193　泡桐

［分布］ 原产于我国,辽宁南部以南有栽培,分布较泡桐偏北。耐寒能力更强。树皮薄,易日灼、损伤,且不易愈合。丛枝病危害较严重。

紫葳科　Bignoniaceae

藤本、乔木或灌木、稀草本。复叶、单叶,对生、轮生稀互生,有时顶端小叶变成卷须;无托叶。花大而美丽,两性,不整齐,萼连合,花冠 5 裂、覆瓦状排列,有时成 2 唇形,雄蕊 5（4）与花冠裂片互生,通常 4 枚发育,有时 2 枚;有花盘,子房上位 2 室,花柱细长,胚珠多数。蒴果窄长。种子扁,常有翅,无胚乳。

分 属 检 索 表

1. 发育雄蕊 2。单叶对生或轮生,掌状脉,全缘。蒴果细长。种子两端有白色长毛 …………… 梓树属
1. 发育雄蕊 4。奇数羽状复叶
　　2. 藤本。1 回羽状复叶
　　　　3. 植株用线状 3 裂的卷须攀援。小叶 2～3 枚。花冠管状漏斗形,裂片边缘有白色绒毛
　　　　……………………………………………………………………………………… 炮仗花属
　　　　3. 植株枝节生根,无卷须。小叶 3 枚以上
　　　　　　4. 雄蕊突出在花冠筒外,总状或圆锥花序顶生。半藤状,近直立,常绿灌木 …… 硬骨凌霄属
　　　　　　4. 雄蕊内藏在花冠筒内,聚伞或圆锥花序顶生。落叶藤本,借气根攀援生长 ……… 凌霄属
　　2. 乔木或灌木。2 回羽状复叶,小叶多数,叶小、长不及 1～2cm。花蓝色或堇色,圆锥花序顶生或腋生。蒴果扁 …………………………………………………………………………… 蓝花楹属

梓树属　Catalpa L.

落叶乔木,稀常绿,无顶芽。单叶对生或轮生,全缘或缺裂,3～5 掌状脉,下面脉腋有腺斑。圆锥或总状花序顶生;萼 2 裂或不规则分裂,花冠钟状 2 唇形、上唇 2 裂,下唇 3 裂,内有条纹及斑点,发育雄蕊 2,内藏。蒴果细长,2 瓣裂。种子多数,两端有白色

长毛。

本属约 10 余种，我国约 6 种引入 1 种。

分 种 检 索 表

1. 叶背脉腋有紫色斑点
  2. 花冠淡黄色。叶常 3～5 浅裂，有毛 ……………………………………………… 梓树
  2. 花冠浅粉色。叶全缘或近基部有 3～5 对尖齿，两面无毛 ……………………… 楸树
1. 叶背脉腋有绿色斑点。花冠白色 ……………………………………………………… 黄金树

楸树（梓桐、金丝楸）

[学名] Catalpa bungi C. A. Mey.

[形态] 落叶乔木，高达 30m，胸径 60cm。树冠窄长倒卵形。树干耸直，主枝开阔伸展。树皮灰褐色、浅纵裂，小枝灰绿色、无毛。叶三角状卵形、长 6～16cm，先端渐长尖，基部截形、宽楔形或心形，基部脉腋有紫色腺斑。叶柄长 2～8cm，幼树之叶常浅裂。总状花序伞房状排列，花冠浅粉色、有紫色斑点。蒴果长 25～50cm，径 5～6mm。种子连毛长 3.5～5cm。花期 5 月，果熟期 8～10 月。

图 194　楸树

[分布] 原产于我国，黄河流域以南至长江流域，河北、内蒙古亦有分布。

[习性] 喜光，较耐寒，适生于年平均气温 10～15℃、降水量 700～1200mm 的环境。喜深厚肥沃湿润的土壤，不耐干旱、积水，忌地下水位过高，稍耐盐碱。萌蘖性强，幼树生长慢，10 年以后生长加快，侧根发达。耐烟尘、抗有害气体能力强。寿命长。

[繁殖与栽培] 常用分根、插根繁殖，亦可用梓树、黄金树的实生苗作砧木嫁接繁殖。一般不用播种，因其为异花授粉，往往开花不结籽。

[用途] 楸树树姿秀丽雄伟，叶大荫浓，花朵美丽，宜作庭荫树、行道树，可与其他树种配置风景林，亦可对植、列植于公园的入口或丛植于草地、山坡，是工矿区优良的园林树种。

楸树木材质优，不翘不裂，有"南樟北楸"之说，供制高级家具用。叶作饲料，种子、树皮、叶入药。

梓树

[学名] Catalpa ovata D. Don.

[形态] 落叶乔木，高达 15m。树冠宽阔，枝条开展，树皮纵裂。单叶对生或 3 叶轮生，叶广卵形或近圆形，长 10～30cm、常 3～5 浅裂，有毛，叶背脉腋有紫斑。圆锥花序顶生，花冠淡黄色、长约 2cm、内有黄色条纹及紫色斑点。蒴果细长如筷，长 20～30cm。种子有毛。花期 5 月，果熟期 11 月。

［分布］　原产于我国，以黄河中下游为分布中心，东北亦有，较楸树分布偏北。

［习性］　喜光，稍耐荫。耐寒能力强，在暖热气候下生长差，对土壤要求不严，耐轻度盐碱，不耐干旱瘠薄。深根性，对烟尘及有害气体抗性较强。

［繁殖与栽培］　播种为主，亦可扦插、分蘖繁殖。

［用途］　梓树树荫浓密，花果秀丽、奇特，宜作行道树、庭荫树，可在亭、榭旁点缀一、二，幽雅和谐，是传统的庭院绿化、"四旁"绿化树种。与桑树一起被作为故乡的象征，忆"桑梓"即忆故乡。

黄金树

［学名］　Catalpa speciosa Ward.

［形态］　落叶乔木，高达 15m。树冠开展。树皮鳞片状开裂，小枝粗壮。叶宽卵形至卵状椭圆形，长 15～30cm，先端长渐尖，基部截形或心形，全缘或偶有 1、2 浅裂，叶背脉腋有绿色斑点。圆锥花序顶生，花冠黄色，内有黄色条纹及紫色斑点。蒴果长。花期 5 月。

图 195　梓树

［分布］　原产于美国，1911 年引入我国上海。现上海中山公园尚保留着早期引入的植株，生长良好，目前各地有栽培。耐寒性较楸树更差。

凌霄属　Campsis Lour.

落叶藤本，借气生根攀援生长。奇数羽状复叶，对生，叶缘有锯齿。花橙红色至鲜红色，聚伞或圆锥花序顶生，萼筒钟状 5 裂，花冠漏斗状钟形、裂片 5，呈 2 唇形，雄蕊 4，2 长 2 短，不外露。蒴果有柄。种子多数，有翅。

本属有 2 种，北美产 1 种，我国及日本产 1 种。

分 种 检 索 表

1. 小叶 7～9，两面无毛，叶缘疏生锯齿 7～8。花鲜红色，花径 5～7cm，萼裂至中部 ……………… 凌霄
1. 小叶 9～13，叶背脉上有柔毛，叶缘锯齿 4～5。花鲜红色或橙红色，花径 4cm，萼裂较浅，约 1/3
　……………………………………………………………………………………………………… 美国凌霄

凌霄（紫葳）

［学名］　Campsis grandiflora (Thunb.) Loisel.

［形态］　落叶大藤本。树皮灰褐色，条状细纵裂。小枝紫褐色。1 回奇数羽状复叶，小叶 7～9 枚，卵形至卵状披针形，长 3～7cm，缘有粗锯齿，两面无毛。花大鲜红色。蒴果先端钝。种子有透明的翅。花期 7～9 月，果熟期 10 月。

［分布］　原产于我国中部、长江中下游，江苏、江西、湖南、湖北等地，常生于山谷、河边、山坡、路旁、疏林下。北京、河北、山东、河南等地有栽培。

［习性］　喜光，略耐荫。喜温暖湿润气候，有一定耐寒力，北京在背风向阳处生长好，

幼苗须培土防寒。喜肥沃土壤,耐干旱,较耐湿,萌蘖性、萌芽力都强,耐修剪,根系发达生长快。花粉有毒易伤眼睛应注意种植地,幼儿园等附近勿种。

[繁殖与栽培] 扦插、压条繁殖,成活率很高。也可分株、播种繁殖。定植时可任其攀援墙垣、枯树,亦可搭架使其攀附。支架应牢固。冬季施基肥并修剪枯弱枝、过密枝,使树形美观花繁叶茂。

[用途] 凌霄柔枝纤蔓,花繁色艳,妩媚动人,是夏秋季主要的观花、垂直绿化树种。可在公园、庭院等处装饰棚架、花廊、假山、花门、枯树、墙垣,亦可修剪成灌木状栽培观赏,可作盆景。

凌霄根、叶入药。

美国凌霄(北美凌霄)

[学名] Campsis radicans (L.) Seem.

[形态] 落叶藤本。1回奇数羽状复叶,小叶9～

图 196 凌霄

13,椭圆形至卵状长圆形,长3～6cm,叶轴及叶背密生短柔毛,缘疏生粗锯齿。花数朵集生成短圆锥花序,花冠细长,漏斗形,筒部为萼长的3倍,径约4cm。花期7～9月。

[分布] 原产于北美,我国引种栽培。较凌霄适应性更强,更耐寒,耐水湿,耐含盐量0.3%的盐碱地。在上海等城市生长更好。

茜草科 Rubiaceae

乔木、灌木、藤本或草本。单叶对生或轮生,全缘,稀有锯齿;托叶在叶柄间或叶柄内分离或连合。花两性,稀单性,常整齐,多聚伞花序;花冠筒状或漏斗状,裂片4～6,雄蕊4～6,着生在花冠筒上,子房下位2室,胚珠1～多数。果子类型有蒴果、浆果或核果。

本科约500属6000种,分布于热带、亚热带,少数温带。著名的咖啡即是本科树种。我国有70余属450种以上。

分 属 检 索 表

1. 头状花序,花柱细长突出。蒴果小,2瓣裂 ·················· **水团花属**
1. 花单生、簇生或成复聚伞花序
    2. 蒴果大。种子周围有不规则的翅。复聚伞花序顶生,宿存大形叶状萼片1枚。花白色至粉红色。叶椭圆形,长10～20cm ·················· **香果树属**
    2. 核果或浆果
        3. 浆果有纵棱。种子多数。花大,单生,花冠裂片旋转排列。托叶鞘状 ·················· **栀子属**
        3. 核果,每果种子2粒。花小,单生或簇生,花冠裂片镊合状排列。托叶聚生短枝,
          宿存 ·················· **六月雪属**

栀子属　Gardenid llis.

常绿灌木、稀小乔木。芽有树脂。叶对生或轮生；托叶鞘状。花大，单生叶腋、很少成伞房花序；萼筒有凌、宿存，花冠高脚碟形或筒状，5～11裂，裂片在芽内旋转排列，雄蕊5～11，生于花冠喉部，子房1室，胚珠多数。浆果革质或肉质，常有棱。

本属约250种，分布于热带、亚热带。我国有4种

栀子（山栀子、黄栀子）

〔学名〕　Gardenia jasiminoides Ellis.

〔形态〕　常绿灌木。小枝绿色有垢状毛。单叶对生或三叶轮生，叶矩圆状披针形或倒卵状披针形，先端渐钝尖，基部楔形，全缘，革质；托叶鞘状，膜质。花单生枝顶或叶腋，白色，浓香。果卵形或椭圆形，具6条纵棱，橙黄色。花期6～7月，果熟期8～10月。

〔变种与品种〕　大花栀子（荷花栀子 f. grandiflora Mak.）：叶大，花大，重瓣，浓香。

水栀子〔雀舌栀子、朝鲜栀子 var. radicana (Thunb.) Mak.〕：匍匐状小灌木，枝平卧伸展。叶狭小。花较小，单瓣或重瓣。

〔分布〕　原产于我国，分布于长江流域及以南各地。生于海拔1000m以下的低山荒坡、沟旁、路边疏林中。

图197　栀子

〔习性〕　喜光，耐荫。喜温暖湿润并通风良好，稍耐寒，−12℃叶片受冻脱落。喜排水良好的中性至酸性沙壤土，喜肥，耐湿，不耐干旱瘠薄，不耐盐碱土，若偏碱容易得黄化病。萌芽力强，对污染抗性较强。

〔繁殖与栽培〕　扦插、压条、分株、播种繁殖。扦插苗通常2年后开花。种子发芽缓慢；需1年左右，实生苗3～4年后始花。移植须在梅雨季进行，如土壤偏碱可施矾肥水、硫磺粉等防治黄化病。

〔用途〕　栀子四季常青，盛夏开花，洁白如玉，芳香馥郁，是江南著名的传统香化、美化树种。常作花篱，常配置于林缘、建筑周围、树坛、草坪边缘、城市的干道绿化带；可丛植于台阶前、窗前、路边、树丛下、庭院墙隅。可盆栽或制作盆景，宜切花插瓶。栀子鲜花可提取芳香油浸膏，是高级化妆品的香精原料。花果入药或提取黄色染料，供食品或纤维工业用。

六月雪属　Serissa Comm.

灌木。枝叶柔碎后有恶臭。叶小，对生，全缘；托叶宿存、聚生枝上。花小，单生或簇生枝顶或叶腋，萼4～6，宿存，花冠白色，漏斗状、裂片镶合状排列，喉部有毛，胚珠1。核果球形。

本属有3种。我国均有分布。

六月雪（满天星、白马骨）

[学名] Serissa foetida Comm.

[形态] 常绿小灌木，高不及1m。分枝密，嫩枝微有毛。叶长椭圆形、椭圆状披针形、长7～15mm，先端小突尖，两面叶脉、叶缘、叶柄都有白色毛。花单生或数朵簇生，白色或淡粉紫色，花冠筒长约是花萼的2倍，花丝极短。核果小。花期5～6月。

[变种与品种] 金边六月雪（var. aureo-marginata Hort.）：叶缘金黄色。

重瓣六月雪（var. oleniflora Makino.）：花重瓣，白色。

[分布] 原产于我国长江流域以南，常生在林下灌丛中、溪流边。

[习性] 喜半荫。喜温暖湿润气候，有一定的耐寒能力，在上海、南京等地呈半常绿状。喜肥沃湿润的沙壤土，忌积水，萌芽力、萌蘖性都强，耐修剪。

[繁殖与栽培] 扦插或分株繁殖。要注意经常修剪、除蘖，以保持姿态美观。

[用途] 六月雪夏季满树白花，宛若雪花，雅洁可爱，宜植自然式花篱、绿篱或作下木，也可在花坛、路边、岩际、林缘丛植，宜制作盆景。

六月雪根、茎、叶入药。

忍冬科　Caprifoliaceae

灌木、小乔木或藤本。单叶或羽状复叶对生；常无托叶。花两性，聚伞或圆锥状花序；萼4～5裂，花冠4～5裂，雄蕊5（4）着生在花冠筒上，子房下位，1～5（8）室。浆果、核果、坚果或蒴果。种子有胚乳。

本科约18属约500余种，主产于北温带。我国有12属300余种。

分 属 检 索 表

1. 花柱极短，花冠辐射对称
　2. 单叶，常有星状毛。核果，有1核 ┈┈┈┈┈┈┈┈┈┈┈┈┈┈┈┈ 荚蒾属
　2. 奇数羽状复叶，常有柔毛或糙毛。浆果状核果，有2～3（5）核 ┈┈┈┈┈┈ 接骨木属
1. 花柱细长，花冠两侧对称；无托叶
　3. 蒴果开裂。雄蕊5枚 ┈┈┈┈┈┈┈┈┈┈┈┈┈┈┈┈┈┈┈┈┈┈ 锦带花属
　3. 浆果或坚果
　　4. 浆果。花2朵并生叶腋 ┈┈┈┈┈┈┈┈┈┈┈┈┈┈┈┈┈┈┈┈ 忍冬属
　　4. 坚果密生刺毛。由双花组成伞房状复花序 ┈┈┈┈┈┈┈┈┈┈┈┈ 猬实属

荚蒾属　Viburnum L.

灌木或小乔木，常有星状毛。单叶，托叶小或无。伞房状或圆锥状花序由聚伞花序组成，花辐射对称，萼5齿裂，花冠辐射状、钟状、漏斗状或高脚碟状，5裂，雄蕊5，子房1室，花柱极短。核果。种子1。

本属约200种，主产于东亚与北美，我国约80余种。

分 种 检 索 表

1. 裸芽。植物体有星状毛，无腺鳞。果熟时由红色转为黑色

　　2. 花全部为不孕花，花序径 8～15cm ·· **木绣球**

　　2. 花序周围为不孕花，中部为两性花。花后结果 ······························· **琼花**

1. 鳞芽

　　3. 叶不裂，叶脉羽状

　　　　4. 聚伞花序组成球形伞状复花序，径 4～8cm，全部为不孕花。植株有星状毛，叶脉 8～14 对，深凹

　　　　··· **雪球荚蒾**

　　　　4. 圆锥花序

　　　　　　5. 落叶灌木。花冠白色，高脚碟形。果紫红色。叶棱状倒卵形或椭圆形，下面脉腋簇生毛，侧脉

　　　　　　6～8 对，直达齿端 ··· **香荚蒾**

　　　　　　5. 常绿小乔木。花冠辐射状钟形。叶革质，叶缘波状锯齿疏钝 ······················· **珊瑚树**

　　3. 叶 3～5 裂，掌状脉，叶柄顶端有 2～4 腺体，叶下面脉腋有簇生毛，沿脉疏生，平伏长毛

　　　　··· **天目琼花**

木绣球（斗球、绣球荚蒾）

[**学名**] Viburnum macrocephalum Fort.

[**形态**] 半常绿灌木，高 4m。裸芽、枝、叶背、叶柄及花序都有灰白色星状毛。叶卵形、卵状椭圆形，先端钝尖，基部圆或微心形，缘有细齿；无托叶。聚伞花序，径 8～15cm，全为不孕花，花冠辐射状，始绿色后变为白色。花期 4～5 月，不结果。

[**变种与品种**] 琼花 [f. keteleeri（Carr.）Nichols.]：花序边缘是不孕花、中间是孕花。核果椭圆形、红色。为扬州市市花。

[**分布**] 原产于我国长江流域，山东、河南也有分布，生于山坡灌丛或疏林中。

[**习性**] 喜光，稍耐荫。有一定的耐寒能力，喜肥沃湿润排水良好的土壤，稍耐湿。萌蘖性强，病虫害少。

[**繁殖与栽培**] 扦插、压条、分株繁殖。插穗应选幼龄树，插后应遮荫。冬季要疏枝并短剪徒长枝，以保持冠形良好。施有机肥，使之生长旺盛，花繁叶茂。

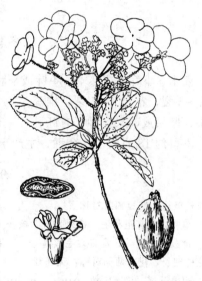

图 198　木绣球

[**用途**] 木绣球繁花锦簇，洁白清雅，是深受人们喜爱的传统花木。可丛植于草坪、大型花坛中央或园路转角，列植于园路两侧，孤植于山石旁、庭院一角、水池边、亭榭一侧，在常绿树丛前、庭荫树下种植，观花效果尤佳。

雪球荚蒾（蝴蝶绣球、日本绣球）

[**学名**] Viburnum plicatum Thunb.

[**形态**] 落叶灌木，高 2～4m。幼枝疏生星状毛。鳞芽。叶阔卵形或倒卵形，长 4～8cm，叶端凸尖，缘有锯齿，侧脉排列整齐，叶表面叶脉下凹。聚伞花序、呈球形，花径约 6～12cm，全为不孕花，花冠白色。花期 4～5 月。

[**变种与品种**] 蝴蝶戏珠花（F. tomentosum Rehd.）：花序边缘是不孕花，形极似蝴

蝶，中间为孕花。核果红色。

[分布]　产于我国华东、华中、华南、西南、西北东部等地区。有一定的耐寒性，喜湿润气候，在夏季炎热的平原地区种植，需适当遮荫，生长势不如大绣球。

天目琼花（鸡树条荚蒾）

[学名]　Viburnum sargentii Koehne.

[形态]　落叶灌木，高约 3m。叶广卵形至卵圆形、长 6～12cm，通常 3 裂，裂片边缘具齿，3 出脉，叶柄上有凹槽，叶柄顶端有 2～4 腺体。聚伞花序，径 8～12cm，边缘为白色不孕花，中央为孕花。核果红色。花期 5～6 月；果熟期 8～9 月。

[分布]　产于我国东北南部、华北至长江流域山区湿润、多雾的灌丛中。

[习性]　喜光，较耐荫。引种至平原地区一般需遮荫。耐寒，喜湿润气候，对土壤要求不严，根系发达。

[繁殖与栽培]　播种繁殖。

[用途]　天目琼花树姿清秀，叶形美丽，秋叶红色，春花洁白，秋果艳红，宛若珊瑚，是观赏价值很高的优良花木。宜种植于林缘、庭院角隅、园路两旁、建筑物北面。

珊瑚树（法国冬青、避火树）

[学名]　Viburnum awabuki K. Koch.

[形态]　常绿小乔木，高达 10m。叶长椭圆形，先端钝尖，基部宽楔形，缘波状、疏有钝锯齿，中下部全缘，侧脉 4～5 对，叶柄褐色。圆锥花序顶生，花小，白色，芳香。核果红色似珊瑚。花期 6 月，果熟期 9～11 月。

[分布]　产于我国长江流域及以南地区。

[习性]　喜光，亦耐荫。喜温暖湿润气候，不耐严寒，喜深厚肥沃的土壤。根系发达，萌芽力强，耐修剪，生长较快。抗潮风，耐烟尘，吸收有毒气体能力强。

[繁殖与栽培]　以扦插繁殖为主，霉雨季节随剪随插，成活率高。翌春季即可移植栽培。应及时修剪保持树形。

[用途]　珊瑚树枝叶茂密，果实鲜红，四季常青，是城市园林主要的高绿篱、绿墙树种。有隔音、防火、净化空气等多种功能，也可以将树冠修剪成几何形体，宜孤植、丛植于草坪、街头绿地。宜在工厂厂房、油库周围作防护隔离绿墙。北方盆栽布置会场。

珊瑚树木材供细木工用。嫩叶、枝入药。

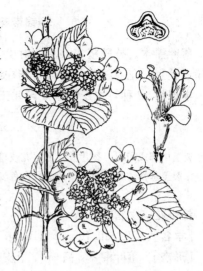

图 199　蝴蝶戏球花

图 200　天目琼花

锦带花属 Weigela Thunb.

落叶灌木。枝髓坚实。单叶对生，有锯齿，无托叶。花较大近整齐，腋生或顶生聚伞花序或簇生，花冠漏斗状钟形，花柱细长，子房2室。蒴果，柱状，2瓣裂。种子细小。

本属约12种，主产于东亚与北美。我国有4种。

分 种 检 索 表

1. 萼裂至中部或稍下，裂片披针形。花玫瑰红色，后变浅。叶两面有毛 ………………… 锦带花
1. 萼深裂至基部，裂片条形。花由乳白色变为深玫瑰紫色。叶近无毛 ………………… 海仙花

锦带花（文官花）

[学名] Weigela florida (Bunge.) A. DC.

[形态] 落叶灌木，高3m。干皮灰色。幼枝有2棱，上被柔毛。叶椭圆或倒卵状椭圆形，先端渐尖，基部圆或楔形，上面疏有柔毛，下面毛密。花1～4朵成聚伞花序腋生，萼筒疏生柔毛，花冠漏斗状钟形，花由玫瑰红色渐变为浅红色。蒴果顶端有喙。种子无翅。花期4～6月；果熟期10月。

[分布] 原产于我国东北、华北，南至山东、江苏北部，生于海拔1400m以下的杂木林内、灌丛及岩缝中。

[习性] 喜光，耐半荫。耐寒，耐旱，喜腐殖质多、排水良好的土壤，忌积水，耐瘠薄。萌芽力、萌蘖性都强。生长快。抗氯化氢等有毒气体能力强。

[繁殖与栽培] 分株、扦插、压条或播种繁殖。扦插苗2～3年即可开花。播种苗5年始花，幼苗前期生长缓慢、一年后须移植栽培。大苗移植应修剪并带土球，栽后充分浇水。春季应修剪病枯枝，每隔2～3年须更新修建一次，剪去3年以上的老枝；落叶后应施肥。

[用途] 锦带花花繁密，色艳丽，花期较长，是东北、华北地区重要的花灌木。可丛植于草坪、园路叉口、山坡、河滨、建筑前后、庭院一隅都可以种植，还可以密植成自然式花篱、花丛。花枝切花插瓶。

海仙花（五色海棠、朝鲜锦带花）

[学名] Weigela coraeensis Thunb.

[形态] 落叶灌木，高5m。小枝粗壮无毛。叶阔椭圆形、倒卵形，先端骤尖，基部宽楔形，除叶脉有毛外、其余光滑。花2～4朵成聚伞花

图 201 锦带花

图 202 海仙花

序腋生，花由乳白色变为深玫瑰紫色。花期5～6月，果熟期9～10月。

〔分布〕 原产于我国华东地区，青岛、南京、上海、武汉及广州等地栽培。北京能露地越冬。

〔习性〕 喜光，耐荫。耐寒性不及锦带花。对土壤要求不严。喜肥，忌积水。萌芽力、萌蘖性都强。对有害气体有一定的抗性。

〔繁殖与栽培〕 分株、扦插繁殖为主。

〔用途〕 海仙花花色丰富，花繁盛，是江南地区初夏常用的花灌木，余同锦带花。

猬实属　Kolkwitzia Graebn.

本属仅1种，我国特产。

猬实

〔学名〕 Kolkwitzia amabilis Graebn.

〔形态〕 落叶灌木，高2～3m。幼枝有柔毛及糙毛，老枝皮剥落。叶椭圆形、卵状椭圆形，先端渐尖，基部宽楔形或圆形，全缘或疏生浅齿，叶缘有睫毛，两面疏生柔毛，下面中脉毛密，叶柄短。花成对组成顶生伞房状复花序，花的萼筒紧贴，下部合生，外面密生粗硬毛，有长喙；花冠钟状5裂，粉红色至玫瑰红色。坚果常1个不发育，外密生刺毛，萼宿存。花期5～6月，果熟期8～9月。

图203　猬实

〔分布〕 产于我国中部及西北部，生于海拔360～1300m山区的灌丛中或林缘，河南省西部山区及华山南坡多野生。本世纪初引入美国栽培，被誉为"美丽的灌木"，现世界各国广为栽培。

〔习性〕 喜光，耐半荫，半荫时可延长花期5～7天。耐寒，北京地区可露地越冬。喜湿润肥沃排水良好的土壤，有一定的耐旱、耐贫瘠能力。

〔繁殖与栽培〕 播种、扦插、分株、压条繁殖皆可。扦插用嫩枝生根较快。栽培容易，管理粗放。早春应修剪枯落枝，每3年重剪一次，更新老枝疏除过密枝，中截1～2年生枝条。

〔用途〕 猬实花密色艳，果实奇特，夏秋挂满"猬实"，别有情趣。可植自然式花篱或丛植于草坪、角隅、山石旁、园路交叉口、亭廊等建筑周围，或专筑花台种植，亦可盆栽观赏或切花插瓶。

忍冬属　Lonicera L.

灌木或藤本。叶全缘稀浅裂；无托叶。花成对腋生，5数，花冠常唇形或整齐，5裂，子房2～3（5）室。浆果红色、蓝黑色或黑色。

本属约200种，分布于温带及亚热带地区，我国约140种，以西南部为最多。

分　种　检　索　表

1. 蔓性藤本
　　2. 花成对腋生在总花梗顶端，下面无合生的叶片 ……………………………………… 金银花
　　2. 头状花序集生枝顶，下面有 1～2 对合生成盘状的叶片 …………………………… 盘叶忍冬
1. 直立丛生灌木
　　3. 小枝髓棕色后变空。落叶灌木。花初白色后变黄，总花梗很短，仅 1～2mm ……… 金银木
　　3. 小枝髓白色充实。半常绿灌木。花白色带粉红色，芳香，先花后叶，总花梗长 0.5～1cm。叶卵状椭
　　　圆形，革质 …………………………………………………………………………… 郁香忍冬

金银花（忍冬、鸳鸯藤）

［**学名**］ Lonicera japonica Thunb.

［**形态**］ 半常绿缠绕藤本。茎皮剥落，枝中空。幼枝密生柔毛和腺毛。叶卵形、卵状椭圆形，先端短钝尖，基部圆或近心形，全缘；幼叶两面密生柔毛，后上面脱落。唇形花冠，初白色后变黄色，苞片、花梗密生柔毛和腺毛。浆果蓝黑色，球形。花期 4～6 月，果熟期 10～11 月。

［**变种与品种**］ 红金银花（var. chinesis Baker.）：小枝、叶脉、嫩叶红紫色。叶近光滑。花冠外面红紫色。

［**分布**］ 产于我国辽宁以南，华北、华东、华中、西南都有分布，朝鲜、日本也有分布。野生多在海拔 400～1200m 的溪河两岸、湿润山坡的疏林及灌丛中。各地常见栽培。山东平邑栽培金银花已有数百年的历史，是全国金银花重点产区之一，产量达全国的

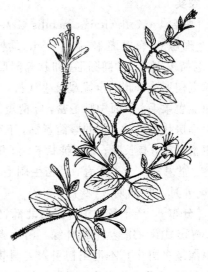

图 204　金银花

一半以上。进入山东平邑境内，便见金银花接畛连畦比比皆是，被称为"金银花之乡"。每至 5～6 月，满山遍野金银花盛开，黄白相映，蜂飞蝶舞，清香阵阵，采花时节甚为壮观。

［**习性**］ 喜光，耐荫。耐寒，喜肥沃湿润土壤，耐旱，亦耐湿。萌蘖性强，根系发达。

［**繁殖与栽培**］ 播种、分株、压条、扦插繁殖。用 1～2 年生壮条作插穗，成活率高。休眠期应疏剪过老，过密，过长的枝条，秋末入冬前应松土，培土，施肥。生长期应加强肥水管理，则花繁，花期长。

［**用途**］ 金银花花色清雅、芳香，花期长，是园林上常用的垂直绿化材料。是低山丘陵地区水土保持树种。可点缀花架、绿廊，覆盖山石、沟坡，攀援篱笆、围墙，装饰山坡、阳台等。老桩制作盆景，也可装饰宾馆、饭店的室内、阳台等。

金银花的花是重要中药材，还是优良的蜜源树种。

金银木（金银忍冬）

［**学名**］ Lonicera maackii (Rupr.) Maxim.

［形态］ 落叶小乔木，高 6m，常呈灌木状。小枝中空，幼时有柔毛。冬芽叠生。叶卵状椭圆形至披针形，先端渐尖，基部宽楔或圆形，两面及叶缘疏生柔毛，叶脉、叶柄有腺毛。总花梗有腺毛，小苞片合生，萼片 2、分离，花先白色后变黄色。果球形，亮红色。花期 4～6 月，果熟期 8～10 月。

［分布］ 产于我国东北、华北、华东、西北、西南等地，生于山地林中或林缘。

［习性］ 喜光，略耐荫。耐寒，耐旱，对土壤适应性强。在深厚肥沃湿润的壤土中生长旺盛。萌蘖性强。

［繁殖与栽培］ 播种、扦插繁殖。管理粗放。秋末应疏剪过密的细弱枝。

［用途］ 金银木春末夏初花繁似锦，金银相映，秋后红果累累，果色亮艳，是优良的观花、观果树种。宜丛植于草坪、路边、林缘、建筑周围、疏林下，或植自然式花篱。

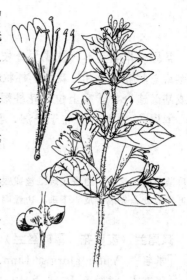

图 205　金银木

金银木的茎皮纤维制绳及人造棉，叶浸制杀虫剂，种子榨油，花可提取芳香油。亦是优良的蜜源树种。

单子叶植物纲　Monocotyledoneae

多为须根系，茎内有不规则的散生维管束，没有形成层，即不能形成茎的增粗生长，也不能形成树皮。叶为单叶，常有分裂，无锯齿，平行脉或弧形脉。花 3 基数。种子具 1 枚顶生的子叶。

单子叶植物的种类约占被子植物的 1/4。单子叶植物绝大部分为草本植物，木本植物仅占 1/10。常用的园林树木仅 2 科 1 亚科。

龙舌兰科　Agavaceae

常为草本，少数为灌木。叶基生或茎生，茎生叶通常互生，少数对生近轮生，通常狭窄，厚或肉质，有纤维。花两性或单性，单生或组成花序，花钟状、坛状或漏斗状，花被片多为 6 枚，少数 4 枚，排成 2 轮，雄蕊常与花被片同数，花丝分离或连合，子房上位，常 3 室且为中轴胎座，少 1 室而为侧膜胎座。果子类型有蒴果或浆果，种子多数。

本科约 20 属，670 余种，我国有 2 属，约 3 种，引入栽培 4 属 10 种。

分 属 检 索 表

1. 叶剑形，质地坚硬。花被片分离。蒴果 ……………………………………………………………… 丝兰属
1. 叶非剑形，质地较软。花被片合生。浆果 ……………………………………………………………… 朱蕉属

丝兰属　Yucca Linn.

常绿木本，茎不分枝或少分枝。叶狭长，剑形。多基生或集生茎端，叶缘常有丝状物。圆锥或总状花序顶生，花大，杯状或蝶状，白色、乳白色或蓝紫色，常下垂，花被片6，离生或基部连合，子房上位，花柱短。蒴果。种子扁平，黑色。

本属约30种，分布于美洲，我国引入栽培4种。

分 种 检 索 表

1. 叶质坚硬，直伸，边缘无纤维丝或很少有丝。蒴果不开裂。花常染紫晕 …………………………… 凤尾兰
1. 叶质较软，先端常反折下垂，边缘明显有白色纤维丝。蒴果开裂。花常染绿晕 ………………… 丝兰

凤尾兰（菠萝花、厚叶丝兰）

［学名］　Yucca gloriosa Linn.

［形态］　常绿灌木、小乔木。主干短，有时有分枝，高2～4m。叶剑形，略有白粉，长60～75cm，宽约5cm，挺直，顶端坚硬，全缘，老时疏有纤维丝。花序长1m以上，花杯状，下垂，乳白色，常有紫晕。花期5月、10月，2次开花。果椭圆状卵形，不开裂。

［分布］　原产于北美。我国长江流域及以南和山东、河南有引种，北京常见盆栽。

［习性］　喜光，亦耐荫。适应性强，能耐干旱、寒冷。据前苏联记载：－15℃时仍能正常生长无冻害。除盐碱地外，各种土壤都能生长，耐干旱瘠薄、耐湿。生长快。耐烟尘，对多种有害气体抗性强。茎易产生不定芽。萌芽力强。

［繁殖与栽培］　常用茎切块繁殖或分株繁殖。三月间，将地上部分截断，剪去叶片，堆于阴处，待叶腋萌芽的切块，每块至少一个芽，然后埋于苗床或

图206　凤尾兰

直接挖穴种植，亦可植于盆中水养，供观赏。移植时，可裸根，但枝叶须进行捆扎，以利挖掘、运输。

［用途］　凤尾兰树形挺直，叶形似剑，花茎高耸，花白色芳香，有特殊的观赏价植。常丛植于花坛中心、草坪一角，树丛边缘。宜与棕榈配置，高低错落，颇有热带风光之特色。是岩石园、街头绿地、厂矿污染区常用的绿化树种。可在车行道的绿带中列植，亦可作绿篱种植，起到阻挡、遮掩之作用。茎可切块水养，供室内观赏，或盆栽布置庭院。

凤尾兰的花入药，叶纤维供制缆绳。

丝兰（凤尾丝兰）

［学名］　Yucca filamentosa Linn.

［形态］　常绿灌木。植株低矮。叶丛生，叶片较薄而柔软，反曲，线状披针形至剑形，缘有白色丝状纤维。花茎直立，花下垂，白色、常有绿晕。花期6～7月。

[分布] 分布于北美。我国长江流域及以南和山东有引种。不耐贫瘠，耐寒性不如凤尾兰，栽植不如凤尾兰广泛。

棕榈科 Palmaceae

常绿乔木或灌木，主干直立常不分枝，上有宿存的叶基或环状叶鞘痕。叶大，常掌状或羽状分裂，集生树干顶部，形成棕榈形树冠。叶柄基部常有纤维质叶鞘。花小，整齐，单性，两性或杂性，同株或异株；肉穗花序有 1～数个佛焰苞；萼片、花瓣各 3 枚，分离或合生，镊合状或覆瓦状排列，雄蕊常为 6，子房上位，常 1～3 室，胚珠 1。果子类型有浆果、核果或坚果。

本科约 250 属，3500 种，分布于热带、亚热带，我国有 22 属 70 余种；主产于台湾及华南和西南，引入栽培多种。

分 属 检 索 表

1. 叶掌状裂，裂片芽时内折。花序生在叶丛中
  2. 叶浅裂至中上部，裂片先端 2 深裂，下垂，叶柄下部两侧有较大的倒钩刺，叶鞘黄褐色。花两性
  ……………………………………………………………………………………………… 蒲葵属
  2. 叶深裂至中下部，裂片先端不下垂，叶柄无刺，叶鞘黑褐色
    3. 叶裂至中下部，裂片先端 2 裂较浅，挺或下折，叶柄两侧有细齿。花杂性。树干单生
    ……………………………………………………………………………………………… 棕榈属
    3. 叶裂达基部，裂片先端阔有数个缺齿，叶柄两侧光滑。花单性。丛生灌木，干细如指
    ……………………………………………………………………………………………… 棕竹属
1. 叶羽状裂
  4. 叶 2～3 回羽状全裂，小叶鱼尾状，菱形，上部边缘有撕裂状细齿 ………………… 鱼尾葵属
  4. 叶 1 回羽状全裂，裂片窄长带状
    5. 肉穗花序生在叶丛中
      6. 叶轴近基部之裂片呈针刺状。坚果小 ……………………………………………… 刺葵属
      6. 叶轴无针刺状裂片。坚果大，径 10cm 以上，内果皮骨质而坚硬；胚乳（即椰肉）大而厚，内贮存丰富的浆汁 …………………………………………………………………………… 椰子属
    5. 肉穗花序生于叶丛下
      7. 乔木。叶裂片先端齿裂。树干光滑，有环状叶痕，上部绿色 ……………………… 槟榔属
      7. 灌木。叶裂片全缘，叶柄、叶轴有槽 …………………………………………… 散尾葵属

棕榈属 Trachycarpus H. Wendl.

乔木。树干有环状叶鞘痕，上部包被纤维状叶鞘。单叶，扇形，掌状深裂至中部以下，裂片先端 2 浅裂，有皱折，叶柄边缘常有细齿。花序生在叶丛中，佛焰苞多数，有绒毛，基部膨大，花杂性或单性；花瓣比花萼长，花药背着，柱头反曲。核果球形。种子腹面有凹槽。

本属约 10 种，分布于东亚。我国有 6 种，分布于长江流域以南。本属树种是棕榈科最耐寒的。

棕榈（棕树、山棕）

［学名］ Trachycarpus Fortunei（Hook. f.）H. Wendl.

［形态］ 常绿乔木。树干圆柱形，直立不分枝，高达15m，直径20多cm。叶簇生于树干顶端，叶大，径50～70cm，掌状深裂，有30～60狭长裂片，各裂片有中脉，叶柄长0.5～1m，基部有褐色纤维状叶鞘包裹树干。雌雄异株，黄花色。果径约8mm，褐色、稍有白粉。花期4～6月，果熟期10～11月。

图207 棕榈

［分布］ 主要分布在我国秦岭以南，长江中下游地区，以四川、贵州、湖南、云南、湖北、陕西等省最多；广东、广西、福建、浙江、江苏、安徽、河南也有分布。垂直分布在海拔300～1500m。山东省在小气候条件较好的地方，如崂山、枣庄等地有露地栽培，越冬需加防护。其他地区多盆栽，室内越冬。

［习性］ 喜光，亦耐荫。幼树、幼苗喜荫，阔叶林下天然更新良好。稍耐寒，是棕榈科中最耐寒的树种，成年树可以耐−8℃的低温。但小苗及刚移植后的植株耐寒性稍差。对土壤适应性强，耐寒，耐湿，稍耐盐碱。喜肥。须根发达，无主根，易风倒。耐烟尘，抗有毒气体能力强。生长缓慢，寿命长。

［繁殖与栽培］ 播种繁殖。幼苗头三年生长极慢，四年以后生长稍快，4～10年是培育粗大树干的重要阶段，通过剥除棕皮，可加快高生长。园林上亦常利用母树下自播苗培育苗木。移植须剪除叶片1/2，以减少蒸腾，栽种不宜过深。平时管理须注意剥除棕皮，否则会影响生长发育，甚至郁闭致死。

［用途］ 棕榈树干挺直，叶大如扇，极具南国风光，为著名的观赏树种。宜列植于建筑周围、墙侧、窗前、草坪一角或作行道树，也可以2、3株大小参差丛植点缀凉亭、假山、溪畔、水池边，亦可片植不同树龄的棕榈纯林或利用地形起伏，形成高低错落、富有变化的群落来反映热带风光，亦可与凤尾兰、美人蕉、鸢尾等配置，但不宜与其他树冠树形的树种配置。北方常盆栽布置公园，装饰大型会场。

棕榈树干常用作亭柱、制扇骨，花、果、种子入药；种子可作饲料；嫩花序轴可食；叶鞘及其纤维即"棕片"及"棕毛"，可制绳索，地毯，板刷毛及床榻的垫衬物。是多用途的优良经济树种。

棕竹属 Rhapis L. f.

丛生灌木。树干细。叶鞘黑褐色网状，单叶掌状裂至近基部，裂片先端钝，叶柄细，边缘无刺、上面有凹槽。花淡黄色，单性异株，花萼、花冠都是3齿裂，心皮3分离。浆果小，熟时白色。

本属约15种，分布于东亚及东南亚。我国约7种。

分 种 检 索 表

1. 叶5～10深裂，裂片顶部宽，有缺齿 ……………………………………………… 棕竹

棕竹（筋头竹、观音竹）

［学名］ Rhapis excelsa（thunb.）Henry ex Rehd.

［形态］ 常绿灌木，高 3m。叶集生枝顶，叶径 30～50cm，掌状 5～10 深裂，裂片有 5～7 平行脉，先端缺齿不规则，边缘有细齿，横脉多而明显。花序短，佛焰苞有毛。果径约 1mm。花期 4～5 月。

［分布］ 原产于我国华南、西南、台湾，散生于热带季雨林中。广州、重庆可露地栽植，上海、南京盆栽。

［习性］ 耐荫，忌烈日直晒。不耐寒，可耐短期 −1℃ 低温。喜生长在湿润通风良好的环境中，喜湿润肥沃的酸性沙壤土。不耐旱。生长缓慢。

［繁殖与栽培］ 播种或分株繁殖。华东地区分株应在清明以后，分株栽植后应放置半阴处。播种应在 4～5 月进行，种子用 35℃ 温水浸种一天，幼苗生长缓慢。在华东地区须盆栽，但要室内越冬。

［用途］ 棕竹株丛挺秀，清丽潇洒，枝叶繁密是优良的观叶树种。可丛植于窗前、道路转角、建筑一角或花坛中；宾馆、大酒店等宜室内绿化，盆栽或配秀石、制盆景供室内摆花，或布置会场用。

棕竹干可以制手杖或伞柄等。根及叶鞘纤维人药。

蒲葵属　Livistona R. Br.

常绿乔木。树干有环状叶痕和黄褐色叶鞘。单叶，扇形，掌状浅裂；裂片先端 2 裂下垂；叶柄长，边缘有倒钩刺。花两性，淡褐色，佛焰苞多数，圆筒形，萼片、花瓣各 3，基部连合；花丝连合，心皮 3，分离或稍连合。核果椭圆形。种子 1。

本属约 30 种，我国 4 种，分布于南方。

蒲葵（葵树、扇叶葵、葵竹）

［学名］ Livistona chinensis（Jacq.）R. Br.

［形态］ 常绿乔木，高达 20m，胸径 15～30cm。树冠密实近球形，冠幅可达 8m。叶径达 1m 以上，叶柄长 1.3～5m。叶掌状浅裂，裂片先端 2 裂、下垂。肉穗花序，花小，无梗，长约 2mm。核果熟时椭圆形，黑色、蓝黑色。花期 4 月，果熟期 10 月。

［分布］ 原产于我国广东、广西、福建、台湾等地。江西、湖南、四川、云南等地引种栽培。杭州在小气候良好的地方可露地栽培，冬季稍加保护即可。上海、南京及北方盆栽。

［习性］ 喜光、耐半荫，幼苗喜荫。喜暖热多湿气候，不耐寒，能耐 0℃ 左右的低温。适

图 208　蒲葵

应性较强，喜湿润肥沃的粘壤土，耐旱、耐短期水淹。须根发达，抗风力强，能在海滨、河滩生长，很少受风害。病虫害较少。抗氯气、二氧化硫等有毒气体强。生长速度中等，寿命较长。

　　[繁殖与栽培]　播种繁殖。盆栽蒲葵，盛夏时应放置在半阴处或荫棚下，伏旱时要浇水，叶面和地面要喷水，入冬要置于室内。

　　[用途]　蒲葵树冠伞形，枝叶婆娑可爱，是著名的观赏树种，是优美的庭荫树、行道树。华南园林及"四旁"绿化常用，可配置于河流两岸或水滨，亦可在入口两侧对植。盆栽供宾馆、酒店等作室内装饰。

　　蒲葵的嫩叶为葵扇的原料，老叶可制蓑衣、编席，扇骨（裂片的主脉）可制牙签。树干可作梁柱用。果实及根、叶入药。

鱼尾葵属　Caryota L.

　　灌木或乔木。茎有环状叶鞘痕。叶大，聚生茎顶，2～3回羽状全裂，裂片菱形、楔形或披针形，顶端极偏斜而有不规则啮齿状缺刻，状如鱼尾。肉穗花序生于叶腋内，雌雄同株，花单性，通常3朵聚生；子房3室，柱头3裂。浆果球形，有种子1～2粒。

　　本属约12种，分布于亚洲热带地区至澳洲东北部，我国产4种。

鱼尾葵（鱼尾椰子、假桃榔）

　　[学名]　Caryota och landra Hance.

　　[形态]　常绿乔木，高达20m。叶2回羽状全裂，长2～3m；裂片14～20对，长15～20cm，厚革质，半菱形而似鱼尾，内缘有锯齿，外缘延长而成尖尾状。叶柄短，叶鞘巨大，抱茎。圆锥状肉穗花序，长约1.5～3m，下垂，花绿色或紫色。果球形，花期7月。

　　[分布]　产于我国广东、广西、云南、福建、贵州、海南等省区。

　　[习性]　喜光，亦耐荫。不耐寒。喜湿润的酸性土。

　　[繁殖与栽培]　播种繁殖。自播能力很强。可移植自播苗进行培育。在广西桂林以北须盆栽，入冬进温室。

图209　鱼尾葵

　　[用途]　鱼尾葵树姿优美、树形奇特，为著名的观赏树种。在南方庭院广泛栽植应用。可作行道树、庭荫树，可植于建筑南侧、窗前，以避烈日，可丛植、列植于广场、草坪、园路，供遮荫之用。可盆栽供室内装饰。

禾本科　Gramineae

　　本科约600余属，6000种以上，广泛分布于全世界。我国有193属，约1200种，引种12属、44种。

　　禾本科种类繁多，与人类生活关系密切，有极大的经济意义。禾本科传统分类分为竹亚科和禾亚科 2 个亚科。禾亚科以草本为主，很多种类是重要的粮食作物。属于园林树木范畴的仅为竹亚科。

分 亚 科 检 索 表

1. 秆木质，多年生；秆箨与叶鞘区别明显；箨叶常无明显中脉；一般叶有短柄，与叶鞘相连处有关节，叶片易自关节处脱落 ··· **竹亚科**
1. 秆草质，一年生或多年生；秆上叶为一般叶，有明显中脉；通常无短柄，亦无关节，故不自叶鞘处脱落（隐子草属例外）·· **禾亚科**

竹亚科 Bambusoideae

常绿乔木、灌木，偶为藤本。分地上茎（竹秆），地下茎（竹鞭）二部分。竹秆由节和节间组成，节内有横隔板，节间中空，节上常有 2 环：其上为秆环，下为箨环（是秆箨脱落后留下的痕迹），2 环之间是节内，上生芽，芽萌发成小枝。分枝多少常为分属之依据。

单叶互生，排成 2 列，由叶片和包于秆上的叶鞘组成。叶常为披针形，平行脉，全缘，叶片与叶鞘间常有呈膜质或纤毛状的叶舌，两侧常有叶耳，竹鞭亦由节和节间组成，节间近实心，节上长有须根和芽，出土的芽称为竹笋，外被笋箨，内为秆箨。秆箨由箨鞘和箨叶组成，箨鞘发达，上着生较小似叶的箨叶，两者之间中央部分常具箨舌，两侧着生箨耳。笋出土即为竹秆。

花序顶生或腋生，有多数小穗排列而成，小穗有 2～多数小花，稀 1。花两性或杂性。颖果、坚果、胞果或浆果。当竹开花后，整个植株即枯死。

根据竹秆与竹鞭的特点可分为三种类型：

1. 单轴散生型

地下茎圆筒形或近圆筒形，其直径通常较小于由它生出的竹秆，其节间的长度远远大于其宽度，通常对称，其节常肿胀或隆起。通常侧芽出土成竹秆，顶芽多延伸成地下茎（竹鞭）。竹鞭细长横走，蔓延生长。鞭上有节，节上生根，长芽（竹笋）。竹秆在地面呈散生状。

2. 合轴丛生型

其地下茎粗短、纺锤状，变形，其直径大于由它延伸出地面的竹秆，其节间的宽度大于其长度而实心。其节不肿胀、也不隆起，侧芽单一。通常是顶芽出土成竹秆，侧芽在顶芽分化后萌发演变成另一短轴地下茎（竹鞭）。竹鞭极短，节间亦短。竹秆在地面呈密集丛生状。

3. 复轴混生型

兼有单轴型和合轴型两种类型的竹鞭，在地面则兼有丛生和散生型竹。

竹亚科约 50 属，1300 余种，主要分布于东南亚的热带及亚热带；部分属，种分布于温带地区。我国有 26 属，近 300 种，主要分布于长江流域及以南各省区；其分布最北缘为黄河流域。我国长江流域至南岭一带为竹资源最丰富的地区。丛生竹一般分布较南，散生竹在山区及偏北地区则分布较多。

<h2 align="center">分 属 检 索 表</h2>

1. 地下茎合轴丛生，通常不具横向伸展的竹鞭；秆节有 3～多数分枝。雄蕊 6
  2. 箨叶直立，箨耳发达。叶的网脉常不显著。秆节多分枝，小枝常有刺 ………………… **刺竹属**
  2. 箨叶向外反折，无箨耳或箨耳不显著。箨鞘顶部比箨叶基部宽。无枝刺
    3. 节间长 0.45～1m。箨鞘顶端宽、平截，比箨叶基部宽 2～3 倍。叶无小横脉 ………… **单竹属**
    3. 节间长不及 0.45m。箨鞘顶端比箨叶基部宽 1～2 倍。叶有小横脉 …………………… **慈竹属**
1. 地下茎复轴混生或单轴散生，有横向伸展的竹鞭；秆节有 1～7 分枝。雄蕊 3
  4. 地下茎复轴型，秆节有 1～3 分枝。叶大、宽 2.5cm 以上
    5. 灌木状，秆高不及 2m。秆节常 1 分枝，分枝与主秆近等粗 ……………………… **箬竹属**
    5. 秆高 2m 以上，秆环不隆起。秆节常 1～3 分枝，分枝比主秆细，各节枝条较短、簇生，贴秆直上
    ………………………………………………………………………………………… **茶秆竹属**
  4. 地下茎单轴型，秆节有 2～7 分枝。叶较小，宽不到 2cm 以上
    6. 秆节有 3～7 分枝
      7. 秆节有 3～7 分枝，秆箨迟落或宿存，秆环隆起，箨环宽而高，有一圈木栓质环状物
      ………………………………………………………………………………………… **苦竹属**
      7. 秆节分枝 3，秆常呈微四方形，基部各节常有气根。秆箨易落 ………………… **方竹属**
    6. 秆节分枝 2，节间在分枝的一侧扁平或有纵槽，秆箨早落、革质，箨叶显著 ………… **刚竹属**

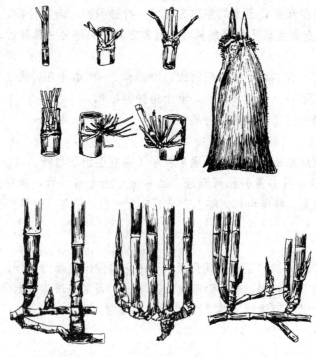

图 210 竹形态

<h3 align="center">刚竹属 Phyllostachys Sieb. et Zucc.</h3>

    乔木或灌木状，地下茎单轴散生。秆圆筒形，每节内 2 分枝，节间在分枝的一侧扁平或有纵槽；秆箨革质、早落。箨叶披针形，箨舌发达，箨耳有繸毛。叶披针形、窄披针形，

下面常粉绿色。小穗 2～6 小花，生于叶状的苞片的腋部，穗状或头状花序。

本属约 50 种，分布于东南亚。我国约 40 种，产于黄河流域以南。

分 种 检 索 表

1. 分枝以下的秆节两环均隆起（有的种秆环高于箨环）
  2. 主秆节大部分正常，无缩短、肿胀等畸形现象
    3. 秆箨无明显的箨耳及肩毛。秆节两环紧靠，节内距离不超过 5mm，两环隆起近相等。新秆密被白
      粉，老秆绿色、灰绿色 ·· 淡竹
    3. 上部秆箨多有箨耳及肩毛
      4. 新秆绿色，有白粉或短细毛。秆一年后渐变为紫黑色 ·············· 紫竹
      4. 新秆绿色，无粉及毛。秆一年后不变为紫黑色 ················· 桂竹
  2. 主秆的节间略短，基部至中部常出现短缩、肿胀或缢缩等畸形的节间 ·········· 人面竹
1. 分枝以下的秆节的秆环不隆起
  5. 新秆绿色，有白粉和细毛。秆箨密被棕褐色长毛，有小箨耳及长肩毛 ········ 毛竹
  5. 新秆鲜绿色，有白粉及稀疏的晶状刺点，无毛。秆箨无箨耳和肩毛、背面也无综褐色毛 ····· 刚竹

毛竹（茅竹、楠竹）

[学名] Phyllostachys pubescens Mazel ex H. de Lehaie.

[形态] 乔木状竹种，高可达 20～25m，地际直径 12～20cm 或更粗。秆间稍短，分枝以下的秆节秆环平，仅箨环隆起（实生的毛竹或小毛竹秆环箨环均隆起）。新秆绿色，有白粉及细毛。老秆灰绿色，仅在节下面有白粉或变为黑色的粉垢。笋棕黄色。秆箨背面密生黑褐色斑点及深棕色的刺毛。箨舌短宽，两侧下延呈尖拱形，边缘有褐色粗毛。箨叶三角形至披针形，绿色，初直立，后反曲。箨耳小，但肩毛发达。每小枝有 2～3 片叶（实生苗及萌枝叶可达 14 片），披针形，长 5～10cm，宽 0.5～1.2cm，叶舌隆起，叶耳不明显。笋期 3～4 月。

[变种与品种] 龟甲竹（var. heterocycla H. de Lehaie.）又称佛面竹。秆较原种矮小，仅 3～6m。秆下部节间短缩、膨大，交错成斜面，甚为美观。亦庭院种植观赏。

[分布] 分布于我国秦岭、淮河以南，南岭以北，是我国分布最广的竹种。浙江、江西、湖南等地是分布中心。在海拔 800m 以下的丘陵山地生长最好。山东等地有引种。

[习性] 喜光，亦耐荫。喜湿润凉爽气候，较耐寒，能耐—15℃ 的低温，若水分充沛时耐寒性更强，故影响毛竹分布、生长的主要生态因子中水分较温度更为重要。喜肥沃湿润、排水良好的酸性土，干燥或排水不畅以及碱性土均生长不良。在适生地生长快，植株生长发育周期较长，可达 50～60 年。但环境及人为影响可对其起促进或抑制作用。管理得当，可促进竹林更新复壮，以延迟开花。

[繁殖与栽培] 播种繁殖，具有适应性强，成苗率高，寿命长等优点，但在园林中，通常以移植母竹繁殖为主。方法是：

选 1、2 年生，生长健壮、无病虫害、带有鲜黄色竹鞭，其鞭芽饱满、主秆较低矮、胸径适宜的作为母竹。挖掘前，先判断竹鞭的走向，一般竹子最下一盘枝条所指引的方向与竹鞭的方向大致平行；留来鞭 30～40cm，去鞭 70～80cm，其他中型竹类留来鞭 20～40cm，去鞭 50～60cm。挖掘前后都不要摇动竹秆，以免损伤竹秆与竹鞭连接处（俗称"螺丝钉"），否则栽植后不易发笋或不易成活。一般保留 5～7 盘竹枝，用利刀截去上部竹秆。移植时要

带宿土。植于预先挖好的穴中。要使鞭根舒展、与土密接，入土深度比母竹原来入土部分稍深 3～5cm。栽植后要及时浇水，并在其周围挖好排水沟，以防积水烂根。最好设立支架，以防止风吹摇动根部，影响生长。移竹季节，长江流域以南地区以冬季为宜，偏北地区则以早春为好，亦可在雨季进行。

［用途］　毛竹杆高叶翠，端直挺秀，最宜大面积种植。谷深、林茂、云雾缭绕，竹林中小径穿越，幽篁夹道，宛若画中。杭州云栖竹径，即由毛竹构成，为西湖十景之一。湖边、河畔植竹，漫步于此透过竹秆间形成的框景，远山、近水恰似一幅幅流动的画面，步移景异。在风景区、农村屋前宅后、荒山空地均可种植，既可改善、美化环境，又具很高的经济价值。

毛竹主秆粗大，可供建筑、桥梁、打井支架等用；竹材蔑性好，适宜编织家具及器皿；枝梢适于作扫帚；嫩竹及竹箨供造纸原料及包装材。笋味美供食用。

刚竹（光竹、台竹、胖竹）

［学名］　Phyllostachys viridis (Young) McClure.

［形态］　乔木状竹种，秆高达 15m，地际直径 4～7 (14) cm。节间圆筒形，上部与中下部近等长。分枝以下的秆节仅箨环隆起，秆环不明显。新秆鲜绿色，无白粉或微有白粉，在放大镜下见竹壁上有晶状的粒点。老秆绿色，仅在节下残留白粉。笋黄绿色至淡褐色。秆箨背部常有浅棕色的密斑点，无毛，微有白粉。箨舌绿色，平截或微弧形，有细纤毛。箨叶带状披针形，绿色，常有桔红色的边带，平直或反折。无箨耳或肩毛。每小枝有叶 2～6 片，披针形或带状披针形，长 6～16cm，宽 1～2.2cm。有叶耳和长肩毛，宿存或部分脱落。

［变种与品种］　碧玉嵌黄金又叫槽里黄刚竹 (f. youngii C. D. Chu et C. S. Chao)：本变型与原种的区别是：主秆节间或节处有金黄色或浅绿色的纵条纹。

黄金嵌碧玉又叫黄皮刚竹 (f. houzeauana C. D. Chu et C. S. Chao)：秆金黄色，秆节下或节间内常有绿色的环带及纵条纹。

［分布］　分布广泛。国内分布于长江流域，河南、山东、河北、山西有栽培。多生于平地缓坡。

［习性］　喜光，亦耐荫。耐寒性较强，能耐 -18℃ 的低温。喜肥沃深厚、排水良好的土壤，较耐干旱瘠薄，耐含盐量 0.1% 的轻盐碱土和 pH 值 8.5 的碱土。幼秆节上潜伏芽易萌发。

［繁殖与栽培］　移植母株或播种繁殖培育实生苗。

［用途］　刚竹秆高挺秀，枝叶青翠，是长江下游各省区重要的观赏和用材竹种之一。可配置于建筑前后、山坡、水池边、草坪一角，宜在居民新村、风景区种植绿化美化。宜筑台种植，旁可植假山石衬托，或配置松、梅，形成"岁寒三友"之景。两个变型类型观赏价值更高。

桂竹（五月季竹、麦黄竹、刚竹）

［学名］　Phyllostachys bambusoides Sieb. et Zucc.

［形态］　乔木状竹种，秆高可达 11～20m，地际直径 8～10cm。新秆绿色或深绿色，通常无白粉及毛。秆节两环隆起。笋黄绿色至黄褐色。箨鞘背面密生黑褐色的斑点，并疏生少量刺毛。箨舌微隆起，呈弧形，先端有纤毛。箨叶三角形至长带状，桔红色或有绿色边

缘，有皱褶、平展或下垂。箨耳较小，有弯曲的长肩毛，两侧都有或仅一侧有。每小枝有叶 5～6 片。经常保留 2～3 片，带状披针形；有叶耳及长肩毛，脱落性。笋期 5 月下旬至 6 月。

[变种与品种]　斑竹又叫湘妃竹（f. tanarae Marino et Tsuboi.）：竹秆和分枝上有紫褐色斑块或斑点。

[分布]　分布较广，主要分布于长江流域下游各省区，黄河流域中下游栽培也较多。抗性强，能耐 -18℃的低温。用途同毛竹。

罗汉竹（人面竹）

[学名]　Phyllostachys aurea Carr. ex A. et C. Riviere.

[形态]　乔木状中小型竹种，秆高 5～12m，地际直径可达 2～5cm。秆挺拔直立，节间略短，在基部至中部有数节间常出现短缩、肿胀或缢缩畸形现象，或节间交互歪斜，或节间近正常而于节下有长约 1cm 的一段明显膨大。笋黄绿色至黄褐色。笋期 4～5 月。

[分布]　分布于福建、浙江、江苏等省区，长江流域有栽培。较耐寒，能耐 -20℃的低温。是著名的观赏竹种。亦盆栽观赏，或与佛肚竹、龟甲竹等形态奇特的竹种配植，以增加情趣，丰富景观。

紫竹（黑竹、乌竹）

[学名]　Rhyllostachys nigra（Lodd.）Munro.

[形态]　乔木状中小型竹，秆高 3～10m，地际直径可达 5cm，中部节间长 25～30cm。秆节两环隆起。新秆绿色，有白粉及细柔毛，一年后变为紫黑色，毛及粉脱落。箨鞘背面密生刚毛，无黑色斑点。箨舌紫色，弧形，与箨鞘顶部等宽，有波状缺齿。箨叶三角状或三角状披针形，有皱褶。箨耳椭圆形或长卵形，常裂成 2 瓣，紫黑色，上有弯曲的肩毛。每小枝有叶 2～3 片，披针形，长 4～10cm，宽 1～1.5cm，质较薄，在下面有细毛。叶舌微凸起，背面基部及鞘口处常有粗肩毛。笋期 5 月。

[分布]　主要分布于长江流域，较耐寒，可耐 -18℃低温，北京可露地栽培。秆紫黑色、叶翠绿，极具观赏价值。宜与观赏竹种配植或植于山石之间、园路两侧、池畔水边、书斋和厅堂四周。亦可盆栽，供观赏。

紫竹秆节长，秆壁薄，较坚韧，供小型竹制家具及手杖、伞柄、乐器等工艺品的制作用材。

淡竹

[学名]　Phyllostachys glauca McClure.

[形态]　常绿乔木状竹种，秆高 10～15m，地际直径 2～8cm，中部节间长可达 40cm。新秆绿色至蓝绿色，密被白蜡粉、无毛。老秆绿色或灰绿色，在秆箨下方常留有粉圈或黑污垢。秆节的两环均隆起，但不高凸，节内距离甚近，不超过 3mm。笋淡红色至淡绿褐色。秆箨背面初有紫色的脉纹及稀疏的褐斑点、后脱落。箨舌紫色或紫黑色、高 1～3mm，先端平截、外展或下垂。无箨耳和肩毛。每小枝有 3～5 片叶（萌枝可达 9 片），带状披针形或披针形，长 5～18cm，宽 7～25mm。叶鞘初有叶耳及肩毛，后脱落。叶舌紫色或紫褐色。笋期 4 月至 5 月。

[分布]　分布于黄河中下游及江、浙一带。为华北地区庭院绿化的主要竹种。秆材质地柔韧，篾性好，适于编织用；整株可作农具柄、帐竿及支架材。笋味鲜美，供食用。

<h2 style="text-align:center">刺竹属 (孝顺竹属) Bambusa Schreber.</h2>

乔木或灌木。合轴丛生型，竹秆圆筒形，每节簇生多数分枝，分枝基部常有宿存的芽鳞及小箨鞘，有时有枝刺；秆箨迟落，箨鞘顶端与箨叶基部常等宽，箨耳发达有繸毛，箨叶直立。叶的网脉常不明显，常有叶耳。小穗簇生或呈头状，深黄色或黄绿色，子房常有柄。颖果矩圆形。

本属约 70 余种；我国约 40 种，主产华南。

<h3 style="text-align:center">分 种 检 索 表</h3>

1. 竹秆两型：除正常圆筒形秆外，还有节间短、下部节间膨大的竹秆 ················· **佛肚竹**
1. 只有正常的圆筒形竹秆。叶 2 列状排列，每小枝有叶 5～9 ······························ **孝顺竹**

孝顺竹 (凤凰竹、慈孝竹)

［学名］ Bambusa multiplex (Lour.) Raeuschel.

［形态］ 竹秆丛生，高 2～7m，径 0.5～2.2cm，基部节间长约 20～40cm。幼秆稍有白粉，节间上部有白色或棕色刚毛。箨鞘薄革质、硬脆、淡棕色、无毛，无箨耳或箨耳很小、有纤毛，箨舌不显著约 1mm。小枝有 5～10 片叶，二列状排列，窄披针形，长 4～14cm，宽 0.5～2cm。小穗淡绿色，有 3～5 小花。笋期 6～9 月。

［变种与品种］ 凤尾竹 [var. nana (Roxb.) Keng f.]：植株矮小，秆高常 1～2m，径不超过 1cm。枝叶稠密纤细下弯。叶细小，长约 2.5cm，宽 3～8mm，常 20 片排成羽状。盆栽观赏或做绿篱。耐寒性不及孝顺竹。

花孝顺竹又叫花凤凰竹 (f. alphonsokarri Sasaki.)：节间鲜黄，但秆上夹有显著的绿色纹。庭院观赏，或盆栽。

［分布］ 原产于我国，主产于广东、广西、福建、西南等省区。多生在山谷间，小河旁。长江流域及以南栽培能正常生长。山东青岛有栽培，是丛生竹中分布最北缘的竹种。

［习性］ 喜光，喜向阳高爽的地方，能耐荫。喜温暖湿润的气候。虽然是丛生竹中分布最北的，但耐寒性不强，上海能露地栽培，但冬天叶枯黄。喜温暖湿润排水良好的土壤，适应性强，生长较快。

［繁殖与栽培］ 丛生竹的繁殖，园林中常以移植母竹（分兜栽植）为主，亦可埋兜、埋秆、埋节繁殖。

（一）移植母竹（分兜栽植）法：选择枝叶茂盛、秆基芽眼肥大、充实的 1～2 年生竹秆，在离其秆 25～30cm 外围，扒开土壤由远及近，逐渐挖深，找出其秆柄，用利器猛力切断其秆柄，连兜带土掘起。一般粗大竹秆，用单株；小型竹类可以 3～5 秆成丛挖起，留 2～3 盘枝，从节间中部斜形切断，使切口成马耳形，种植于预先挖好的土穴中。

（二）埋兜、埋秆、埋节繁殖法：丛生竹的兜、秆、节上的芽具有繁殖能力。选强壮竹兜在其上留竹秆长 30～40cm，斜埋于种植穴中，覆土 15～20cm。埋兜时将栽下的竹秆，剪去各节上的侧枝，仅留主枝的 1～2 节，作为埋秆或埋节的材料。埋时挖沟深 20～30cm，节上的芽向两侧，秆基部略低，梢部略高，微斜卧沟中，覆土 10～15cm，略高出地面，再盖草保湿。为了促使各节隐芽发笋生根，可在各节上方 8～10cm 处，锯两个环，深达竹青部分，可提高竹秆节部的成苗率。

[**用途**] 孝顺竹枝叶清秀，姿态潇洒，婆娑柔美，为优良的观赏竹种。可丛植于池边、水畔，亦可对植于路旁、桥头、入口两侧，列植于道路两侧，形成素雅宁静的通幽竹径。

佛肚竹（佛竹、密节竹）

[**学名**] Bambusa ventricosa McClure.

[**形态**] 丛生竹，灌木状，秆高 2.5～5m。竹秆圆筒形，节间长 10～20cm；畸形秆，高仅 25～50cm，节间短，下部节间膨大呈瓶状，长仅 2～3cm。箨鞘无毛，初为深绿色，老时则桔红色，箨耳发达，箨舌极短。

[**分布**] 原产于我国广东，南方庭院多栽培。喜温暖湿润。宜盆栽观赏。

箬竹属（篡竹属）Indocalamus Nakai.

灌木状，地下茎复轴型。竹秆的每节 1～3 分枝，分枝与主秆同粗，枝通常直立，秆箨宿存。叶大，宽 2.5cm 以上，纵脉多数。小穗有数枚至多数小花，总状或圆锥状复花序，顶生。本属约 30 种，分布于斯里兰卡、印度、马来西亚和菲律宾等地，我国产 10 余种。

分 种 检 索 表

1. 箨耳和叶耳不显著；鞘口繸毛长 1～3mm。秆高约 1m。叶长不超过 30cm ……………… **阔叶箬竹**
1. 箨耳和叶耳都很显著；半圆形或镰状；繸毛放射状，长 0.5～1mm。秆高约 2～3m。叶长可达 35cm
…………………………………………………………………………………………………… **箬叶竹**

阔叶箬竹

[**学名**] Indocalamus latifolius (Keng) Mcclure.

[**形态**] 竹秆混生型，灌木状，秆高约 1m，径 5mm，通直，近实心；节间长 5～20cm，每节分枝 1～3，与主秆等粗。箨鞘质坚硬，鞘背有棕色小刺毛，箨舌平截，高 0.5～1mm，鞘口繸毛流苏状，长 1～3mm，小枝有叶 1～3 片，长椭圆形，长 10～35cm，宽 1.5～5cm，先端渐尖，上面翠绿色，近叶缘有刚毛，下面白色微有毛。笋期 5 月。

[**分布**] 原产于我国，分布于华东、华中地区及陕南汉江流域。山东南部有栽培。喜在低山谷间和河岸生长。

[**习性**] 喜光，亦耐荫，林下、林缘生长良好。喜温暖湿润的气候，稍耐寒。喜土壤湿润，稍耐干旱。

[**繁殖与栽培**] 移植母竹繁殖。容易成活。栽后应及时浇水，保持土壤湿润。生长过密时，应及时疏除老秆、枯秆。

[**用途**] 阔叶箬竹植株低矮，叶色翠绿，是园林中常见的地被植物。亦是北方常见的观赏竹种。丛植点缀假山、坡地，也可以密植成篱，适合于林缘、山崖、台坡、园路、石级左右丛植；亦可植于河边、池畔，既可护岸，又颇具野趣。风景区丘陵荒地栽植，作地被保持水土。

阔叶箬竹秆适宜作鞭杆、毛笔杆及筷子等用。叶宽大，隔水湿，可供防雨斗笠的衬垫物及包粽子的材料。颖果可食及药用。

附：园林树木常用形态术语

一、树　　根

（一）**根系**　由幼胚的胚根发育成根，根系为植物的主根和侧根的总称。以根发生的情况，可分为以下几个类型：

1.主根　自胚根发育而成，又叫初生根，向地心方向下伸。

2.侧根　自主根分生的支根，又叫后生根，呈水平或斜向扩张。

3.须根　在单子叶植物中，主根早期萎缩，又自茎基部发生粗细相近，代替主根作用的须状细根，如竹类、棕榈等。

4.不定根　不是由胚根而是由茎枝发生的根，如杨柳类用扦插法所生的根。

直根系　主根粗长，垂直向下，如麻栎、马尾松等。

须根系　主根不发达或早期死亡，而由茎的基部发生许多较细的不定根，如棕榈、蒲葵等。

（二）**根的变态**

1.附生根　用以攀附他物上升生长的不定根，

2.寄生根　用以伸入寄主组织中汲取养料的根，如桑寄主、槲寄主等。

3.板根　热带树木在干基与根颈之间形成板壁状凸起的根，如榕树、人面子、野生荔枝等。

4.呼吸根　伸出地面或浮在水面用以呼吸的根，如水松、落羽杉的曲膝状呼吸根。

5.气根　生于地面上的根，如榕树从大枝上发生多数向下垂直的根。

二、茎

树木的茎就是木质化的树干，常在地上直升，也有生于地下向水平方向伸长的，叫地下茎，如竹类。依其大小、生存期长短和生长状态，可分为以下几种：

1.乔木　具有明显的单一主干，上部有分枝的树木，如毛白杨、白榆、油松等。有时将树高3～10m的叫**小乔木**，10～20m的叫**中乔木**，20m以上的叫**大乔木**。在冬季不落叶的叫**常绿乔木**，落叶的叫**落叶乔木**。

2.灌木　不具主干，由近基部处生出两个以上的树干，主次不分，如蔷薇、胡枝子等。凡高度不足1m叫**小灌木**，如细梗胡枝子。树体状如乔木而高不过3m的叫**乔木状灌木**，如紫薇等。冬季不落叶的叫**常绿灌木**，落叶的叫**落叶灌木**；有的灌木，仅在基部木质化为多年生而茎枝上部冬季枯死的叫**半灌木或亚灌木**，如覆盆子等。

3.藤本　茎干柔细长不能自立，必须依附他物或以特殊器管向上攀升的木本植物。以主枝螺旋状缠绕他物的，叫**缠绕藤本**；有左旋的如紫藤、有右旋的如北五味子。以卷须、不定根、吸盘等器官攀附他物的，叫**攀援藤本**，如葡萄、爬山虎等。

三、树　皮

1. **平滑**　如幼龄毛白杨、大叶白蜡、青杨以及梧桐。
2. **粗糙**　如朴树、臭椿、臭松。
3. **细纹裂**　如水曲柳。
4. **方块状开裂**　如柿子树、君迁子。
5. **鳞块状纵裂**　如油松。
6. **鳞片状开裂**　如鱼鳞云杉。
7. **浅纵裂**　如喜树、紫椴。
8. **深纵裂**　如刺槐、栓皮栎、槐树。
9. **窄长条浅裂**　如圆柏、杉木。
10. **不规则纵裂**　如黄檗。
11. **横向浅裂**　如桃树、樱花。
12. **鳞状剥落**　如榔榆、木瓜。
13. **片状剥落**　如悬铃木、白皮松。
14. **长条片剥落**　如蓝桉。
15. **纸状剥落**　如白桦、红桦。

四、树　冠　形　状

乔木树冠有的具主轴、有的不具主轴。**树冠形状**大体分为以下几种：
1. **棕榈型**　如棕榈。
2. **尖塔形**　如雪松、钻天杨等。
3. **圆柱形**　如箭杆杨、龙柏等。
4. **卵形**　如加杨、悬铃木等。
5. **广卵形**　如白榆、槐树等。
6. **圆球形**　如杜梨、苹果等。
7. **平顶形**　如合欢等。
8. **伞形**　如凤凰木、龙爪槐等。
9. **扁球形**　如核桃、槲树等。
10. **钟形**　如五角枫、三角枫、梣叶槭等。

五、芽

芽　尚未萌发的枝、叶和花的雏形。其外部包被的鳞片，称为芽鳞，通常由叶变态而成。

（一）芽的种类

1. 顶芽　着生于枝顶端的芽，为初生芽。

2. 腋芽　又叫侧芽，着生于叶腋，为初生芽。

3. 假顶芽　顶芽退化或枯死后，能代替顶芽生长发育的最靠近枝顶的腋芽，如柳、板栗。

4. 副芽　着生于初生芽的侧方，叫副侧芽；着生于初生芽的上方，叫顶副芽。如果顶芽或腋芽受损以致枯死后，副芽能代替顶芽或腋芽生长发育。

5. 不定芽　树木干枝受损折断，由伤口愈合组织中产生的芽，在杨、柳类树木中最常见。有的树种树干不受损伤也可生出不定芽，如萌芽松。

6. 柄下芽　隐藏于叶柄基部内的芽，又叫隐芽，如悬铃木、火炬树。

7. 单生芽　单独生于一处的芽。

8. 并生芽　数芽水平着生于一处，中间的为主芽，外侧的为副芽，如桃树、杏树等。

9. 叠生芽　数芽上下重叠在一起，上部的为副芽，最下的为主芽，如皂荚。

10. 叶芽　发育成枝、叶的芽。

11. 花芽　发育成花或花序的芽。

12. 混合芽　同时发育成枝、叶、花或花序的芽。

13. 鳞芽　有鳞片覆盖的芽，如毛白杨、榆树等。

14. 裸芽　没有鳞片覆盖而裸露的芽，如枫杨等。

（二）芽的形状

1. 圆球形　状如圆球，如榆树花芽。

2. 卵形　基部粗，上端狭，其状如卵，如**青杆**、加杨、毛白杨等。

3. 椭圆形　其纵切面为椭圆形，如青檀。

4. 圆锥形　自下向上渐狭，横切面为圆形，如云杉。

5. 纺锤形　两端渐狭，状如纺锤，如水青冈。

6. 扁三角形　其纵切面为三角形，横切面为扁圆形，如柿树。

六、枝

枝　着生叶、花、果等器官的轴。

（一）枝的种类

1. 长枝　枝条节间长，为树体生长主要部分。

2. 短枝　枝条节间很短，着生于长枝上，为着生花、叶的部分，如银杏、苹果等均有这种短枝。

3. 徒长枝　当顶芽或茎的上部受损伤时，下部潜伏芽发出粗壮、但当年不能开花结果的枝。

（二）枝的附属物

1. 节　着生叶的位置，又叫结节。

2. 节内　竹类杆上杆环与箨环之间的部位。

3. 节间　两节之间的部位。

4. 叶痕　叶脱落后，叶柄基部留下的痕迹，其形状因树种而异。

5. 维管束痕　叶内输送养分和水分的疏导组织，为**维管束**。叶脱落后，维管束在叶痕中留下的痕迹为**维管束痕**。

6. 托叶痕　托叶脱落后留下的痕迹，常呈条状、三角状或围绕着枝条成环状。

7. 芽鳞痕　春季顶芽萌发后，芽鳞脱落，留下的痕迹。

8. 皮孔　枝条表皮上的小孔。有圆形、菱形、纺锤形等。

9. 髓　具枝条的中心位置，组织松软，机械性能低。髓体有的充满枝条中心，其横断面形状有圆形，如榆树；三角形，如鼠李属树种；方形，如荆条；五角形，如麻栎；偏斜形、椴树等。还有的为片状分隔髓心，如核桃、杜仲、枫杨等。有的节间中空而节内有片状髓隔，如竹类、连翘等。

（三）分枝方式

1. 总状分枝式　主枝的顶芽生长占绝对优势并长期持续，形成显著的主轴，如银杏、水杉、箭杆杨等，又叫单轴分枝式。

2. 合轴分枝式　顶芽生长势弱或无顶芽，由其接近的侧芽生长发育成新枝，以后其顶芽成长停止，又为其下面的新枝代替，相继形成"主枝"，如榆树、桑树等。

（四）枝的变态

1. 枝刺　枝变为硬刺，有的分枝，有的不分枝，如造荚、山楂、石榴等。

2. 卷须　柔韧并具缠绕性能，如葡萄等。

3. 吸盘　卷须末梢为盘状，能分泌粘质以粘附他物，如爬墙虎。

七、叶

（一）叶的各部

1. 叶片　叶柄顶端的宽扁部分。

2. 叶柄　叶片着生于茎枝的连接部分。

3. 托叶　叶柄或叶片基部两侧的小型叶状体。

4. 叶脉　由贯穿于叶肉组织中的维管束组成，与叶肉构成叶片，分布于叶片中。中央粗壮的一条与叶柄连接的叫主脉；其两侧分出的次级脉叫侧脉；由侧脉分出更细小的脉并连接各侧脉的叫细脉。

5. 叶腋　指叶和枝间夹角内的部位，常具腋芽。

（二）脉序

脉序为叶脉在叶片中分布的方式。可分为以下几种：

1. 网状脉　叶脉数回分枝并由细脉连接成网状脉序。

2. 羽状脉　侧脉由主脉分出，排列成羽状脉序，如榆树等。

3. 三出脉　由叶基伸出三条主脉，如枣树、肉桂等。如离开叶片基部不远处发出的三出脉，叫**离基三出脉**，如樟树、浙江桂。

4. 掌状脉　几条近等粗的主脉由叶柄顶端生出，如葡萄等。

5. 平行脉　多数侧脉与主脉平行，直到叶顶端的脉序，如竹类等。

6. 弧形脉　叶脉自叶基部呈弧形通向叶片顶端，如菝葜。

（三）叶序

叶序为叶在枝上排列的方式。可分为以下几种：

1. 对生 枝上各节相对的两侧各生一叶，如桂花、卫矛、槭类等。

2. 互生 枝上各节着生一叶，两叶之间有距离，如杨、柳、悬铃木等。

3. 轮生 枝上各节着生三片以上的叶，为车轮状排列，如夹竹桃、圆柏的刺状叶。

4. 螺旋状着生 枝上各节着生一叶，呈螺旋排列，如杉木、云杉、冷杉等。

5. 簇生 数片叶着生于短枝顶端，如银杏、雪松、落叶松等。

（四）叶形

1. 鳞形 叶细小呈鳞片状，如侧柏、柽柳、木麻黄。

2. 锥形 自基部至顶端渐变细瘦，先端尖有纵棱的革质叶片，如柳杉等。又叫钻形。

3. 条形 扁平狭长，两侧边缘近平行，如冷杉、水杉等。又叫**线形**。

4. 刺形 扁平狭长，先端锐尖或渐尖，如刺柏。

5. 针形 细长而先端尖锐，如油松、马尾松等。

6. 披针形 狭长而先端渐长尖，长约为宽的4～5倍，中部或中部以下最宽，向两端渐狭，如柳树、桃树等；而中部以上最宽，向下渐狭的叫倒披针形。

7. 匙形 形窄长，先端宽而圆，向下渐狭，状如汤匙。

8. 卵形 形如鸡蛋，中部以下较宽，如桦木；在中部以上较宽，形如鸡蛋的倒置，为倒卵形，如黄榆、榄仁树。

9. 圆形 状如圆形，如圆叶乌桕。

10. 长圆形 长度为宽度的3～4倍，两边近于平行，两端圆钝，如紫穗槐。又叫矩圆形。

11. 菱形 形如等边斜方形，如乌桕、小叶杨等。

12. 扇形 顶端宽圆，向下渐狭，形如折扇，如银杏。

13. 心形 形如心脏，先端渐尖，基部内凹具三圆形浅裂及一弯缺，如紫丁香等。

14. 三角形 基部宽，呈截形，先端尖，状如三角形，如钻天杨、加杨等。

15. 肾形 先端宽钝，基部凹陷，横径较长，状如肾脏。

16. 掌状 叶缘裂片开张似掌，如五角枫等。

17. 椭圆形 近于长圆形，但中部最宽，向两端渐狭，两边缘不平行而呈弧形，两端略相等，如山茶、刺槐等。

（五）叶先端

1. 尖 先端成一锐角，如女贞，又叫急尖。

2. 渐尖 先端尖头延长，两边向内弯，如垂柳等。

3. 骤尖 先端尖削为锐尖，有时也用以表示突然渐尖头。

4. 尾尖 先端延长呈尾状，如青檀、菩提树。

5. 芒尖 凸尖延长呈芒状。

6. 钝 先端钝或狭圆形，如大叶黄杨等。

7. 截形 先端平截而略成一直线，如鹅掌楸。

8. 微凹 先端圆，中间稍凹陷，如黄檀。

9. 凹缺 先端稍深凹，又叫微缺，如黄杨。

10. **倒心形** 先端深凹，呈倒心形。

11. **二裂** 先端具二浅裂，如银杏。

12. **微凸** 中脉的顶端略伸出于先端之外，又叫具小短尖头。

13. **凸尖** 叶先端由中脉延伸于外而形成一短凸尖或短尖头，又叫具短尖头。

（六）叶基形状

1. **下延** 叶基自着生处起贴生于枝上，如杉木、柳杉、八宝树。

2. **渐狭** 叶基两侧向内渐缩，形成具翅状叶柄的叶基。

3. **楔形** 叶下部两侧渐狭成楔子形，如八角。

4. **截形** 叶基部平截，如元宝枫。

5. **圆形** 叶基部呈圆形或半圆形，如山杨、桦木、圆叶乌桕。

6. **耳形** 叶基部两侧各有一耳形裂片，如辽东栎。

7. **心形** 叶基心脏形，如紫荆、山桐子。

8. **偏斜** 叶基部两侧不对称，如白榆、朴树、椴树等。

9. **鞘状** 叶基部伸展形成鞘状，如沙拐枣。

10. **盾状** 叶柄着生于叶背部的一点，如柠檬桉幼苗、蝙蝠葛等。

11. **合生穿茎** 两个对生无柄叶的基部合生成一体，如盘叶忍冬。

（七）叶缘

1. **全缘** 叶缘不具任何锯齿和缺裂，如丁香等。

2. **波状** 边缘浪状起伏，如樟树。

3. **浅波状** 边缘波状较浅，如白桦。

4. **深波状** 边缘波状较深，如蒙古栎。

5. **皱波状** 边缘波状皱曲，如北京杨状枝之叶。

6. **锯齿** 边缘有尖锐的锯齿，齿端向前，如白榆、油茶。

7. **细锯齿** 边缘锯齿细密，如垂柳。

8. **钝齿** 边缘锯齿先端钝，如加杨。

9. **重锯齿** 锯齿之间又具小锯齿，如棣棠、春榆、樱花等。

10. **齿牙** 边缘有尖锐的齿牙，齿端向外，齿的两边近相等，如中平树、苎麻，又叫**牙齿状**。

11. **小齿牙** 边缘具较小的齿牙，如荚迷，又叫小牙齿状。

12. **缺刻** 边缘具不整齐较深的裂片。

13. **条裂** 边缘分裂为狭条。

14. **浅裂** 边缘浅裂至中脉约1/3左右，如辽东栎。

15. **深裂** 叶片深裂至离中脉或叶基不远处，如鸡爪槭。

16. **全裂** 叶片分裂甚至中脉或叶柄顶端，裂片彼此完全分开，如银桦。

17. **羽状分裂** 裂片排列成羽状，并具羽状脉。因分裂深浅程度不同，又可分为**羽状浅裂**、**羽状深裂**、**羽状全裂**等。

18. **掌状分裂** 裂片排列成掌状，并具掌状脉，因分裂深浅程度不同，又可分为**掌状浅裂**、**掌状深裂**、**掌状全裂**、**掌状三浅裂**、**掌状三深裂**、**掌状五浅裂**、**掌状五深裂**等。

（八）叶的种类

1．单叶　叶柄顶端有一叶片与叶脉直接连接，相接处无关节。

2．复叶　一总叶柄上有两片以上分离的叶片，为**复叶**。复叶的叶柄，或着生小叶以下的部位，叫**总叶柄**。总叶柄以上着生小叶的部分，叫**叶轴**。复叶中的每片小叶，叫**小叶**。其各部分分别叫**小叶片**、**小叶柄**及**小托叶**等。小叶的叶腋不具腋芽。

3．复叶的种类

单身复叶　外形似单叶，但小叶片与叶柄间具关节，如柑橘，又叫单小叶复叶。

二出复叶　总叶柄上仅具两个小叶，又叫两小叶复叶。

三出复叶　总叶柄上具三个小叶。

羽状三出复叶　顶生小叶着生在总叶轴的顶端，其小叶柄较二个侧生小叶的小叶柄为长，如胡枝子。

掌状三出复叶　三个小叶都襟生在总叶柄顶端的一点上，小叶柄近等长，如橡胶树。

羽状复叶　复叶的小叶排列成羽状，生于总叶柄的两侧。

奇数羽状复叶　羽状复叶的顶端有一个小叶，小叶的总数为单数，如槐树。

偶数羽状复叶　羽状复叶的顶端有二个小叶，小叶的总数为双数，如皂荚。

二回羽状复叶　总叶柄的两侧有羽状排列的一回羽状复叶，总叶柄的末次分枝连同其上小叶叫羽片，羽片的轴叫羽片轴或小羽轴，如合欢。

三回羽状复叶　总叶柄的两侧有羽状排列的二回羽状复叶，如南天竹。

掌状复叶　几个小叶着生在总叶柄顶端，如七叶树、牡荆。

（九）叶的变态

除芽鳞、花的各部、苞片及竹箨系叶的变态外，尚有以下几种：

1．托叶刺　由托叶变成的刺，如刺槐、枣树等。

2．卷须　由叶片或托叶变成的卷须，如菝葜等。

3．叶鞘　有数枚芽鳞组成，包围针叶基部，如油松、赤松等。

4．叶状柄　小叶退化，叶柄成扁平的叶状体，如相思树。

5．托叶鞘　由托叶延伸而成，如木蓼。

八、花

（一）花的概说

完全花　由花萼、花冠、雄蕊和雌蕊四部分组成的花。花的各部着生处叫**花托**，承托花的柄叫**花梗**，又叫**花柄**。

不完全花　缺少花萼、花冠、雄蕊或雌蕊一至三部分的花。

两性花　兼有雄蕊和雌蕊的花。

单性花　仅有雄蕊或雌蕊的花。

雄花　只有雄蕊没有雌蕊或雌蕊退化的花。

雌花　只有雌蕊没有雄蕊或雄蕊退化的花。

雌雄同株　雄花或雌花生于同一植株上。

雌雄异株　雄花或雌花不生于同一植株上。

杂性花　一株树上兼有单性花和两性花。单性花和两性花的，叫**杂性同株**；分别生于同种不同植株上的，叫**杂性异株**。

花被　是花萼与花冠的总称。

双被花　花萼和花冠都具备的花。如花萼与花冠相似，则叫同被花，花被的各片叫花被片，如白玉兰、樟树。

单被花　仅有花萼而无花冠的花，如白榆、板栗。

整齐花　通过花的任一直径，都可以切得两个对称半面的花，如桃、李等，又叫**辐射对称花**。

不整齐花　只有一个直径可以切得两个对称半面的花，如泡桐、刺槐等，又叫**左右对称花**。

（二）花萼　花最外或最下的一轮花被，通常绿色，亦有不为绿色的，分有离萼与合萼两种。

萼片　花萼中分离的各片。

萼筒　花萼的合生部分。

萼裂片　萼筒上部分离的裂片。

副萼　花萼排列为二轮时，其最外的一轮。

（三）花冠　花的第二轮，位于花萼的内面，通常大于花萼，质较薄，呈各种颜色。花冠各瓣彼此分离的，叫**离瓣花冠**；花冠各瓣多少合生的，叫**合瓣花冠**。

1. 花冠各部分的名称

花冠筒　合瓣花冠的下部连合的部分。

花冠裂片　合瓣花冠上部分离的部分。

瓣片　花瓣上部扩大的部分。

瓣爪　花瓣基部细窄如爪状。

2. 花冠的形状

筒状　指花冠大部分合成一管状或圆筒状，如紫丁香、醉鱼草等，又叫**管状**。

漏斗状　花冠下部筒状，向上渐渐扩大成漏斗状，如鸡蛋花、黄蝉等。

钟状　花冠筒宽而稍短，上部扩大成一钟形，如吊钟花。

高脚碟状　花冠下部窄筒状，上部花冠裂片突向水平开展，如迎春花。

坛状　花冠筒膨大为卵形或球形，上部收缩成短颈，花冠裂片微外曲，如柿子的花。

唇状　花冠稍成二唇形，上面两裂片多少合生为上唇，下面三裂片为下唇，如唇形花科植物。

舌状　花冠基部成一短筒，上面向一边张开而呈扁平舌状，如菊科某些头状花序的边缘花。

蝶形　其上最大的一片花瓣叫旗瓣，侧面两片较小的叫翼瓣，最下两片下缘稍合生的，状如龙骨，叫龙骨瓣，如刺槐、紫藤、槐树的花。

3. 花被在花芽内排列的方式

镊合状　指各片的边缘相接，但不相互覆盖。其边缘如全部内弯的，叫**内向镊合状**；如全部外弯的，则叫**外向镊合状**。

旋转状　指一片的一边覆盖其相邻的一片的一边，而另一边则为相邻的另一片边缘所覆盖。

覆瓦状 和旋转状相似，唯各片中有一片完全在外，另有一片完全在内。

重瓦状 两片在外，另两片在内，其他的一片有一边在外，一边在内。

4. **雄蕊** 由花丝和花药构成。一花内的全部雄蕊总称为**雄蕊群**。

（1）雄蕊的类型

离生雄蕊 雄蕊彼此分离的。

合生雄蕊 雄蕊多少合生的。

单体雄蕊 花丝合生为一束，如扶桑等。

两体雄蕊 当花丝呈二束时，如刺槐、黄檀等。

多体雄蕊 当花丝呈多束时，如金丝桃。

聚药雄蕊 当花药合生而花丝分离时，如菊科、山梗菜。

雄蕊筒 花丝完全合生成球形或圆筒形，如楝树、梧桐，又叫花丝筒。

二强雄蕊 雄蕊四枚，其中一对较另一对为长，如荆条、柚木。

冠生雄蕊 雄蕊着生在花冠上。

退化雄蕊 雄蕊没有花药或稍具花药形而不含花粉者。

（2）**花药** 花丝顶端膨大的囊状体，花药有间隔部分，叫**药隔**，它是由花丝顶端伸出形成，往往把花药分成若干室，这些室叫**药室**。

花药开裂方式

纵裂 药室纵向开裂，这是最常见的，如白玉兰等。

孔裂 药室顶部或近顶部有小孔，花粉由该孔散出，如杜鹃花科、野牡丹科。

瓣裂 药室有活盖，当雄蕊成熟时，盖就掀开，花粉散出，如樟树科、小檗科。

横裂 药室横向开裂，如铁杉、金钱松、大红花。

花药着生状态

基着药 药室基部着生于花丝顶。

背着药 药室背部着生于花丝顶。

全着药 药室一侧全部着生在花丝上。

广歧药 药室张开，且完全分离，几成一直线，着生在花丝顶端。

丁字药 药室背部的中央着生于花丝的顶端而呈"丁"字形。

个字药 药室基部张开而上部着生于花丝顶端。

5. **雌蕊** 位于花的中央，有心皮（变形的大孢子）连接而成，发育成果实。

（1）雌蕊的组成部分

柱头 位于花柱顶端，是接受花粉的部分，形状不一。

花柱 位于柱头和子房之间，通常为长柱形，有时极短或无。

子房 雌蕊的主要部分，通常膨大，一至多室，每室有一至多数胚珠。

（2）**雌蕊的类型**

单雌蕊 由一心皮构成一室的雌蕊，如刺槐、紫穗槐等。

复雌蕊 由两个以上心皮构成的雌蕊，又叫合生心皮雌蕊，如楝树、油茶、泡桐等。

离生心皮雌蕊 由若干个彼此分离心皮组成的雌蕊，如白兰花、八角。

（3）**胎座** 胚珠着生的地方

中轴胎座 在合生心皮的多室子房，各心皮的边缘在中央连合形成中轴，胚珠着生在中轴上，如苹果、柑橘。

特立中央胎座 在一室的复子房内，中轴由子房腔的基部升起，但不达顶端，胚珠着生轴上，如石竹科植物。

侧膜胎座 在合生心批一室的子房内，胚珠生于每一心皮的边缘，胎座稍厚或隆起，有时扩展成一假隔膜，如番木瓜、红木。

边缘胎座 在单心批一室的子房内，胚珠生于心皮的边缘，如豆科植物。

顶生胎座 胚珠生于子房室的顶部，如瑞香科植物。

基生胎座 胚珠生于子房室的基部，如菊科植物。

（4）**胚珠** 发育成种子的部分，通常由珠心和一至二层珠被组成。在种子植物中，胚珠着生于子房内的植物叫**被子植物**，如梅、李、桃；胚珠裸露，不包于子房内的植物叫**裸子植物**，如松、杉、柏。

珠心 胚珠中心部分，内有胚囊。

珠被 包被珠心的薄膜，通常为二层，称外珠被和内珠被。杨柳科植物只有一层珠被，檀香科植物无珠被。

珠柄 连接胚珠和胎座的部分。

合点 珠被和珠心的结合点。

珠孔 珠心通往外部的孔道。

胚珠的类型

直生胚珠 中轴甚短，合点在下，珠孔向上。

弯生胚珠 胚珠横卧，珠孔弯向下方。

倒生胚珠 中轴颇长，合点在上，珠孔在下。

半倒生胚珠 胚珠横卧，珠孔向侧方，又叫横生胚珠。

6. **花托** 花梗顶端膨大的部分，花的各部着生处。

（1）按子房着生在花托上的位置，花可分为：

子房上位 花托呈圆锥状，子房生于花托上面，雄蕊群、花冠、花萼依次生于子房的下方，如金丝桃、八角等，又叫**下位花**。有些花托凹陷，子房生在中央，雄蕊群、花冠、花萼依次生于花托上端内侧周围，虽属子房上位，但应叫周位花，如桃、李等。

子房半下位 子房下半部与花托愈合，上半部与花托分离，如绣球花、秤锤树等，又叫周位花。

子房下位 花托凹陷，子房与花托完全愈合，雄蕊群、花冠、花萼依次生于花托顶部，如番石榴、苹果等，又叫上位花。

（2）**花托上的其他部分**

花盘 花托的扩大部分，形状不一，生于子房基部，上部或介于雄蕊或花瓣之间；全缘至分裂，或成疏离的腺体。

蜜腺 雄蕊或雌蕊基部的小突起物，常分泌蜜液。

雌雄蕊柄 雌、雄蕊基部延长成柄状，如西番莲科和白花菜。

子房柄 雌蕊的基部延长成柄状，如白花菜科的醉蝶花和有些蝶形花亚科的植物。

九、花　序

花序　花排列于花枝上的情况。花有单生的，也有排成花序的，整个花枝的轴叫**花轴**，也叫**总花轴**，而支持这群花的柄叫**总花柄**，又叫**总花梗**。

（一）花序的类型

1. 按花开放顺序的先后可分为：

无限花序　指花序下部的花先开，依次向上开放，或由花序外围向中心依次开放。

有限花序　指花序最顶点或最中心的花先开，外侧或下部的花后开。

混合花序　有限花序和无限花序混生的花序，即主轴可无限延长，而侧轴为有限花序或相反。如泡桐、滇楸的花序是由聚伞花序排成圆锥状；云南山楂的花序是由聚伞花序排成伞房花序状。

2. 常见的花序

穗状花序　花多数，无梗，排列于不分枝的主轴上，如水青树。

葇荑花序　由单性花组成的穗状花序，通常花轴细软下垂，开花后（雄花序）或果熟后（果序）整个脱落，如杨柳科。

头状花序　花轴缩短，顶端膨大，上面着生许多无梗花，呈圆球形，如悬铃木、枫香。

肉穗花序　为一种穗状花序，总轴肉质肥厚，分枝或不分枝，且为一佛焰所包被，棕榈科通常也属该类的花序。

隐头花序　花聚生于凹陷、中空、肉质的总花托内，如无花果、榕树。

总状花序　与穗状花序相似，但有花梗、近等长，如刺槐、银桦。

伞房花序　与总状花序相似，但花梗不等长，最下的花梗最长，渐上递短，使整个花序顶成一平头状，如梨、苹果。

伞形花序　花集生于花轴的顶端，花梗近等长，如五加科有些种类及窿缘桉。

圆锥花序　花轴上每一个分支是一个总状花序，又叫复总状花序；有时花轴分枝，分枝上着生二花以上，外形呈圆锥状的花丛，如荔枝，槐树也属该类的花序。

聚伞花序　为一有限花序，最内或中央的花先开，两侧的花后开。

复聚伞花序　花轴顶端着生一花，其两侧各有一分枝，每分枝上着生聚伞花序，或重复连续二歧分枝的花序，如卫矛。

复花序　花序的花轴分枝，每一分枝又着生同一种的花序，如复总状花序，复伞形花序。

（二）承托花和花序的器官

苞片　生于花序或花序每一分枝下，以及花梗下的变态叶。

小苞片　生于花梗上的次一级苞片。

总苞　紧托花序或一花，而聚集成轮的数枚或多数苞片，花后发育为果苞，如桦木。

佛焰苞　为肉穗花序中包围一花束的一枚大苞片。

十、果　实

果实　是植物开花受精后的子房发育形成的。

（一）果实的各部

果皮　由子房壁发育而成，通常分为以下三层：

1. 外果皮　果实最外层的皮。

2. 中果皮　果实中间的一层皮。

3. 内果皮　果实最内一层皮，包含种子。

（二）果实的种类

1. 单果　由一花中的一个子房或一个心皮发育而成的单个果实。

（1）**荚果**　由单心皮发育而成，成熟时沿腹缝线与背缝线开裂，也有少数不开裂的荚果，如刺槐、槐树等。

（2）**骨突果**　由一个心皮形成，但只沿腹缝线开裂，如牡丹、绣线菊。

（3）**蒴果**　由二心皮或较多的心皮形成，常有多数种子，成熟后开裂方式有：

室背开裂　即沿心皮的背缝线开裂，如茶树；

室间开裂　即沿室与室之间的隔膜开裂，如杜鹃；

室轴开裂　即室背或室间开裂的裂瓣与隔膜同时分离，担心皮间的隔膜保持连合，如乌桕。

（4）**瘦果**　果实小型，仅具一心皮，含一粒种子，成熟后不开裂，如桑树等。

（5）**坚果**　果皮坚硬，含一粒种子，由合生心皮的下位子房形成，常有总苞包围，如板栗，或被变形的总苞所包围，如麻栎。

（6）**颖果**　果实只含一粒种子，种皮与果皮愈合，不易分离，如竹类。

（7）**翅果**　瘦果状带翅的果实，由合生心皮的上位子房形成，如榆树、槭树等。

（8）**核果**　外果皮薄，中果皮厚，内果皮坚硬（称为果核），一室含一个种子，如桃、杏、梅等。

（9）**浆果**　由合生心皮的子房形成，含多数种子，内果皮多肉、多汁，如葡萄、柿树。

（10）**梨果**　由合生心皮的下位子房参与花托而形成为肉质的假果，内有数室，含数粒种子，如梨、苹果等。

（11）**柑果**　由合生心皮的上位子房形成，外果皮软而厚，中果皮与内果皮多汁，如柑橘类。

2. 聚合果　由一花内的各离生心皮形成的小果聚合而成，以小果的类型，可分为以下几种：

（1）**聚合瘦果**　许多小瘦果聚生在肉质的花托上，如褐毛铁线莲等。

（2）**聚合蓇葖果**　若干小蓇葖果聚生在同一花托上，如木兰等。

（3）**聚合核果**　若干小核果聚生在同一花托上，如悬钩子。

（4）**聚合浆果**　若干小浆果聚生在同一花托上，如五味子。

3. 聚花果　由整个花序而形成的合生果，常见的有以下几种：

（1）**椹果**　多肉部分为花萼、花托及花轴形成，如桑、柘等。

（2）**隐花果** 多肉部分为凹入之花轴所形成，如无花果等。

十一、种　子

种子 由胚珠受精后发育而成。其组成部分如下：

1. **外种皮** 由外珠被形成。

2. **内种皮** 由内珠被形成，位于外种皮之内，但常不存在。

3. **假种皮** 由珠柄或胎座等部分发育而成，部分或全部包围种子，如卫矛。

4. **种脐** 种子成熟后从珠柄或胎座脱落下来，在原来的着生点上留下的痕迹。

5. **种阜** 位于种脐附近的小凸起，由珠柄、珠脊或珠孔生出。

6. **胚** 种子成熟时，内保藏着休眠状态的幼植物，称为胚。包括以下几部分：

（1）**胚根** 位于胚的末端，为未发育的根。

（2）**胚轴** 为连接胚根、胚芽与子叶的部分，又叫胚茎。

（3）**胚芽** 未发育的幼枝，位于胚的先端子叶内。

（4）**子叶** 位于胚的上端，种子内未发育幼植物的叶。

（5）**胚乳** 由胚囊核所形成，是胚发育过程所需要的养料。有的种子胚乳贮藏于肥大的子叶之中，除胚外不见有胚乳，即叫**无胚乳种子**，如板栗、麻栎等。有的种子除胚外还有粉质、油质、肉质、角质等胚乳，即叫**胚乳种子**，如竹类、松类及银杏。

十二、附　属　物

（一）**毛** 由表皮细胞形成的毛茸。木本植物表面常见的毛如下：

1. **柔毛** 柔软而短的毛，叫短柔毛，如柿树；柔软而细小的毛，叫微柔毛。

2. **绒毛** 为羊毛状卷曲，多少交织而贴伏成毡状的毛，又叫毡毛，如毛白杨、银白杨等。

3. **茸毛** 直立，密生成丝状的毛，如绒毛白蜡。

4. **绢毛** 柔软贴伏，有丝状光泽的毛，如截叶铁扫帚。

5. **刚毛** 长而直立，先端尖，触之有粗糙感的毛，又叫**刺毛**，如毛刺槐小枝上的毛。刚毛中短硬而贴伏或稍微翘起的，触之有粗糙感的，叫**刚伏毛**。

6. **睫毛** 成列生于边缘的毛，又叫**缘毛**，如黄檗叶缘。

7. **星状毛** 分枝四射似星光的毛，如糠椴。

8. **丁字毛** 两分枝成一直线，其着生点在中央排成丁字形的毛，如灯台树及本氏木兰。

9. **枝状毛** 分枝为树枝状的毛，如毛泡桐等。

10. **腺毛** 顶端有腺点或与毛状腺体混生的毛，如金花忍冬萼筒及毛泡桐嫩叶及叶上的毛。

（二）**腺鳞** 呈圆片状腺质的毛，如照山白枝叶上的鳞片；鳞片呈皮屑状或垢状，容易擦落的，叫皮屑状鳞片，如玉铃花、八仙花枝叶上面的被覆物。

（三）**腺体** 呈痣状或盾状小体，肉质或海绵质，间或有分泌少量的油脂物质的毛，如臭椿、油桐等叶或叶柄上的腺毛。

（四）**腺点**　由表皮细胞分泌出的油状或胶状小凸点，如紫穗槐叶下面与臭檀果实上的斑点。

（五）**油点**　表皮下的细胞，由于大量分泌物的堆积，熔化了细胞壁，形成圆形透明的油腔小点，如花椒叶的透明油点。

（六）**乳头状突起**　为小圆形的乳头状突起，如鹅掌楸叶下面的小突起。

（七）**疣状突起**　圆形的、小疣状的突起，如疣枝桦的小枝、蒙古栎壳斗的苞片小突起。

（八）**皮刺**　由表皮形成的刺，如月季、玫瑰枝叶上的刺。

（九）**木栓翅**　由木栓质形成的翅，如卫矛、黄榆小枝上的木栓质突起。

（十）**白粉**　为白色粉状物，如苹果果实上的白粉。

十三、质　　地

树木器官的质地，常见的有如下几种：

1. **透明的**　薄而几乎透明，如竹类花中的鳞被。

2. **半透明的**　如钻天杨、小叶杨叶的边缘。

3. **干膜质**　薄而干燥呈枯萎状，如麻黄的鞘状退化叶。

4. **膜质的**　薄膜状。

5. **纸质的**　薄而软，但不透明，如桑树、构树的叶。

6. **革质的**　肥厚坚韧如皮革，如栲类、黄杨的叶。

7. **骨质的**　质地如骨骼，如山楂、桃、杏果实的内果皮。

8. **软骨质的**　坚韧而较薄的，如梨果的内果皮。

9. **草质的**　质软，如多数草本茎的质地。

10. **木质的**　完全木质化的，如树木的枝干。

11. **肉质的**　质厚而稍有浆汁，如芦荟的叶。

12. **木栓质的**　松软而稍有弹性，如栓皮栎的树皮、卫矛枝上的木栓翅。

13. **纤维质的**　含有多量的纤维，如椰子的中果皮、棕榈的叶鞘。

14. **角质的**　质地如牛角。

十四、裸子植物常用形态术语

裸子植物亦属木本植物，由于分类上所应用的术语不能概括于前面所述的各个部分，因此将裸子植物常用形态术语单列一项，说明如下：

（一）**球花**

雄球花　由多数雄蕊着生于中轴上所形成的球花，相当于小孢子叶球。雄蕊相当于小孢子叶。花药（即花粉囊）相当于小孢子囊。

雌球花　由多数着生于胚珠的鳞片（珠鳞）组成的花序，相当于大孢子叶球。

珠鳞　松、杉、柏等科树木的雌球花上着生胚珠的鳞片，相当于大孢子叶。

珠座　银杏的雌球花顶部着生胚珠的鳞片。

珠托　红豆杉科树木的雌球花顶部着生胚珠的鳞片，通常呈盘状或漏斗状。

苞鳞 承托雌球花上珠鳞或球果上种鳞的苞片。

套被 罗汉松属树木的雌球花顶部着生胚珠的鳞片，通常呈囊状或杯状。

（二）球果 松、杉、柏等科树木的成熟的雌球花，由多数着生种子的鳞片（即种鳞）组成。

种鳞 球果上着生种子的鳞片，又叫**果鳞**。

鳞盾 松属树种的种鳞上部露出的部分，通常肥厚。

鳞脐 鳞盾顶端或中央凸起或凹陷的部分。

（二）叶 松属树种的叶有两种：**原生叶**螺旋状着生，幼苗期扁平条形，后成膜质苞片状鳞片，基部下延或不下延；**次生叶**针形，2针、3针或5针一束，生于原生叶腋部不发育短枝的顶端。

气孔线 叶上面或下面的气孔纵向连续或间断排列成的线。

气孔带 由多条气孔线紧密并生所连成的带。

中脉带 条形叶下面两气孔带之间的凸起或微凸起的绿色中脉部分。

边带 气孔带与叶缘之间的绿色部分。

皮下层细胞 叶表皮下的细胞，通常排列成一或数层，连续或不连续排列。

树脂道 叶内含有树脂的管道，又叫**树脂管**。靠皮下层细胞着生的为**边生**；位于子叶肉薄壁组织中的为**中生**；靠维管束鞘着生的为**内生**；也有位于连接皮下层细胞及内皮层之间形成分隔的。

腺槽 柏科植物鳞叶下面凸起或凹陷的腺体。